“十三五”江苏省高等学校重点教材（编号2017-1-139）

硅太阳能电池光伏材料

种法力　滕道祥　编著

化学工业出版社
·北京·

内 容 简 介

《硅太阳能电池光伏材料》（第 2 版）内容包括半导体基础、太阳能电池基本原理、多晶硅原料制造工艺、单晶硅棒制造工艺、多晶硅锭铸造工艺、晶体硅切片工艺、硅电池片制造工艺、光伏发电系统。本书主要工艺原理、生产技术等内容来源于真实企业生产实际以及科研单位最新研究成果。本书相对第 1 版增加了新工艺、新技术，如连续加料直拉技术、磁控直拉技术、多栅技术、无主栅技术、多晶黑硅技术以及高效 PERC、PERL、IBC 等电池，对陈旧内容做了删减。

本书入选"'十三五'江苏省高等学校重点教材"（编号 2017-1-139），可供光伏工程、新能源科学与工程、材料科学与工程等相关专业教学使用，也可供相关专业研究、开发技术人员参考。

本书配套教学课件可访问 www.cipedu.com.cn"化工教育"网站搜索下载。

图书在版编目（CIP）数据

硅太阳能电池光伏材料/种法力，滕道祥编著．—2 版．—北京：化学工业出版社，2021.3（2024.6 重印）
"十三五"江苏省高等学校重点教材
ISBN 978-7-122-38334-1

Ⅰ.①硅…　Ⅱ.①种…②滕…　Ⅲ.①硅太阳能电池-光电池-高等学校-教材　Ⅳ.①TM914.4

中国版本图书馆 CIP 数据核字（2021）第 017493 号

责任编辑：李玉晖　杨　菁　　文字编辑：林　丹　姚子丽
责任校对：李　爽　　装帧设计：刘丽华

出版发行：化学工业出版社（北京市东城区青年湖南街 13 号　邮政编码 100011）
印　　装：河北鑫兆源印刷有限公司
787mm×1092mm　1/16　印张 19¾　字数 539 千字　　2024 年 6 月北京第 2 版第 6 次印刷

购书咨询：010-64518888　　售后服务：010-64518899
网　　址：http://www.cip.com.cn
凡购买本书，如有缺损质量问题，本社销售中心负责调换。

定　　价：78.00 元

前言

煤、石油、天然气等资源不可再生，储量越来越少，消耗量却越来越大。传统能源供给捉襟见肘，在生产和消费过程中还会有污染物排放破坏生态和环境等问题。太阳能、风能、水能、潮汐能等被认为是无污染的清洁能源，在一些国家很大程度上缓解了能源压力，其中太阳能取之不尽、用之不竭，成为一种重要的可再生能源。太阳能光伏发电得到世界普遍的应用和推广，该发电系统建设周期短、使用寿命长、维护简单、安全可靠、对环境污染小、规模大小可自由控制，而且光伏建筑一体化集建筑材料的功能与发电于一体，提升了建筑物的美感，节约了安装空间。

我国有丰富的太阳能资源，光伏发电具有巨大的潜力，已经形成了完整的光伏产业链，在世界光伏产业上占据非常重要的地位。从太阳能电池产量来看，晶体硅太阳能电池仍然占据主导地位，市场占有量一直在90%以上。晶体硅太阳能电池具有较为成熟的制作工艺和显著的优点，转化效率不断升高，成本大幅度降低，在今后较长的一段时间内，这种主导地位将不会改变。

本书贴合最新的工业工艺、紧跟当前科技前沿，内容涵盖了多晶硅原料工艺、切片技术、电池片工艺技术，以及光伏发电系统等内容。本书在编写过程中重视理论与实践的结合，在理论阐述上浅显易懂，知识量达到够用、实用即可，在实践上注重实践技能的可操作性，力求读者能够顺利掌握实际生产操作技能。本书第1版由编著者多年的授课讲义和生产实践总结整理而成，第2版增加了新工艺、新技术，如连续加料直拉技术、磁控直拉技术、多栅技术、无主栅技术、多晶黑硅技术以及高效PERC、PERL、IBC等电池，对陈旧内容做了删减。

本书由种法力、滕道祥等编著，纪素艳、贾海洋、吴锋、巩文斌、石喆、孙言、韩崇、邹维科、苑仲元参加编写。另外，对在本书编写过程中提出宝贵意见的老师和朋友，表示衷心感谢。

本书配套教学课件可访问 www. cipedu. com. cn“化工教育”网站搜索下载。

由于编著者知识面和水平以及掌握的文献资料有限，并考虑到科学技术的快速发展，知识在不断地更新，书中不妥之处在所难免，敬请读者批评指正。

编著者

2020年11月

目录

第1章 绪论 / 001

第2章 半导体基础 / 020

第5章 单晶硅棒制造工艺 / 117

第6章 多晶硅锭铸造工艺 / 163

第1章 绪论

能源技术的革新带动了人类社会的进步，推动了社会的发展，然而随着世界人口基数不断增大，世界经济不断发展，能源的消费呈现快速增加的趋势。常规能源面临消费殆尽的境地，由此带来的环境污染正一步步地危害着人们的健康，制约着经济进一步增长。因此，保护我们的家园——地球，发展可持续发展的清洁替代能源——新能源迫在眉睫。

本章从3E问题入手，探讨发展太阳能电池能源的必要性，太阳能的特征、优缺点，太阳能电池产业发展历程。

1.1 能源和经济

《能源百科全书》中提到："能源是可以直接或经转化提供人类所需的光、热、动力的任一种形式能量的载能体资源"。因此，能源是一种形式多且可互相转化的能量源泉，是人类社会赖以生存和发展的重要物质基础，在国民经济中具有特别重要的战略地位。能源分为常规能源与新能源。常规能源是一次能源，是不可再生能源，又被称为传统能源，已能大规模生产和广泛利用，是促进社会进步和文明的主要能源，如煤炭、石油、天然气、水。新能源是在新技术基础上系统地开发利用的能源，如太阳能、风能、海洋能、地热能等，被称为清洁能源，是可再生能源。常规能源与新能源的划分是相对的。以核裂变能为例，20世纪50年代初开始把它用来生产电力和作为动力使用时，被认为是一种新能源。到20世纪80年代，世界上不少国家已把它列为常规能源。太阳能和风能被利用的历史比核裂变能要早许多，由于还需要通过系统研究和开发才能提高利用效率，扩大使用范围，所以还是把它们列为新能源。过去人们对常规能源的认识是"取之不尽、用之不竭"，但是在石油危机发生之后，对常规能源的观点发生了变化：常规能源的储量是有限的！

图1-1为世界能源消费示意图。从图中可以看出，随着全球经济的发展，人类文明程度的提高，煤炭、石油、天然气及其他能源的消费总量逐年增大，而且增大幅度也是越来越大。

我国煤炭储量为1388亿吨，占全球煤炭资源储量的13.4%，仅次于美国（2509亿吨，占24%）和俄罗斯（1604亿吨，占15.5%）。2017年，全球石油储量共计2697亿立方米，从各个国家的石油储量占比来看，第一大石油储量国是委内瑞拉，其他的石油储量主要分布

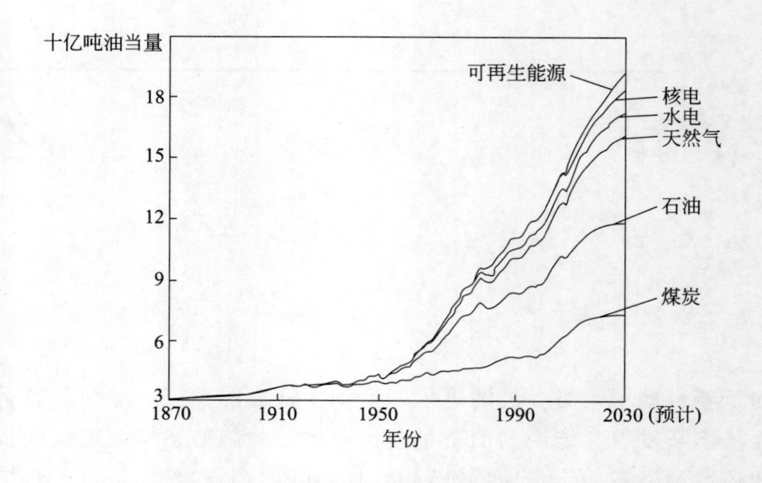

图 1-1　世界能源消费示意图

于中东国家，比如沙特阿拉伯、伊朗、伊拉克和科威特等国。此外，北美的加拿大和美国，石油储量同样较多。中国石油储量为 41 亿立方米，占比在 1.5%左右。到 2017 年底，全球已探明剩余天然气可采储量为 193.5 万亿立方米，天然气在全球范围内分布不均，主要集中在中东国家，其储量为 79.1 万亿立方米，占比为 40.9%，而我国天然气仅占 2.8%。由于我国人口众多，占世界人口的 20%，人均能源资源相对匮乏，不到世界水平的一半，石油仅为世界总量的十分之一，天然气不足世界总量的十五分之一。

人均常规能源资源相对不足，是中国经济、社会可持续发展的一个限制因素，尤其是石油和天然气。从 1993 年开始，我国成为能源净进口国，很多能源为世界单一最大品种进口能源，据预测，中国未来能源供需的缺口将越来越大。石油进口依存度由 1995 年的 6.6%上升为 2000 年的 20%，2010 年上升到 54.8%，2013 年对外依存度已经增长到接近 60%，2017 年中国石油进口量为 4.2 亿吨，超过美国成为全球最大的石油进口国，2018 年进口量为 4.4 亿吨，对外依存度为 69.8%，2019 年进口量超过 5 亿吨，对外依存度达 70.8%。2007 年天然气进口依存度仅为 2%，之后几年快速上升，2009 年为 5%，2010 年为 11.8%，2011 年为 24.3%，2013 年对外依存度突破 30%，2018 年进口量为 1254 亿立方米，同比增长 31.7%，对外依存度为 45.3%，超过日本成为世界最大天然气进口国，2019 年中国油气对外依存度继续上升，达到 43%。与此同时美国在某些能源资源方面成为净出口国，比如煤炭、焦炭、石油产品、天然气和生物质能等。

随着经济的快速发展和人民生活水平的不断提高，人均能源消费量也在逐年增加，我国已成为世界上第一大能源消费国（如表 1-1），全球能源消费量占比为 24%，全球能源消费增长量占比为 34%，2019 年能源消费由 2018 年的 3.8%增长至 4.4%，超过了过去十年 3.8%的平均增速水平。通过对能源消费的增幅比较发现，发达国家能源消费的增长幅度比发展中国家或者欠发达国家要小很多，比如美国、德国、法国、英国、日本等发达国家从 2008 年到 2018 年平均能源消费负增长，中国、印度等发展中国家增幅则分别为 3.8%和 5.2%。经济发展需要消费大量能源，发展中国家经济整体处于快速发展期，带动能源需要高速增长，能源效率和能源结构也是发达国家和发展中国家能源消费增长率差异的原因，人口数量则是另外一个因素。

⊡ **表 1-1 常规能源消费量**

国家		美国	德国	法国	英国	日本	中国	印度
2009 年		89.92	13.15	10.34	8.72	19.83	97.52	21.52
2010 年		92.97	13.71	10.65	8.94	21.13	104.28	22.55
2011 年		92.09	13.20	10.24	8.45	20.06	112.54	23.88
2012 年		89.69	13.37	10.22	8.55	19.92	117.05	25.11
2013 年		92.10	13.75	10.31	8.51	19.75	121.37	26.08
2014 年		93.05	13.17	9.87	8.02	19.24	124.20	27.86
2015 年		92.15	13.40	9.92	8.11	18.97	125.38	28.77
2016 年		92.02	13.62	9.76	8.01	18.65	126.95	30.07
2017 年		92.33	13.78	9.70	7.99	18.89	130.83	31.33
2018 年		95.60	13.44	9.87	7.96	18.84	135.77	33.30
2019 年		94.65	13.14	9.68	7.84	18.67	141.70	34.06
增长率	2008～2018 年	0.1%	−0.4%	−1.0%	−1.4%	−1.4%	3.8%	5.2%
	2019 年	−1.0%	−2.2%	−1.9%	−1.6%	−0.9%	4.4%	2.3%

注：数据来源于 2020 世界能源统计年鉴；单位：10^{18}J。

人均能源消费水平能够反映一个国家民众生活的水平。经济发达国家国民收入较高，对物质的需求也就越多，不再满足于吃饱、穿暖的丰衣足食的生活状态，而是对生活有更高的追求，高品质的生活追求必然会消费更多的能源。在世界能源消费大国中，加拿大人均一次能源消费量最高，为 10.4t 标准煤；美国、韩国和俄罗斯人均一次能源消费量仅次于加拿大，分别为 9.67t 标准煤、7.52t 标准煤和 7.36t 标准煤；法国、德国、日本为 5～6t 标准煤；印度人均水平较低，仅为 0.86t 标准煤。中国人均为 2.6t 标准煤，已经达到世界平均水平，但仅为美国的 27%。进入 21 世纪以来，中国人均一次能源消费量年均增速为 7.35%，远高于世界同期 1.19%的平均水平。

人是能源消费的主体，能源消费的总量与人口数量有密切关系，虽然不同国家人均能源消费量不同，但是人口多，消费量必然增加。通过前面数据可以看出，虽然发达国家人均能源消费要比中国多几倍，但是能源总消费量却是我们的几分之一，甚至近十分之一。

能源效率即单位能源消费所能产生的 GDP，是衡量一个国家经济效率的重要指标。2017 年中国单位标准油产生的 GDP 为 3911 美元，美国则为 8675 美元，是中国的 2.22 倍。从热当量来说，1t 油当量相当于 1.4286t 标准煤，1m^3 天然气相当于 1.3300t 标准煤。不同能源资源之间的热效率也存在较大的差距，天然气的热效率可达 75%以上，煤炭的热效率为 40%～60%，石油的热效率为 65%左右。因此，一个国家能源消费结构中，油气占的比重高，能源效率就高，煤炭占的比重高，能源效率就低。

世界能源结构统计大致情况为煤炭占比为 30%、石油占比为 33%、天然气占比为 24%，剩下 13%则为水电、核能、可再生能源等。2020 年《BP 世界能源统计年鉴》主要国家分燃料能源消费情况如表 1-2 所示。中国的能源消费结构以煤炭为主，传统能源是中国能源消费的绝对主体，但在国家政策推动下，我国能源结构持续优化。2019 年，煤炭消费量在我国能源消费总量中占比为 57.64%，低于 2018 年的 58.80%，下降了近 1.2 个百分点，而天然气、核能、水电、可再生能源等清洁能源消费总量比 2018 年提高了 0.7%。同年，美国的能源消费结构是：石油 39.08%，天然气 32.20%，煤炭 11.98%，合计为 83.26%，同样严重依赖传统化石能源，但以油气为主，合计占比为 71.28%，高于中国的煤炭比重。其他发达国家也基本和美国一样以油气作为主要能源。法国以核能作为主要消费能源，2019 年占比为 37.71%。印度和中国相似，以煤炭作为绝对的消费能源，2019 年占比为 54.67%。

⊡ 表 1-2　主要国家分燃料能源消费情况

国家	年份	煤炭	石油	天然气	核能	水电	可再生能源	总消费
美国	2018	13.28	37.11	29.52	7.60	2.59	5.50	95.60
	2019	11.34	36.99	30.48	7.60	2.42	5.83	94.65
德国	2018	2.90	4.63	3.09	0.68	0.16	1.97	13.44
	2019	2.30	4.68	3.19	0.67	0.18	2.12	13.14
法国	2018	0.35	3.17	1.54	3.70	0.57	0.54	9.87
	2019	0.27	3.15	1.56	3.56	0.52	0.61	9.68
英国	2018	0.32	3.17	2.85	0.58	0.05	0.99	7.96
	2019	0.26	3.11	2.84	0.50	0.05	1.08	7.84
日本	2018	4.99	7.63	4.17	0.44	0.72	0.89	18.84
	2019	4.91	7.53	3.89	0.59	0.66	1.10	18.87
中国	2018	79.83	26.58	10.19	2.64	10.73	5.81	135.77
	2019	81.67	27.91	11.06	3.11	11.32	6.63	141.70
印度	2018	18.56	9.95	2.09	0.35	1.25	1.10	33.30
	2019	18.62	10.24	2.15	0.40	1.44	1.21	34.06

注：数据来源于 2020 世界能源统计年鉴；单位：10^{18} J。

1.2　3E 问题

3E 是指能源（energy）、经济（economy）和环境（environment）。随着经济的发展，必然会消费更多的能源，然而能源结构的变化会对地球环境产生影响。本节首先讨论 3E 问题，进而给出应对 3E 问题的解决途径。

世界人口在不断增长，而且增长速度在不断加快。1800 年世界人口达到 10 亿，1930 年世界人口达到 20 亿（间隔 130 年），1960 年世界人口达到 30 亿（间隔 30 年），1974 年世界人口达到 40 亿（间隔 14 年），1987 年世界人口达到 50 亿（间隔 13 年），1999 年世界人口达到 60 亿（间隔 12 年），2011 年世界人口达到 70 亿，预计到 2025 年，世界人口将达到 80 亿，2080 年世界人口将高达 100 亿。从上述数据可以看出，人口增长 10 亿所用时间总体上在缩短，即人口增长幅度在增大，世界人口在快速增长。

在人口不断增长的同时，世界经济也在迅速发展。英国人詹姆斯·瓦特（James Watt）在 1776 年发明了蒸汽机，拉开了第一次工业革命的序幕，手工劳动向动力机器生产转变。煤炭作为燃料后，大大促进了铁路运输、海路运输以及纺织行业的发展。在 19 世纪后半期至 20 世纪初，以电气化、电力广泛应用为标志，用电力取代蒸汽动力驱动电器，工业进入大规模生产的第二次革命时代。从 20 世纪四五十年代开始，以电子计算机和信息控制技术为标志的第三次工业革命不仅极大地推动了人类社会经济、政治、文化领域的变革，而且也影响着人类生活方式和思维方式，随着科技的不断进步，人类的衣、食、住、行等日常生活的各个方面也发生了重大的变革。2013 年德国在汉诺威博览会提出“工业 4.0”，是指利用物联信息系统（cyber-physical system，CPS）将生产中供应、制造、销售信息数据化、智慧化，最后达到快速、有效、个性化的产品供应，核心是从工业自动化向工业智能化发展。根据世界银行数据报告，2014 年世界经济增长率为 3.4%，2015 年为 3.1%，2016 年为 2.4%，2017 年为 2.7%，2018 年为 3%，2019 年为 2.9%，部分国家经济增长率如表 1-3 所示。通过这些数据可以判断世界经济近几年虽然增长率放缓，但是仍然在增长，其中中国贡献较大。中国 GDP 由 2008 年的 4.5 万亿美元增长到 2017 年的 12.9 亿美元，增长为原来的 2.87 倍，传统能源消费量增长 1.4 倍。而美国同期 GDP 由 14.7 万亿美元增长到 19.5 万亿美元，增长为原来的 1.33 倍，而 10 年间传统能源消费下降了 36.1 百万吨油当量。因此可以看出，传统能源的消费支撑着中国经济的高速增长，能源效率的改善和新能源消费的增长促使传统能源消费速度低于 GDP 增长速度。美国的数据显示，经济增长已经摆脱了对能源消费量增长的依赖，转而靠能源效率改善带动，美国经济进入了集约型发展阶段。

表 1-3 部分国家经济增长率

%

国家	2010 年	2011 年	2012 年	2013 年	2014 年	2015 年	2016 年	2017 年	2018 年	2019 年
美国	2.53	1.6	2.22	1.68	2.57	2.86	1.49	2.27	2.86	2.3
德国	4.08	3.66	0.49	0.49	1.93	1.74	1.94	2.22	1.43	0.6
法国	1.97	2.08	0.18	0.58	0.95	1.07	1.19	1.82	1.72	1.5
英国	1.69	1.45	1.48	2.05	3.05	2.23	1.94	1.79	1.4	1.4
日本	4.19	−0.12	1.5	2	0.37	1.35	0.94	1.71	0.79	0.7
中国	10.64	9.54	7.86	7.76	7.3	6.9	6.7	6.9	6.6	6.1
印度	10.26	6.64	5.46	6.39	7.41	8.15	7.11	6.62	6.98	5.0

注：数据来源于世界银行国民经济核算数据，以及经济合作与发展组织国民经济核算数据文件。

人口、经济增长造成能源需求增大，需求增大可能导致能源，特别是常规能源的短缺，能源短缺必然使经济增长放缓或者衰退，如果通过大规模的开采来满足对能源的需求，那么会导致环境恶化等问题，环境恶化又反过来抑制经济进一步增长。这就是所谓的 3E 问题（如图 1-2 所示），3E 问题是循环的、多重的。

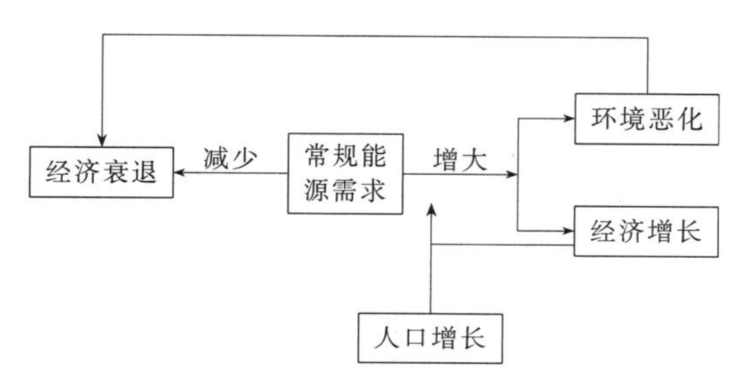

图 1-2 3E 问题示意图

从图 1-2 可以看出，能源处在 3E 的核心位置，如果解决了能源问题，那么 3E 问题也就迎刃而解了。解决能源需求量大、相对短缺的办法是减少传统能源的供给以及优化能源结构，投用不影响环境的新能源。新能源是可再生能源，不用担心其枯竭问题，而且能够解决常规能源大规模开采、总量短缺问题，以及由此产生的一系列不利于经济发展的弊端。新能源也是清洁能源，具有对环境污染小的优点。因此，清洁能源的发展可以在不抑制经济发展的同时进行能源补给，从而解决了能源、经济和环境的问题，是有效解决 3E 问题的途径，同时，新能源的大量使用也改善了能源消费结构。降低能源供给必然影响经济发展速度，降低人们生活水平，这是不可取的。降低人口数量从理论上能够减少对能源的需求，但是目前人口基数大、人的寿命逐渐延长，依赖人口减少来缓解能源供给显然难以实现，而且人口减少主要靠出生率降低，这会导致老龄化，造成劳动力供应减少、消费和创新能力减弱、养老压力增大、经济发展动力不足等问题。因此依靠降低人口数量无法解决 3E 问题。

传统能源的过度不合理消费不仅会造成能源短缺而且影响着人类社会可持续发展。温室效应、臭氧层空洞、酸雨、土壤污染、水污染以及光化学烟雾等都是其最明显的副作用。

1.3 温室效应

1.3.1 地球温度估算

假设地球表面以及大气层对太阳光的吸收与地球向外辐射的能量相当的情况下，计算地球恒定不变的温度。

在地球大气层外，太阳辐射能流密度：

$$j_{太阳}=1.36\mathrm{kW/m^2} \tag{1-1}$$

地球完全吸收的能量流（地球上凸起表面积吸收能量流）：

$$I_{吸收}=\pi R_e^2 j_{太阳}, R_e=6370\mathrm{km} \tag{1-2}$$

根据斯蒂芬-玻尔兹曼辐射定律，地球辐射进入大气层外的能量流密度为：

$$j_{地球}=\sigma T_e^4, \sigma=5.67\times10^{-8}\mathrm{W/m^2\cdot K^4} \tag{1-3}$$

整个地球向大气层外辐射的能量流为：

$$I_{辐射}=4\pi R_e^2\sigma T_e^4 \tag{1-4}$$

当 $I_{吸收}=I_{辐射}$ 时，地球表面温度恒定，即 $T_e=275\mathrm{K}$。实际上地球表面平均温度为 288K，这与上述估算结果基本一致。

然而考虑到太阳辐射中有 30% 被地球外大气反射回了宇宙空间，只有 70%（1000 $\mathrm{W/m^2}$）的辐射到达地球表层，经估算，地球表面平均温度约为 258K。实际地球表面平均温度要高于此数据，正是由于地球辐射能量的部分被大气吸收，未能辐射到大气层外。

若假设地球表层吸收所有来自太阳和大气的辐射能量，则地球表面温度高达 54℃。一旦到达此温度，地球上人类以及现存其他生物将无法生存。而大气在红外吸收区恰恰存在一个对大气辐射较少的窄波段（盲区），地球正是通过该窗口把从太阳获得热量的 70% 又以长波辐射形式返还宇宙空间，从而维持地面温度不变。

1.3.2 温室效应本质

温室效应（Greenhouse Effect）是指现代化工业社会燃烧更多煤炭、石油、天然气等化石能源产生更多的温室气体，吸收更多的地球辐射，从而导致地球辐射能量返回宇宙空间的部分减少，造成地球变暖的现象。温室气体主要指 CO_2，还包括甲烷、臭氧、氮氧化合物、氯氟化合物等。

太阳表面温度约为6000K，其太阳辐射光谱最大值为0.5μm，地球大气中水汽对红外线部分吸收较强烈，臭氧对太阳辐射光谱中紫外线部分吸收较强，而其他气体对太阳辐射光吸收较少。因此，通过大气的吸收，太阳辐射被削弱的主要是波长较长的红外线和波长较短的紫外线，而对可见光则影响不大。地球温度较低，地球辐射光谱最大值在红外区，约10μm。地球大气中绝大部分气体，特别是温室气体，在长波部分强烈的吸收阻碍了地球辐射能量向大气层外的“逃逸”。气体吸收了辐射能量的同时向外辐射更长的长波，而其中向下到达地面的部分称为逆辐射，也正是这些逆辐射使地面温度升高，这也可以说是大气对地面起到了保温作用，这就是大气温室效应的原理。

地球温度升高会造成一系列的影响：南北极冰层融化，海平面升高造成沿海低于海平面的地区被淹；冰层融化使得南北极生存的动植物灭绝；地球变暖，令生物的代谢加快，生理周期异常，破坏其自然生长规律；气温升高导致某些区域雨量增加、飓风增强、自然灾害加剧，而某些地区则长期干旱，沙漠化面积扩大。

1.4 臭氧层空洞

臭氧层（O_3）位于地球上方11～48km（浓度最大在20～25km处）的大气平流层中，臭氧含量随纬度、季节和天气等变化而不同，赤道附近最低，纬度60°附近最高；任一地区在春季最大，秋季最小；在一天内臭氧含量通常是夜间高于白天；在亚洲中纬度地带，当西伯利亚气团侵入时，臭氧总量明显增加，而赤道气团来临时，其总量减小。臭氧层中的臭氧主要是紫外线制造出来的。当大气中的氧气分子（含量为21%）受到短波紫外线照射时，会分解成原子状态，氧原子的不稳定性极强，极易与O_2发生反应形成O_3。臭氧形成后，由于其相对密度大于氧气，会逐渐地向臭氧层的底层降落，在降落过程中随着温度的变化(升高)，臭氧不稳定性愈趋明显，再受到长波紫外线的照射，再度还原为氧。臭氧层就是保持了这种氧气与臭氧相互转换的动态平衡。

臭氧层可以有效地吸收来自太阳辐射的对地球生物有害的紫外线，主要是全部短波紫外线（波长小于290nm）和部分中波紫外线（290～300nm）。然而臭氧在遇到H、OH、NO、Cl、Br时就会被加速催化分解为O_2。氯氟碳化物（CFCs）、哈龙（Halons）等人造化学物质在低层大气层正常情况下是稳定的，但在平流层受紫外线照射活化后解离，释放出高活性的氯原子自由基和溴原子自由基。氯原子自由基对臭氧分子破坏机理如下所示：

$$R—Cl \longrightarrow R^+ + Cl^- \tag{1-5}$$

$$Cl^- + O_3 \longrightarrow ClO^- + O_2 \tag{1-6}$$

$$ClO^- + O_3 \longrightarrow Cl^- + 2O_2 \tag{1-7}$$

随着CFCs等人造化学物质的大量使用，臭氧总量逐渐减少，在南北极上空的下降幅度最大，特别是在南极上空，出现了臭氧稀薄区，被科学家形象地称为“臭氧空洞”。没有了臭氧层天然屏障，强烈的紫外线给人类健康和生态环境带来了多方面的危害。

虽然氯原子自由基、溴原子自由基在空中释放量相对较少，但是在催化过程中其不消耗，而且具有很长的大气寿命，这就意味着即使人类停止生产和使用这些物质，它们对臭氧层的破坏还会持续一个漫长的过程。据估算，一个氯原子自由基在失活以前可以破坏掉10^4～10^5个臭氧分子，而由哈龙释放的溴原子自由基对臭氧的破坏能力是氯原子自由基的30～60倍。而且，氯原子自由基和溴原子自由基之间还存在协同作用，即二者同时存在时，破坏臭氧的能力要大于二者能力之和。当然，臭氧空洞的形成除了以上的化学过程外，还有空气动力学过程和极地特殊的温度变化过程所参与的非均相催化反应过程，这就是为什么臭氧空洞出现在两极以及多发生在春季的原因。通过全人类的努力，在蒙特利尔协议约束下南极地区氯原子自由基正在减少，臭氧层的破坏程度也在下降。

1.5 酸雨

酸雨是由于空气污染而造成的酸性降水，指所有气状污染物或粒状污染物，随着雨、雪、雾或雹等降水形态而落到地面。酸雨又分硝酸型酸雨和硫酸型酸雨。因燃烧大量含硫量高的煤而形成的，多数为硫酸型酸雨，少数为硝酸型酸雨；各种机动车排放的尾气主要为氮氧化合物，也是形成酸雨的重要原因。

酸雨不仅影响人体健康，还会对生态系统、建筑设施产生直接和潜在的危害。酸雨可使儿童免疫功能下降，慢性咽炎、支气管哮喘发病率增加，同时可使老人眼部、呼吸道患病率增加。酸雨可导致土壤酸化，土壤矿物营养元素流失，植物铝中毒死亡，还可诱发病虫害，最终导致农作物大幅度减产。小麦在酸雨影响下可减产13%～34%。大豆、蔬菜也容易受酸雨影响，导致蛋白质含量和产量下降。酸雨对森林和其他植物危害也较大，常使森林和其他植物叶子枯黄、病虫害加重，最终导致大面积死亡。酸雨能使非金属建筑材料（混凝土、砂浆和灰砂砖）表面硬化水泥溶解，使其出现空洞和裂缝，导致其强度降低，从而损坏建筑物。建筑材料变脏、变黑，被人们称为“黑壳”效应，影响城市市容。

1.6 其他污染

水污染是指生活污水和工业废水对江河、湖泊、海洋和地下水造成的污染。大量的工业废水、残留农药和生活垃圾直接危害水体生物，恶化水质，加速疾病传播，更严重的是使饮用水资源减少。

土壤污染主要是由水污染、大气污染（酸雨、温室效应）和生活及工业固体垃圾污染导致的土地荒漠化、盐渍化、土壤板结等问题。

光化学烟雾（photo-chemical smog）是汽车、工厂等污染源排入大气的烃类化合物（HC）和氮氧化物（NO_x）等一次污染物在阳光（紫外光）作用下发生光化学反应生成二次污染物后，与一次污染物混合所形成的有害浅蓝色烟雾。光化学烟雾使人眼睛发红、咽喉疼痛、呼吸困难、头昏、头痛，且可随气流漂移数百公里，使远离城市的农作物也受到损害。光化学烟雾多发生在阳光强烈的夏秋季节，随着光化学反应的不断进行，反应生成物不断蓄积，光化学烟雾的浓度不断升高，白天生成，夜晚消失。臭氧或光化学氧化剂［臭氧、二氧化氮（NO_2）、过氧乙酰硝酸酯（PAN）及其他能使碘化钾氧化为碘的氧化剂的总称］的水平作为判断大气环境质量的标准之一，并据此发布光化学烟雾警报。

另外，常规能源燃烧时产生的浮尘也是一种污染物。

1.7 太阳辐射

组成太阳的主要成分为氢与氦，所占比例分别为78%和20%，剩下2%为其他元素。太阳的能量就是在核心区域依靠氢聚合反应生成氦核的同时释放出的巨大能量，具体产能可以根据爱因斯坦质能方程计算：

$$E=\Delta mc^2 \tag{1-8}$$

太阳每秒将有5～6亿吨氢参与聚变反应（约损失400万吨质量），其发射总功率约为3.8×10^{26}W。考虑到日地之间的距离之远，地球相对太阳而言较小，所以太阳辐射能量绝大部分散发到宇宙太空中，仅有约二十二亿分之一（1.73×10^{17}W）的能量（每秒辐射能量相当于500万吨煤产生热量）可以进入大气层上界，然而其中的30%又被大气层反射回太空，23%被大气层散射或吸收，仅有约77%的能量能够到达地球表面，其功率约为9.3×10^{16}W，这一功率相当于460万个长江三峡水电站（以每天2000万千瓦算）的功率。太阳辐射（solar radiation）的能量决定了地球表面温度，提供了地球与大气层中自然过程的全部能量，其中也包括煤、石油、天然气。因此，太阳辐射对地球上的生命而言是必不可少的。尽管太阳每秒释放如此大的能量，但是由于其质量巨大，所以估算太阳的寿命可长达五十亿年。

如图1-3所示，太阳辐射光谱基本上是连续的电磁辐射光谱，与黑体辐射光谱（black-body radiation spectrum）相似，其光谱分布由普朗克辐射定律（Planck's law of radiation）决定：物体吸收热量后辐射总能量增加，而且辐射峰值向短波移动，如图1-4所示。最低的曲线表示的是被加热到3000K的黑体，温度大约是正常工作时白炽灯钨丝的温度，处于辐

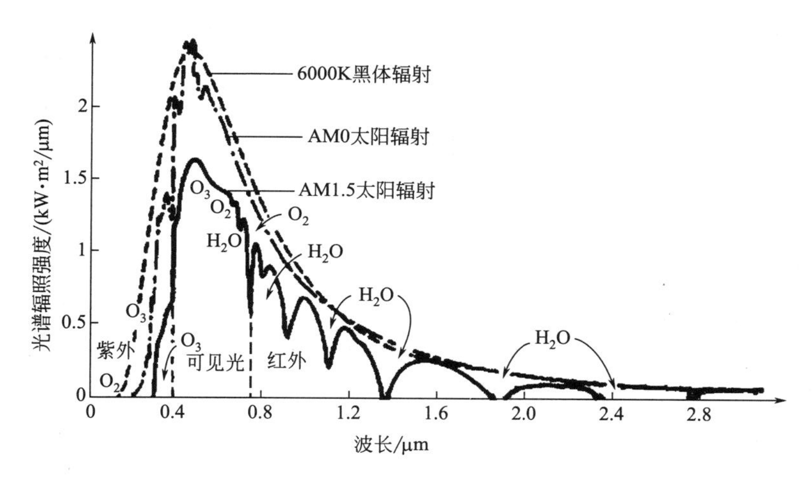

图1-3 AM0、AM1.5太阳辐射光谱与6000K黑体辐射比较

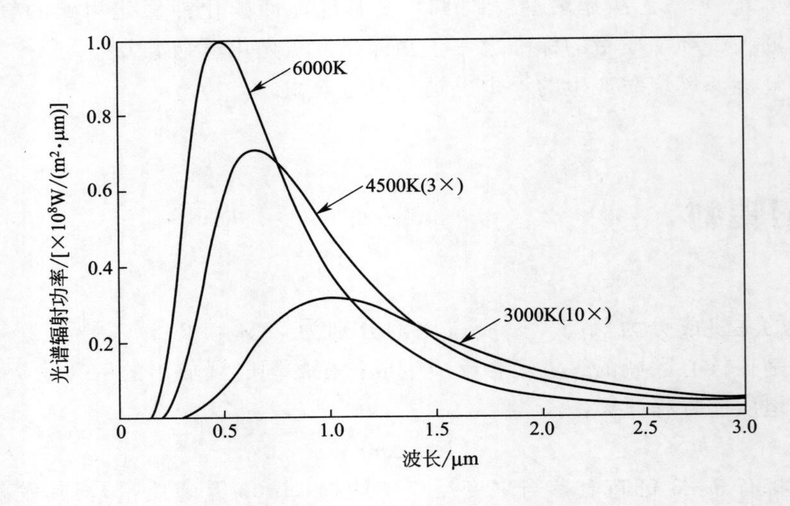

图 1-4 不同黑体温度的普朗克黑体辐射分布

射能量峰值波长约为 1000nm，属于红外波段，在可见光波段（390～760nm）只有少量的能量发射，这正是白炽灯效率低下的原因。将辐射峰值波长移动到可见光需要极高的温度，超过绝大部分金属的熔点。

太阳黑体辐射功率服从普朗克分布［式(1-9)］，单位面积总辐射功率由公式积分所得，如下所示。

$$E(\lambda,T)=\frac{2\pi hc^2}{\lambda^5[\exp(hc/\lambda kT)-1]} \tag{1-9}$$

式中，k 为玻尔兹曼常数，E 是单位面积单位波长的功率。

$$E=\sigma T^4 \tag{1-10}$$

式中，σ 为斯特藩-玻尔兹曼常数。

地球大气层上界太阳辐射光谱的 99%以上在波长 0.15～4.0μm 之间。大约 50%的太阳辐射光谱在可见光谱区（波长 0.39～0.76μm），7%在紫外光谱区（波长<0.4μm），43%在红外光谱区（波长>0.76μm）。由于太阳辐射波长较地面辐射波长和大气辐射波长（约 3～120μm）小得多，所以通常又称太阳辐射为短波辐射，称地面辐射和大气辐射为长波辐射。如果把波长的光转换成相应光子的能量，其值约为：可见光 0.4～4eV，红外线低于 0.4eV，而紫外线高于 4eV。

太阳辐射通过大气层时，一部分直接到达地面，该部分称为直接辐射（direct radiation）；另一部分被大气中的气体分子、微尘、水汽等吸收、散射和发射。因此，到达地面的太阳光，除了太阳辐射直接来的成分外，还包括大气层散射引起的相当可观的散射辐射（间接辐射）成分，两者之和称为总辐射。太阳辐射通过大气层后，其强度和光谱能量分布都发生了变化，太阳总辐射明显地减弱，短波长的辐射能减弱得最为明显，辐射能随波长的分布变得极不规则，紫外光谱区几乎绝迹，可见光谱区减少至 40%，而红外光谱区增至 60%，如图 1-4 所示。这主要是因为大气成分对太阳辐射吸收的选择性以及散射行为所致。大气中吸收太阳辐射的成分主要有水汽、液态水、二氧化碳、氧气、臭氧及尘埃固体杂质等。大气辐射被吸收后变成了热能，因而使太阳辐射减弱。水汽吸收最强的波段是位于红外光谱区的 0.93～2.85μm，据估计，太阳辐射因水汽的吸收可减弱约 4%～15%。氧对波长小于 0.2μm 的紫外线吸收很强，在可见光区虽然也有吸收，但较弱。臭氧在大气中的含量很少，但在紫外区和可见光区都有吸收带，在 0.2～0.3μm 波段吸收带很强，由于臭氧的吸收，使小于 0.29μm 波段的太阳辐射不能到达地面，因而保护了地球上一切生物免遭紫外线过度辐射的伤害。臭氧在 0.44～0.75μm 还有吸收，虽不强，但因这一波段正好位于太阳辐射最强的区域内，所以吸收的太阳辐射量相当多。二氧化碳对太阳辐射的吸收比较弱，仅对红外光谱区 2.7μm 和 4.3μm 附近的辐射吸收较强，但该区域的太阳辐射较弱，被吸收后对整个太阳辐射的影响可忽略。悬浮在大气中的水滴、尘埃、污染物等杂质，对太阳辐射也有吸收作用，大气中这些物质含量越高，对太阳辐射吸收越多，如在工业区或在森林火灾、火山爆发、沙尘暴等发生时，太阳辐射都明显减弱。总之，大气对太阳辐射的吸收，在平流层以上主要是氧和臭氧对紫外辐射的吸收，平流层至地面主要是水汽对红外辐射的吸收。被大气成分吸收的这部分太阳辐射，将转化为热能而不再到达地面。由于大气成分的吸收多位于太阳辐射光谱两端，而对可见光部分吸收较少，因此可以说大气对可见光几乎是透明的。

太阳辐射进入大气时将遇到空气分子、尘埃、云雾滴等，都将会产生散射现象。散射不像吸收那样是把辐射转化为热能，而是改变辐射方向，使太阳辐射以质点为中心向四面八方传播，使原来传播方向上的太阳辐射减弱。散射辐射一般可分为瑞利散射（Rayleigh scattering）和米散射（Mie scattering）。瑞利散射是由比光波波长还要小的气体分子或微小尘埃引起，因此又被称为分子散射。瑞利散射能力与光波波长四次方成反比，波长越短，散射越强。晴朗天空，大气中水汽、大颗粒尘埃等较少，散射主要是瑞利散射，蓝、绿色短波散射更突出，所以天空呈现蔚蓝色。红光不易被散射，穿透力强，日出日落时光线通过大气路程长，可见光中波长较短的光被散射殆尽，所以看上去太阳呈现橘红色，红光用作指示灯也是相同道理。大气中较大颗粒的尘埃、水雾、水滴等对太阳光散射没有选择性，各种波长光均被散射，这种散射称为米散射，也称为粗粒散射。当空气中尘埃、烟雾较多时，一定范围的长短波都同样地被散射，天空呈灰白色。

在晴朗的白天，散射辐射占太阳在地球表面总辐射量的 15%，而在阳光不足的天气，散射辐射所占比例要增加，特别是在没有阳光的天气，大部分辐射为散射辐射。一般而言，如果阴天接收到的辐射量为相同时间的晴天接收到的辐射量的一半，那么通常总辐射中有 50%为散射辐射；如果一天中接收到的总辐射量低于一年中相同时间的晴天所接收到的总辐射量的 1/3，那么辐射中大部分为散射辐射。太阳光辐射强度因所处纬度、季节、天气及一天中时间的不同而异，其平均强度范围为 0～1000J/(m^2·s)。

根据太阳能辐射总量（kW·h/m^2）和月均温≥10℃期间日照数≥6h 的天数，将我国划分为四类辐射区。

① 资源丰富区。年太阳辐射总量>1700kW·h/m^2，月均温≥10℃期间日照数≥6h 的天数在 250～300d。资源丰富区主要分布在我国的南疆、陇西、内蒙古高原西部和青藏高原大部分。其中西藏西部最为丰富，最高达 2333kW·h/m^2（日辐射量为 6.4kW·h/m^2），居世界第二位，仅次于撒哈拉大沙漠。

② 资源较丰富区。年太阳辐射总量在 1500～1700kW·h/m^2，月均温≥10℃期间日照数≥6h 的天数在 200～300d。资源较丰富区主要分布在我国的北疆、内蒙古高原东部、华北平原大部分、黄土高原大部分、甘肃南部、川西及川南滇北一部分。

③ 资源可利用区。年太阳辐射总量在 1200～1500kW·h/m^2，月均温≥10℃期间日照

数≤6h 的天数在 200～300d。资源可利用区主要分布在我国的东南丘陵地区、汉水流域、广西大部分、川西黔西一部分、云南东南、湖南东部。

④ 资源贫乏区。年太阳辐射总量<1200kW·h/m²，月均温≥10℃期间日照数≥6h 的天数不足 125d。资源贫乏区主要分布在我国的四川、重庆、贵州大部分及成都平原。其中成都平原最为贫乏，日辐射量不足 3kW·h/m²。

1.8 大气质量

地球除自转外并以椭圆形轨道绕太阳运行，即太阳与地球的距离不是一个常数，而且一年里每天的日地距离也不一样。某一点的辐射强度与距辐射源距离的平方成反比，这意味着地球大气层上方的太阳辐射强度会随日地间距离不同而异。虽然如此，但是由于日地距离（平均距离为 1.5 亿千米）如此之大，地球大气层之外的太阳辐射强度相差较小，不超过 3.4%，所以地球大气层外太阳辐射强度可以看作一个常数，用“太阳常数 J_{sc}”来描述。太阳常数表示在日地平均距离的条件下，在大气层之外，垂直于太阳光方向单位面积上单位时间获得的辐射强度。1981 年世界气象组织推荐的太阳常数为：$J_{sc}=(1367\pm7)W/m^2$，通常采用 $1367W/m^2$。

若设大气层上界任意时刻的太阳辐射强度为 J_0，则 J_0 可表示为：

$$J_0=J_{sc}\left[1+0.034\cos\left(\frac{2\pi n}{365}\right)\right]=J_{sc}r \tag{1-11}$$

式中，n 为距离 1 月 1 日的天数；r 为日地间距引起的修正系数。

由于大气层对太阳辐射的吸收、反射和散射等，从而导致地球表面的太阳辐射强度要小于太阳常数。到达地面的太阳辐射主要受大气层厚度的影响。大气层越厚，对太阳辐射的吸收、反射和散射就越严重，到达地面的太阳辐射就越少。此外，大气的状况和大气的质量对到达地面的太阳辐射也有影响。显然太阳辐射穿过大气层的路径长短与太阳辐射的方向有关。为了描述光线通过大气层的路程对太阳辐射的影响，引入“大气质量（air mass）”，通常以符号 AM 表示。大气质量为太阳光穿过地球大气的路程与太阳光线在天顶角方向时穿过大气层路程之比，如图 1-5 所示。假设太阳以相对天顶角方向 ∂ 角入射，天顶角方向大气厚度为 L_0，则太阳光通过大气的路程为：

$$L=L_0/\cos\partial \tag{1-12}$$

则大气质量系数可表示为 $AM=L/L_0=1/\cos\partial$。它描述了厚度为 L 的空气层吸收的真实光谱。另一种估算大气质量的方法是采用竖直杆的高度及其投影，也称为投影法（如图 1-6 所示），具体计算公式如下：

$$AM=\sqrt{1+(s/h)^2} \tag{1-13}$$

天顶角方向穿过大气层的太阳辐射光谱表示为 AM1，地面上一种典型的光谱为 AM1.5，则大气层外太阳辐射光谱为 AM0（如图 1-3）。

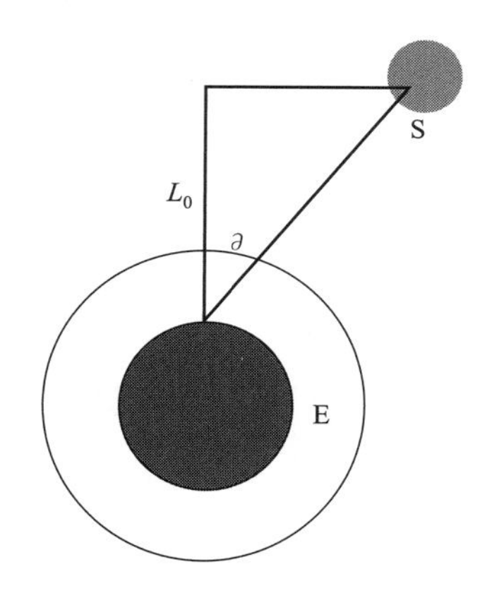

图 1-5　大气质量表示——路程法

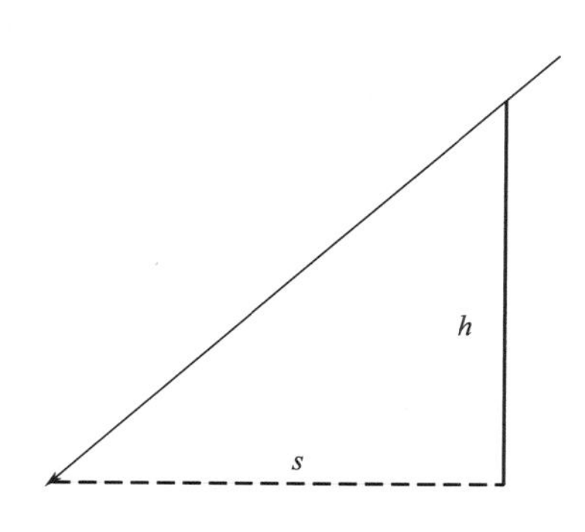

图 1-6　大气质量表示——投影法

地球表面太阳光的辐射强度和光谱成分变化较大。为了对不同地点测得的太阳能电池性能进行比较，必须确定一个统一的标准，在此标准下进行测量。AM1、AM1.5 辐射能量光谱则分别被认为是空间、地球表面测量太阳能电池效率的标准光谱，为光伏业界的标准。对此光谱积分，在无云的太空下，相对于太阳法向表面的能量流密度被定义为：

$$J_{\mathrm{E,AM0}}=1.36\mathrm{kW/m^2} \tag{1-14}$$

$$J_{\mathrm{E,AM1.5}}=1.0\mathrm{kW/m^2} \tag{1-15}$$

在设计光伏系统时，最理想的情况是掌握该系统安装地日照情况的详细记录。不仅需要考虑直射数据，而且要考虑散射光的强弱，对当地的环境温度和风速、风向也都要进行详细的分析。虽然世界各地分布着众多的观测站进行上述数据的观测记载，但是目前光伏系统主要利用区域仍然在边远地区，而边远地区对于上述数据的记载却相对缺乏。

1.9　太阳能的利用

太阳辐射能量在大气层中和地球表面的分布情况如图 1-7 所示，从图上可以看出，地球上的风能、水能、海洋温差能、波浪能和生物质能以及部分潮汐能都来源于太阳；即使地球上的化石燃料（如煤、石油、天然气等）从根本上说也是远古以来贮存下来的太阳能，所以广义的太阳能所包括的范围非常大，狭义的太阳能则限于太阳辐射能的光热、光电和光化学直接转换。

人类利用太阳能已有 3000 多年的历史，但是将太阳能作为一种能源和动力加以利用只有几百年的历史，而且真正将太阳能作为“近期急需的补充能源”“未来能源结构的基础”，则是近来的事。近代太阳能利用历史可以从 1615 年法国工程师所罗门・德・考克斯发明世界上第一台太阳能驱动的发动机算起，该发明是一台利用太阳能加热空气使其膨胀做功而抽水的机器。在 1615～1900 年之间，世界上又研制成多台太阳能动力装置和一些其他太阳能装置。

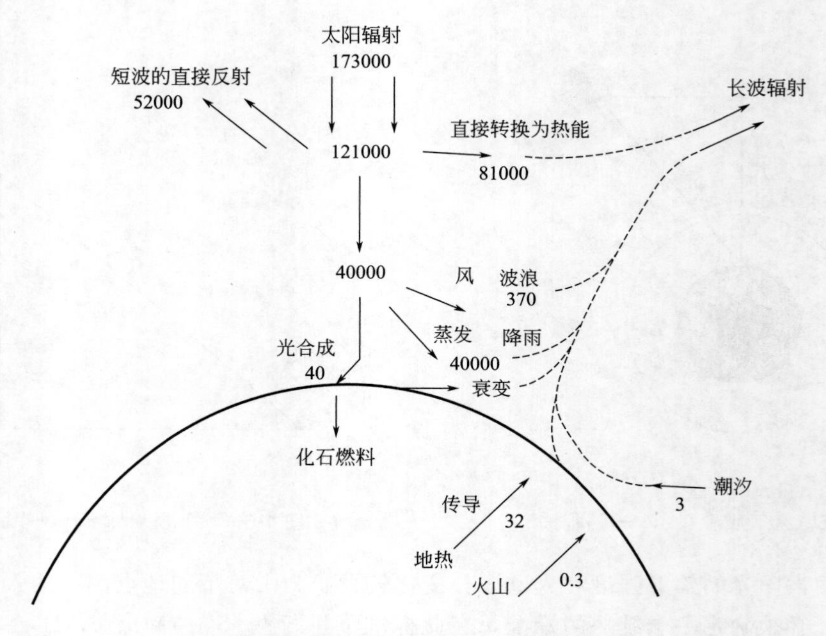

图 1-7 地球能流图（单位：$\times 10^6$ MW）

太阳能利用基本方式可以分为如下几大类。

(1) 光热利用

光热利用的基本原理是将太阳辐射能收集起来，通过与物质的相互作用转换成热能加以利用。目前使用最多的太阳能收集装置，主要有平板型集热器、真空管集热器和聚焦集热器3种。根据所能达到的温度和用途的不同，而把太阳能光热利用分为低温利用（＜200℃）、中温利用（200～800℃）和高温利用（＞800℃）。低温利用的实例主要有太阳能热水器、太阳能干燥器、太阳能蒸馏器、太阳房、太阳能温室、太阳能空调制冷系统等；中温利用主要有太阳灶、太阳能热发电聚光集热装置等；高温利用主要有高温太阳炉等。

(2) 光电利用

利用太阳能发电的方式有多种，目前已使用的主要有以下两种：光电间接转换和光电直接转换。光电间接转换主要包括光-热-电转换和光-化学-电转换。光-热-电转换是利用太阳辐射所产生的热能发电，一般是用太阳能集热器将所吸收的热能转换为工质的蒸汽，然后由蒸汽驱动汽轮机带动发电机发电；光-化学-电转换是化学介质吸收太阳光能释放载流子，从而产生电能的形式，比如：燃料敏化太阳能电池。光电直接转换是利用光生伏特效应将太阳辐射能直接转换为电能，该转换典型的应用装置是太阳能电池。

(3) 光生物利用

太阳能的光生物利用主要是指植物光合作用。植物的光合作用可以将太阳能转换成生物质能，此过程生成物为糖类和氧气，也是一种储能形式。速生植物（如薪炭林）、油料作物和巨型海藻即是非常明显的例子。同时，许多国家和地区也在利用光合作用生产绿色燃料。通常选择不适合种植粮食作物的荒山、荒滩种植绿色植物，然后将获得的绿色植物进行生物或化学处理，就可以得到固体或液体燃料。比如我国南方种植的麻风树，可以用来制作生物柴油；木薯和甜高粱可以用来提取燃料乙醇。

(4) 光化学利用

太阳能光化学利用是指物质吸收太阳能，借助于特定的光化学反应，把太阳能转换为电能、化学能或者生物质能并存储的技术和装置，按照利用机理的不同，分为光电化学作用利用、光分解作用利用、光合作用利用和光敏化学作用利用。

太阳能光电化学利用的基础部件是光化学电池，由光阳极、对电极（阴极）、电解质液和导线组成，通过吸收太阳能将其转换为电能。光阳极为光敏半导体材料，受光激发产生电子-空穴对，光阳极和阴极组成正负电极，光阳极吸收光后在半导体导带上产生电子-空穴对，通过电解质液中一系列化学反应，电荷流向阴极，对外输出电流。太阳能光化学电池主要有染料敏化电池（DSSC）和量子点敏化电池（QDSC）。

光分解是指在太阳光照射下，一种反应物发生分解反应，生成多种新物质的过程。当分子吸收光子能量大于或等于分子化学键的解离能时，分子就会直接解离，光分解作为最基本的光化学过程，它可以导致处于电子激发态的分子发生光化学反应。基于光分解制氢就是光分解典型实例。太阳光照射下，能量小于半导体催化剂禁带宽度的光子被吸收，电子从价带顶跃迁到导带，形成自由移动的电子-空穴对，电子和空穴在内建电场作用下分离，移动到催化剂表面处，水在电子和空穴作用下解离生成氢气和氧气。

光敏化学作用是光照射到光敏剂上引起的化学反应。光照射下，光敏剂物质中分子吸收光子能量，跃迁到高能态，将能量传递给不能吸收光子的分子，促使其发生化学反应，而光敏材料本身不参与反应，恢复到原态。目前，膜的光敏化学技术及其应用领域的研究比较热门，即模仿生物膜制成双分子层类脂膜，加入光敏色素，使之成为色素双分子膜（厚度小于10nm），光照该色素膜，产生异号的光生电荷，电荷分离到膜的两边，分别起到氧化和还原作用，形成跨膜电动势，类似于绿色植物的光合膜。

1.10 太阳能的优缺点

太阳能的优点包括：

① 普遍性。太阳光照射在地球大部分角落，没有区域限制，无需开采和运输，唯一区别就是有的地区太阳能资源丰富，有的地区较少。但太阳能至少不会被少数国家或地区垄断，造成无谓的能源危机。

② 安全性。与核能清洁能源相比，太阳能源不存在泄漏等危害生态及人类生命安全的事故，是十分可靠的清洁能源。核能发电则会有核泄漏的危险，一旦发生核泄漏，便会造成极大的危害。较大规模的核安全事故有苏联的“切尔诺贝利”核事故和日本福岛核事故。

③ 资源丰富。太阳能是人类可以利用的最丰富的能源，可以作为人类取之不尽、用之不竭的能源，它对地面照射 15min 的能量，就足够全世界使用一年，而且数十亿年内太阳不会发生明显的变化。

④ 无污染性。目前大量使用的传统能源会带来温室效应、水污染、土壤污染、酸雨、雾霾以及废物处理等一系列环境问题，而太阳能源环保、清洁、无污染。

太阳能缺点为：

① 太阳能受区域、气候、天气、昼夜甚至时间的影响较大。特别是对于太阳能源贫乏

的区域不易推广太阳能利用。

② 太阳能所发电为直流电，在转变为交流电时会产生能量损失，而且光伏系统中可能需要增加其他配套装置，比如逆变器、控制器、蓄电池等，这些装置的添加都导致太阳能发电成本增加，以及电能的损失（逆变效率、库仑效率等）。

③ 由于太阳能电池发电密度低，如果想产生相当量的能量必须要大面积安装。同时，安装位置的选择以及视觉冲击都是需要解决的问题。

1.11 太阳能电池的发展史

1839 年，法国物理学家贝克勒尔（A. E. Becqueral）（如图 1-8）第一次观察到利用光线照射导电电解质时可以产生光生伏特现象，但直到 1849 年“光伏”术语才被提出使用。1883 年，美国科学家 Charles Fritts 在硒上涂一层金形成半导体金属结简单电池。1927 年，Cu/CuO 结构太阳能电池问世，三年后，Se/CuO 电池应用到一些光电器件上。这些时期的器件或太阳能电池光电转换效率均低于 1%，只能用于光电探测。1941 年，出现了硅太阳能电池的报道，直到 1946 年硅太阳能电池才被 Russell Ohl 研发出来，并申请了现代太阳能电池制造的专利，但是这个时候的太阳能电池光电转换效率仍然很低。1954 年，美国贝尔实验室研制出第一片掺杂的硅太阳能电池，其转换效率高达 6%，如图 1-9 所示。1958 年，太阳能电池首次应用到美国人造卫星上。

图 1-8　法国物理学家贝克勒尔（1820～1891 年）

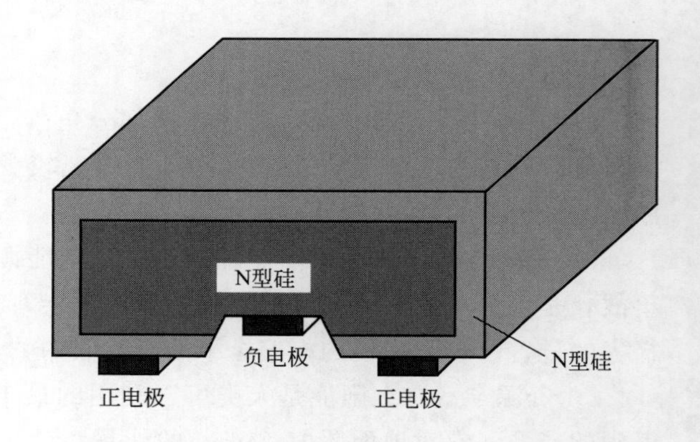

图 1-9　贝尔实验室研制出的第一块硅掺杂太阳能电池

20 世纪 70 年代初，硅太阳能电池光电转换效率有了较大提高，而且伴随着 1973 年石油危机的出现，太阳能电池在地面的应用引起了世界广泛关注，各国投入大量资金和出台相应的优惠政策来鼓励企业和科研单位开发太阳能电池。新的制造工艺的革新，以及大规模的生产促使太阳能电池成本不断降低。美国于1983年在加利福尼亚州建立了世界上最大的太阳能电厂，发电量高达1.6MW。最积极的推动者应属日本。1994年日本实施补助奖励办法，推广每户3000W“市电并联型太阳光电能系统”。在中国，太阳能发电产业亦得到政府的大力鼓励和资助。2009年3月，财政部宣布拟对太阳能光电建筑等大型太阳能工程进行补贴。

目前，太阳能电池产业呈现了百家争鸣、百花齐放的景象。太阳能电池不仅可以应用到空间领域，而且可以应用于交通运输（交通标志、道路照明和航道指示）、农牧业、偏僻山区通信设备电源、农用发电系统、艺术品电源、草坪灯及电子产品等。

太阳能电池按照发展历程大致可分为三个时代。第一代结晶硅电池，即单晶硅、多晶硅等晶体硅太阳能电池（crystalline silicon solar cell）。由于晶体硅电池技术成熟、性能稳定、价格适当，所以仍然占太阳能电池市场主导地位，份额约为90%左右。第二代薄膜太阳能电池（thin film solar cell），主要包括非晶硅、多晶硅、砷化镓、碲化镉、铜铟硒、铜铟镓硒、染料敏化等薄膜太阳能电池。薄膜电池具有沉积面积大、材料消耗低、基板选择广等优点，成本下降空间大，发展前景被部分电池企业看好，并积极进行推广上市。第三代太阳能电池处在研究发展阶段，该电池具有高转换率特点和低成本优势。主要研究热点在多带隙太阳能电池、叠层太阳能电池、量子点太阳能电池、有机半导体太阳能电池、无机/有机杂化太阳能电池以及热载流子太阳能电池等。

1.12 中国太阳能电池历史及产业现状与未来

中国的太阳能电池也经历了从无到有、从空间领域到地面、由军用到民用、由小到大、由单品种到多品种，以及能量转换效率由低到高的艰难而辉煌的历程。

1958年，我国首次研制出首块单晶硅，当时太阳能电池的研究主要为了应用到空间领域。在1969年，单晶硅太阳能电池组研制完成，如图1-10所示。1971年硅太阳能电池成功应用到“实践1号卫星”（如图1-11），其上下半球壳的梯形平面上各装有14块硅太阳能电池板，在8年的寿命期内，太阳能电池功率衰减不到15%。

图1-10 1969年中国研制的单晶硅太阳能电池组

图1-11 实践1号卫星

20 世纪 70 年代末，我国太阳能电池应用从空间领域转向地面。在 1998 年第一套 3MW 多晶硅电池及应用系统在天威英利新能源有限公司落户，2002 年无锡尚德太阳能电力有限公司第一条 10MW 太阳能电池生产线正式投产，2003 年我国开始进行商业化生产多晶硅太阳能电池。自此以后，在欧洲特别是德国市场拉动下，无锡尚德太阳能电力有限公司和天威英利新能源有限公司持续扩产，其他多家企业纷纷建立太阳能电池生产线，使我国太阳能电池的生产迅速扩大，成为光伏产业发展的主要动力。2009 年，我国太阳能电池产能占到世界总产量的 40%，其中无锡尚德太阳能电力有限公司全世界排名第二。近几年光伏电站装机情况如表 1-4 所示。2019 年，我国光伏累计装机量达到 204GW，居世界首位，远超《太阳能发展“十三五”规划》的截至 2020 年装机量达 105GW 的目标。截止到 2019 年，日本累计装机量为 61.8GW，美国累计装机量为 60.5GW，印度为 34.8GW。近几年，中国光伏电站装机量全球占比逐渐增高，2019 年占比高达 40%多，新增装机中分布式电站占比也呈现逐渐增高的趋势。相关部门按照 2018～2030 年复合增速约 11%预计，到 2030 年全球光伏累计装机量有望达到 1721GW，到 2050 年将进一步增加至 4670GW（2030～2050 年复合增速约为 5%）。未来光伏发电有望成为主要的发电方式之一。

⊡ **表 1-4　中国太阳能电池装机量**

年份		2014	2015	2016	2017	2018	2019
装机量	总量 / GW	28.1	43.2	77.4	131.1	174	204.3
	全球占比 / %	15.88	19.03	25.80	32.57	36.25	43.98
新增装机量中分布式光伏占比 / %		19.3	4	12.1	36.7	44.3	40.52

2010～2018 年，我国多晶硅、硅片、电池片、组件产量分别增加了 4 倍、8 倍、7 倍和 6 倍多。2018 年我国多晶硅、硅片、电池片、组件有效产能分别达 116.1GW、146.4GW、128.1GW、130.1GW，产量分别为 77.7GW、109.2GW、87.2GW、85.7GW，占全球总产量的比重分别为 58%、90%、73%、72%。

2018 年两种类型的单晶硅（N 型和 P 型）合计占比为 45%，到 2019 年单晶硅占比达 55%，超过多晶硅片，成为市场主导。预计到 2025 年，单晶市场份额将提升至 73%。电池片环节技术路线较多，根据硅片种类可以分为单晶电池和多晶电池，多晶技术路线主要向黑硅多晶、铸锭单晶路线发展；单晶根据衬底掺杂元素不同分为 P 型电池和 N 型电池。P 型硅片制作工艺简单、成本较低，是目前单晶电池主流产品；N 型硅片通常少子寿命较长，电池效率可以更高，但是工艺更加复杂。

多晶电池和单晶电池的平均转换效率近年来不断提升，由 2010 年的 16.5%和 17.6%提高至 2018 年的 19.2%和 21.8%。2016 年开始发展的 PERC 技术带来了更高的转换效率，得到了大规模的普及，预计多晶领域黑硅技术也将由 PERC 技术替代。2018 年受“531”新政影响，光伏行业一度遭受重创，硅片、组件等产品价格均出现断崖式下跌，但也为实现光伏平价上网创造了条件。单晶硅片、多硅晶片价格由 2018 年初的 5.35 元/W、4.6 元/W 降至 2019 年 7 月的 3.13 元/W、1.90 元/W，降幅分别达 42.99%、55.22%，单晶硅片、多晶硅片价差扩大至 1.23 元/W。2018 年单晶 PERC 组件成本降至约 1.45 元/W，随着电池转换效率和每千克硅片出片量的提升，组件成本有望持续下降。

2018年12月29日，我国首个大型平价上网光伏项目在青海格尔木正式并网发电。该项目总装机规模为500MW，总投资约21亿元，是国内一次性建成的规模最大的“光伏领跑者”项目，也是国内首个大型平价上网光伏项目，项目平均电价为0.316元/kW·h，低于青海省火电脱硫标杆上网电价（0.3247元/kW·h），开创了国内光伏平价上网的先例。

我国已经是全球最大的光伏生产国、消费国，但光伏行业仍处于成长期，未来发展空间巨大。

第2章

半导体基础

2.1 半导体

固体材料按其导电能力的差异可分为导体（conductor）、半导体（semi-conductor）及绝缘体（isolator）。半导体材料与其他材料（导体、绝缘体）的最大差异是导电性能，即电学性质。金属的电阻率（符号：ρ，单位：$\Omega \cdot cm$）很低，室温条件下一般小于 $10^{-6}\Omega \cdot cm$，故导体导电性能良好，又称为电的良导体；而绝缘体与导体恰恰相反，电阻率很高，室温条件下一般大于 $10^{12}\Omega \cdot cm$；半导体电阻率介于导体和绝缘体之间，其值约为 $10^{-3}\sim10^{6}\Omega \cdot cm$。

除了导电性能与导体和绝缘体不同之外，半导体还有其独特性能：

(1) 掺杂特性

在纯净的半导体中，掺入极微量的杂质元素，就会使它的电阻率发生极大的变化。例如，在纯硅中掺入百万分之一的硼元素，其电阻率就会从 $2.14\times10^{5}\Omega \cdot cm$ 减小到 $0.4\Omega \cdot cm$，即硅的导电能力提高了50多万倍。因此，可以通过掺入某些特定的杂质元素，精确地控制半导体的导电能力，制造成不同类型的器件。可以毫不夸张地说，几乎所有的半导体器件，都是用掺有特定杂质的半导体材料制成的。

(2) 热敏特性

半导体的电阻率随温度变化会发生明显改变。例如纯锗，温度每升高10℃，电阻率就要减小到原来的1/2。利用半导体的热敏特性，可以制作感温元件——热敏电阻，用于温度测量和控制系统中。值得注意的是，各种半导体器件都因存在热敏特性，而在环境温度变化时影响其工作的稳定性。

(3) 光敏特性

半导体的电阻率对光的变化十分敏感。有光照时，电阻率很小；无光照时，电阻率很大。半导体受光照射后电阻明显变小的现象称为“光导电”。利用光导电特性制作的光电器件还有光电二极管和光电三极管等。例如，常用的硫化镉光敏电阻，在没有光照时，电阻高达几十兆欧，受到光照时电阻立即降到几万欧左右，电阻值改变了上千倍。利用半导体的光敏特性，制造出多种类型的光电器件，如光电二极管、光电三极管等，广泛应用于自动控制和无线电技术中。

除此之外，半导体材料还具有压电效应、热电效应、霍尔效应、磁阻和压阻效应、整流效应等，还可以根据需要制造成N型和P型半导体，即载流子既可以是电子又可以是空穴，或者两者均有。因此半导体材料具有许多独特性能，用途非常广泛，除了能够制造太阳能电池外，还可以制造成电子产品，比如晶体管、探测器、集成电路、微波器件以及其他转化器件。

2.1.1 半导体分类和特征

半导体（semi-conductor）材料种类繁多，按化学成分来分大致可分为有机半导体和无机半导体。无机半导体又可细分为元素半导体和化合物半导体。元素半导体有硅、锗、硼、碳、磷、灰砷、碲、硫、硒、灰锑、灰锡、碘半导体；化合物半导体有ⅢA-ⅤA族、ⅡA-ⅥA族、ⅣA-ⅥA族、ⅤA-ⅥA族，氧化物（氧化铜、氧化锌、氧化镁、氧化钙）半导体，硫化物半导体和稀土化合物半导体。有机半导体主要有：分子晶体，如萘、蒽、芘（嵌二萘）、酞菁铜等；电荷转移络合物，如芳烃-卤素络合物、芳烃-金属络合物等；高聚物。除此之外，半导体还有固溶体半导体（solid solution semi-conductor）和玻璃态半导体（glassy state semi-conductor）。固溶体半导体是指由两种元素半导体或化合物半导体组成的半导体合金，例如，硅锗合金。固溶体半导体的优点是禁带宽度介于组成合金半导体的两种半导体之间，且随两者组分而变。通常的固溶体半导体在结晶态时呈现半导体属性，但熔化后半导体性质消失。玻璃态半导体在冷却时呈结晶态，在熔化时呈玻璃态，因此其半导体性质永远不会消失。

太阳能电池材料为半导体材料，其材料既可以是元素半导体（硅、锗）也可以是化合物半导体。由硅材料制造的太阳能电池包括单晶硅、多晶硅、准晶硅太阳能电池以及非晶硅、结晶硅薄膜太阳能电池等；由化合物半导体制造的太阳能电池包括ⅡB-ⅥA族的碲化镉（CdTe）、砷化镓（GaAs）、铜铟硒（$CuInSe_2$）、铜铟镓硒（CuInGaSe）以及ⅢA-ⅤA族的（GaAs、InP、InGaP）等。

2.1.2 电阻率、电导率

电阻率（resistivity）是表征各种物质电阻特性的物理量，反映了一个物体对通过它的电流的阻碍作用。国际上规定长度为1m、横截面积为1mm^2的导线，在常温下的电阻（resistance）大小则为该种材料的电阻率。

电阻率计算公式如下：

$$\rho=\frac{RS}{L} \tag{2-1}$$

式中，ρ为电阻率，Ω·m；S为导体横截面积，mm^2；R为电阻值，Ω；L为导体长度，m。

电阻率的大小不仅取决于材料种类，还与导体所处温度、压力和磁场等外界因素有关，在温度变化不大范围内，几乎所有金属的电阻率随温度呈现线性变化，其数学公式如下：

$$\rho=\rho_0(1+at) \tag{2-2}$$

式中，ρ_0为0℃下导体的电阻率；a是电阻率在温度范围内的温度变化系数，与材料有关；t为摄氏温度。锰铜的a约为1×10^{-5}/℃，用其制成的电阻器电阻值在常温下随温度变化极小，适合作标准电阻。材料的ρ值随温度变化的规律已知后，可将其制成电阻式温度计来测量温度。有些金属（如 Nb 和 Pb）或它们的化合物，当温度降到几开或十几开（热力学温度）时，ρ 突然减小到接近零，称为零电阻效应，出现超导现象。超导材料有广泛的应用前景。利用材料的 ρ 随磁场或所受应力而改变的性质，可制成磁敏电阻或电阻应变片，分别被用来测量磁场或物体所受到的机械应力，已在工程上获得了广泛应用。由于电阻率随温度改变而改变，所以对于某些电器的电阻，必须说明它们所处的物理状态。如一个 220V、100W 电灯灯丝的电阻通电时是 484Ω，未通电时只有 40Ω 左右。

决定半导体电阻率温度关系的因素主要是载流子浓度和迁移率随温度的变化关系。在低温下，由于载流子浓度指数式增大，而迁移率也是增大的，所以这时电阻率随着温度的升高而下降。在室温下，由于施主或受主杂质已经完全电离，则载流子浓度不变，但迁移率将随着温度的升高而降低，所以电阻率将随着温度的升高而增大。在高温下，这时本征激发开始起作用，载流子浓度将很快指数式地增大，虽然这时迁移率仍然随着温度的升高而降低，但是这种迁移率降低的作用不如载流子浓度增大的强，所以总的效果是电阻率随着温度的升高而下降。对于本征半导体，电阻率随温度升高而单调下降。

半导体开始本征激发起重要作用的温度，也就是电阻率很快降低的温度，该温度往往就是所有以 P-N 结作为工作基础的半导体器件的最高工作温度（在该温度下，P-N 结即不再存在）；该温度的高低与半导体的掺杂浓度有关，掺杂浓度越高，因为多数载流子浓度越大，则本征激发起重要作用的温度也就越高。所以，若要求半导体器件的温度稳定性越高，其掺杂浓度就应该越大。

表征电学性质的另一个物理量是电导率（conductivity），它是表征物体导电性能好坏的物理量，是物质特有的一种属性，通常以符号 σ 表示，单位为西门子/米（S/m）。电导率高，则物体导电性能好；电导率低，则物体导电性能差。导体电导率约为 10^5S/m；半导体电导率约为 10^{-10}～10^5 S/m；绝缘体电导率小于 10^{-10} S/m。

电导率与电阻率互为倒数关系，即：

$$\sigma=\frac{1}{\rho} \tag{2-3}$$

一般导电材料电导率可以通过下式计算：

$$\sigma=nq\mu \tag{2-4}$$

式中，n 为单位体积载流子的多少，即载流子浓度，cm^{-3}；q 为载流子的电量，库仑(C)；μ 为载流子迁移率，$cm^2/(V \cdot s)$。

对于半导体材料而言，由于其导电载流子为电子和空穴，故半导体材料电导率公式为：

$$\sigma=n_1 e\mu_1+n_2 q\mu_2 \tag{2-5}$$

式中，n_1、n_2 分别为电子和空穴的浓度；e、q 分别为电子和空穴的电量；μ_1、μ_2 分别为电子和空穴的迁移率。

2.2 半导体晶体结构

自然界存在的固态物质按照微观粒子排列方式可分为晶体（crystal）和非晶体（amorphous）两大类。晶体与非晶体最本质的差别在于组成晶体的原子、离子、分子等是呈周期性规则排列的，即长程有序；非晶体中这些质点除与其最近邻外，基本上无规则地堆积在一起，即短程有序。岩盐、水晶、钻石、结晶食盐、雪花、明矾、铜、铁、铅、硅、锗、砷化镓等都是晶体；玻璃、松香、石蜡等都是非晶体。

晶体可分为单晶体（mono-crystal）、多晶体（poly-crystal）及准晶体（quasi-crystal）。晶体内原子排列规律完全一致的晶体称为单晶体，单晶晶胞按照原子排列顺序进行三维空间不断平移，其结果便是单晶体，因此单晶体中所有晶胞的晶向都是相同的，宏观体现在单晶外观上有规则的外表面和棱线。单晶体有大有小，小到一个晶胞，大到几百几千克。多晶体则是由许多取向不同的单晶体无规则聚结而成，单晶体之间的原子排列呈现无规律性，从而产生了单晶与单晶的界限，该界限又被称为晶界（grain boundaries）。从单独一个晶体来看，多晶体具有单晶体的周期性、对称性，但是从多个晶体或整个晶体来看，多晶体不具备单晶的特性。准晶体是一种介于晶体和非晶体之间的固体，具有完全有序的结构，但不具有晶体平移周期性。

2.2.1 晶体特征

除了前述的晶体原子排列特征外，晶体与非晶体主要不同表现在：晶体有固定的几何外形、有固定的熔点、具有各向异性的性能。

一般情况下，自然界中天然形成的晶体都有规则的外形，珠宝店里看到的水晶原矿石，每个晶粒都是由很多光洁的小平面围成的多面体，具有明显的规则性。人工生长的晶体，其外形也具有规则性。在含尿素溶液中生长的食盐为八面体，在含硼酸溶液中生长的食盐为立方体兼八面体。直拉法工艺制备出的单晶硅棒外观上也有明显的规则性，沿＜111＞生长的单晶，有三条对称分布棱线，而沿＜100＞方向生长的单晶，则有四条对称的棱线，其碎片则为矩形。在外力作用下，单晶片往往沿着解离面开裂，晶向不同，则解离面方位不同，因此＜111＞晶向生长的单晶碎片为正三角形，而＜100＞晶向生长的单晶碎片为矩形。但是玻璃、塑料、松香、石蜡等非晶体没有规则的外形，其碎片也不具有规则性。

晶体与非晶体熔点特征可通过其熔化曲线进行分析，如图 2-1 所示。

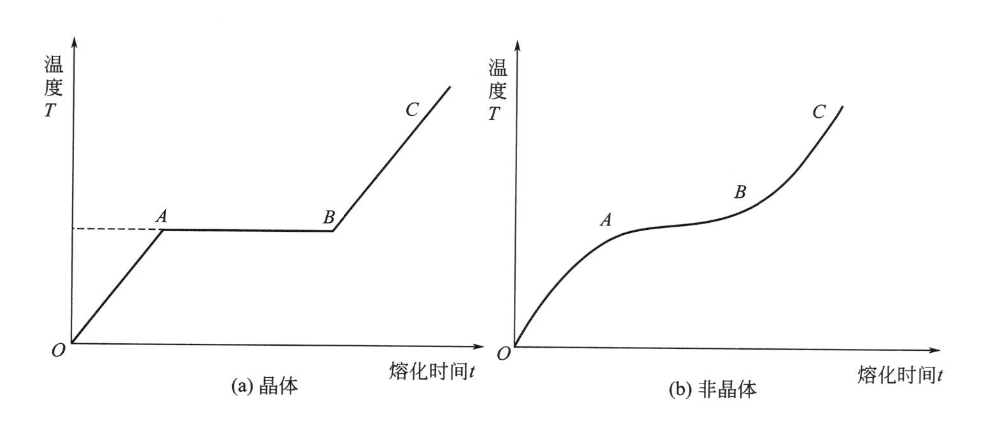

图 2-1　晶体、非晶体熔化曲线

图 2-1(a) 为晶体熔化曲线。从 O 点开始，晶体吸收外界热量温度逐渐升高，但是在温度到达 A 点之前，晶体仍然为固体且外观形状没有任何变化，当晶体所处温度到达 A 点

后，晶体开始出现熔化，一直持续到 B 点，晶体才全部熔化为液态。在从 A 点到 B 点的整个过程中，虽然加热源持续不断地进行加热，但是温度没有升高，而是保持固定不变，从 A 点到 B 点的整个过程被称为晶体的熔化过程。其温度为晶体熔化温度，即熔点。熔化过程中，温度不升高，热源释放的能量哪去了？其热量正是被用来使晶体从固态转化为液态，这也就是晶体熔化的熔化潜热。当所有晶体都熔化后（即图中 C 点），如果再进行加热，液态温度升高。

从微观粒子热运动角度分析其过程：虽然微观粒子（原子、分子）从 O 点到 A 点过程中持续不断吸收外界能量，其热运动能量增大，但是粒子能量不足以克服晶格能量束缚，故仍然在格点处振动。当温度到 A 点后，晶体粒子能量达到足够摆脱晶格（点阵）束缚时，微观粒子脱离出来，其晶体结构发生变化（液态出现），同时晶体结构中其余粒子还在不断吸收能量、摆脱束缚，直到所有原子都从晶体结构中解体出来，即到达 B 点，该过程恰是熔化过程中温度不升高的原因。

而非晶体由于分子、原子的排列不规则，吸收热量后不需要破坏其空间点阵，只用来提高平均动能，所以当从外界吸收热量时，便由硬变软［图 2-1(b) 中 AB 段］，最后变成液体（B 点）。

晶体有其确定的固液转化温度，而非晶体没有确定的固液转化温度，即晶体有熔点，而非晶体无固定熔点。一般来说，晶体熔点越高，其熔化潜热越大。硅的熔点为 1420℃，熔化潜热为 50.55kJ/mol。

晶体各向异性是指沿晶格的不同方向，原子排列周期性和疏密程度不尽相同，由此导致晶体在不同方向上物理、化学性质的不同。晶体各向异性具体表现在晶体不同方向上的热膨胀系数、热导率、电导率、磁导率、电极化强度、折射率、弹性模量、硬度、断裂强度、屈服强度等的不同。举例说明如下：由于晶体不同原子排列疏密不同、间距不同，各晶向上吸收的热量多少不同，传输热量的快慢不同，宏观表现是晶体各方向传热能量和热膨胀系数存在差异，而非晶体中原子排列无规律性，没有某个方向上原子排列具有特殊性，也就没有某个方向上物理化学性质与其他方向上有所不同。

2.2.2 晶体结构

晶体按其组成粒子之间结合力的不同可分为四类：离子晶体、原子晶体、分子晶体和金属晶体。

把晶体中周期性重复的内容（结构基元）简化为一个点，而由这些点组成的结构称为空间点阵，简化点称为点阵点，因此晶体结构＝结构基元＋点阵。NaCl 晶体二维结构和点阵如图 2-2 所示，点阵中一个“·”点代表一个 Na^+ 和一个 Cl^-。如果通过假想直线将这些点连接起来构成有周期性的空间格架，这种表示原子在晶体中排列规律的空间格架叫做晶格(crystal lattice)，这些代表原子中心的点被称为结点。

晶胞（unit cell，structure cell）是晶体结构中基本重复单位，一般情况下晶胞是平行六面体，三维空间的重复排列构成晶体（晶格），如图 2-3 所示。晶胞的基本特性即反映该晶体结构的特点，晶胞的几何特征可以用晶胞的三条棱边长 a、b、c 和三条棱边之间的夹角 α、β、γ 六个参数来描述，其中 a、b、c 称为晶格常数。不同的晶体，晶胞参数也不相同，所以 a、b、c 不一定相等，α、β、γ 可能是直角、锐角或钝角（如表 2-1 所示）。每

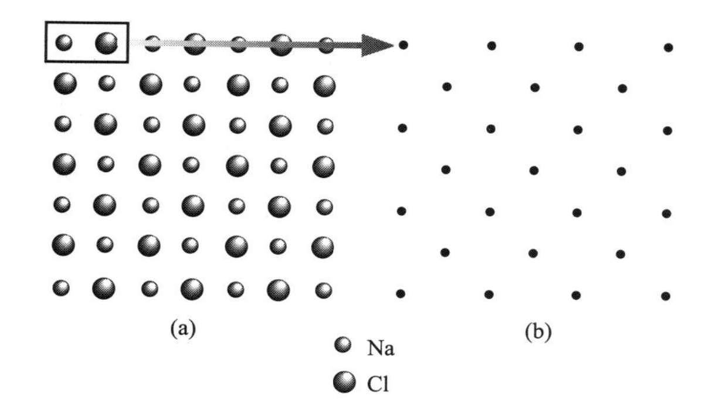

图 2-2　NaCl 晶体二维结构和点阵

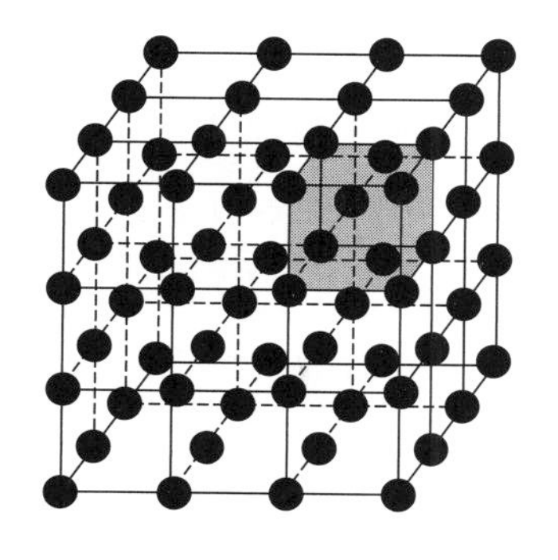

图 2-3　简单立方晶体晶格与晶胞

个晶胞含有的原子数为$\frac{1}{x}$（x 为晶胞原子被周围晶胞占有的个数）。根据晶胞的不同，晶体被分为七种晶系和 14 种点阵。对于立方晶体（图 2-4），$a=b=c$，$\alpha=\beta=\gamma=90°$，面心立方晶体晶胞原子数为 4，体心立方晶体晶胞原子数为 2，简单立方晶体晶胞原子数为 1。

表 2-1　七种晶系及其参数

晶系	边长	夹角	空间点阵	晶体实例
立方	$a=b=c$	$\alpha=\beta=\gamma=90°$	简单立方,面心立方,体心立方	Cu，NaCl
四方	$a=b\neq c$	$\alpha=\beta=\gamma=90°$	简单四方,体心四方	Sn，SnO_2
正交	$a\neq b\neq c$	$\alpha=\beta=\gamma=90°$	简单正交,面心正交,体心正交,底心正交	I_2，$HgCl_2$
三角	$a=b=c$	$\alpha=\beta=\gamma\neq 90°$	简单三角	Bi，Al_2O_3
六角	$a=b\neq c$	$\alpha=\beta=90°,\gamma=120°$	简单六角	Mg，AgI
单斜	$a\neq b\neq c$	$\alpha=\gamma=90°,\beta=120°$	简单单斜,底心单斜	S，$KClO_3$
三斜	$a\neq b\neq c$	$\alpha\neq\beta\neq\gamma\neq 90°$	简单三斜	$CuSO_4\cdot 5H_2O$

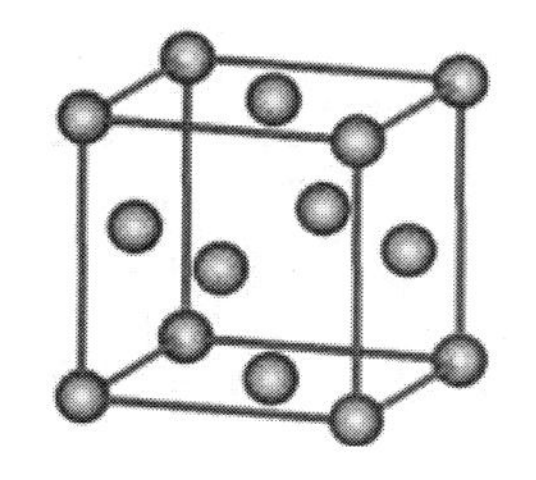
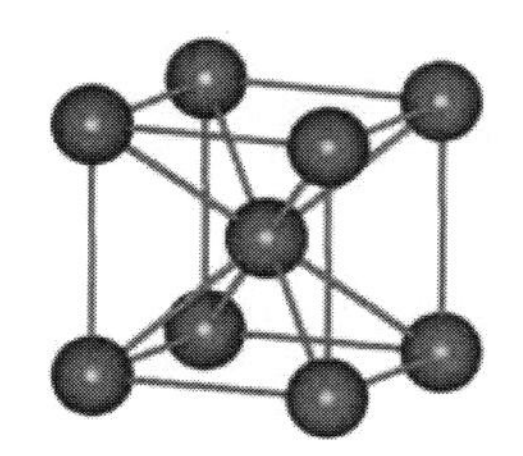
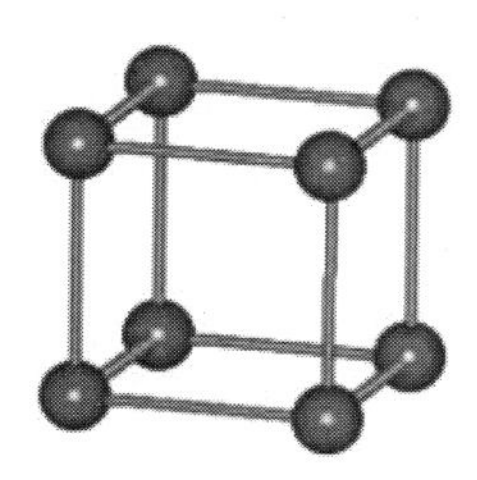

图 2-4　面心立方晶体、体心立方晶体及简单立方晶体晶胞

2.2.3　晶向与晶面

通过晶格中任意两个点连接成的一条直线称为晶列。过一格点可以做无数晶列，晶列上格点具有周期性，平行晶列间构成晶列族，晶列族包括所有格点，同一平面内相邻晶列间距

相等。

晶列取向为晶向（crystal orientation），通常用晶向指数来描述，如图 2-5 所示。晶格中任取一格点作为原点 O，以晶胞三个边分别为晶轴 x、y、z，三坐标轴单位长度分别为 a、b、c，即晶胞三边晶格常数，则任一格点 R 的位矢可表示为 $\vec{R}=m\vec{a}+n\vec{b}+p\vec{c}$（$m$，$n$，$p$ 为 $\vec{OR}$ 在 x、y、z 坐标轴上的投影），那么该晶向指数可表示为 $[mnp]$，其中 m、n、p 为互质整数，如果在某一轴上其截距为负，则在其相应指数数值上面加“–”表示。

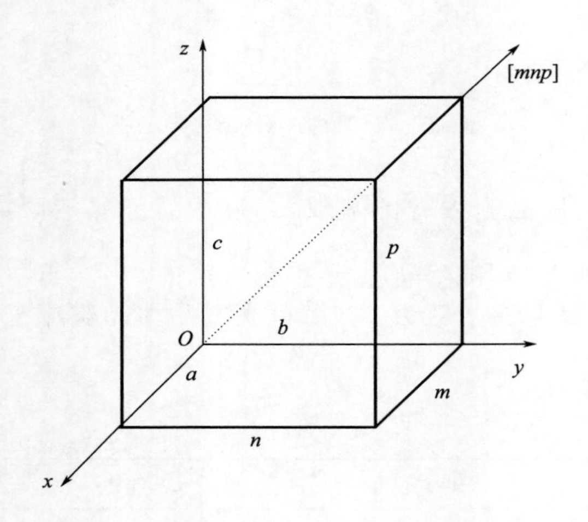

图 2-5　简单立方晶体晶向示意图

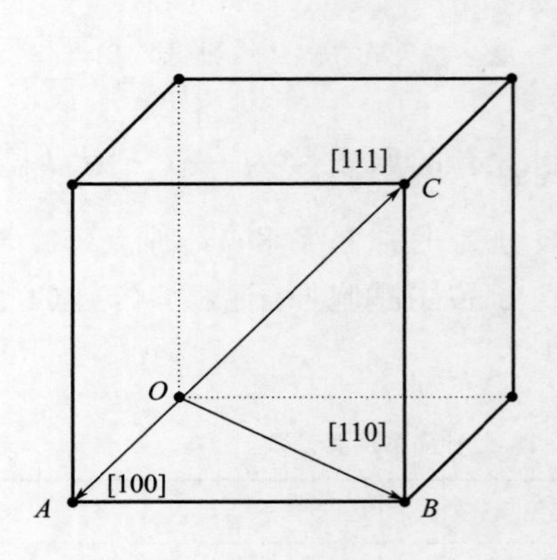

图 2-6　简单立方晶体立方边 [100]、[110]、[111] 晶向

以简单立方晶体进行举例分析。取简单立方晶体的晶胞作为分析单元，以底面某原子所处位置为原点 O，以过晶胞 O 点的三个边为坐标轴，组成 x、y、z 坐标系，由于简单立方的三边相互垂直且相等，所以 x、y、z 轴单位长度相等，均为 a，则该立方体立方边 $\overrightarrow{OA}$ 晶向为 [100]，面对角线 $\overrightarrow{OB}$ 晶向为 [110]，体对角线 $\overrightarrow{OC}$ 晶向为 [111]，如图 2-6 所示。该立方体沿 x、y、z 方向的晶向为 [100]、[010]、[001]，沿坐标轴负方向晶向可表示为 $[\bar{1}00]$、$[0\bar{1}0]$、$[00\bar{1}]$，由于简单立方晶体原子排列具有高度的对称性，所以上述 6 个晶向称为等效晶向，记作<100>（如图 2-7）。同样，简单立方晶体 12 条面对角线等效晶向记作<110>（如图 2-8），8 条体对角线等效晶向记作<111>（如图 2-9）。

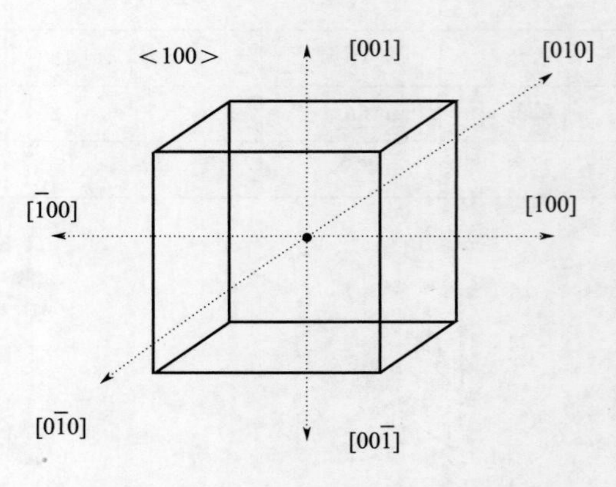

图 2-7　简单立方晶体立方边 6 个等效晶向

晶体中的原子可以看成是分布在一系列平行而等距的平面上，这些平面就称为晶面（crystal face），平行的晶面组成晶面族。

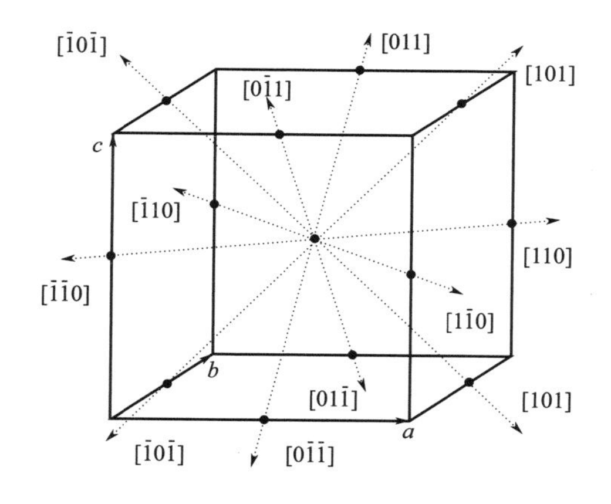

图 2-8　简单立方晶体面对角线 12 个等效晶向

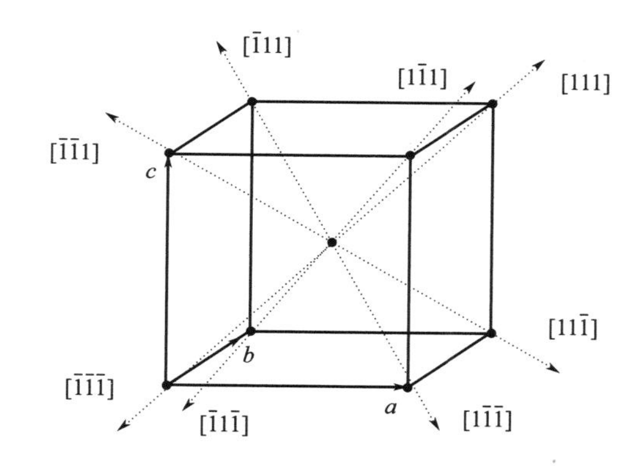

图 2-9　简单立方晶体体对角线 8 个等效晶向

晶面指数（crystal face indices）又称为迷勒指数（Miller indices），其确定方法是：任选一格点为原点 O，以晶胞基矢 a、b、c 所在边为晶轴 x、y、z，以晶胞边长为单位长度建立坐标系，则晶面在坐标轴上截距 r、s、t 的倒数比即为迷勒指数，表示为（hkl），其中 h、k、l 为互质整数，如某一轴为负方向截距，则在相应指数上冠以“–”号。有时为了表示特定的某个晶面，也可以不化为互质整数，比如，(200) 指平行于 (100) 晶面，与 a 轴截距为 $\frac{1}{2}a$ 的晶面。

实际上，(hkl) 并非只表示一个晶面，而是代表一组原子排列相同的平行晶面。h、k、l 分别表示沿三个晶轴单位长度范围内所包含的该晶面的个数，即晶面的线密度。例如，(123) 晶面表示在 x 轴上单位长度内有 1 个晶面，在 y 轴上单位长度内有 2 个该晶面，而在 z 轴上单位长度内有 3 个晶面，而其中距离原点最近的晶面在三个坐标轴上截距分别为 1、1/2、1/3。

简单立方晶体某些晶面迷勒指数如图 2-10 所示。

在晶体中有些晶面原子排列和分布规律完全相同，晶面间距也相同，但唯一不同的是晶面在空间的位向，这样的一组等同晶面称为等效晶面，表示为 $\{hkl\}$。立方晶系中晶面族中所包含的各晶面其晶面指数的数字相同，但数字的排列次序和正负号不同（如图 2-11）。立方晶系中 {100} 包括 (100)、(010)、(001) 三组等效晶面；{110} 包括 (110)、(101)、(011)、($\bar{1}10$)、($\bar{1}01$)、($0\bar{1}1$) 6 组等效晶面；{111} 包括 4 组等效晶面；{123} 则包括 24 组等效晶面。

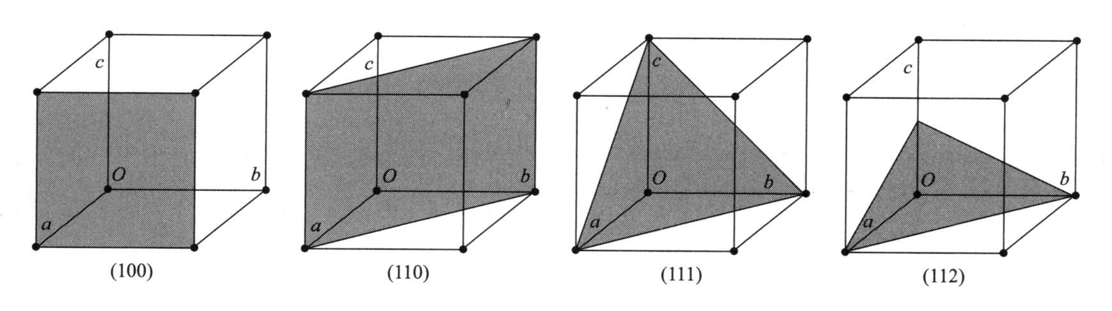

图 2-10　立方晶系晶面迷勒指数表示

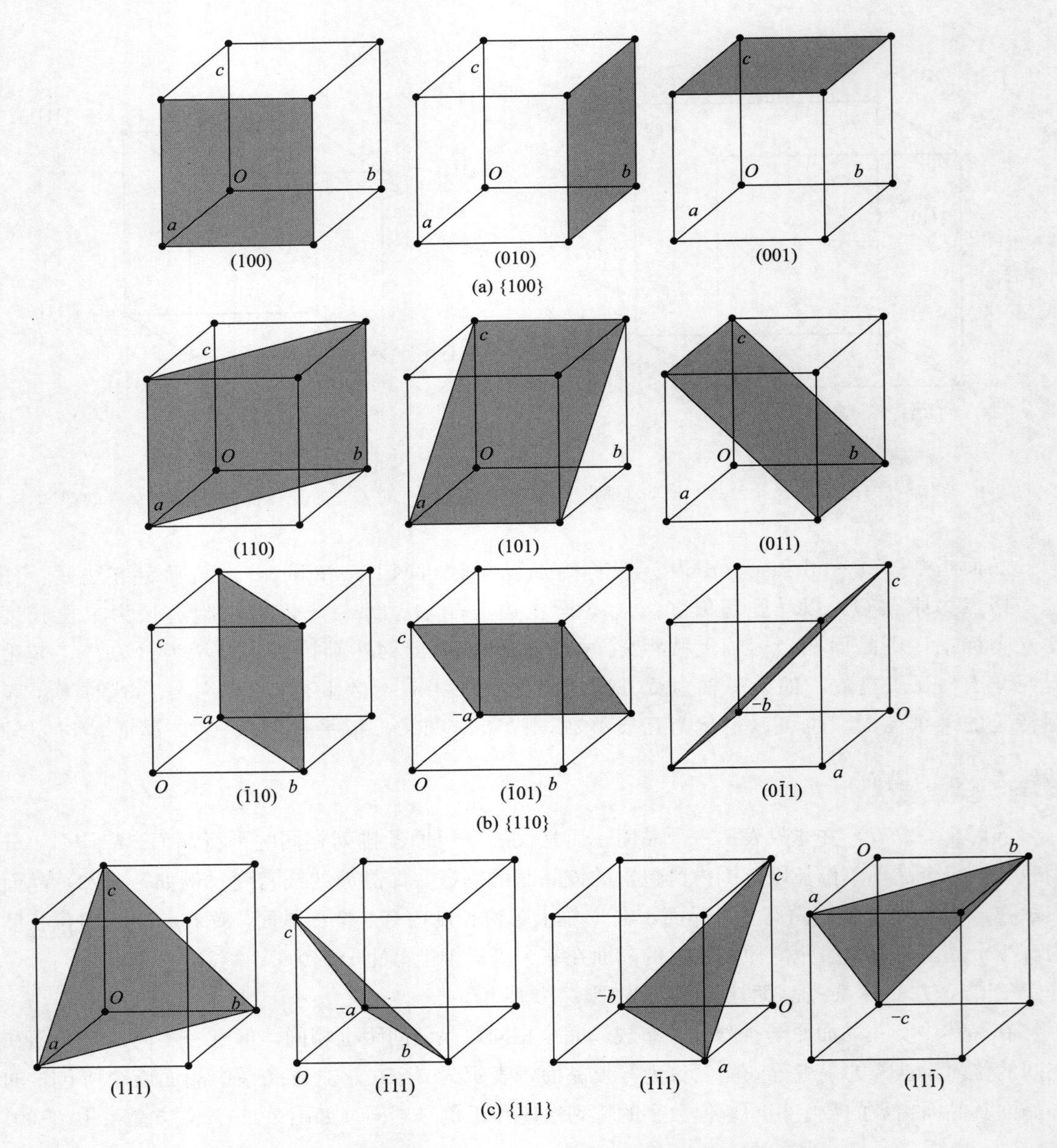

图 2-11　立方晶系 {100}、{110}、{111} 等效晶面示意图

2.2.4　晶向与晶面的关系

除了前面讲述的晶向有等效晶向，晶面有等效晶面外，平行晶面、晶向，晶面与晶向关系则在该节做一个简单分析。

(1) 平行晶面、平行晶向　晶向指数相同，仅仅符号相反的情况下，两晶向是平行的但方向相反。比如，$[100]//[\bar{1}00]$、$[111]//[\bar{1}\bar{1}\bar{1}]$，所以当 $[mnp]$、$[m'n'p']$ 中对应量数值相等，符号相反时，$[mnp]//[m'n'p']$。晶面也一样，$(010)//(0\bar{1}0)$、$(111)//(\bar{1}\bar{1}\bar{1})$。从坐标变换的思路分析可以看出，互为平行的晶向指数、晶面指数是关于原点对称的，即指数之和均为零。

(2) 晶面晶向垂直关系 对于立方晶系，指数相同的晶面与晶向相互垂直。比如，[100]⊥(100)，[100]⊥($\bar{1}$00)，(100)⊥[$\bar{1}$00]。

(3) 晶面原子面密度 同一晶面上，单位面积中的原子数称为晶面原子面密度，简称面密度。晶面指数不同的晶面族，晶面间距不同，面密度也不同。晶体面间距小的晶面族，晶面排列密集，面密度小；晶面间距大的晶面族，晶面排列稀疏，面密度较大。而晶面指数与晶面间距关系为：晶面指数大的晶面族，晶面间距小，则面密度小；晶面指数小的晶面，晶面间距大，面密度大。以单晶硅为例，晶面指数与晶面间距、面密度关系如表 2-2 所示。

表 2-2 单晶硅晶面指数对应晶面间距、面密度

晶面指数	晶面间距/nm	面密度($1/a^2$)
(100)	$a/4=0.136$	2.00
(110)	$\sqrt{2}a/4=0.192$	$4/\sqrt{2}=2.83$
(111)	$\sqrt{3}a/4=0.235$	$4/\sqrt{3}=2.31$
	$\sqrt{3}a/12=0.078$	

七晶系晶面间距计算公式如下。

立方晶系：

$$d_{hkl}=\frac{a}{\sqrt{h^2+k^2+l^2}} \tag{2-6}$$

四方晶系：

$$d_{hkl}=\frac{a}{\sqrt{h^2+k^2+a^2l^2/c^2}} \tag{2-7}$$

正交晶系：

$$d_{hkl}=\frac{1}{\sqrt{\left(\frac{h}{a}\right)^2+\left(\frac{k}{b}\right)^2+\left(\frac{l}{c}\right)^2}} \tag{2-8}$$

三角晶系（菱面体晶胞）：

$$d_{hkl}=\frac{a\sqrt{1-3\cos^2\alpha+2\cos^3\alpha}}{\sqrt{(h^2+k^2+l^2)\sin^2\alpha+2(hk+kl+hl)(\cos^2\alpha-\cos\alpha)}} \tag{2-9}$$

三角晶系（六角晶胞）：

$$d_{hkl}=\frac{a}{\sqrt{\frac{4}{3}(h^2+k^2+l^2)+\left(\frac{al}{c}\right)^2}} \tag{2-10}$$

六角晶系：

$$d_{hkl}=\frac{a}{\sqrt{\frac{4}{3}(h^2+k^2+l^2)+\left(\frac{al}{c}\right)^2}} \tag{2-11}$$

单斜晶系：

$$d_{hkl}=\frac{a\sqrt{1-3\cos^2\alpha+2\cos^3\alpha}}{\sqrt{(h^2+k^2+l^2)\sin^2\alpha+2(hk+kl+hl)(\cos^2\alpha-\cos\alpha)}} \tag{2-12}$$

三斜晶系：

$$d_{hkl}=\frac{V}{\sqrt{S_{11}h^2+S_{22}k^2+S_{33}l^2+2S_{12}hk+2S_{23}kl+2S_{13}lh}} \tag{2-13}$$

(4) 晶面、晶向夹角 晶体各个晶面之间的夹角，晶向之间的夹角，以及晶面和晶向间的夹角可以通过其指数进行计算。

假设两晶向指数分别为 $[m_1n_1p_1]$、$[m_2n_2p_2]$，则其晶向夹角可表示为：

$$\cos\phi=\frac{a^2m_1m_2+b^2n_1n_2+c^2p_1p_2}{\sqrt{(a^2m_1^2+b^2n_1^2+c^2p_1^2)\times(a^2m_2^2+b^2n_2^2+c^2p_2^2)}} \tag{2-14}$$

对于两晶面的夹角计算，可以转化为两晶面法向之间的夹角问题求解。假设两晶面的晶面指数分别为 $(h_1k_1l_1)$、$(h_2k_2l_2)$，则其晶面夹角可表示为：

$$\cos\phi=\frac{\frac{h_1h_2}{a^2}+\frac{k_1k_2}{b^2}+\frac{l_1l_2}{c^2}}{\sqrt{\left(\frac{h_1^2}{a^2}+\frac{k_1^2}{b^2}+\frac{l_1^2}{c^2}\right)\times\left(\frac{h_2^2}{a^2}+\frac{k_2^2}{b^2}+\frac{l_2^2}{c^2}\right)}} \tag{2-15}$$

晶面与晶向夹角问题可以转化为晶向与晶面法向夹角 ϕ 的余角，即 $\theta=90°-\phi$，则晶向 $[mnp]$ 与晶面 (hkl) 夹角可表示为：

$$\cos\phi=\sin\theta=\frac{hm+kn+lp}{\sqrt{\left(\frac{h^2}{a^2}+\frac{k^2}{b^2}+\frac{l^2}{c^2}\right)\times(a^2m^2+b^2n^2+c^2p^2)}} \tag{2-16}$$

以立方晶系为例，对上述各夹角表达方式进行简化。

立方晶系晶面间夹角为：

$$\cos\phi=\frac{h_1h_2+k_1k_2+l_1l_2}{\sqrt{(h_1^2+k_1^2+l_1^2)\times(h_2^2+k_2^2+l_2^2)}} \tag{2-17}$$

立方晶系晶向间夹角为：

$$\cos\phi=\frac{m_1m_2+n_1n_2+p_1p_2}{\sqrt{(m_1^2+n_1^2+p_1^2)\times(m_2^2+n_2^2+p_2^2)}} \tag{2-18}$$

立方晶系晶向晶面间夹角为：

$$\cos\phi=\sin\theta=\frac{hm+kn+lp}{\sqrt{(h^2+k^2+l^2)\times(m^2+m^2+p^2)}} \tag{2-19}$$

单晶硅常用晶面、晶向夹角如表 2-3 所示。

表 2-3 单晶硅常用晶面、晶向夹角关系

晶向	[100]	[110]		[111]		[211]		
与晶面{111}夹角	35°16′	0°	54°44′	90°	19°28′	0°	70°32′	28°08′
与晶向<111>夹角	35°44′	90°	35°16′	0°	70°32′	90°	19°28′	61°52′

(5) 晶面腐蚀、晶体生长速度 晶体生长时，各晶面指数不同，其法向生长速度也不同。单晶硅，(100) 晶面法向生长速度最快，(110) 晶面法向生长速度次之，(111) 晶面法向生长速度最慢。各晶面对耐腐蚀性能也不相同，(100) 晶面腐蚀速率最快，(110) 晶面次之，(111) 晶面腐蚀速率最慢。

2.2.5 结晶过程

与熔化相反的过程是结晶过程，如图 2-12 所示。液态物质在温度降到凝固点（A 点）时，液体并不会立刻结晶为固态，而是需要继续释放热量，以降低微观粒子的热运动、降低粒子能量，晶格结构逐步建立，最终液态全部转化为固态（B 点）。在整个结晶过程中，液体温度保持不变，该温度点实际上就是晶体熔化时的熔点，其结晶过程中释放的热量（结晶潜热）等于熔化潜热。

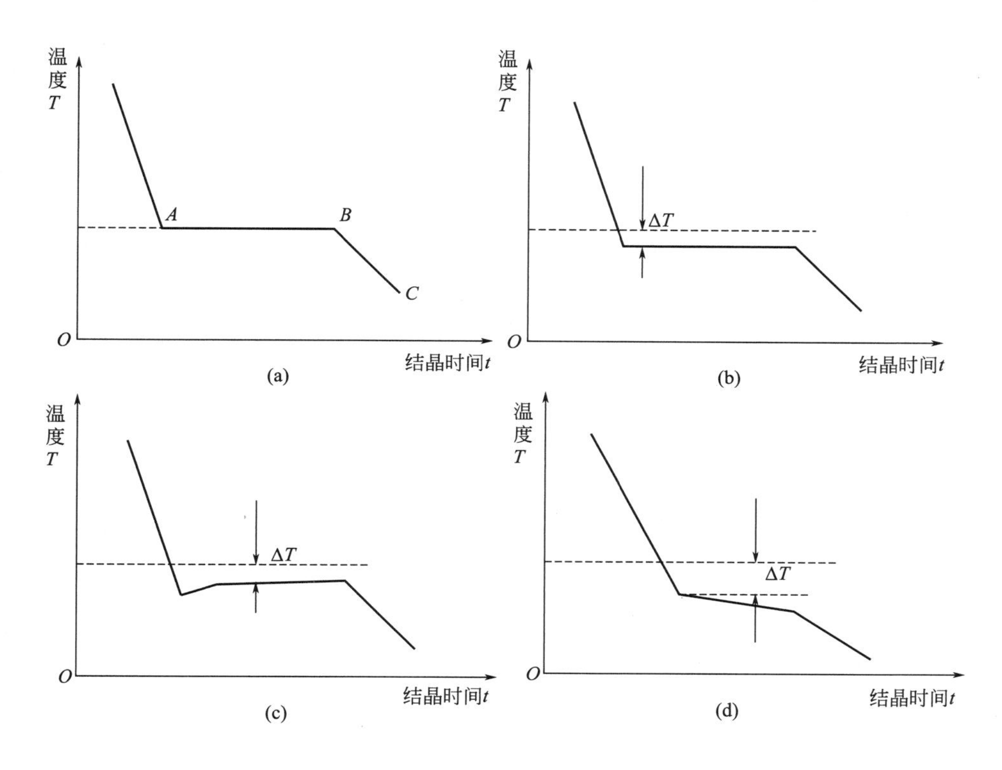

图 2-12 结晶曲线

实际上，晶体结晶过程与上述理想情况下是不同的，晶体熔化也是如此。晶体的熔点温度也是结晶温度，因此晶体在该温度时是处于固液共存的平衡状态，所以如果希望液体结晶则必须使温度低于熔点温度，即液体必须有一个过冷度结晶才能进行。过冷度是指实际结晶温度与其熔点差值，即图中 ΔT。不同的熔体，ΔT 不同，即使相同熔体，若冷却条件及其熔体纯度不同，ΔT 也不同。但是对于某一确定的熔体，ΔT 有一个最小值 $\Delta T'$，若过冷度小于该值，结晶几乎不进行或者进行非常缓慢。

影响结晶的关键因素是结晶潜热的释放和实时移出。如果结晶潜热的释放和移出相等，则结晶在一定过冷度下持续进行，直到液体全部转化为晶体，如图 2-12(b)；图 2-12(c) 则是熔体冷却较快、过冷度较大，导致结晶速度加快、释放的结晶潜热大于实时移出热量，所以熔体温度回升。温度回升，过冷度减小，结晶放慢，结晶潜热释放减少，如此循环下去，一直到释放和移出热量相等。如果熔体过冷度不大，可能导致释放结晶潜热始终大于实时移出热量，在这种情况下，温度持续升高，直到结晶停止，甚至局部可能发生回熔现象。图 2-12(d) 则是在熔体冷却较快、释放潜热小于移出热量的情况下的结晶曲线。结晶始终在连续降温中进行，直到结晶结束。

结晶过程可以近似看作等温等压过程。根据热力学系统自由能理论，当系统的变化使系统自由能降低时，过程才能自动进行。结晶过程中自由能变化曲线如图 2-13 所示，当温度大于晶体结晶熔点 T_m 时，液态自由能 G_L 低于固态自由能 G_S，液态转变为固态是向自由能升高方向进行，所以结晶不能发生；当温度小于晶体熔点 T_m 时，液态转化为固态是自由能降低过程，所以结晶能自动进行下去。

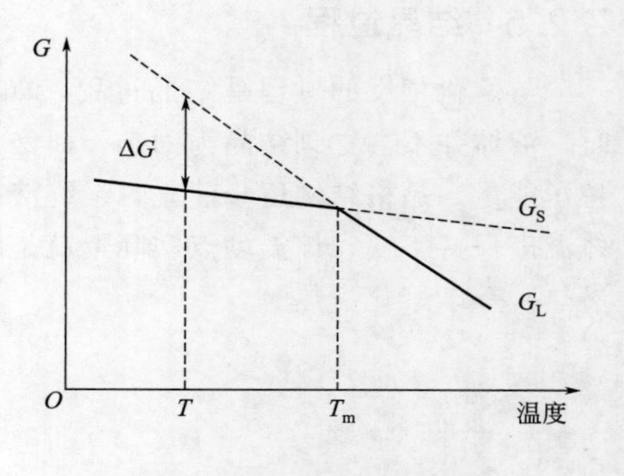

图 2-13　自由能变化曲线

2.2.6　晶核形成

结晶过程起始于晶核（crystal nucleus）形成，然后晶核长大成为晶体。晶核形成的过程即形核可分为两类：均匀形核（自发形核）和非均匀形核（非自发形核）。

自发形核主要是由于液体内部局部过冷，熔体自发生成的晶核。虽然熔体中晶体晶格结构遭到破坏，但是在几十个原子范围内的近邻原子依靠原子间的结合力使彼此排列仍然有一定的规则性，这种依靠原子间力结合在一起的小集团被称为晶胚。当过冷液体中出现晶胚时，一方面由于在这个区域中原子由液态的聚集状态转变为固态的排列状态使体系自由能降低，它是固、液相间体积自由能之差，是晶核形成的驱动力；另一方面由于晶胚构成新的表面，又会引起表面自由能的增加，它是单位面积表面能，是晶核形成的阻力。系统总的自由能可表示为：

$$\Delta G = V\Delta G_V + A\sigma \tag{2-20}$$

由于过冷到熔点以下时，自由能为负值，所以：

$$\Delta G = \frac{4}{3}\pi r^3 \Delta G_V + 4\pi r^2 \sigma \tag{2-21}$$

系统自由能极值点为：
$$\frac{d(\Delta G)}{dr} = -4\pi r^2 \Delta G_V + 8\pi r\sigma = 0 \tag{2-22}$$

则临界晶核半径为：$r_c = \frac{2\sigma}{\Delta G_V}$。临界晶核半径与晶核单位表面自由能成正比，而与单位体积自由能成反比。

将 $\Delta G_V = \left|\frac{-L_m \times \Delta T}{T_m}\right|$ 带入临界半径公式得：$r_c = \frac{2\sigma T_m}{L_m \Delta T}$。临界晶核半径与过冷度成反比。

当 $r > r_c$，随着晶胚尺寸增大，系统自由能降低，结晶过程自动进行。

当 $r < r_c$，随着晶胚的长大，系统自由能增大，该晶胚不稳定，瞬时消失，瞬时聚集。

当 $r = r_c$，晶胚可能长大，也可能熔化，两种趋势都是使自由能降低的过程。只有那些半径大于 r_c 晶胚才能长大为晶核，所以 r_c 被称为临界半径，半径为 r_c 的晶胚被称为临界晶胚。

晶核半径与自由能关系如图 2-14 所示。

非均匀形核是指依附于固态物质上的形核。在直拉法制备单晶硅棒中籽晶就起到了结晶核心的作用，结晶是在籽晶芯上进行的，籽晶则为非均匀形核。熔体中未熔杂质、坩埚上某点均可以为非均匀形核。因此，非均匀形核过程所需要的功比自发形核需要的功要小，相比较而言，非均匀形核较容易形成。

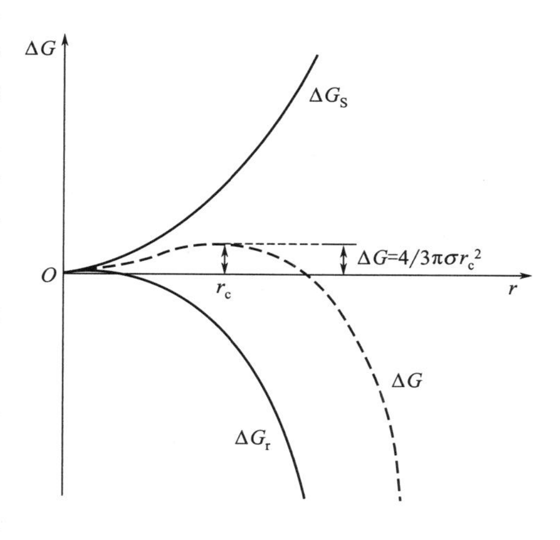

图 2-14　晶核半径与自由能关系

晶胚长为晶核后，就会进入长大阶段，熔体开始结晶。从宏观来看，晶体长大是晶体界面向液相中推移的结果；从微观分析，晶体长大是液相原子扩散到固液界面上的固相表面，按晶体空间点阵规律，占据适当位置稳定地和晶体结合起来。晶体生长快慢的影响外因是固液界面温度分布、结晶潜热释放和实时移出，而内因包括晶体本身晶系结构（立方、四方、三斜等）、晶体生长界面结构（稀排面、密排面等）、晶体生长界面情况（凸面、凹面、平面）等。

2.2.7　晶体缺陷

理想的晶体原子严格排列在晶格结构的点阵点上，但是实际的晶体会有少数晶粒背离晶格排列的位置，这种实际晶体中与理想的点阵结构发生偏差的区域称为缺陷（defect）。

晶体的缺陷根据其几何形状可以分为点缺陷、线缺陷、面缺陷以及体缺陷。点缺陷尺寸处于原子大小的数量级上，三维方向上缺陷的尺寸都很小。点缺陷主要有空位、间隙原子、替位原子。由于点缺陷体积小，用现有的手段无法直接观察，所以对点缺陷的观察是利用其电学性能间接观察；线缺陷是在一维方向上偏离理想晶体中的周期性、规则性排列所产生的缺陷，即线缺陷尺寸在一维方向上较长，另外二维方向上很小。线缺陷一般是指各种位错，如滑移位错、失配位错等；面缺陷为二维缺陷，包括晶界、相界、堆垛层错；体缺陷可分为：划痕、刻字标记、边缘缺口、裂缝等肉眼可见的机械损伤，几何尺寸为微米或亚微米的微缺陷，以及由较多的杂质、缺陷聚集而成的各种大的复合体、沉积物等。

缺陷的本质研究虽然不够完善，但其产生的危害却是不容置疑的。从微观上来看，缺陷的影响是：在禁带中引入能级，作为复合中心，影响载流子的寿命，也影响迁移率等参数；对杂质的影响则是改变其扩散能力和电学活性。这些微观机制在宏观上则表现为对器件性能的各种影响，比如，增加太阳电池反向饱和电流，降低品质因子，降低开路电压和短路电流等。

(1) 点缺陷

1）间隙原子缺陷（interstitial defect）　如图 2-15 所示，半导体晶体中总有少数原子跑到晶格间隙中成为间隙原子，间隙原子可以是晶体自身原子（自间隙原子），也可以是其他杂质原子，如氧原子，在硅中主要是处在其晶格中。间隙原子的存在必然会造成晶格畸变，如果间隙原子是自间隙原子，且自间隙原子处于分立状态，则它与空位一样，对晶体影响较小，但是更多的时候自间隙原子会聚集成团，在应力作用下聚集团形成了位错环。

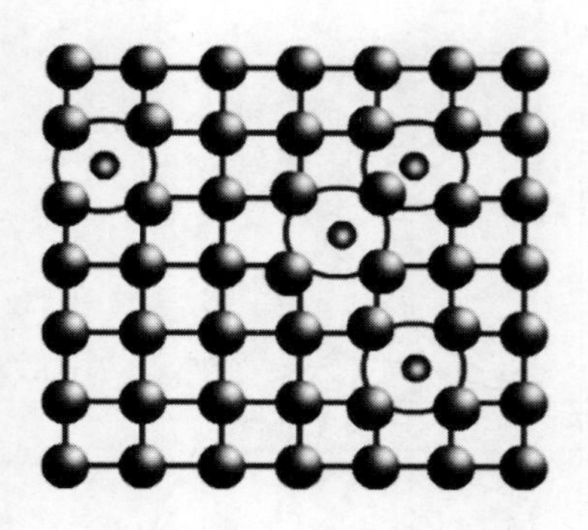

图 2-15 间隙原子缺陷

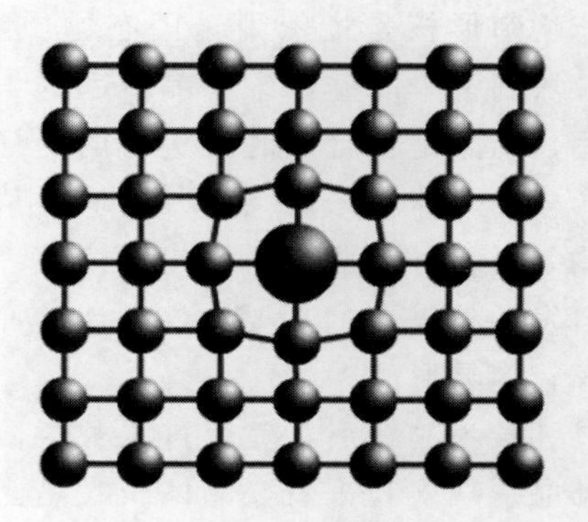

图 2-16 替位原子缺陷

2）替位原子缺陷（displacement defect） 杂质原子在硅中可能形成间隙原子，也可能形成替位原子（如图 2-16），如在硅中特意掺杂的 B、P、Se、Ga、Al 等杂质，会成为替位原子。杂质的结合半径与半导体本身原子不完全相同，如果杂质的价电子数与本身原子不相同，它也会引起电场的变化。另外，如果替位原子是其化合物半导体中某一个原子，该种杂质可以形成深杂质能级，对化合物半导体性质产生重要影响，例如，砷化镓半导体中镓原子替代了砷的晶格位置，化合物半导体的这种缺陷称为“反位缺陷”。

3）空位缺陷（vacancy defect） 空位缺陷主要包括肖特基（Schottky）缺陷和弗兰克（Frankel）缺陷。如果晶格原子中某个原子脱离自己的位置移到了晶体表面时，就使得晶格中仅残留空位而没有间隙原子存在，这种缺陷称为肖特基缺陷，也被称为晶格空位缺陷（图 2-17）。如果晶格中某原子脱离自己的位置而移动到晶格间隙中成为间隙原子，这种晶格结构中既有空位又有自间隙原子的缺陷称为弗兰克缺陷（图 2-18）。具有空位缺陷的晶格，在周期性势场作用下，周围的原子必然向空位挤压，使晶格发生畸变，如果空位是孤立的则对半导体影响不大，但是当晶体处于一定温度下，空位会移动形成空位团，空位团导致晶格畸变更加严重。该类缺陷在晶体中的浓度大小主要与晶体的热历史有关。该种缺陷与其他缺陷相互作用会对半导体的性能造成更大影响。

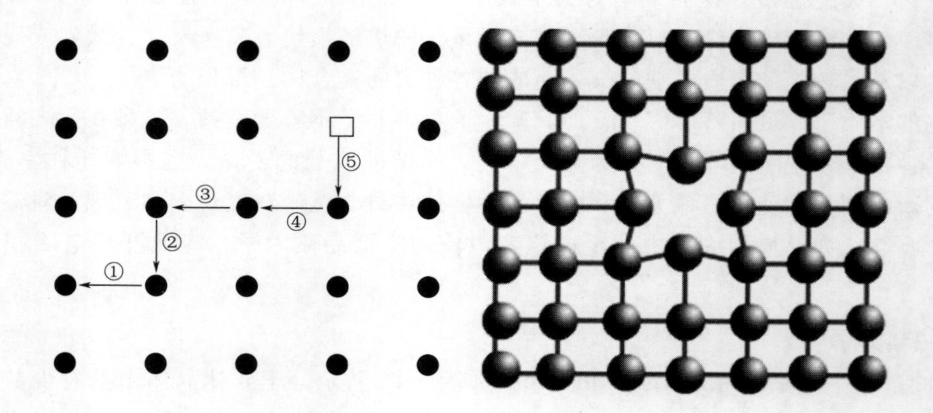

图 2-17 肖特基缺陷

(2) 线缺陷

线缺陷是指晶体内部结构中沿着某条线（行列）方向的周围局部范围内所产生的晶格缺

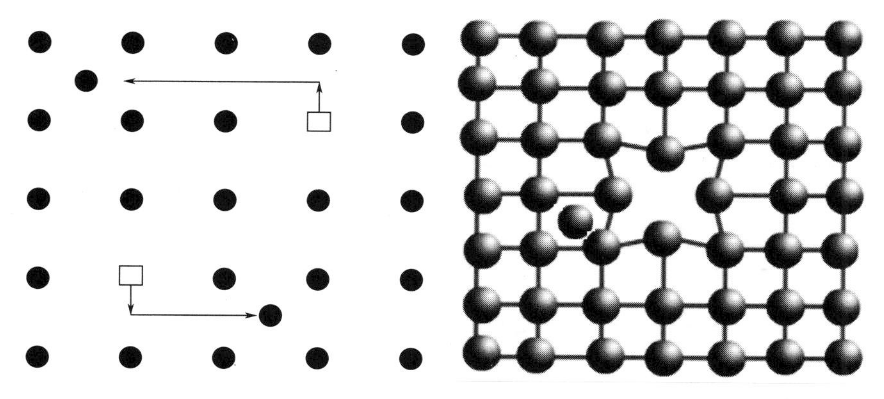

图 2-18　弗兰克缺陷

陷。线缺陷的表现形式为位错，是由晶体中原子平面的错动引起的。当施加外力（拉应力、压应力或剪切应力等）在一晶体上时，晶体会产生形变，在弹性形变范围内，当外力撤去时晶体会回复到原来的状态，当外力较大超过晶体弹性强度时晶体产生塑性形变，撤去外力后晶体回复不到原来状态，使得晶体的一部分相对另一部分产生滑移，导致位错的产生。位错有一定的长度，它的两端必须终止于晶体表面或界面，也可以头尾相连构成位错环。位错从几何结构可分为刃型位错（edge dislocation）、螺旋位错（screw dislocation）及位错环（dislocation loop）。

1）刃型缺陷　图 2-19 为刃型位错示意图。某一原子面在晶体内部中断，这个原子平面中断处的边缘是一个刃型位错，就像刀刃一样将晶体上半部分切开，如同沿切口强行锲入半原子面，将刀口处的原子列称为刃型位错。在剪切力 τ 作用下，平面 $ABB'A'$ 上方的晶格会相对于下方的晶格向右移动一个原子间隔距离，在该滑移过程中右边表面原子并没有向右移动，因此在滑移面 $ABB'A'$ 上方会挤出一个额外的半平面 $EFGH$，EF 称为位错线，当原子额外半平面在滑移面上方时，位错表示为“⊥”，图中示意位错表示就是如此，当额外半平面在滑移面下方时，位错表示为“⊤”。

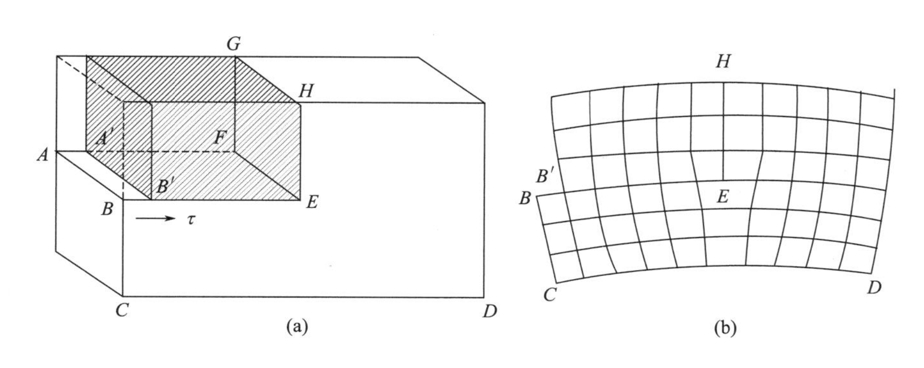

图 2-19　刃型位错

2）螺旋缺陷　图 2-20 为螺旋位错示意图。将规则排列的晶面剪开（但不完全剪断），然后将剪开的部分其中一侧上移半层，另一侧下移半层，然后黏合起来，形成一个类似于楼梯拐角处的排列结构，则此时在“剪开线”终结处（这里已形成一条垂直纸面的位错线）附近的原子面将发生畸变，这种原子不规则排列结构称为一个螺旋位错。

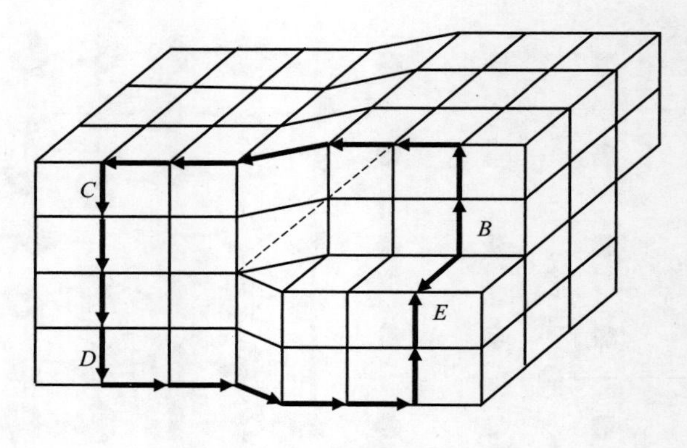

图 2-20 螺旋位错

半导体单晶制备和半导体器件生产的许多环节都是在高温下进行的，因而不可避免地会在晶体中产生一定的应力，该应力作用下晶体中部分原子可能会沿着某一晶面发生移动，形成位错缺陷。

(3) 面缺陷

如果说线缺陷为一维缺陷，那么面缺陷则为二维缺陷。面缺陷主要包括孪晶（twin crystal）、晶粒间界（grain boundary）和堆垛层错（stacking fault）。

1）孪晶 孪晶是指两个晶体或一个晶体的两部分，沿着一个公共晶面构成镜面对称的位向关系，这两个晶体被称为孪晶，而公共晶面则是孪晶面，如图 2-21 所示。面心立方晶体 {111} 面堆垛次序为…$ABCABC$…（A、B、C 分别标记原子位置为 a、b、c 的原子层），而在某一层其堆垛层次颠倒过来变为…$ABCACBA$…。

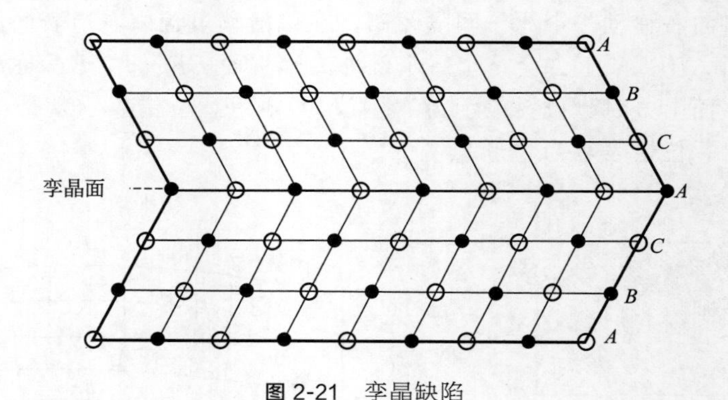

图 2-21 孪晶缺陷

2）堆垛层错 堆垛层错是指晶体晶格结构中某一层出现错排，从而导致沿该层间平面（层错面）两侧附近原子的错误排布，如图 2-22 所示。堆垛层错常见于密堆积结构及层状结构的晶体中，例如面心立方晶体以 {111} 六方密排面按密堆积方式堆垛而成，正常堆垛顺序是…$ABCABC$…。若引入反常顺序堆垛，则成…ABC（↑A）BC…或…ABC（↓B）ABC…，前者↑相当于抽走 A 层，后者↓相当于插入 B 层，分别称作抽出型层错和插入型层错。层错的引入使其两侧的晶体发生了相对位移，但晶体仍保持为密堆积结构，因而具有较低的界面能量。

3）晶粒间界 晶粒间界是指同种晶体内部结晶方位不同的两晶格间的界面，或说是不同晶粒之间的界面，如图 2-23 所示。按结晶方位差异的大小可将晶界分为小角度晶界和大角度晶界等，小角度晶界一般指的是两晶格间结晶方位差小于 10°的晶界，方位差大于 10°

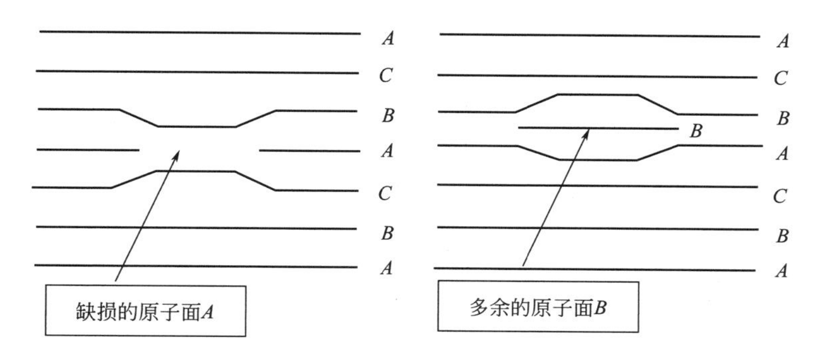

图 2-22 堆垛层错缺陷

则为大角度晶界。研究发现，小角度晶界基本上由位错构成，在晶体生长过程的某个阶段，一系列位错出现并沿着滑移面滑移和爬升，从而形成小角度晶界。当晶界方位差大于 10° 时，位错结构便失去其物理意义，单晶也就变成了多晶；大角度晶界结构相对十分复杂，一般认为相邻晶粒在邻接处形状是由不规则的台阶组成，总之，大角度晶界区域一些原子排列比较整齐，而一些原子排列则比较混乱，因此可以把大角度晶界看作是原子排列紊乱的区域（也被称为坏区）与原子排列比较整齐的区域（称为好区）交替相间而成。

(4) 体缺陷

体缺陷为三维缺陷，其表现形式为空隙和不纯物聚合。

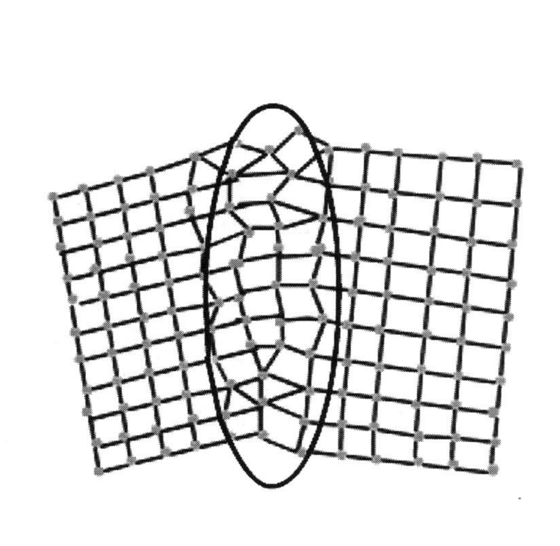

图 2-23 晶粒间界缺陷

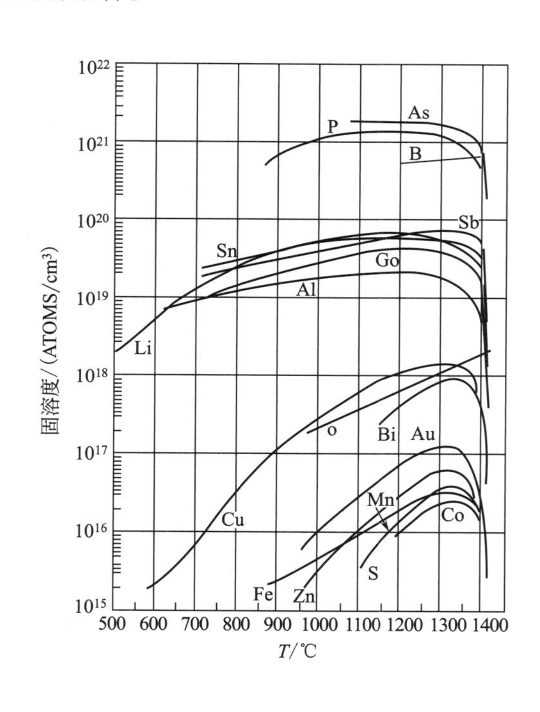

图 2-24 杂质在硅中固溶度与温度的关系

硅晶体中的空隙主要是过饱和晶格空位聚集而成的，其尺度约在 1μm 以下。由于硅晶体优先以一个［111］面为边界面的八面体生长，所以空隙的形状也是八面体状。空隙的发生与晶体生长速率、熔硅的黏滞性以及晶体的转速等因素有关。对于更大的空隙，比如

100μm 甚至上千 μm 的空隙，则可能是晶体生长过程中产生的气泡形成的。

熔硅中不纯物浓度超过了该温度下的溶解度时（图 2-24），不纯物可能析出。不纯物异质成核后，当其大于临界尺度时析出物稳定长大。析出物的析出速率与温度、不纯物浓度，以及不纯物扩散系数有关。

2.3 固体能带理论

2.3.1 能级

原子的壳层模型认为，原子的中心是一个带正电荷的核心，核外是一系列不连续电子运动的轨道壳层。电子只能在该壳层里绕核转动。对于单原子而言，每个壳层里运动的电子具有一定的能量状态，即每个壳层对应一个确定的能量等级，该壳层能量被称为能级。一个能级也表示电子的一种运动状态，故能态、能级与状态的意义相同。

通常用 n、l、m、m_S4 个量子数来描述电子运动的状态。主量子数 $n=1$、2、3、4、5、6、7，表示各电子壳层，该电子壳层又相应被命名为 K、L、M、N、O、P、Q；每个壳层又包含角量子数 $l=0$、1、2、…、$(n-1)$ 确定的支壳层，分别称为 s、p、d、f、g 支壳层；m 为磁量子数，决定电子的取向，$m=0$、±1、…、$\pm l$；m_S 为自旋量子数，它决定电子的自旋方向，$m_S=\pm\frac{1}{2}$。电子在壳层的分布满足两个基本原理：①泡利不相容原理。原子中不可能有两个电子同时处在同一状态，也就是说，不能有两个电子具有完全相同的四个量子数。②能量最小原理。原子中每个电子都有优先占据能量最低的能级的趋势。能级中能量大小主要取决于主量子数 n，n 越大，能级能量越高。

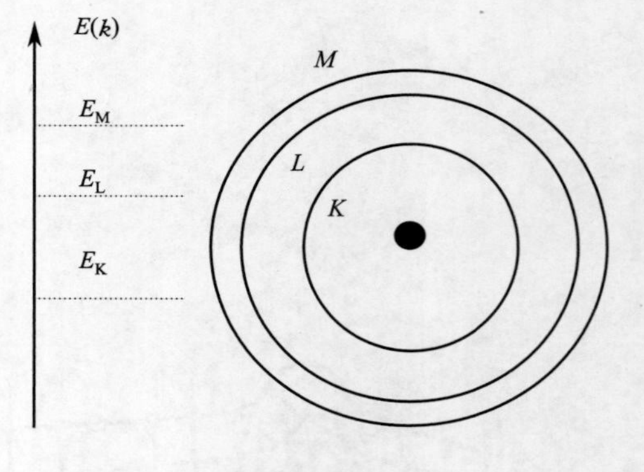

图 2-25 电子能级

由壳层理论可知，电子在原子核周围转动时，每一层轨道上电子都有其确定的能量，最内层的轨道对应能量最低，越向外层电子能量越大，且原子中所有电子都必须存在于壳层轨道中，不可能有电子处于轨道中间。因此，可以形象地用一系列高低不同的水平线表示电子在原子中所处的能量值（图 2-25）。

2.3.2 能带

在晶体中，原子与原子之间距离较近，其相互势能场的影响导致原子间内外电子壳层有部分交叠。由于壳层的交叠，电子不再完全局限在原来原子上运动，可以转移到相邻的原子上去，因此通过转移，电子可以在整个晶体中运动，完成所谓的电子共有化运动。需要说明的是，只有相似壳层才会出现交叠，电子才能发生转移，也就是说电子共有化只出现在相似壳层中，例如，3s 能级电子能引起 3s 能级电子共有化，不能导致 3p 能级电子共有化。由于外层电子受到相邻原子影响较大，壳层交叠最多，穿透势垒概率较大，其共有化程度比较明显，而内层电子受到相邻原子影响较小，低能级电子被原子核束缚较紧，所以内层交叠较少，共有化程度不是很明显。

一旦电子共有化后，电子的能级就发生了变化。共有化电子不像围绕一个原子核运动时那样只有一个固定的能级，而是具有若干个分布在一定范围内的能级，且这些能级能量非常接近，看上去像一条带子，因而称为能带（energy band），如图 2-26 所示。当电子参与 N 个原子晶体的共有化时，每一个能级都分裂成 N 个彼此相距很近的能级，这 N 个能级就构成一个能带。能带宽度记作 ΔE，数量级为 eV，若取 $N=10^{23}$，则两能级间距为 10^{-23}eV。由于外层电子共有化程度大，电子在晶体中共有化运动速度比较快，能带较宽，ΔE 较大；内层电子共有化程度低，电子在晶体中共有化运动速度较慢，能带较窄，ΔE 较小。

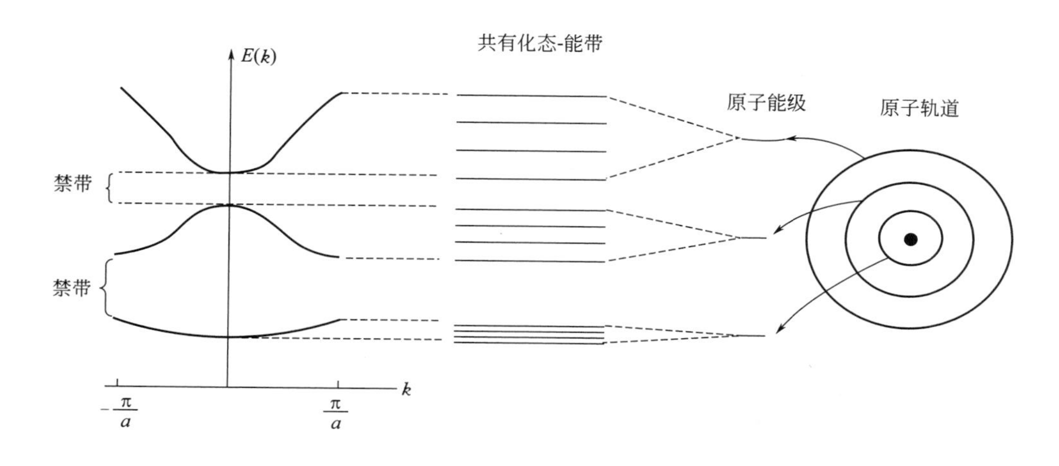

图 2-26 孤立原子能级、N 个原子晶体能带及对应势能

分裂的每一个能带称为允带（permitted band），允带之间是电子不能存在的区域，故称为禁带（forbidden band）。在正常情况下，原子内层电子对应的能带均被电子填满，外层价电子所对应的能带有的被填满，有的是部分填充，有的甚至是没有电子的。价电子所处的能带为价带（valence band）；被电子填满的能带称为满带（filled band），满带既可以是内层电子对应的能带，也可以是价带，满带中没有“空位”以便电子从一个能级跳跃到另外一个能级，所以满带电子不导电；没被电子填充的能带为空带（empty band）；被电子填充的能带以及空带统称为导带（conduction band）。

电子在能带中的分布，一般是先填满能量较低的能级，然后逐步填充能量较高的能级，并且每条能级最多只容纳两个具有相同能量的电子。根据电子在能带中的占据遵守泡利不相容原理及能量最小原理，可知 1 条能级分裂成 N 条能级后，该能带所能容纳的电子数为 $2N(2l+1)$。例如，s 能级单轨道最多容纳 $2N$ 个电子，p 能级 3 个轨道最多容纳 $6N$ 个电子，d 能级 5 个轨道最多容纳 $10N$ 个电子，f 能级 7 个轨道最多容纳 $14N$ 个电子。

在外电场作用下，导带中电子受到电场加速作用，能量增大，使其有可能从能带中较低的能级跃迁到较高的能级，参与导电过程。对于满带而言，即使在电场作用下，也没有空的能级能够提供给电子进行跃迁参与导电。

2.3.3 半导体导电能力能带解释

导体、半导体和绝缘体导电能力性质的差异也可以用它们能带的不同加以说明。导体的能带有三种可能结构（图 2-27）：(a) 价带部分填满，(b) 价带为满带但与空带重叠，(c) 价带未填满且与空带重叠。因此，导体中电子不需要激发跃迁就可以在外电场的作用下定向运动参与导电；绝缘体的价带是被电子占满的，即满带，而且价带与空带间有较大的禁带(3～6eV)，所以一般情况下价带中电子很难被激发到空带使之成为导带来进行导电；对于半导体，能带结构与绝缘体很相似（图 2-28），但是其禁带宽度较小，约为 0.1～2eV，因此在太阳光的照射下价带电子可以跃迁到导带进行导电。虽然如此，毕竟被激发到导带的电子是有限的，所以半导体的导电能力比导体差。

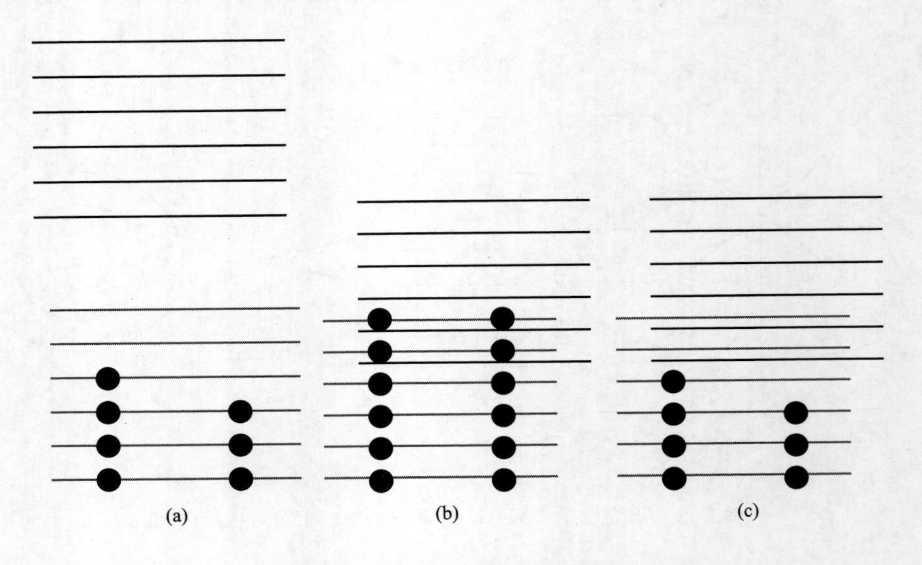

图 2-27　导体能带结构三种可能情况

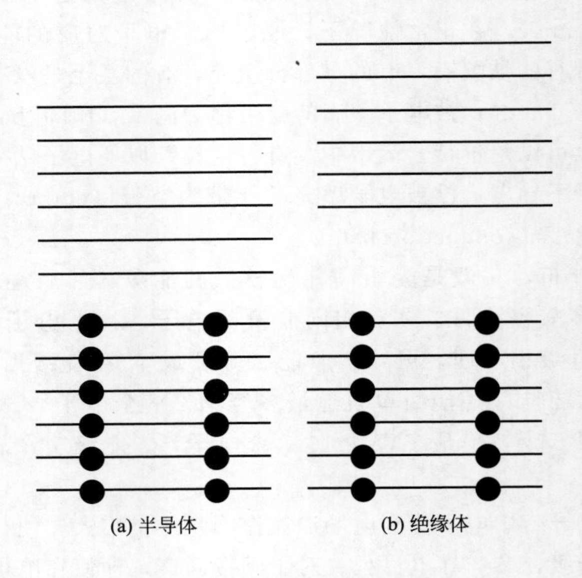

图 2-28　半导体和绝缘体能带结构

2.3.4 费米能级

费米能级（Fermi level，E_F）是指费米子系统（质子、中子、电子）在绝对零度时的化学势。在半导体领域中，费米能级通常看作电子和空穴化学势的代名词。

在某温度下，半导体中大量电子不停地做无规则运动，对单个电子而言，其能量是不确定的，即处于某个量子态上是不确定的，但是对于大量电子的统计结果显示：平衡态下电子在不同能量的量子态上的分布是确定的，即满足费米分布函数 $f(E)=\frac{1}{1+e^{E-E_F/kT}}$，$f(E)$ 意义是能量为 E 的一个量子态上被电子占有的概率，k 为玻尔兹曼常数，T 为热力学温度，E_F 为费米能级（费米能量），与温度、半导体材料的导电类型、杂质含量及能量零点有关。费米分布函数的特征是：

$$T=0,\begin{cases}E<E_F,f(E)=1\\E>E_F,f(E)=0\end{cases};T>0,\begin{cases}E<E_F,f(E)>\frac{1}{2}\\E=E_F,f(E)=\frac{1}{2}\\E>E_F,f(E)<\frac{1}{2}\end{cases} \tag{2-23}$$

掺杂半导体中费米能级位置如图 2-29 所示。E_F 处于禁带中，根据半导体中电子水平的高低，E_F 有高有低，P 型半导体电子填充能带的水平较低，故 E_F 较低，强 P 型半导体 E_F 更低，而 N 型半导体导带和价带电子较多，E_F 较高，强 N 型半导体 E_F 最高；本征半导体 E_F 处于禁带中间附近。因此，费米能级是反映电子填充能带分布情况的物理量。

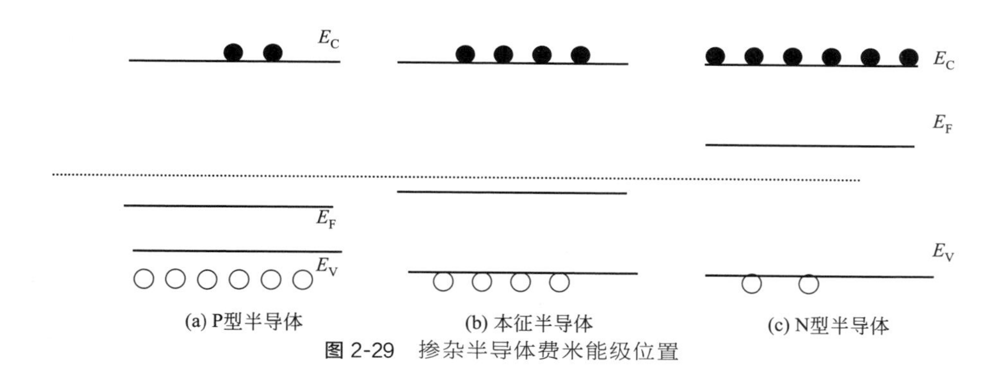

图 2-29 掺杂半导体费米能级位置

2.4 半导体纯度

世界上化学纯的物质是不存在的，即使在纯净的物质中也会存在一定数量的杂质。因此，所谓的纯度是指一种物质本身含量占总含量的百分比。物质纯度的另外一种表示方法为物质中杂质总含量与物质总含量之比，即不纯度。纯度表示可以是质量比、体积比、原子个数比，特别对于不纯度的表示常用原子个数比表示，比如，1/1000000 表示百万个原子中有 1 个杂质原子。化学化工常常将百万分之一记为“ppm”（part per million），十亿分之一记作“ppb”（part per billion），万亿分之一记作“ppt”（part per trillion），如果纯度为原子个数比则简写为ppma、ppba、ppta等，质量纯度则简写为ppmw、ppbw、ppbw等。

半导体硅的纯度不是直接对硅元素含量进行分析，也无法对硅中杂质种类进行预判，因此半导体硅纯度是通过测量对硅性能影响最关键的几种元素浓度，然后求出硅纯度。半导体硅纯度通常用“N”表示，N是英文单词“nine”的首字母大写形式。比如5N硅，则表示硅纯度为99.999%。按照纯度不同，硅可以分为冶金级硅（metallurgical grade silicon, MGS）/金属硅、太阳能级硅（solar grade silicon，SGS）、电子级硅（electronic grade silicon，EGS），其纯度分别为：不大于3N、6～8N、9～13N。

对于纯度要求不高的硅半导体材料，硼含量的高低也是一种能反映多晶硅纯度的方法。硼以及化合物存在于硅的卤化物中，很难通过化学提纯的方法去除；同时，由于硼在硅中分凝系数为0.9（接近1），所以物理区域提纯方法对硼去除效果也不明显，而且硼为三价元素，其含量多少对制备单晶硅棒或多晶硅锭都有重大影响。因此，必须准确地测出多晶硅原料中硼的含量。硼含量越低，多晶硅品质越好。一般要求，多晶硅中硼含量不高于10^{-9}，高品质硅中硼可以达到0.05×10^{-9}。

除此之外，半导体行业中有一种通过测量半导体电阻率来检测硅纯度的方法。其检测原理是根据杂质对电阻率的影响而确定纯度的。由于微量的杂质会影响半导体的导电性能，而且其影响是有规律的，硅的电阻率越高，说明其纯度越高。该方法简单，但不能给出半导体中为何种杂质，更不能给出各杂质含量。

2.5 半导体导电原理

2.5.1 电子、空穴

在热力学温度为零时或没有外界能量激发时，半导体中价电子是被束缚的，不能成为自由运动的电子，此时半导体是不导电的。当温度升高或受到外界能量的激发时，被束缚的价电子吸收能量有可能跃迁到空带（导带），成为自由电子（electron）。从电平衡角度来看，电子脱离的区域就带正电，其电荷量与电子相等，由于该结果是因为缺少一个电子所致，故该区域称为“空穴（hole）”。即半导体原子受激后，价电子跃迁成为自由电子，同时价带中留下一个空穴，空穴看作带单位正电荷的粒子，如图2-30所示。

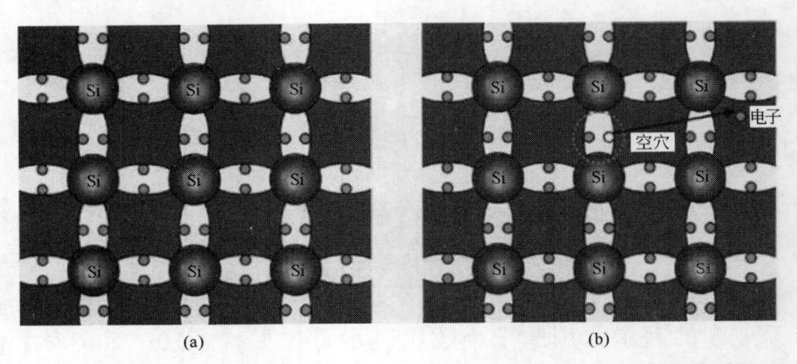

图2-30　半导体硅晶体共价键结合及电子跃迁形成电子空穴对示意图

当电子受到光或热激发时每产生一个电子必然产生一个空穴，即电子与空穴是成对产生的，所以又把该过程称为电子空穴对（electron hole pair）的产生。由于空穴的存在，附近的价电子很容易移动过来“填补”此空穴（电子空穴对复合），这样就会在新的地方产生空穴，此过程相当于空穴被转移到邻近的共价键上去了，即相当于空穴的运动。

2.5.2 载流子

载流子（carrier）是电荷的载体，是能够移动的荷电粒子。对金属导体而言，载流子就是电子，而对半导体而言，由于导电的粒子除了电子外还有空穴，所以其载流子与导体载流子有所不同，在半导体中电子、空穴都是载流子。

(1) 载流子浓度

每立方厘米中电子或空穴的多少称为载流子浓度。单位：cm^{-3}。

在本征半导体中，电子和空穴数量相等，因而本征半导体中电子、空穴浓度相等，而在杂质半导体或者晶格有缺陷的半导体中，电子和空穴的数量通常不再相等。在这种情况下，把半导体中数量较多的载流子称为“多数载流子”，简称“多子”，而把数量较少的载流子称为“少数载流子”，简称“少子”。

载流子的浓度是决定半导体电导率大小的主要因素。温度是影响半导体载流子浓度的一个重要因素。无论本征半导体还是杂质半导体，载流子主要通过热激发产生，所以温度变化能够大大影响半导体中载流子的浓度，温度变化几摄氏度，载流子浓度可以变化数十倍，甚至上百倍。对于杂质半导体，当温度不高时，杂质产生的载流子占主导地位，随着温度的升高，杂质原子把能够释放的载流子（电子或空穴）全部释放后，半导体元素本身的电子从满带跳到导带产生载流子，即本征激发。

(2) 载流子寿命

由于半导体中，电子和空穴均为导电的载流子，故电子、空穴复合又被称为载流子复合。在一定温度下，没有光照射等外界影响情况下，半导体中电子载流子浓度和空穴载流子浓度保持稳定不变，这种状态被称为平衡状态。虽然此时电子和空穴的浓度保持稳定不变，总载流子浓度保持不变，但是半导体内部载流子的产生和复合过程始终没有停止过，一直在持续地发生，因此该状态又称为动态平衡。

在外界作用下，平衡状态载流子浓度有可能发生变化，电子或空穴的产生率高于其复合率，这时平衡状态就被打破了。这些比平衡状态多出来的载流子称为非平衡载流子（non-equilibrium carriers）或过剩载流子，这种由于外界条件的改变而使半导体产生非平衡载流子的过程称为载流子注入（carrier ejection）。载流子注入的方式很多：用适当波长的光照射半导体使之产生非平衡载流子称为光注入，用电学方法使半导体产生非平衡载流子称为电注入。有载流子注入时，半导体内的载流子总数将超过热平衡下载流子总数，如果注入的非平衡少数载流子数目与平衡多数载流子数目相比较小，则称该注入为低注入，或小注入；若非平衡少数载流子数目与平衡多数载流子数目相当或多于平衡载流子数目则称为高注入，或大注入。太阳能电池一般都是在低注入下工作，只有在强辐射条件（例如 100 倍阳光）下工作的聚光太阳能电池才可满足高注入条件。

在其外界影响因素消失后，非平衡载流子通过复合作用也将会逐渐消失。半导体行业中，把非平衡载流子从产生到复合的平均时间间隔称为非平衡载流子的寿命或载流子寿命

(carrier lifetime)，用 τ 表示。由于只有少数载流子才能注入半导体内部并积累起来，而多数载流子注入后通过库仑作用很快就消失了，所以载流子寿命通常是指少数载流子的寿命（少子寿命）。少子寿命是一个重要的半导体参数，用于高能粒子探测器的 FZ 硅电阻率高达上万欧·厘米，少子寿命约上千微秒；用于 IC 的 CZ 硅电阻率一般为 5～30Ω·cm，少子寿命一般要求在 100μs 以上；用于晶体管 CZ 硅电阻率一般在 30～100Ω·cm，少子寿命一般要求在 100μs 以上；而用于太阳能电池 CZ 硅电阻率一般在 0.5～6Ω·cm，少子寿命一般要求不少于 10μs。对于 P 型半导体，在非平衡状态下，由于半导体中空穴浓度较大，数量较多，故称空穴为非平衡多数载流子，而电子为非平衡少数载流子；对于 N 型半导体，电子则为非平衡多数载流子，而空穴为非平衡少数载流子。

(3) 载流子复合

载流子寿命是衡量半导体材料重要的参数之一。半导体材料的纯度（与杂质多少有关）及晶格完整性（与材料缺陷有关）显著影响其寿命的长短。同一种半导体材料，其杂质越少、缺陷越少、复合中心密度越低，其载流子寿命越长；反之，寿命则越短。除以上杂质、缺陷的影响外，载流子寿命还与载流子复合机理及其相关问题有关。载流子复合机理主要包括直接复合（direct recombination）、间接复合（indirect recombination）及俄歇复合(auger recombination)。

直接复合为导带中电子直接跃迁跳回价带与空穴的复合。对于具有直接跃迁能带的半导体（GaAs、CdTe、InSb 等），导带底与价带顶在 Brillouin 区的同一个 k 处，所以导带电子与价带空穴直接发生复合时忽略动量变化，只需要释放某一波长的光子或引起热运动就可满足能量守恒。直接复合比较容易发生，所以直接带隙半导体载流子寿命一般比较短。而且杂质半导体电阻率越低，多数载流子浓度就越高，非平衡少数载流子就越有机会与多数载流子相遇复合。

对于间接带隙半导体，导带底与价带顶不在 Brillouin 区同一 k 点，必须在吸收光子的同时吸收或释放热能（声子）来满足载流子复合时动量守恒，故导带电子与价带空穴直接复合比较困难。间接带隙半导体载流子复合一般是通过复合中心的间接复合，也称为 shockley-read hall（SRH）复合。由于半导体中晶体的不完整性和存在有害杂质，在禁带中存在一些深杂质能级，这些能级能俘获自由电子和空穴，从而使他们复合，这种深杂质能级称为复合中心。复合中心是不断地起着复合作用，而不是复合一次后就停止复合了。间接复合过程中每次释放的能量比直接复合要小，相当于分阶段释放，所以间接复合要比直接复合容易得多，因而间接复合过程大多情况下决定了半导体材料寿命。间接复合过程可以看作是载流子俘获和发射的四个微观过程（如图 2-31）：复合中心能级 E_t 从导带俘获电子（俘获电子过程）、复合中心能级 E_t 上电子被激发到导带（发射电子过程，可看作俘获电子逆过程）、电子由复合中心能级 E_t 落入价带与空穴复合（俘获空穴过程，可看作复合中心能级从价带俘获一个空穴）、价带电子被激发到复合中心能级 E_t 上（发射空穴过程，可看作复合中心能级向价带发射空穴过程）。

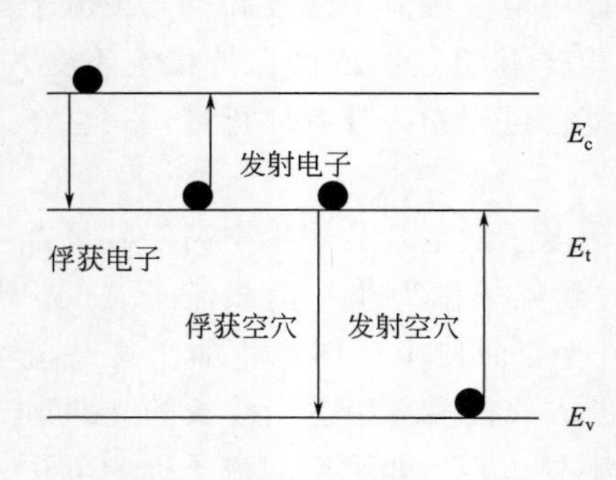

图 2-31　载流子间接复合过程

通常，在自由载流子密度较低时，复合过程主要是通过复合中心进行；而在自由载流子密度较高时，复合过程则主要是直接复合。

半导体中，无论是直接复合、间接复合，还是激子复合，都会有动量和能量的吸收和释放，根据跃迁释放或吸收能量和动量的形式，分为辐射跃迁、声子跃迁和俄歇跃迁。俄歇跃迁相应的复合过程称为俄歇复合。俄歇复合是一种非辐射复合，是“碰撞电离”的逆过程，在电子和空穴复合时，把能量或动量通过碰撞转移给另一个电子或空穴，造成该电子或空穴跃迁的复合过程。

根据载流子复合过程发生的位置不同，复合过程又可分为表面复合、体内复合、电极区复合等。电子与空穴发生在靠近半导体表面的一个非常薄的区域内的复合称为表面复合，而发生在半导体内的复合为体内复合。

(4) 载流子迁移率

在没有外电场作用时，半导体中两种载流子（电子和空穴）在晶格中与晶格原子频繁碰撞而做无规则的运动，所以无法形成电流。但是在外电场作用下，自由电子将产生逆电场方向的运动，形成电子电流，同时价电子也将逆电场方向依次填补空穴，其导电作用就像空穴沿电场运动一样，形成空穴电流。虽然在同样的电场作用下，电子和空穴的运动方向相反，但由于电子和空穴所带电荷相反，因而形成的电流是相加的，即顺着电场方向形成电子电流和空穴电流。这种在外电场作用下的运动，又称为漂移，形成电流又被称为漂移电流。

漂移运动速度 $\vec{v}$ 与电场强度 $\vec{E}$ 的关系可以通过公式表示如下：

$$\vec{v}=\mu\vec{E} \tag{2-24}$$

式中，比例系数 μ 被称为载流子的迁移率（carrier mobility），$cm^2/(V \cdot s)$。

迁移率是在电场作用下载流子运动速度快慢的量度，就是当电场强度为 1V/cm 时，载流子的漂移速度。载流子运动得越快，迁移率越大；运动得越慢，迁移率越小。即使同一种半导体材料，当载流子类型不同时，迁移率也不相同。一般而言，电子的迁移率要高于空穴，比如，在室温下低掺杂硅材料中，电子迁移率约为 $1350cm^2/(V \cdot s)$，而空穴的迁移率仅为 $480cm^2/(V \cdot s)$。

2.6 本征半导体

半导体的导电能力与材料种类、纯度、材料工作温度及工作环境（电场、磁场、日照）等有关。根据半导体材料纯度的不同，把半导体分为本征半导体（intrinsic semi-conductor）和杂质半导体（impurity semi-conductor）。

没有杂质和缺陷的半导体称为本征半导体。实际上不存在绝对的纯净不含杂质的物质，因此，一般意义上本征半导体是指依靠材料本征激发导电的半导体。

在热力学温度为零时，半导体价带（valence band）电子没有足够的能量跃迁到空带形成导带，而且价带是满带，所以本征半导体在绝对零度时不导电；而在温度不为零时或者半导体受到光、热激发后，半导体价带中电子有可能吸收热量从价带跃迁到空带形成导带，价带中缺少一个电子而产生的一个空穴也可以参与导电，因此本征半导体可以导电。通常把这种本征半导体电子受激跃迁称为本征激发（intrinsic excitation)。本征半导体中电子和空穴的运动是无规则的，因而对外并不形成电流，然而在外电场作用下，自由电子将逆着电场方向运动产生电子电流，空穴则沿着电场方向产生空穴电流，且两者电流方向相同。

在本征激发过程中每产生一个自由电子就会产生一个空穴，所以本征半导体中电子和空穴浓度相等，即：

$$n_0=p_0=(N_C N_V)^{\frac{1}{2}}\exp(-E_g/2kT) \tag{2-25}$$

式中，N_C、N_V 为导带底和价带顶有效状态密度；k 为玻尔兹曼常数；T 为热力学温度；E_g 为半导体禁带宽度。

本征半导体中电子与空穴同样也存在复合，复合产生的能量以电磁复合或晶格震动发射声子的形式释放。

在一定温度下，电子-空穴对的产生和复合同时存在并达到动态平衡，此时本征半导体具有一定的载流子浓度，从而具有一定的电导率。加热或光照会使半导体发生热激发或光激发，从而产生更多的电子-空穴对，这时载流子浓度增加，电导率增加。半导体热敏电阻和光敏电阻等半导体器件就是根据此原理制成的。

常温下本征半导体的电导率较小，稳定性差（对温度敏感)，很难对半导体特性进行控制，因此本征半导体实际应用不多，更多的是掺杂（doping）后使用。

2.7 杂质半导体

2.7.1 半导体中杂质填充

实际应用的半导体中总是存在或多或少的杂质及缺陷。根据杂质在半导体晶格原子中位置的不同可分为间隙原子和替位原子，如图 2-32 所示。

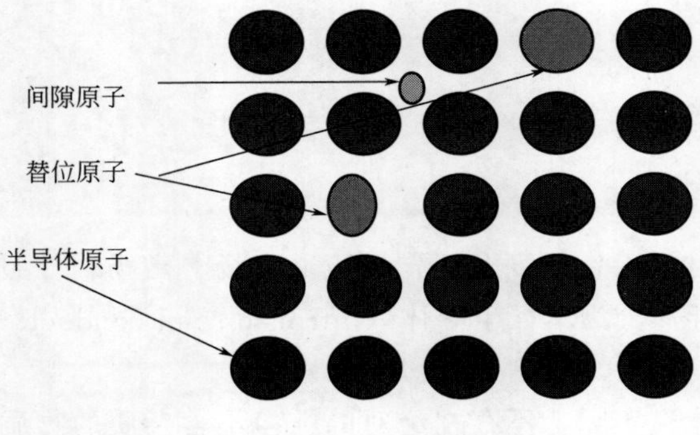

间隙原子
替位原子
半导体原子

图 2-32 半导体中杂质填充示意图

间隙原子位于半导体晶格原子的空隙中，所以间隙原子一般半径较小，比如锂(Li)、氢（H）原子在硅晶体中的填充。

替位原子则以取代晶格原子的方式填充到半导体中，所以替位原子半径与晶格原子半径大小应该相当，磷原子（P）和硼原子（B）在硅晶体中的掺杂多数是此种情况。

无论何种填充方式，其杂质都会对半导体本底原子产生应力作用，都会对半导体晶格常量产生影响，这些影响结合杂质与半导体原子的相互作用构成了半导体材料整体力学强度的变化。

2.7.2 深/浅能级杂质

半导体中掺入杂质后，杂质原子附近的周期性势场受到干扰并形成附加的束缚状态，在禁带中产生附加的杂质能级（impurity energy level）。如果掺杂的杂质激活能小于禁带宽度，或者说杂质能级的位置靠近导带底部或价带顶部，在室温下这些杂质电离时需要的电离能较小，且几乎能够全部被电离，这类容易被电离且对半导体提供载流子的杂质称为浅能级杂质（shallow level impurity）。P 型半导体和 N 型半导体中掺杂的 B 和 P 均为浅能级杂质。根据浅能级杂质所处的位置可以判断半导体的导电类型，所以浅能级杂质决定了半导体的导电类型。

与浅能级杂质相对立的另外一种杂质则为深能级杂质（deep level impurity）。该种杂质处在半导体中远离施主能级导带底或远离受主能级价带顶，处于禁带较深处，即靠近禁带中心。深能级杂质电离能大，能够产生多次电离，对载流子浓度影响不大，即使深能级杂质被电离也会对载流子起散射作用，使载流子迁移率减小，导致半导体导电性能下降，同时该杂质可以作为载流子的复合中心，降低少数载流子寿命。对晶体硅而言，金属杂质则为深能级杂质。虽然深能级杂质对太阳能电池是不利的，能够影响其光电转化效率，但是也有利用其深能级杂质的特点制成的半导体器件，高速开关管及双极型数字逻辑集成电路则是利用深能级杂质能够控制少数载流子寿命而工作的。

2.7.3 电活性/电中性杂质

半导体中的杂质按照其作用不同可分为电活性杂质（electrically active impurity）和电中性杂质（electrically neutral impurity）。

电活性杂质是能够给半导体提供载流子的杂质，或者是严重影响载流子的产生与复合的杂质。硅半导体中掺杂的磷原子或者硼原子就是电活性杂质，前者有 5 个价电子，其中 4 个与硅原子形成共价键，最后一个束缚在杂质原子附近，后者与周围 4 个原子形成共价键，缺少一个电子，因而存在一个空位。

电中性杂质不能够向半导体提供载流子，例如同族元素掺杂。虽然此类杂质不能产生载流子，但是在半导体中仍有很重要的作用。磷化镓中掺杂氮原子可使材料发出绿光或黄光，硅中掺杂少量的氧原子（不起施主作用）可以提高硅的力学强度，硅中氮原子同样可以起到提高其力学性能的作用。

2.7.4 N 型半导体

杂质半导体根据导电载流子的不同分为 N 型半导体（N-type semi-conductor）和 P 型半导体（P-type semi-conductor）。

为了增加半导体材料参与导电的载流子的数量，通常在半导体中添加一些杂质。这里说的杂质是有选择的，其数量也是确定的。对于硅（Si）半导体，常见的掺杂杂质为硼（B）和磷（P），其原子结构模型如图 2-33 所示。杂质半导体一般掺杂数量较小，即使重掺杂也就每百万个晶体原子中掺入几百个杂质原子，例如硅半导体中掺入百万分之一的杂质，其电阻率从 $10^5\Omega\cdot cm$ 降到几 $\Omega\cdot cm$。因此，实际的半导体几乎都是掺杂半导体。

磷（P）等五族元素原子的最外层有 5 个电子，其掺杂结果是 P 占据了硅晶格原子的位置，如图 2-34(a) 所示。磷原子最外层 5 个电子中只有 4 个形成了共价键，剩余一个价电子

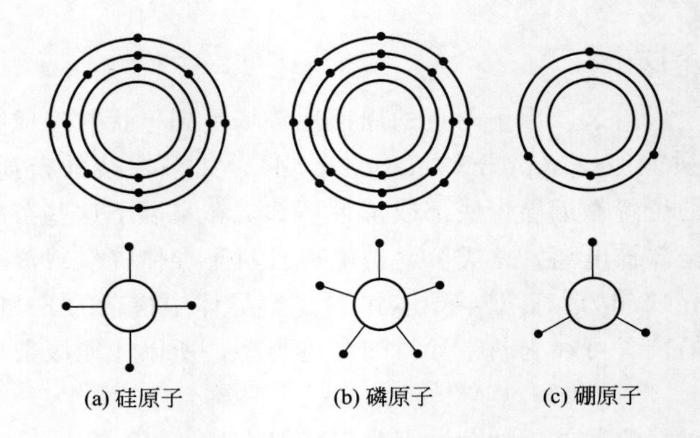

图 2-33　硅原子、磷原子及硼原子结构模型

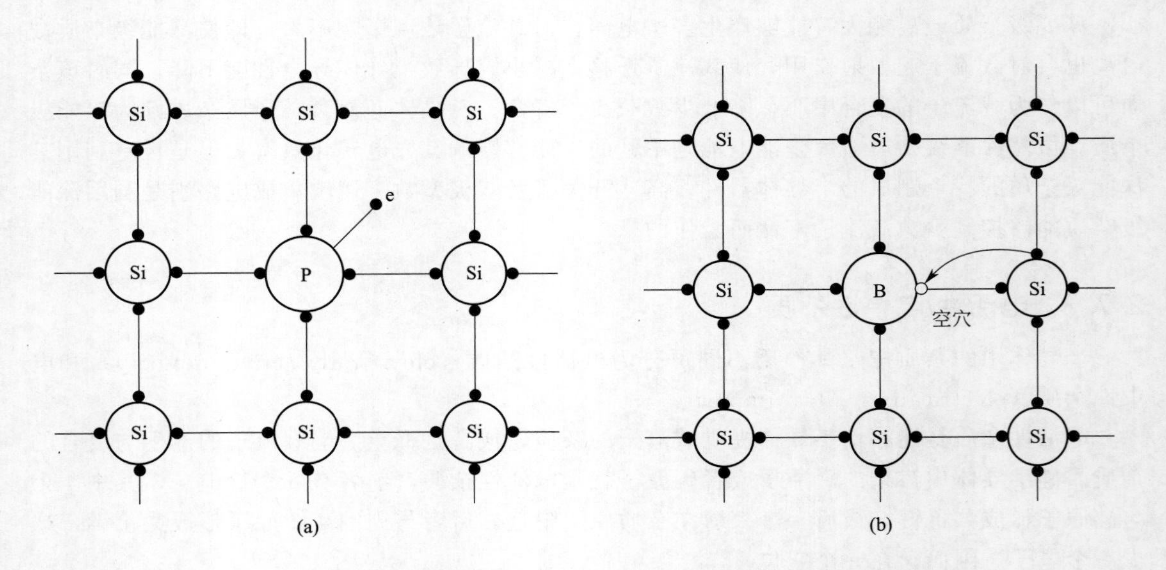

图 2-34　杂质掺入硅晶体后电子及空穴产生示意图

虽然没有被束缚在共价键里，但仍然受到磷原子核正电荷的吸引，只是该吸引力较弱而已，仅仅约 0.05eV 受激能量就可以使其脱离磷原子束缚成为自由电子。

表 2-4　硅、锗晶体中ⅤA 族杂质的电离能

晶体	杂质电离能/eV		
	P	As	Sb
Si	0.044	0.049	0.039
Ge	0.0126	0.0127	0.0096

失去电子的磷原子相当于带一个单位正电荷的离子 P^+，P^+ 处于晶格位置上，不能自由运动，它不是载流子，因此杂质磷的作用是提供可以参与导电的电子。通常把受激能够提供导电电子的杂质称为施主杂质或 N 型杂质。把 P 原子受激释放导电电子的过程称为施主电离或施主杂质电离（donor ionization），杂质电离需要的能力称为电离能，硅、锗晶体中ⅤA 族杂质的电离能如表 2-4 所示。施主杂质未电离前为束缚态（中性态），电离后为离化

态。这种依靠导带电子导电的半导体称为电子型半导体，简称N型半导体。除了磷元素外，其他五价元素砷、锑等均可以进行硅掺杂形成N型半导体。

N型半导体材料的施主杂质能级如图2-35(a)所示。由于施主杂质电离后才会产生可以导电的自由电子，所以施主能级 E_D 要比导带底 E_C 低，而且 $\Delta E_D \ll E_g$，E_D 位于距离 E_C 很近的禁带中。

在N型半导体中，电子浓度远大于空穴浓度，电子是多数载流子，称为多子，而空穴是少数载流子，称为少子。

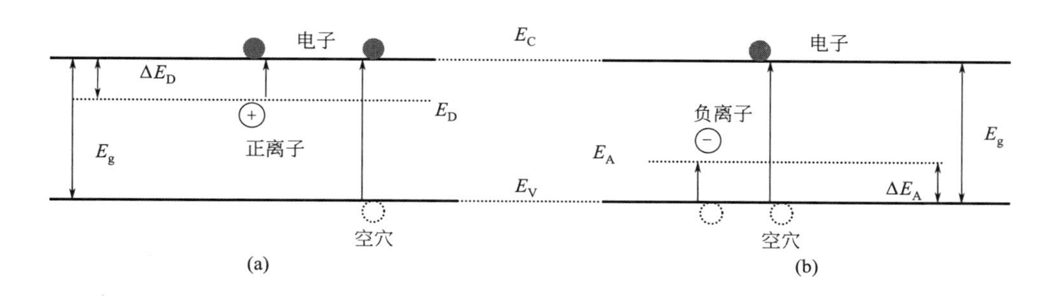

图2-35 N型半导体施主杂质能级图(a)和P型半导体受主杂质能级(b)

2.7.5 P型半导体

硼(B)等ⅢA族元素原子的最外层有3个电子，当硼原子和相邻的4个硅原子进行共价键结合时，还缺少一个电子，要从其中一个硅原子的价键上获取一个电子来填补，从而在硅中产生一个空穴[如图2-34(b)]，因此B替代Si原子的效果是一个单位负电荷的负荷中心(B^-)和邻近硅原子共价键中出现一个空穴。硼原子接受了邻近的电子成为带一个单位负电荷的离子，带单位负电荷的硼原子不能移动，即不是载流子。邻近的空穴受到 B^- 静电力束缚作用在其附近运动，但是该束缚较弱，在很小的能量激发下空穴就可以摆脱束缚成为晶体共价键中自由运动的导电空穴，这种依靠空穴导电的半导体称为空穴型半导体，简称P型半导体。除了硼元素外，其他三价元素铟、镓等均可以进行硅掺杂形成P型半导体。

P型半导体中，B原子可以接受邻近硅原子共价键中电子而带单位负电荷，同时，在硅共价键中留下空穴，通常把该种在晶体中接受电子而产生空穴的杂质称为受主杂质或P型杂质。空穴摆脱受主杂质束缚的过程称为受主电离(acceptor ionization)，硅、锗晶体中ⅢA族杂质的电离能如表2-5所示。受主杂质未电离前呈现中性态或束缚态，电离后成为电离态。

表2-5 硅、锗晶体中ⅢA族杂质的电离能

晶体	杂质电离能/eV			
	B	Al	Ga	In
Si	0.045	0.057	0.065	0.16
Ge	0.01	0.01	0.011	0.011

受主杂质电离过程可以通过受主杂质能级如图2-35(b)所示。由于受主杂质电离后才会出现导电的空穴，所以受主能级 E_A 要比价带顶 E_V 低[对空穴而言，图2-35(b)越向下能量越高]，并且 $\Delta E_A \ll E_g$ ($\Delta E_A = 10^{-2}$eV)，E_A 位于距离价带顶很近的禁带中。

在P型半导体中，空穴浓度远大于电子浓度，空穴是多数载流子，称为多子；而电子是少数载流子，称为少子。

如果半导体中同时含有施主和受主杂质，施主杂质所提供的电子会通过“复合”而与受主杂质所提供的空穴相抵消，使总的载流子数目减少，这种现象被称为“杂质补偿（impurity compensation）”。在有补偿的情况下，决定导电能力的是施主和受主浓度之差。若施主和受主杂质浓度近似相等时，通过复合会几乎完全补偿，这时半导体中的载流子浓度基本上等于由本征激发作用而产生的自由电子和空穴的浓度，则该类半导体称为补偿型本征半导体。如果施主杂质浓度大于受主杂质浓度，该半导体称为补偿型N型半导体，反之，则是补偿型P型半导体。在半导体器件产生过程中，实际上就是依据补偿作用，通过掺杂而获得所需要导电类型的半导体来组成所要生产的器件。

2.7.6 杂质对电阻率的影响

半导体材料电阻率一方面与载流子密度有关，另一方面又与载流子的迁移率有关。同样的掺杂浓度，载流子迁移率越大，材料电阻率越低。如果半导体中存在多种杂质，在通常情况下，会发生杂质补偿，其电阻率与杂质浓度关系可近似表示为：

$$\text{电阻率}=\frac{1}{\text{杂质浓度}\times\text{所带电量}\times\text{迁移率}}$$

若受主杂质占优势：

$$\text{电阻率}=\frac{1}{(\text{受主杂质浓度}-\text{施主杂质浓度})\times\text{所带电量}\times\text{迁移率}}$$

若施主杂质占优势：

$$\text{电阻率}=\frac{1}{(\text{施主杂质浓度}-\text{受主杂质浓度})\times\text{所带电量}\times\text{迁移率}}$$

上两式表明，在有杂质补偿的情况下，电阻率主要由有效杂质浓度决定。但是总的杂质浓度也会对材料电阻率产生影响，这是因为当杂质浓度很大时，杂质对载流子的散射作用会大大降低其迁移率。例如，硅中ⅢA、ⅤA族杂质，当$N>10^{16}\text{cm}^{-3}$时，对室温下的迁移率就会产生明显影响。

2.8 P-N结

2.8.1 P-N结形成

P-N结是半导体器件的心脏，是集成电路的重要组成部分，也是太阳能电池的核心单元。

假设一块半导体材料一部分是P型半导体，另一部分是N型半导体，由于N型半导体中电子浓度远大于少数载流子空穴的浓度，而在P型半导体中空穴浓度远大于少数载流子电子的浓度，因此在P型和N型半导体界面处发生电子和空穴的扩散现象，N型半导体中电子向P型半导体扩散，而空穴则向相反方向扩散，扩散过程如图 2-36(a) 所示，扩散结果是在交界处的N型区域失去部分电子，留下带正电荷的施主离子，因此该区就形成了带正电荷的区域，而在交界处的P型区域失去部分空穴，留下带负电荷的受主离子，该区形成了带负电荷的区域。通常把N型和P型半导体界面处出现正负电荷的区域称为半导体的空间电荷区域（space charge region）；而半导体其他区域被称为准电中性区域（charge quasi-neutrality region）。

空间电荷区形成后，由于正负电荷之间的相互作用，在空间电荷区形成电场，电场的方向是由带正电的N型区指向带负电的P型区，这个由于载流子浓度不均匀而引起扩散运动形成的电场称为内建电场（built-in electric field），如图 2-36(b) 所示。由浓度差引起的电子扩散运动形成电子扩散电流，而由浓度差引起的空穴扩散运动形成空穴扩散电流。显然，内建电场方向与载流子扩散运动方向相反，阻碍载流子扩散。另一方面，少数载流子在内建电场电场力作用下会产生漂移运动，P区少数载流子电子在电场作用下向N区漂移，N区少数载流子空穴在电场作用下向P区域运动。由此可见，内建电场引起少数载流子的漂移运动与多子扩散运动方向正好相反。在P型半导体和N型半导体刚结合时，电子和空穴多数载流子的扩散运动占优势，随着电子和空穴的不断扩散，空间电荷增多，空间电荷区逐渐加宽，内建电场也不断增强，少子漂移运动逐渐增强，多子扩散运动受到阻碍，最后载流子的漂移运动和扩散运动达到动态平衡，空间电荷区载流子不再增加，这就形成了所谓的“P-N结（P-N junction）”。

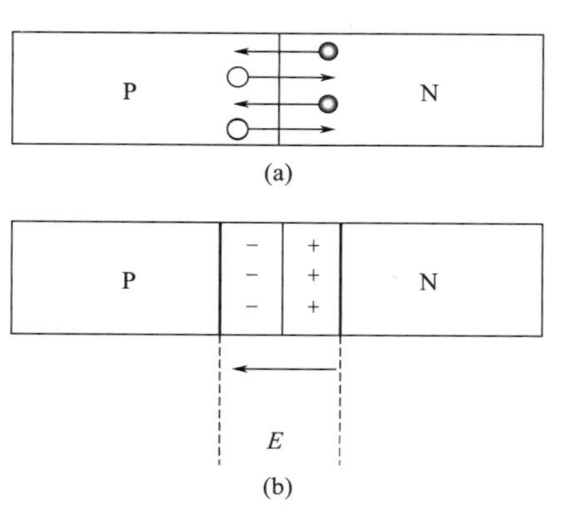

图 2-36　P-N结载流子扩散、内建电场示意图

在动态平衡时，内建电场两边电势不等，N区高于P区，存在电势差，称为P-N结势垒，也称为内建电场电势差或接触电势差，用 V_{bi} 表示。由电子从N区流向P区可知，P区对于N区的电势差为负值。若假设N区电势为0，则P区具有相对电势 $-V_{bi}$，P区电子具有的电势能（势垒高度）为：$\varphi=(-q)\times(-V_{bi})=qV_{bi}$。势垒高度取决于N区和P区掺杂浓度，掺杂浓度越高，势垒高度就越高。

P-N结形成过程也可以用能带图加以说明，能带图是用来讨论半导体导电过程及有关特征的一种理论模型，如图 2-37 所示。费米能级位置与半导体掺杂种类和掺杂浓度有关，N区电子浓度较大，费米能级位置较高，在禁带的上半部，用 E_{Fn} 表示；而P区空穴浓度较大，费米能级位置较低，在禁带的下半部，用 E_{Fp} 表示。当N区、P区紧密接触后，由于 $E_{Fn}>E_{Fp}$，所以电子将由费米能级高处向低处流动，而空穴正好相反，由低处向高处流动。同时，在由N区指向P区内建电场的影响下，E_{Fn} 连同整个N区能带下移，E_{Fp} 则连同整个P区能带上移，导致导带和价带弯曲形成势垒，该趋势直至 $E_{Fn}=E_{Fp}=E_F$ 时方能停止，达到平衡，如图 2-37(b)。P-N结形成过程实际上是N区和P区两区费米能级拉平的过程，因此，两区相对位移为两者接触前的费米能级之差，即势垒高度 V_{bi}。

P-N结起着阻止空间电荷区电子和空穴扩散的作用，又称为阻挡层；同时，P-N结区电子或空穴多数载流子在扩散运动、漂移运动中逐渐流失或复合殆尽，故又称为耗尽区。

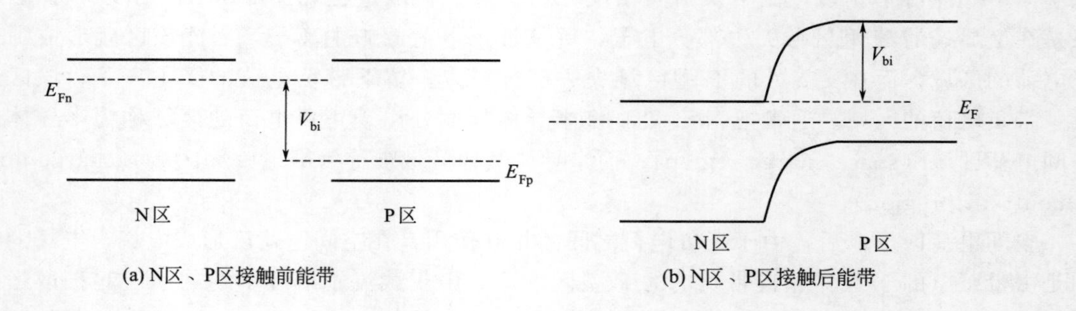

图 2-37　P-N 结能带图

按照 P-N 结两边半导体材料种类的异同，P-N 结可以分为同质结和异质结。由同一种半导体材料所形成的 P-N 结为同质结，如硅、砷化镓等；由两种禁带宽度不同的半导体形成的结为异质结，如氧化锡/硅、硫化亚铜/硫化镉等。

由于制备方法的不同，P-N 结两边杂质的分布可以是线性缓慢变化型的，也可以是突变型的。杂质电荷浓度从结的一侧逐渐变化到另一侧的 P-N 结为线性缓变结（linearly graded junction），适用于深结扩散，结深 $x_j > 3\mu m$；杂质浓度在界面两边均匀分布，在界面处电荷发生突然变化的 P-N 结，称为突变结（abrupt junction），结深 $x_j < 1\mu m$，合金结合高表面浓度的浅扩散结一般认为是突变结。

那么 P-N 结是如何实现的呢？实验证明，简单的机械结合不能够形成良好的 P-N 结，真实的 P-N 结是在一块 P 型或 N 型半导体上通过某种技术来实现 N 型或者 P 型半导体，使其半导体一侧呈现 N 型，另一侧则为 P 型。前面描述的 P-N 结的形成方法为扩散法，该法为太阳能电池 P-N 结制备的主要方法，常用 P-N 结的实现方法还有合金法、离子注入法、外延生长法等。

2.8.2　P-N 结单向导通性

从 P-N 结形成过程可以看出，要使电子和空穴继续扩散，必须减弱空间电荷区电场的阻力，即减小 P-N 结内建电场。很显然，给 P-N 结加一个与内建电场反向的电场就可以抵消部分内建电场，使载流子可以继续运动，从而形成扩散电流。在半导体两端施加偏压是一种方法，如图 2-38(a) 所示。把外加电压高电位接到 P 型端，低电位接到 N 型端，由于外加电场方向与内建电场方向相反，扩散运动强于漂移运动，扩散运动占据主导地位，从而使阻挡层变薄（内建电场电势差减小），于是 N 型半导体中电子（多子）和 P 型半导体中空穴（多子）可以通过阻挡层，向对方继续扩散，形成宏观电流（扩散电流）。外加电压增加，扩散电流增大，P-N 结导通。该种接法又被称为正向接法，所加偏压称为正向偏压，因此 P-N 结导通也称为 P-N 结的正向导通（unilateral conduction）。当正向偏压为 V 时，势垒高度下降为 $e(V_{bi}-V)$。利用 P-N 结的单向导通性可以实现交流电转化为直流电（整流）或将电磁波中的无线电信号检出（检波）。如果在 P-N 结加反向偏压，即低电位接到 P 型半导体端，而正极接到 N 型端，如图 2-38(b)，则内建电场和外加电场是同方向的，其效果是增加了 P-N 结两端电势差，阻挡层变厚，电路不导通，即 P-N 结反向截止。当反向偏压为 V 时，势垒高度增大到 $e(V_{bi}+V)$。反向偏压不利于多子的扩散，但有利于少子的漂移，漂移运动起主导作用。少数载流子漂移运动产生的漂移电流方向与正向导通电流相反，因此又称为反向电流。少数载流子是由本征激发产生的，当 P-N 结形成后，其反向电流在一定范围内几乎与外加电压无关，而取决于温度。温度升高，本征激发加强，漂移运动的载流子增加，反向电流增大，温度大约升高 10℃，反向电流增大一倍。例如 2AP1 型锗二极管，25℃反向电流为 250μA，温度升高到 35℃时反向电流上升到 500μA，在 75℃，反向电流已达 8mA，此时不仅失去了单向导电特性，还会使管子过热而损坏；2CP10 型硅二极管，25℃反向电流为 5μA，温度升高到 75℃，反向电流为 160μA。因此，硅二极管比锗二极管在高温下具有较好的稳定性。因此，在温度一定的情况下，P-N 结在反向电压下热激发而产生的少数载流子数量是一定的，反向电流的值趋于恒定，这时的电流就是反向饱和电流 I_S。

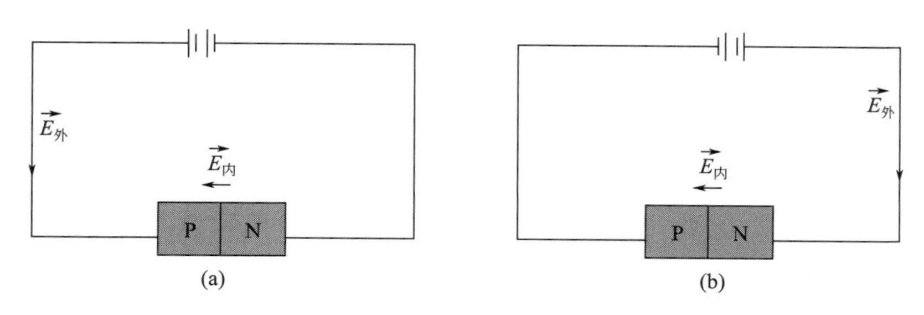

图 2-38 P-N 正向导通和反向截止

2.8.3 P-N 结击穿

当 P-N 结反向偏压增加到某一数值 V_B 时，反向电流就会迅速增加，这种现象就叫作 P-N 结击穿（breakdown），此时反向偏压 V_B 称为 P-N 结击穿电压，V_B 与半导体材料性质、杂质浓度及工艺过程等因素有关。反向电流迅速增大的原因不是因为载流子迁移率增大，而是载流子数量增加。

P-N 结击穿从机理上可分为雪崩击穿（avalanche breakdown）、齐纳击穿（zener breakdown）和热电击穿（electrical breakdown）。雪崩击穿和齐纳击穿一般认为不是破坏性的，如果发生击穿时立即降低反向电压，P-N 结性能可以恢复，如果不降低反向偏压则 P-N 结会被破坏。而 P-N 结热电击穿是具有永久破坏性的。

表 2-6 雪崩击穿和齐纳击穿比较

项目	雪崩击穿			齐纳击穿		
	单边突变结 N/cm^{-3}	线性缓变结 a/cm^{-4}	击穿电压 V_B/V	单边突变结 N/cm^{-3}	线性缓变结 a/cm^{-4}	击穿电压 V_B/V
Si 器件	$<3\times10^{17}$	$<3\times10^{23}$	>6.7	$>6\times10^{17}$	$>5\times10^{23}$	<4.5
Ge 器件	$<1\times10^{17}$	$<4\times10^{22}$	>4.0	$>1\times10^{18}$	$>2\times10^{23}$	<2.7
温度系数	正温度系数			负温度系数		

(1) 雪崩击穿

当加在 P-N 结上的反向电压逐渐增加时，空间电荷区的电场强度也随之增强，因而通过空间电荷区的电子和空穴在电场中漂移运动获得的动能能量也随之增大。载流子在晶体中运动时会不断地与晶格原子发生碰撞，当载流子从电场获得的能量足够大时，这种碰撞能使价带的电子激发到导带形成电子空穴对，这种现象称为碰撞电离。如果空间电荷区域足够宽，载流子通过势垒区时将发生多次碰撞，碰撞电离将使空间电荷区域的载流子数量迅速、成倍地增加，由于这种载流子增加的过程具有雪崩的性质，所以称为雪崩倍增效应。正是由于载流子雪崩倍增使反向电流迅速增大，从而发生 P-N 结的雪崩击穿。

雪崩击穿具有如下特点：空间电荷区域（x_m）要有一定宽度。如果空间电荷区域太窄（小于一个平均自由程），即使载流子动能再高、电离能力再强，不发生碰撞也就无法产生雪崩击穿现象。单边突变结击穿电压主要由低掺杂一侧的掺杂浓度决定。雪崩击穿电压较高，击穿曲线比较陡峭。Ge、Si 器件雪崩击穿参数如表 2-6 所示，一般击穿电压 $V_B > \frac{6E_g}{q}$，而且击穿特性较硬，即为硬击穿。雪崩击穿的击穿电压 V_B 具有正温度系数。随着温度提高、散射增强，载流子平均自由运动时间减少，导致动能不易积累，使电离率下降、击穿电压提高。

P-N 结击穿是 P-N 结一个重要的电学性质，雪崩击穿电压确定了大多数二极管反向偏压的上限，也确定了二极管集电极以及场效应晶体管电压上限，所以半导体器件对击穿电压都有一定的要求。利用击穿现象可以制造稳压二极管、雪崩二极管和隧道二极管等多种器件。

(2) 齐纳击穿

齐纳击穿（zener breakdown）又称隧道击穿（tunnel breakdown）。在反向偏压下 P 区价带顶附近电子能量可以升高到超过 N 区导带顶电子的能量，此时如果电场较强、空间电荷区宽度（隧道长度）较短，则电子的穿隧概率就大大增加，使得 P 区价带电子直接穿过禁带而到达 N 区导带底，形成很大的反向电流。

空间电荷区域（x_m）越窄越有利于隧道效应发生，击穿电压 V_B 也越小，所以高掺杂突变结一般比较容易发生齐纳击穿。实验表明，对于重掺杂 Ge、Si 器件的 P-N 结，当击穿电压 $V_B < \frac{4E_g}{q}$ 时，一般为齐纳击穿；当 $V_B > \frac{6E_g}{q}$ 时，一般为雪崩击穿；当击穿电压介于两者之间时两种击穿都存在。Ge、Si 器件齐纳击穿参数见表 2-6。

齐纳击穿的击穿特性是缓变的。击穿不会在某个电压下骤然发生，而是随着反向电压增加，电子的隧道穿透概率逐渐增加，反向电流也就逐渐增加，因而 I-V 特性是缓变的，即所谓的“软击穿”。

齐纳击穿的击穿电压 V_B 具有负温度系数。随着温度升高，半导体带隙减小，隧道长度相应减小，电子的穿透概率则相应增大，因而 V_B 随温度升高而减小。

(3) 热电击穿

当 P-N 结施加反向电压时，流过 P-N 结的反向电流要引起热损耗。反向电压逐渐增大时，对应的一定的反向电流所损耗的功率也增大，这将产生大量的热能。如果没有良好的散热条件使这些热能及时传递出去，则将引起结温上升，随着结温的上升，反向饱和电流增大，如此反复循环下去，最后使饱和电流无限增大而发生击穿。这种由于热不稳定性引起的击穿称为热电击穿。

2.8.4 P-N 结伏安特性

P-N 结的伏安特性如图 2-39 所示，它直观形象地表示了 P-N 结的单向导通性、反向截止以及击穿特性。

伏安特性的表达式为：

$$i_D = I_S(e^{\frac{V_D}{V_T}} - 1) \quad (2\text{-}26)$$

式中，i_D 为通过 P-N 结的电流；V_D 为 P-N 结两端的外加电压；V_T 为温度的电压当量，$V_T = \frac{kT}{q} = \frac{T}{11600}$，其中 k 为玻尔兹曼常数（1.38×10^{-23}J/K），T 为热力学温度，q 为电子电荷（1.6×10^{-19}C）。在常温下，$V_T \approx 26$mV。I_S 为反向饱和电流，对于分立器件，其典型值为 $10^{-14} \sim 10^{-8}$A 的范围内。集成电路中二极管 P-N 结，其 I_S 值则更小。

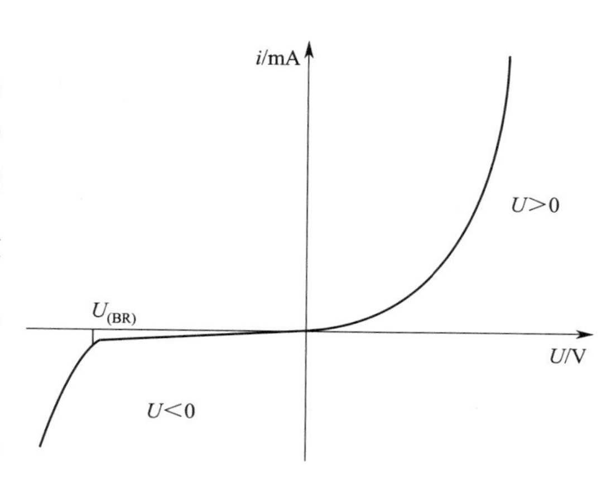

图 2-39　P-N 结伏安特性曲线

当 $V_D \gg 0$，且 $V_D > V_T$ 时，$i_D = I_S e^{\frac{V_D}{V_T}}$；

当 $V_D < 0$，且 $|V_D| \gg V_T$ 时，$i_D \approx I_S \approx 0$。

2.8.5　P-N 结电场和电势

内建电场的出现，使得 P-N 结处能带发生弯曲。由于平衡时，N 型半导体、P 型半导体费米能级是相同的，所以平衡时 P-N 结两端电势差等于原来两半导体费米能级之差。

假设平衡时，N 型、P 型半导体多数载流子浓度分别为 n_0、p_0，则从 P 端到 N 端对应的电势能差为：$qV_{bi} = E_{Fn} - E_{Fp}$。

N 型半导体费米能级表示为：$E_{Fn} = E_C - kT\ln\frac{N_C}{N_D}$。 (2-27)

P 型半导体费米能级表示为：$E_{Fp} = E_V + kT\ln\frac{N_V}{N_A}$。 (2-28)

式中，E_C、E_V 分别为导带底和价带顶能级；k 为玻尔兹曼常数；N_C、N_V 为导带、价带有效状态密度；N_D、N_A 为施主杂质浓度、受主杂质浓度（也是载流子浓度）。

将 N 型、P 型半导体费米能级表达式代入 P-N 结电势差公式：

$$qV_{bi} = E_C - E_V - kT\ln\frac{N_C N_V}{N_D N_A} = E_g - kT\ln\frac{N_C N_V}{N_D N_A} \quad (2\text{-}29)$$

由于 $n_i^2 = n_0 p_0 = N_C N_V \exp\left(-\frac{E_C - E_V}{kT}\right)$，所以：

$$V_{bi} = \frac{kT}{q}\ln\frac{N_D N_A}{n_i^2} \quad (2\text{-}30)$$

以突变 P-N 结为例，分析 P-N 结空间电荷区域中的电场及耗尽层宽度问题。

突变 P-N 结，N 区电子是耗尽的，只剩下带正电荷的电离施主，施主电荷密度为 $+qN_D$；在 P 区，空穴是耗尽的，只留下带负电荷的电离受主，受主电荷密度为 $-qN_A$。由于电中性的要求，空间电荷区域电荷的总量应该相等，即：

$$+qN_D x_n A = -qN_A x_p A \quad (2\text{-}31)$$

式中，A 是P-N结结面积；x_n、x_p 分别为空间电荷区域在N区和P区的宽度，即N区、P区耗尽层宽度。

式(2-31)可以变形为：$\frac{x_n}{x_p}=\frac{N_A}{N_D}$，即P-N结空间电荷区在N区和P区的厚度与其掺杂浓度成反比。对于 N^+-P结或 P^+-N结，空间电荷区主要在氢掺杂一侧展宽。

电力线起始于正电荷，终止于负电荷，由空间电荷区域宽度与掺杂浓度的关系可知，在P-N结的方向上（图2-40中 x 轴向）电力线密度应该是不同的。

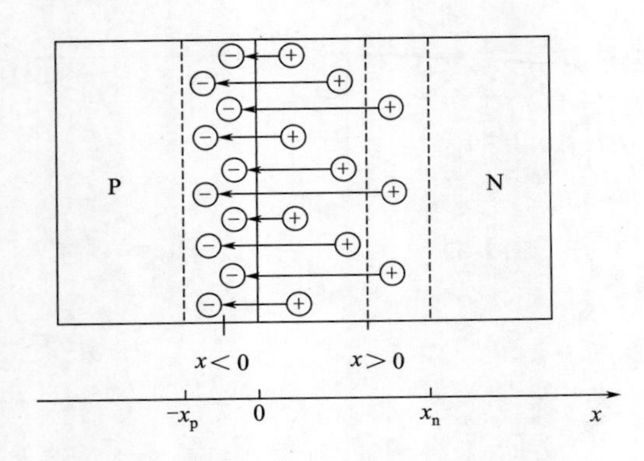

图2-40 P-N结空间电荷区域电力线分布

由于N区空间电荷区域附近所有正电荷发出的电力线都要通过P-N结交界面（$x=0$）终止于负电荷，所以 $x=0$ 处电力线密度最大，电场最强，而在 $x=-x_p$ 和 $x=x_n$ 处没有电力线通过，所以电场为零。

根据静电学原理，电场强度等于垂直通过单位面积的电力线条数。单位电量点电荷在空间的电场强度为 $1/\varepsilon$，所以P-N结交界面处电场为：

$$E_M=\frac{qN_Dx_nA}{\varepsilon A}=\frac{qN_Dx_n}{\varepsilon} \tag{2-32}$$

$$\text{或 } E_M=\frac{qN_Ax_pA}{\varepsilon A}=\frac{qN_Ax_p}{\varepsilon} \tag{2-33}$$

式中，ε 为半导体材料绝对介电常数。

N型一侧的 x 处，通过结面积 A 的电力线数应该等于 $A(x_n-x)$ 这一体积中的正空间电荷所发出的电力线数。这个体积内的正电荷总量为 $qN_D(x_n-x)A$，发射电力线数目为 $\frac{qN_D(x_n-x)A}{\varepsilon}$，所以 $0<x<x_n$ 的各点电场强度为：

$$E(x)=\frac{qN_D(x_n-x)}{\varepsilon}=E_M\left(1-\frac{x}{x_n}\right) \tag{2-34}$$

在P型一侧（$-x_p<x<0$），通过类似的方法得到电场强度为：

$$E(x)=\frac{qN_A(x_p+x)}{\varepsilon}=E_M\left(1+\frac{x}{x_p}\right) \tag{2-35}$$

把空间电荷区域场强可用分段函数表示为：

$$E(x)=\begin{cases}E_M\left(1-\frac{x}{x_n}\right) & (0<x<x_n)\\ E_M\left(1+\frac{x}{x_p}\right) & (-x_p<x<0)\end{cases} \tag{2-36}$$

该场强函数图像如图2-41所示，在 $-x_p<x<0$ 范围内，斜率为负，在 $0<x<x_n$ 范围内，斜率为正，在 $x=0$ 处场强最大，为 E_M，直线斜率正比于P-N结两边掺杂浓度 N_D 和 N_A。

电场强度 E 在势垒区积分就是P-N结两边的电势差。对平衡态P-N结，N区和P区电势差就是接触电势差 V_{bi}。当P-N结外加电压 V 时，N区和P区电势差就等于 $V_{bi}-V$，所以当P-N结加正向偏压时 $V>0$，N区和P区电势差减小，P-N结加反向偏压时 $V<0$，N

区与P区电势差就增大，所以有：

$$V_{bi}=-\int_{-x_p}^{x_n}E(x)dx=\frac{1}{2}E_M(x_n+x_p)=\frac{1}{2}E_MW \tag{2-37}$$

式中，$W=x_p+x_n$，为耗尽层总宽度，积分结果就是图2-41中两直线与x轴包围三角形面积。式(2-37)结合式(2-31)、式(2-32)和式(2-33)也可得内建电势为变量的耗尽层总宽度：

$$W=\sqrt{\frac{2\varepsilon}{q}\left(\frac{1}{N_D}+\frac{1}{N_A}\right)V_{bi}}=\sqrt{\frac{2\varepsilon}{q}\left(\frac{N_A+N_D}{N_AN_D}\right)V_{bi}}$$

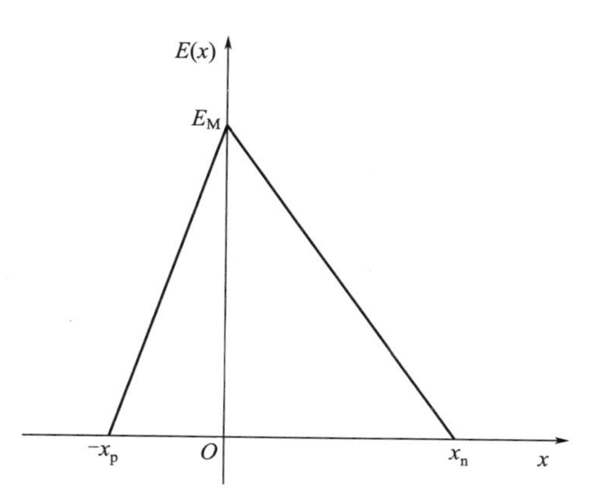

图2-41　P-N结空间电荷区域电场分布

对于单边突变结（one-side abrupt junction），例如P^+-N结，$N_A\gg N_D$，$W=x_n$，可得P^+-N结耗尽层宽度为：

$$W=\sqrt{\frac{2\varepsilon V_{bi}}{qN_D}} \tag{2-38}$$

同理，对N^+-P结，可以得到耗尽层宽度为：

$$W=\sqrt{\frac{2\varepsilon V_{bi}}{qN_A}} \tag{2-39}$$

式中，N_D和N_A都是轻掺杂的基体浓度。如果用N_B表示轻掺杂一边的杂质浓度，则以上两式可统一为：

$$W=\sqrt{\frac{2\varepsilon V_{bi}}{qN_B}} \tag{2-40}$$

例题： 假设Si单边突变结，其中$N_A=10^{19}cm^{-3}$，$N_D=10^{16}cm^{-3}$，计算在零偏压时耗尽层宽度和最大电场（$T=300K$）。注：硅的$\varepsilon_0=8.85\times10^{-14}F/cm$、$\varepsilon_r=11.9$，玻尔兹曼常数$k=1.38\times10^{-23}J/K$，$n_i=9.65\times10^9cm^{-3}$，$q=1.6\times10^{-19}C$。

解： $V_{bi}=\psi_n-\psi_p=\frac{kT}{q}\ln\left(\frac{N_AN_D}{n_i^2}\right)=0.026\ln\frac{10^{19}\times10^{16}}{(9.65\times10^9)^2}=0.895(V)$

$$W=\sqrt{\frac{2\varepsilon V_{bi}}{qN_B}}=\sqrt{\frac{2\times8.85\times10^{-14}\times11.9\times0.895}{1.6\times10^{-19}\times10^{16}}}=0.343(\mu m)$$

$$E_M=\frac{qN_DW}{\varepsilon}=\frac{1.6\times10^{-19}\times10^{16}\times3.43\times10^{-5}}{8.85\times10^{-14}\times11.9}=0.52\times10^4(V/cm)$$

如果在P端加一正向偏压V，则跨过P-N结的总静电势减少V，即总电势为$V_{bi}-V$。反之，如果P-N结加反向偏压，则电势变为$V_{bi}+V$。在偏压下单边突变结耗尽层宽度为：

$$W=\sqrt{\frac{2\varepsilon(V_{bi}\pm V)}{qN_B}} \tag{2-41}$$

显然，正偏压降低耗尽层宽度，反偏压增加耗尽层宽度。

线性缓变结电场、电势、结宽如下列公式所示，其中a为载流子浓度分布，单位为cm^{-4}。

$$E(x)=-\frac{qa}{\varepsilon}\times\frac{\left(\frac{W}{2}\right)^2-x^2}{2} \tag{2-42}$$

$$W=\left(\frac{12\varepsilon V_{bi}}{qa}\right)^{\frac{1}{3}} \tag{2-43}$$

由于在耗尽层边缘$\frac{W}{2}$处的杂质浓度一样，且都等于$\frac{aW}{2}$。所以电势 V_{bi} 也可表示为：

$$V_{bi}=\frac{kT}{q}\ln\left(\frac{N_A N_D}{n_i^2}\right)=\frac{kT}{q}\ln\left(\frac{\frac{aW}{2}\times\frac{aW}{2}}{n_i^2}\right)=\frac{2kT}{q}\ln\left(\frac{aW}{2n_i}\right) \tag{2-44}$$

式(2-43) 和式(2-44) 结合消去结宽 W 可得结电势 V_{bi} 为 a 的函数，同理，消去结电势可得到结宽 W 为 a 的函数。

如果正偏压或负偏压施加到线性缓变结时，耗尽层宽度随 $(V_{bi}-V)^{\frac{1}{3}}$ 变化。

例题： 对于浓度梯度为 10^{20}cm^{-4} 的硅线性缓变结，耗尽层宽度为 0.5μm。计算该缓变结最大电场和内建电势（$T=300\text{K}$）。

解：

最大电场：$E(0)=-\frac{qa}{\varepsilon}\times\frac{\left(\frac{W}{2}\right)^2-0^2}{2}=\frac{1.6\times10^{-19}\times10^{20}\times(0.5\times10^{-4})^2}{8\times11.9\times8.85\times10^{-14}}=4.75\times10^3(\text{V/cm})$

内建电势：$V_{bi}=\frac{2kT}{q}\ln\left(\frac{aW}{2n_i}\right)=2\times0.026\ln\left(\frac{10^{20}\times0.5\times10^{-4}}{2\times9.65\times10^9}\right)=0.645(\text{V})$

或利用式(2-43) 计算：$V_{bi}=\frac{qaW^3}{12\varepsilon}=0.645(\text{V})$

2.8.6 P-N结电容特性

P-N 结具有存储和释放电荷的能力，具有电容特性。P-N 结电容包括势垒电容（C_B）和扩散电容（C_D），势垒电容和扩散电容均是非线性电容。

(1) 势垒电容

势垒电容是由空间电荷区的离子薄层（耗尽层）形成的。当外加电压使 P-N 结上外加电压变化时，离子薄层电荷量相应改变，薄层厚度也相应地随之改变，P-N 结中存储的电荷量也随之变化。当 P-N 结上加正向偏压时，势垒区高度降低，耗尽层减薄，空间电荷减少；当 P-N 结上加反向偏压时，势垒区高度增加，耗尽层加厚，空间电荷增多。势垒区类似平板电容器，其交界两侧存储着数值相等、极性相反的离子电荷，电荷量随外加电压而变化，称为势垒电容，用 C_B 表示。

单位面积势垒电容值为：

$$C_B=\frac{d|Q|}{dV} \tag{2-45}$$

式中，Q 为势垒区外加偏压时正电荷量或负电荷量；V 为外加电压。由于 P-N 结电场分布可表示为 $dE=\frac{dQ}{\varepsilon}$，电压增量可表示为 $dV=WdE$（W 为 P-N 结宽度）。因此，P-N 结单位面积势垒电容可表示为：

$$C_{\mathrm{B}}=\frac{\mathrm{d}|Q|}{\mathrm{d}V}=\frac{\varepsilon}{W} \tag{2-46}$$

在突变结情况下，P-N 结相当于平板电容器，虽然外加电场会使势垒区变宽或变窄，但这个变化比较小可以忽略。由式(2-41) 和式(2-46) 得：

$$C_{\mathrm{j}}=\frac{\varepsilon}{W}=\sqrt{\frac{q\varepsilon N_{\mathrm{B}}}{2(V_{\mathrm{bi}}-V)}} \tag{2-47}$$

将$\frac{1}{C_{\mathrm{j}}^{2}}$-$V$ 关系作图，可得一条直线，由斜率可求得 N_{B}，而与 V 交点即为 V_{bi}。

例题：对一硅突变结，其中 $N_{\mathrm{A}}=2\times10^{19}\mathrm{cm}^{-3}$、$N_{\mathrm{D}}=8\times10^{15}\mathrm{cm}^{-3}$，计算零偏压和反向偏压为 4V 时的结电容（$T=300\mathrm{K}$）。

解：在反向偏压为零时：

$$V_{\mathrm{bi}}=\frac{kT}{q}\ln\frac{N_{\mathrm{A}}N_{\mathrm{D}}}{n_{\mathrm{i}}^{2}}=0.026\ln\frac{2\times10^{19}\times8\times10^{15}}{(9.65\times10^{9})^{2}}=0.906(\mathrm{V})$$

$$W_{V=0}\approx\sqrt{\frac{2\varepsilon V_{\mathrm{bi}}}{qN_{\mathrm{D}}}}=\sqrt{\frac{2\times11.9\times8.85\times10^{-14}\times0.906}{1.6\times10^{-19}\times8\times10^{15}}}=3.86\times10^{-5}(\mathrm{cm})$$

$$C_{\mathrm{j},V=0}=\frac{\varepsilon}{W_{V=0}}=\sqrt{\frac{q\varepsilon N_{\mathrm{B}}}{2V_{\mathrm{bi}}}}=2.73\times10^{-8}(\mathrm{F/cm^{2}})$$

在反向偏压为 4V 时：

$$W_{V=-4}\approx\sqrt{\frac{2\varepsilon(V_{\mathrm{bi}}-V)}{qN_{\mathrm{D}}}}=\sqrt{\frac{2\times11.9\times8.85\times10^{-14}\times(0.906+4)}{1.6\times10^{-19}\times8\times10^{15}}}=8.99\times10^{-5}(\mathrm{cm})$$

$$C_{\mathrm{j},V=-4}=\frac{\varepsilon}{W_{V=-4}}=\sqrt{\frac{q\varepsilon N_{\mathrm{B}}}{2(V_{\mathrm{bi}}-V)}}=1.172\times10^{-8}(\mathrm{F/cm^{2}})$$

利用电容-电压特性也可计算任意杂质的分布。对于 P^{+}-N 结，如前所述，对于外加电压增量 $\mathrm{d}V$，单位面积电荷增量 $\mathrm{d}Q$ 为 $qN(W)\mathrm{d}W$。其对应的偏压变化为：

$$\mathrm{d}V\approx\mathrm{d}E\times W=\frac{\mathrm{d}Q}{\varepsilon}W=\frac{qN(W)\mathrm{d}W^{2}}{\varepsilon}$$

将 $C_{\mathrm{j}}=\frac{\varepsilon}{W}$带入上式得：

$$N(W)=\frac{2}{q\varepsilon}\left[\frac{1}{\mathrm{d}(1/C_{\mathrm{j}}^{2})/\mathrm{d}V}\right]$$

因此，通过测量单位面积的电容和反向偏压关系，作出 $1/C_{\mathrm{j}}^{2}$ 和 V 关系图就可以得到杂质浓度分布 $N(W)$。该种方法称为测量分布的 C-V 法。

对于线性缓变结，耗尽层势垒电容由式(2-43) 和结宽随电压变化关系带入电容公式 $C_{\mathrm{j}}=\frac{\varepsilon}{W}$得：

$$C_{\mathrm{j}}=\frac{\varepsilon}{W}=\left[\frac{qa\varepsilon^{2}}{12(V_{\mathrm{bi}}-V)}\right]^{\frac{1}{3}} \tag{2-48}$$

对 $1/C_{\mathrm{j}}^{3}$-V 作图，由斜率和交点可得杂质浓度 a 和 V_{bi}。

因此，许多电路应用 P-N 结在反向偏压时电容随电压变化特性，被设计成变容器，即可变电容器。

虽然 P-N 结势垒电容类似于中间充满半导体介质的平行板电容器，但是两者之间有巨大差异：平行板电容器电荷集中在电极板上，而 P-N 结电荷分布在整个空间电荷区域，且电荷的变化只发生在势垒区边缘；平行板电容器电极间距离一定，电容是一个常数，与电压无关，而 P-N 结势垒电容宽度随外电压变化，电容是非线性电容，也称为微分电容；平行板电容器通交流阻直流，而 P-N 结却只允许直流通过。

(2) 扩散电容

P-N 结正向导电时，多子扩散到对方区域后，在 P-N 结边界上积累，并有一定的浓度分布。积累的电荷量随外加电压的变化而变化，当 P-N 结正向电压加大时，正向电流随之加大，这就要求有更多的载流子积累起来以满足电流加大的要求；而当正向电压减小时，正向电流减小，积累在 P 区的电子或 N 区的空穴就要相对减少，这样，当外加电压变化时，有载流子向 P-N 结“充入”和“放出”。P-N 结的扩散电容 C_D 描述了积累在 P 区的电子或 N 区的空穴随外加电压变化的电容效应。

因 P-N 结正偏压时，由 N 区扩散到 P 区的电子，与外电源提供的空穴相复合，形成正向电流。刚扩散过来的电子就堆积在 P 区内紧靠 P-N 结的附近，形成一定的多子浓度梯度分布曲线。反之，由 P 区扩散到 N 区的空穴，在 N 区内也形成类似的浓度梯度分布曲线，如图 2-42 所示。

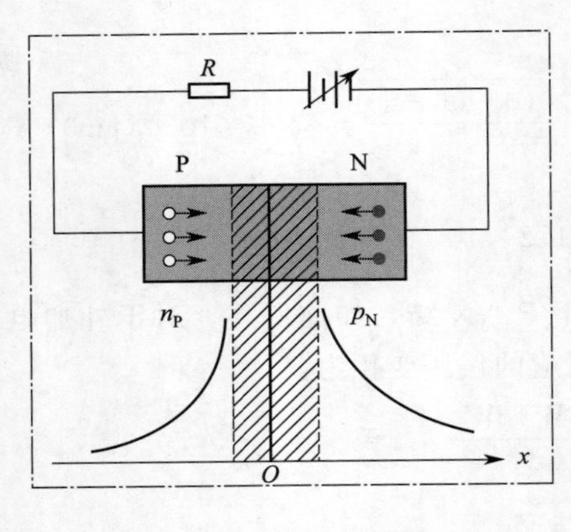

图 2-42　扩散电容示意图

P-N 结的总电容 C_j 为 C_B 和 C_D 两者之和。P-N 结外加正向电压时 C_D 很大，C_j 以扩散电容为主（几十皮到几千皮）；外加反向电压时，载流子数目很少，因此反偏压时扩散电容数值很小，C_D 趋于零，一般可以忽略，C_j 以势垒电容为主（几皮到几十皮）。

2.8.7　P-N 结应用

根据 P-N 结的材料、掺杂分布、几何结构和偏置条件的不同，利用其基本特性可以制造多种功能的晶体二极管。如利用 P-N 结单向导通性可以制造整流二极管、检波二极管和开关二极管，利用击穿特性制造稳压二极管和雪崩二极管；利用高掺杂 P-N 结隧道效应制造隧道二极管；利用结电容随外电压变化效应制造变容二极管。

使半导体的光电效应与 P-N 结结合还可以制造多种光电器件。如利用前向偏置异质结的载流子注入与复合可以制造半导体激光二极管与半导体发光二极管；利用光辐射对 P-N 结反向电流的调制作用可以制成光电探测器；利用光生伏特效应可制成太阳能电池。

此外，利用两个 P-N 结之间的相互作用可以产生放大、振荡等多种电子功能。P-N 结是构成双极型晶体管和场效应晶体管的核心，是现代电子技术的基础，在二极管中应用广泛。

第 3 章

太阳能电池基本原理

从太阳光能到电能的转换机理有光电效应、光-热-电效应、光-化学能-电能效应，以及光伏效应，那么我们讨论的硅太阳能电池光电转换依据何种机理？该效应如何实现太阳光能到电能的转换？太阳光能到电能转换效率影响因素是什么，以及转换效率极限如何？这是本章详细讨论的问题。

3.1 太阳能电池

光伏电池是太阳能电池（solar cells）的一种，是指能够把太阳光辐射能量直接转换为电能的器件。由于商业化的太阳能电池多为光伏太阳能电池，因此太阳能电池和光伏电池通常情况下可以互用。本书除特殊说明外，太阳能电池均指光伏太阳能电池（photovoltaic solar cell）。但是随着科技的进步，非光伏电池的研究越来越火热，应用前景非常乐观，其中之一就是染料敏化太阳能电池（dye-sensitized solar cell，DSC），该电池利用光电化学效应在阳光照射下产生宏观电流。

3.1.1 光电效应

光电效应（photoelectric effect）由德国物理学家赫兹于 1887 年研究麦克斯韦电磁理论时发现，而直到 1905 年爱因斯坦利用光量子理论进行全面的解释。

光电效应实验原理如图 3-1 所示，主要包括金属阴阳极、偏压计、检流计、电压表。一般而言，光电效应指光照射到金属材料表面，金属内的自由电子吸收了光子的能量，脱离金属束缚，成为真空中自由电子，而该自由电子在外加电场的作用下移动到金属阳极，形成光电流。通常把这种在光的照射作用下，物质材料中电子逸出其表面形成光电流的现象称为外光电效应（external photoelectric effect），外光电效应主要应用到光电管、光电倍增管中。而把在光照射作用下，物质吸收光子能量并激发自由电子的现象称为内光电效应（internal photoelectric effect），内光电效应主要是改变物质的电化学性质，特别是电导率。内光电效应主要包括光电

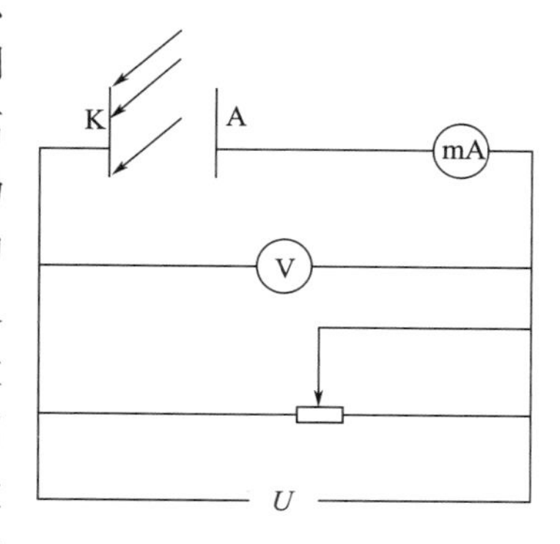

图 3-1　金属光电效应原理图

导效应和光伏特效应（又称为光伏效应）。当入射光子入射到半导体材料表面时，半导体吸收入射光子产生电子空穴对，使其自身电导率增大的现象称为光电导现象，光敏材料（光导管）即是利用此原理制作的光电子器件；光伏效应（photovoltaic effect）是指一定波长的光照射非均匀半导体（特别是 P-N 结），在内建电场作用下，半导体内部产生光电压的现象。硅太阳能电池就是利用了光伏特效应，所以又叫作光伏电池。

金属光电效应（外光电效应）也可以产生光电流，所以从理论上来说是可以利用外光电效应制作太阳能电池的。金属光电管阴极和阳极间电势差即为开路电压，把阴极阳极连接后流过导线的电流即为短路电流。但是太阳能电池工业生产中一个重要考虑是转换效率，金属光电效应电池的转换效率理论值为 1%，实验室实验结果仅为 0.001%；而目前广为应用的晶体硅太阳能电池转换效率的理论值为 27%，工业生产产品转换效率超过 19%，将近 21%。因此，从实用性上来看，金属光电效应是无法应用到现实生活中的。

分析金属光电效应应用到太阳能电池中实用性较差的原因，主要有以下两方面：①金属中电子吸收光子的能量从费米能级跃迁到真空能级，需要吸收的能量为 3～5eV，而可见光的能量范围为 0.4～4eV，因此发生外光电效应的仅为紫外线及其能量更高的光子，这部分光子只占太阳辐射的很小一部分。然而半导体光伏效应，电子只需要吸收 1～2eV 能量就可以完成从价带到导带的跃迁；②金属光电效应导电的仅为电子，而半导体光伏效应中参与导电的载流子包括电子和空穴。基于以上原因，可以看出外光电效应光电流要远小于光伏效应光电流，因此目前太阳能电池材料仍然是半导体，而非金属材料。

3.1.2 光伏效应

一般而言，太阳能电池的利用应该包括以下三个过程：①半导体中电子吸收太阳光光子能量受激产生电子-空穴对，且这些非平衡载流子有足够的寿命，在分离前不会复合消失；②产生的非平衡载流子在内建电场作用下完成电子-空穴对分离，电子集中在一边，空穴集中在另一边，在 P-N 结两边产生异性电荷积累，从而产生光生电动势；③把 P-N 结用导线连接，形成电流并通过外电路向负载供电，即获得有效功率输出。同时，这也是光伏效应电子元件工作的三个必要步骤，这三要素也是决定太阳能电池转换效率高低的重要因素。

太阳能电池由 P-N 结构成，在 P 区、空间电荷区和 N 区都会产生电子-空穴对，这些电子-空穴对由于热运动，会向各个方向移动。在空间电荷区产生的光生电子-空穴对会被内建电场分离，光生电子被推向 N 区，光生空穴被推向 P 区。因此，空间电荷区域边界处总的载流子浓度近似为零。在 N 区产生光生电子-空穴对，光生空穴便会向 P-N 结边界扩散，一旦到达 P-N 结边界，便立即受到内建电场作用，在电场力作用下做漂移运动，越过空间电荷区进入 P 区，而光生电子为多子，则被留在 N 区。同样，P 区产生的电子也会向 P-N 结边界扩散，并在到达 P-N 结边界后，受到内建电场的作用做漂移运动进入 N 区，而光生空穴则被留在 P 区。

光生电子、空穴的扩散、漂移运动造成电子在 N 区积累，空穴则在 P 区积累，形成与内建电场方向相反的光生电场 E_L。该光生电场一部分用以抵消内建电场（降低势垒），剩余电子空穴则使 P 型层带正电、N 型层带负电，因此在光照作用下 P-N 结产生了光生电动势，这就是光伏效应的过程。

当入射光照射到半导体表面时，光子被吸收产生电子与空穴，由于表面电子和空穴浓度的增大，会产生向内部扩散的运动，但是由于两者扩散系数不同，故会在空间产生电子和空穴对分离的区域，这样也就产生了光照面与遮光面之间的光伏现象，该现象被称为丹伯效应，也被称为光扩散效应（photo-diffusion effect），相应电压即为丹伯电压。但是对一般半导体而言，丹伯效应不显著，如果半导体中有其他本底电压，测量值与丹伯真实值有很大误差，甚至是不正确的。

影响丹伯效应的一个原因是肖特基效应（Schottky effect）。该效应是电池片电极制作过程中金属和半导体接触产生的，肖特基电压远大于丹伯电压，因此，实际中我们测量的丹伯电压应该是金属-半导体间肖特基效应电压。

3.2 太阳能电池基本结构

图 3-2 是太阳能电池的基本结构，主要包括 P 型半导体基板（substrate），然后在其表面制作绒面（surface texturization）、P 掺杂扩散形成 P-N 结（phosphorous diffusion）、抗反射膜（anti-reflective coating），最后分别在 N 型和 P 型半导体表面做丝网印刷正面电极和背面电极（screen printing）。

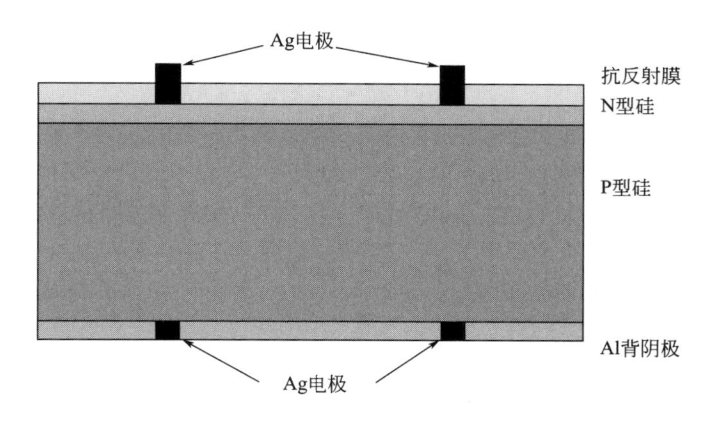

图 3-2　太阳能电池基本结构

太阳能电池可大致分为三个区域：发射区（emitter）、结区（collector）、基区（base）。发射区和基区在电池工作时表现为中性，即准电中性区域，是吸收入射光的主要部分，并且将光生少子输送到结区。结区即空间电荷区域，包含强电场和固定的空间电荷，将由发射区和基区收集来的少子分开。

图 3-3 为平衡状态下太阳能电池 P-N 结电子能量。无光照时，处于平衡状态，有统一的费米能级，势垒高度可表示为 $qV_{bi}=E_{Fn}-E_{Fp}$。稳定光照时，P-N 结处于非平衡状态，光生载流子积累出现光电压，使结处于正向偏压，费米能级分裂为两个准费米能级：电子的费米能级 E_{Fn} 和空穴的费米能级 E_{Fp}。准费米能级间是平行的，且相应的电势为 $\phi_n=E_{Fn}/q$ 和 $\phi_p=E_{Fp}/q$。如果电池开路时，费米能级分裂宽度为 qV_{oc}，则剩余势垒高度为 $q(V_{bi}-V_{oc})$；如果过电池处于短路状态，则在 P-N 结两端积累的光生载流子通过外电路复合，光

生电压消失，势垒高度 qV_{bi} 各区中的光生载流子被内建电场分离，流进外电路形成短路电流；如果外接负载时，一部分光电流在负载上建立电压，另一部分光电流和 P-N 结在正向偏压 V 下形成的正向电流抵消，费米能级分裂宽度正好等于 qV，而此时剩余的结势垒高度为 $q(V_{bi}-V)$。因此，光伏电池在结两边的静电势差 $\Delta\phi$ 为平衡内建电势 V_{bi} 和在结边缘的电压 V 之差，即：

$$\Delta\phi = V_{bi} - V \tag{3-1}$$

$$qV_{bi} = k_B T \ln\left(\frac{N_D N_A}{n_i^2}\right) \tag{3-2}$$

式中，N_A、N_D 分别为结区 P 侧和 N 侧的受主杂质浓度和施主杂质浓度。在没有电压损耗的情况下，V 等于电池两端测得的电压。

结区宽度 W_j 由下式决定：

$$W_j = L_D \sqrt{2q\Delta\phi / k_B T} \tag{3-3}$$

$$L_D = \sqrt{\varepsilon k_B T // q^2 N_B} \tag{3-4}$$

$$N_B = N_A N_D / (N_A + N_D) \tag{3-5}$$

式中，L_D 为德拜（Debye）长度；ε 是介电常数。

在理想 P-N 结太阳能电池中，在结区少数载流子被无损耗地从准中性区［发射区（以下标 e 表示）、基区（以下标 b 表示）］提取和分离。故结区方程可以认为是边界条件的形式，它将结区一边的多子浓度和另一边的少子浓度关联在一起。在 N 型发射区和 P 型基区满足下列关系：

$$n_b = n_{0b} e^{qV/k_B T} = n_{0e} e^{q(V-V_{bi})/k_B T} \tag{3-6}$$

$$p_e = p_{0e} e^{qV/k_B T} = p_{0b} e^{q(V-V_{bi})/k_B T} \tag{3-7}$$

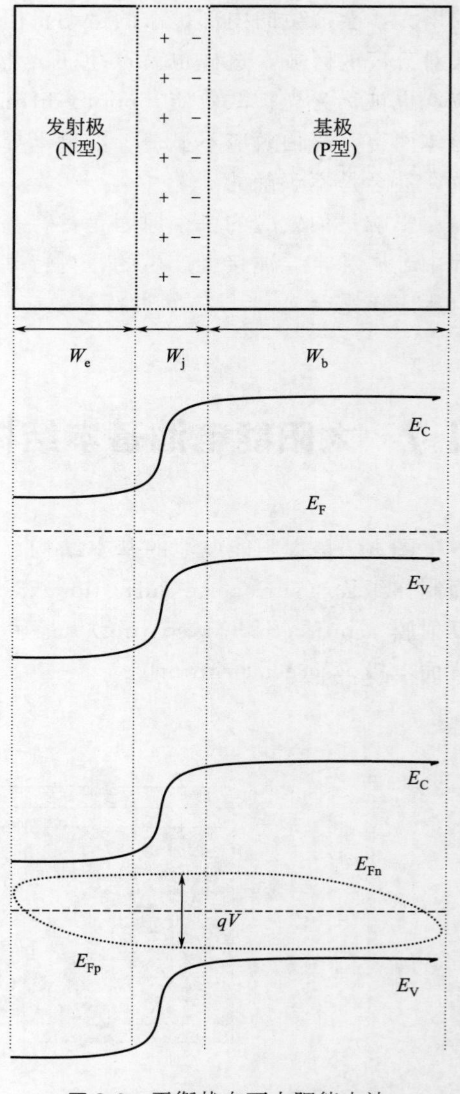

图 3-3　平衡状态下太阳能电池 P-N 结电子能量

3.3 太阳能电池表征参数

当太阳光照射在太阳能电池上产生光生电动势 U，就有光生电流 I_L 流过负载电阻 R_L。然而太阳能电池输出电压、电流及其功率与光照条件和负载都有很大关系。通常用以下几个参数来表征太阳能电池的性能：短路电流、开路电压、最大输出功率、填充因子及转换效率。

(1) **短路电流**（short circuit current，I_{sc}）

将太阳能电池置于标准光源照射下，通过导线把电池的阴阳极直接相连使其短路，即

$R_L=0$，输出电压为零，则P-N结分开的过剩载流子都可以穿过P-N结，产生最大可能的电流。此时流过导线的电流即为短路电流，用 I_{sc} 表示。I_{sc} 与太阳能电池的面积有关，面积越大，I_{sc} 越大；I_{sc} 大小与入射光辐射强度成正比，且 I_{sc} 随环境温度升高时，其值略有升高。在理想情况下，I_{sc} 等于光生电流 I_L。一般来说，$1cm^2$ 硅太阳能电池 I_{sc} 为16～30mA（AM1.5）。

(2) **开路电压**（open circuit voltage，V_{oc}）

太阳能电池阴阳极两端无导线相连，处于开路状态的情况下，即 $R_L=\infty$，此时通过电流为零，则P-N结分开的过剩载流子就会积累在P-N结附近，于是产生了最大的光生电动势，即为该电池开路电压，用 V_{oc} 表示。在标准光源下，硅太阳能电池开路电压极限约为700mV，但其值随环境温度升高略有下降。

(3) **最大输出功率** P_m

太阳能电池发电系统工作时流过负载的电流称为输出电流（负载电流），负载两端电压为输出电压。不同负载，输出电流不同、输出电压不同。如果某一负载能够使电池输出电压和输出电流乘积（功率）最大，该乘积就是最大输出功率，用 P_m 表示，此时的输出电压和输出电流分别称为最佳功率点电压和最佳功率点电流，用 V_m、I_m 表示，对应的负载称为最佳功率负载。

最大输出功率 P_m 表示为：

$$P_m=V_m\times I_m \tag{3-8}$$

(4) **填充因子**

填充因子（fill factor，FF）是衡量太阳能电池整体性能的一个重要参数，代表太阳能电池在最佳负载时能输出的最大功率的特性，因此填充因子可表示为：

$$FF=\frac{P_m}{V_{oc}I_{sc}}=\frac{V_mI_m}{V_{oc}I_{sc}} \tag{3-9}$$

填充因子可通过太阳能电池的电流-电压伏安曲线图3-4来表示。其中浅色区域为最大输出功率，深色区域为开路电压和短路电流乘积，填充因子则为两面积之比，即太阳能电池伏安曲线趋近深色区域的程度。曲线越趋近深色区域，FF 越高，在电池没有串联电阻和漏电电阻无穷大的情况下 FF 最高，但是 FF 一般是小于1的无量纲的量。一般而言，如果填充因子大于0.7，则认为光伏组件的质量优良（优质的硅电池 FF 只能达到0.75～0.82，而优质砷化镓电池 FF 则可达到0.87～0.89）。

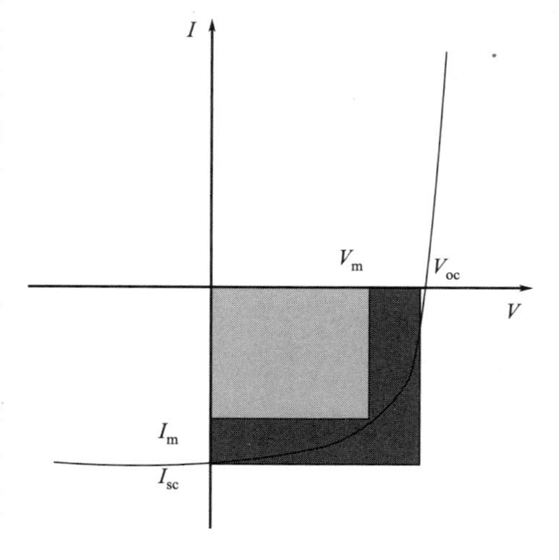

图3-4　填充因子图示

太阳能电池串、并联电阻对填充因子影响较大，串联电阻越大，短路电流下降越多，填充因子也随之减少得越多；并联电阻越小，电池开路电压就下降越多，填充因子也随之下降越多。

填充因子大小还与太阳能电池温度有关，一般随温度增加而减小，其原因主要是随着温度升高，P-N 结漏电流增加，太阳能电池电流-电压关系曲线“软化”所致。除此之外，对同一个太阳能电池，在一定光照强度范围内，填充因子 FF 随光强的减小而增加。

(5) 转换效率

转换效率 η（energy conversion efficiency）为太阳能电池的最大输出功率与入射到太阳能电池表面太阳光能量的百分比。η 数学表达式为：

$$\eta=\frac{P_{m}}{P_{in}}\times 100\%=\frac{FF\times V_{oc}\times I_{sc}}{P_{in}}\times 100\% \tag{3-10}$$

η 是太阳能电池一个重要的性能指标，越高的 η 意味着有更多的电功率输出。它与电池结构、结特性、材料性质、工作温度、粒子辐射损伤，以及环境变化有关系。

3.4 太阳能电池电路模型

太阳能电池在没有光照的情况下可以看作一个 P-N 结二极管，理想二极管的电流与电压之间的关系表示为：$i_{D}=I_{S}(e^{\frac{V_{D}}{V_{T}}}-1)$，$i_{D}$ 为流过二极管的暗电流，对单纯二极管而言，暗电流其实就是反向饱和电流，但对太阳能电池而言，i_{D} 不仅仅包括反向饱和电流，还包括漏电流（薄层漏电流和体漏电流）。电池片不可避免会存在一些有害的杂质和缺陷，有些是硅片本身自带的，也有的是工艺中形成的，这些有害杂质和缺陷可以起到复合中心作用，可以虏获空穴和电子，使其复合，复合过程伴随着载流子的定向移动，必然会有微弱的电流产生，这些电流贡献给了暗电流。由电池薄层区（N 区）贡献的电流称为薄层漏电流，由体区（P 区）贡献的电流称为体漏电流。

前面分析了无论在 P-N 结附近的 P 型层、N 型层产生的电子-空穴对还是在空间电荷区产生的电子-空穴对，其结果都是电子迁移到 N 型侧，空穴迁移到 P 型侧。因此在光照的情况下，太阳能电池光电流方向由 N 型半导体指向 P 型半导体（外电路）。但是理想二极管 i_{D} 的方向为从 P 型半导体指向 N 型半导体，因此如果定义 I_{L} 方向为正方向，则暗电流相对光生电流来说是一个负电流。故太阳能电池电流-电压关系可以表示为：

$$I=I_{L}-I_{S}(e^{\frac{V_{D}}{V_{T}}}-1) \tag{3-11}$$

在没有光照的时候，$I_{L}=0$，太阳能电池为一个理想二极管；在短路状态下，$V=0$，则短路电流为：$I_{sc}=I_{L}$，即短路时电流为入射光产生的光电流；在开路状态下，$I=0$，则开路电压为：$V_{D}=V_{oc}=\frac{kT}{q}\ln\left(\frac{I_{L}}{I_{O}}+1\right)$；太阳能电池输出功率则为：$P=VI=VI_{L}-VI_{O}(e^{\frac{qV}{kT}}-1)$，所以太阳能电池输出功率为非定值，因此根据 $\frac{dP}{dV}=0$、$\frac{dP}{dI}=0$ 分别求得最大输出功率时的输出电压、输出电流。

因此，太阳能电池可以看作一个恒流源与正偏压理想二极管的并联。在光照下，太阳能电池产生一定的光生电流 I_L，其中一部分为流过 P-N 结暗电流 i_D，另一部分为供给负载的电流 I。

对于实际的太阳能电池而言，必须考虑 P-N 结的品质和实际存在的串联电阻 R_s（series resistance）和并联电阻 R_{sh}（shunt resistance），其等效电路如图 3-5 所示。其中串联电阻来源于半导体材料的体电阻、电极与半导体接触电阻、电极金属的电阻。并联电阻是由于 P-N 结漏电产生的，包括绕过电池边缘漏电和由于 P-N 结区存在晶体缺陷和杂质所引起的内部漏电流 I_{leak}（leakage current）。因此考虑串并联电阻后太阳能电池电流-电压关系变为：

$$I=I_L-I_S(e^{\frac{q(V_D+IR_s)}{AkT}}-1)-\frac{IR_s+V}{R_{sh}} \qquad (3\text{-}12)$$

式中，A 为 P-N 结品质因子（正偏压大时，$A=1$；正偏压小时，$A=2$）；k 为玻尔兹曼常数；T 为热力学温度；q 为电子电量。

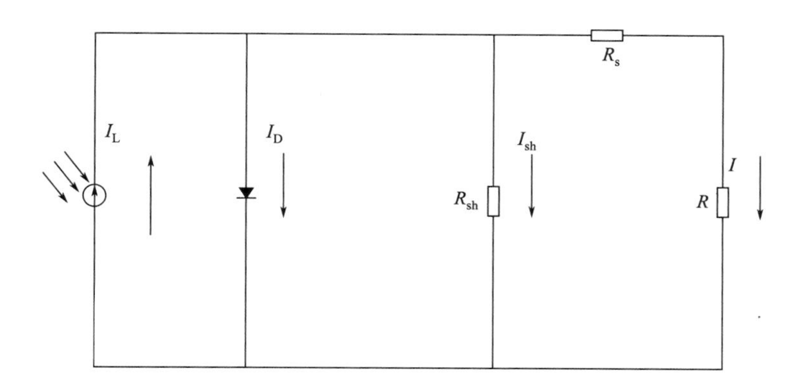

图 3-5　太阳能电池等效电路

3.5　半导体光吸收

半导体与光相互作用的现象很多，有光吸收、光电导、光发射、光散射等。针对太阳能电池，本节仅简单讨论半导体的光吸收。

一束光垂直入射到半导体的表面时，会有一部分被反射，而剩余部分透射到半导体中。透射光通过把电子由低能态的价带激发到高能态的导带而被吸收。透射到半导体中的光的强度 I 与入射距离 x 之间的关系满足方程：

$$I=I_0\exp(-\alpha x) \qquad (3\text{-}13)$$

式中，I_0 是入射光强度；α 是半导体材料对光的吸收。光强的衰减正是半导体吸收了一定能量的光子将电子从较低的能态激发到较高能态的结果。

半导体对光的吸收过程很多，主要有能带间的本征吸收、激子吸收、子带之间的吸收、来自同一带间内载流子跃迁的自由载流子吸收、与晶格振动能级之间跃迁相关的晶格吸收等。图 3-6 描述了一个半导体的不同光吸收以及其相应的大致能量位置。吸收过程反映了电子或声子不同的跃迁机制，对不同吸收过程的研究将有效地提供晶体能带结构及声子谱等信息。由于本征吸收是太阳能电池光吸收最基本的吸收过程，故本节仅讨论光吸收中的本征吸收。

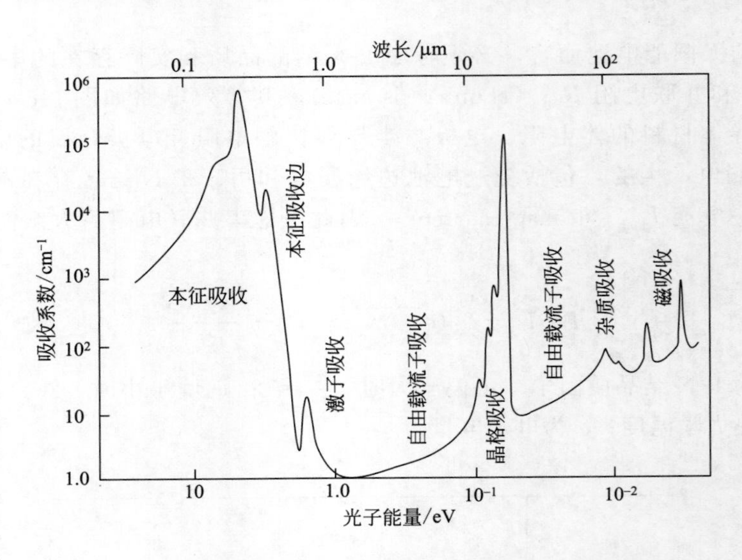

图 3-6　半导体光吸收谱示意图

通常把由于电子从价带激发到导带，同时在价带留下空穴所引起的光子吸收过程称为本征吸收。本征吸收要求光子能量大于半导体禁带宽度，吸收才有可能发生，与光吸收相伴随的电子跃迁是由能带结构与能量守恒、动量守恒原则确定的。

根据半导体价电子在受激跃迁时能量和动量变化的差异，把半导体分为直接带隙半导体（direct gap semi-conductor）和间接带隙半导体（indirect gap semi-conductor），其电子的跃迁分别称为直接跃迁和间接跃迁。直接跃迁过程，价带中载流子吸收一个光子，同时产生一个电子和一个空穴。被吸收光子的最小能量为 E_g；而间接跃迁过程，价带中载流子吸收一个光子，同时产生一个电子、一个空穴和一个声子，声子频率为 ω，能量为 $h\omega$，其值约为 0.01～0.03eV。被吸收光子的最小能量为 $E_g+h\omega$。以直接带隙半导体 GaAs、InP 和间接带隙半导体 Si 为例讨论其电子跃迁，带隙与波矢关系如图 3-7(a) 所示。

直接带隙半导体中导带底和价带顶的波矢 k 均处于第一个布里渊区的 $\Gamma(k=0)$ 点［如图 3-7(b)］，假设在 k 空间，电子跃迁前后的波矢分别为 k_V、k_C，释放光子波矢为 k，跃迁满足动量守恒：

$$k_V+k=k_C \tag{3-14}$$

考虑到光子能量约为 1eV 量级，光子波矢绝对值 $k\approx5\times10^{-4}\text{Å}^{-1}$，而电子波矢的量级（布里渊区的限度）约为 1Å^{-1}，因此与电子的波矢相比，光子的 k 值可以忽略不计，故上式可简化为：

$$k_V=k_C \tag{3-15}$$

故，此时价带电子竖直跃迁到导带，这就是直接带隙半导体直接跃迁的机制。

间接带隙半导体价带顶 Γ 点与导带底（X 点）出现在不同的波矢处，如图 3-7(c)。电子在跃迁时除保证能量守恒外，还要满足动量守恒。因此，为了保证动量守恒，电子跃迁过程除了光子与电子的相互作用外，必须有其他粒子，通常吸收或释放一个声子，也可能借助其他杂质、缺陷等。

带隙半导体	E_{r1}	E_{r2}	E_X	E_L	E_{SO}	η_c
Si	3.4	4.2	1.12	1.9	0.035	6
GaAs	1.42		1.9	1.71	0.34	1
InP	1.34		2.19	1.93	0.11	1

(a)

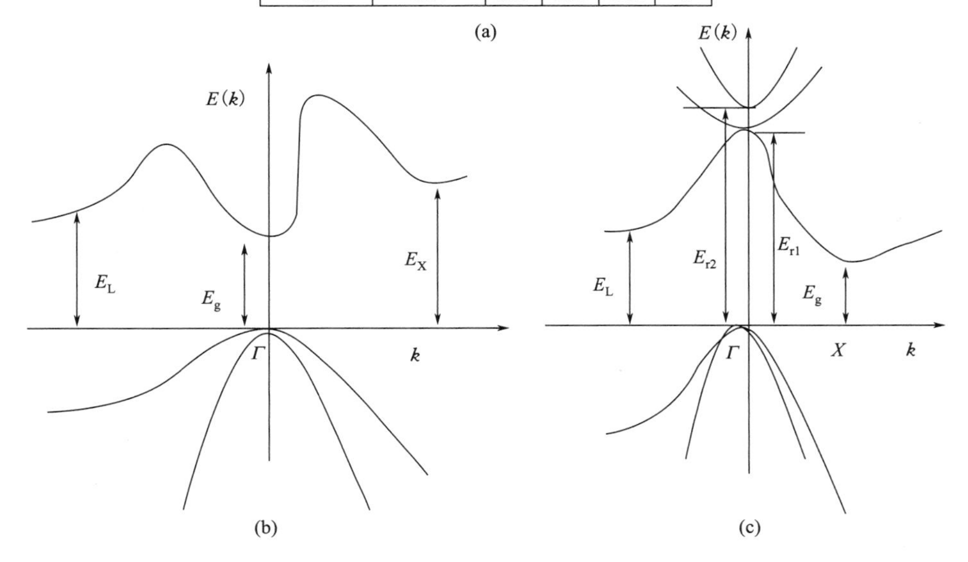

图 3-7 带隙与波矢关系，GaAs、InP 直接带隙半导体和 Si 间接带隙半导体

间接带隙半导体电子跃迁满足方程：

$$k_V = k_C \pm q \tag{3-16}$$

$$E_C - E_V = \eta\omega \pm \eta\omega_q \tag{3-17}$$

图 3-8 是直接带隙半导体（GaAs）和间接带隙半导体（Si）本征吸收光谱图。吸收谱线的共同点是都有一个与带隙对应的能量阈值，即 E_g，光子能量低于 E_g 时吸收系数快速下降，形成本征吸收边。光子能量大于 E_g 时，吸收系数快速上升，然后渐趋平缓。Si 与 GaAs 相比，Si 吸收系数比 GaAs 吸收系数要小，该实验验证了间接跃迁概率比直接跃迁概率要小。但是，当光子能量大于 3.42eV 时，Si 间接带隙半导体吸收系数有明显的上升，甚至超过 GaAs，这主要是因为当能量高于 3.4eV 时，Si 发生直接跃迁。

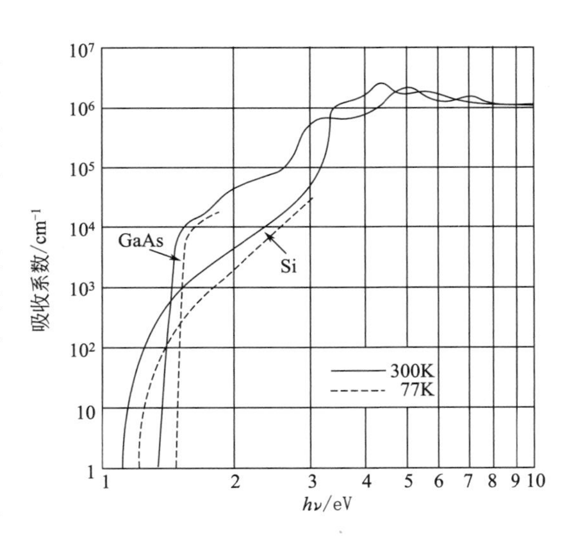

图 3-8 硅、砷化镓本征吸收光谱

对于非晶半导体，其晶格结构不满足长程有序，也就不存在量子数波矢 k，因此跃迁过程中仅仅要求能量守恒即可，所以非晶半导体电子跃迁利用直接带隙理论进行处理。这也是非晶结构材料的吸收系数往往比同质的晶体材料要大的原因。

3.6 量子效率

量子效率（quantum efficiency，QE）用来描述不同能量的光子对短路电流 I_{sc} 的贡献，其定义为一个具有一定波长的入射光子在外电路产生电子的数目。QE 有两种描述：外量子效率（external quantum efficiency，EQE）和内量子效率（internal quantum efficiency，IQE）。

EQE 定义：对整个入射太阳光谱，每个波长为 λ 的入射光子能对外电路提供电子的概率。它反映的是对短路电流有贡献的光生载流子密度与入射光子密度之比，其数学表达式如下：

$$EQE(\lambda)=\frac{I_{sc}(\lambda)}{qAQ(\lambda)} \tag{3-18}$$

式中，q 为电子电量；A 为电池面积；$Q(\lambda)$ 为每秒入射到太阳能电池表面上的波长为 λ 的光子通量。

IQE 定义：被电池吸收的波长为 λ 的一个入射光子能对外电路提供一个电子的概率。它反映的是对短路电流有贡献的光生载流子数与被电池吸收的光子数之比，其数学表达式为：

$$IQE(\lambda)=\frac{I_{sc}(\lambda)}{qA(1-s)[q-R(\lambda)][e^{-\alpha(\lambda)}W_{opt}-1]} \tag{3-19}$$

式中，$R(\lambda)$ 是太阳能电池顶表面的反射系统对被太阳能电池吸收的全部波长积分，即电池半球角反射；W_{opt} 为电池光学厚度，是与工艺有关的量，若电池采用表面光陷阱结构或被表面反射结构，W_{opt} 可能会大于电池厚度；s 为电池表面复合损失系数；$\alpha(\lambda)$ 为电池对某波长光吸收系数。

通过 IQE 可以计算总光生电流：

$$I_{ph}=q\int_{(\lambda)}Q(\lambda)[1-R(\lambda)]IQE(\lambda)\mathrm{d}\lambda \tag{3-20}$$

比较上述两个量子效率可知：EQE 没有考虑入射光的反射损失、材料吸收、电池厚度以及电池复合等因素，因此 EQE 通常情况下是小于 1 的；而 IQE 考虑了反射损失、电池实际的光吸收等，假设对于一个理想的太阳能电池，如果材料的载流子寿命足够长（$\tau\rightarrow\infty$），表面无复合损失（$S\rightarrow 0$），电池有足够的厚度吸收全部入射光，则 IQE 是可以等于 1 的。两种表述公式可以表示如下：

$$IQE(\lambda)=\frac{EQE(\lambda)}{1-R(\lambda)-T(\lambda)}\overset{T(\lambda)=0}{=}\frac{EQE(\lambda)}{1-R(\lambda)} \tag{3-21}$$

式中，$T(\lambda)$ 为太阳能电池半球透射，如果电池足够厚，则 $T(\lambda)=0$。

对于太阳能电池，常用与入射光谱响应的量子效率谱来表征光电流与入射光谱的响应关系。分析量子效率谱可以了解材料质量、太阳能电池几何结构及工艺等与太阳能电池性能的关系，量子效率谱从另一个角度反映太阳能电池的性能。图 3-9 是晶体硅太阳能电池的内量子效率谱，图中快速下降的长波段表示太阳能电池材料禁带宽度的吸收限。

收集效率 θ_i（collection effeciency）（下标“i”指太阳能电池的结区、发射区或者基

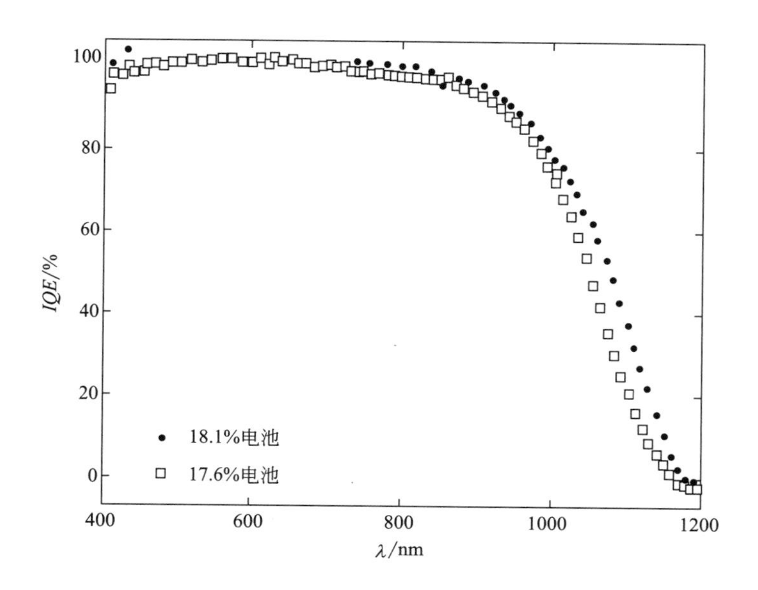

图 3-9　晶体硅电池 IQE 谱（η •= 18.1%，　η□= 17.6%）

区）定义为某一区域产生的电子-空穴对到达结区的概率。收集效率与量子效率之间的关系如下：

$$EQE_{i}=\alpha_{i}(\lambda)\theta_{i}(\lambda) \tag{3-22}$$

式中，$\alpha_{i}(\lambda)$ 是区域 i 中每个入射光子产生的电子-空穴对数。

3.7 太阳能电池的光谱响应

太阳光谱中，不同波长的光具有的能量是不同的，所含光子的数目也是不同的。因此，太阳能电池接受光照射所产生的载流子数量也就不同。为反映太阳能电池的这一特性，引入了光谱响应（spectral response）这一参量。

太阳能电池在入射光中每一种波长的光作用下，所收集的光电流与相对于入射到电池表面的该波长光子数之比，称为太阳能电池的光谱响应，又称为光谱灵敏度。其符号表示为：$SR(\lambda)$，单位为 A/W。由于光子数和辐照度有关，所以光谱响应可以用量子效率表述：

$$SR(\lambda)=\frac{q\lambda}{hc}QE(\lambda)=0.808\lambda QE(\lambda) \tag{3-23}$$

式中，λ 指波长，μm。采用不同的量子效率，得到的光谱响应可以是内光谱响应，也可以是外光谱响应。

光谱响应有绝对光谱响应和相对光谱响应之分。绝对光谱响应是指某一波长下太阳能电池的短路电流除以入射光功率所得的数值，其单位是 mA/mW，或 mA/(mW·cm^2)。由于测量与每个波长单色光相对应光谱灵敏度的绝对值较为困难，所以常把光谱响应曲线的最大值定为 1，并求出其他灵敏度对这一最大值的相对值，这样得到的则是相对光谱响应曲线即

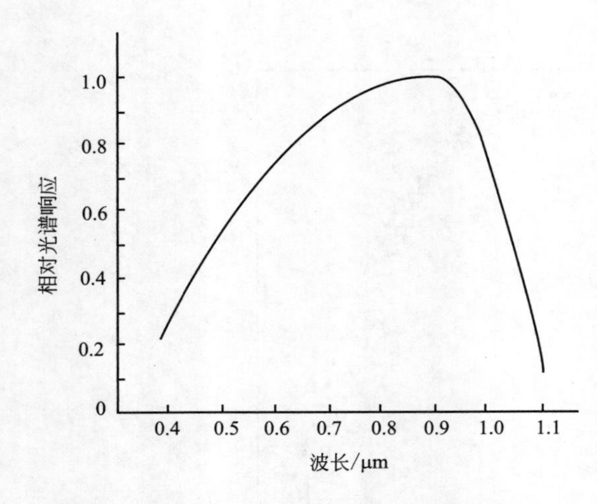

图 3-10 硅太阳能电池相对光谱响应曲线

相对光谱响应。

图 3-10 为硅太阳能电池的相对光谱响应曲线。一般来说，硅太阳能电池对于波长小于约 0.35μm 的紫外光和波长大于约 1.15μm 的红外光没有反应，其光谱响应的峰值在 0.8～0.9μm 范围内。对于不同的太阳能电池，其光谱响应峰值由太阳能电池制造工艺和材料电阻率决定，一般电阻率较低时的光谱响应峰值约在 0.9μm。在太阳能电池的光谱响应范围内，通常把波长较长的区域称为长波光谱响应或红光响应，把波长较短的区域称为短波光谱响应或蓝光响应。从本质上说，长波光谱响应主要取决于基体中少子的寿命和扩散长度，短波光谱响应主要取决于少子在扩散层中的寿命和前表面复合速度。

3.8 太阳能电池转换效率影响因素

每种半导体材料都对应一个确定的禁带宽度，禁带宽度的大小决定了吸收太阳光谱中某一范围的光。因此，材料的不同直接影响太阳辐射能量的吸收，而且是影响太阳能电池能量转换效率的主要原因。首先，半导体禁带宽度直接影响短路电流大小。禁带宽度的大小限制了能够激发电子成为载流子的光子的数量，如果禁带宽度小，则可产生载流子的光子数就多，短路电流就大；反之，若禁带宽度大，可产生载流子的光子数就少，则短路电流就小。但是，禁带宽度太小也不合适。能量大于禁带宽度的光子在激发电子-空穴对后剩余的能量转变为热能，从而降低了光子能量的利用率。其次，禁带宽度又直接影响开路电压的大小。开路电压的大小和 P-N 结反向饱和电流大小成反比。禁带宽度越大，反向饱和电流越小，开路电压越高。

除了材料本身的影响外，其他影响主要包括：光损失，载流子复合损失，电流输出损失。

3.8.1 光损失

(1) 反射损失

入射到太阳能电池表面的部分光会通过硅片反射的方式而损失掉，从而降低了电池的光电转换效率。

目前常用的改善方法有两种：一是在太阳能电池接收太阳光照的一面通过某种技术制备出凸凹不平的表面（光陷阱），即表面织构化技术，也被称为制绒技术。表面织构化能使入射光线在其表面多次反射，从而增加了太阳能电池对光的吸收。良好的绒面能够使太阳光在硅表面的平均反射率从 30%以上降低到 10%左右。单晶硅、多晶硅绒面图像如图 3-11 所示。另外一种方法是在太阳能电池表面生长一层透明薄膜，起到对太阳光的减反射，即减反射膜技术，或抗反射膜技术。对于硅太阳能电池而言，SiO_2、TiO_2 及 Si_3N_4 减反射膜可有效降低表面入射光的损失，其中 Si_3N_4 可使硅太阳能电池表面对太阳光的平均反射光损失从10%降到5%左右。制绒技术及减反射膜技术将在第6章中详细介绍。

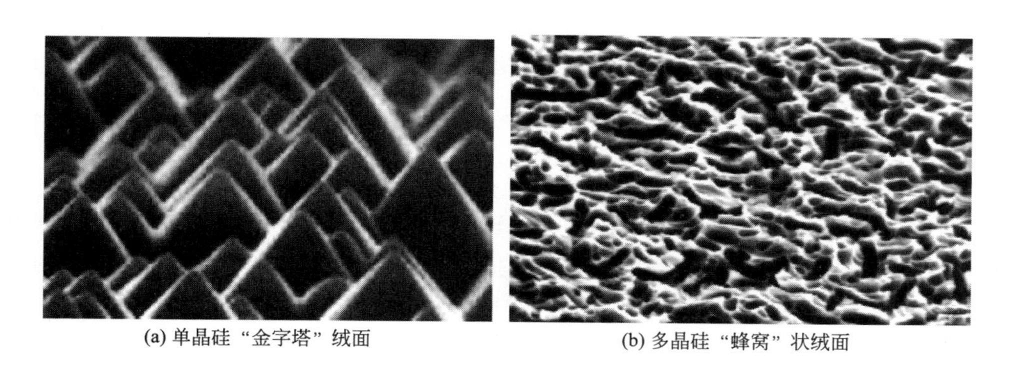
(a) 单晶硅“金字塔”绒面　　(b) 多晶硅“蜂窝”状绒面

图 3-11　晶体硅绒面形貌

(2) 遮光损失

太阳能电池正面银电极及其金属栅线的存在也会遮掉5%～10%的太阳光。

微电极技术是解决此问题的一个方法，第二个方法是使用点接触式方法把太阳能电池正负电极全部放到背面。

(3) 透光损失

进入太阳能电池内的光除了再次反射外，部分光线可穿过太阳能电池从背面透射出去，产生透射损失。因此，这就要求太阳能电池半导体材料有一个最小厚度极限，而且需要间接带隙半导体比直接带隙半导体更厚一些。据计算，硅电池片的最小厚度约为100μm，而目前电池片切割技术达不到这个要求，而且现在硅太阳能电池大部分都具有Al背阴场结构，因此硅太阳能电池没有显现出透光损失问题，不是很紧迫急需解决的问题。而对于薄膜电池，解决透光损失的一种比较有效的方法是将到达电池背面将要逃离出电池的光再反射到电池内部，增加吸收，即增加背反射膜；另外一种是采用多个电池叠加方法，即串叠型电池(tandem cell)。串叠式电池的设计要考虑到各电池带隙的匹配性、晶格匹配性、光电流匹配性，以及各电池厚度匹配问题。

3.8.2　载流子复合损失

太阳能电池是一种少数载流子工作的器件，少数载流子在电池内寿命决定了电池的转换效率，而载流子的复合标志着其寿命的结束。前面根据复合机理讨论了直接复合、间接复合，以及俄歇复合。本节根据复合区域的不同，把载流子的复合分为体内复合、表面复合以及电极内复合。

在太阳能电池材料内部存在缺陷的情况下，光生电子、空穴发生复合的损失称为体内复合损失（bulk recombination loss)。减少载流子在电池体内的复合损失，首先需选择适当的掺杂浓度，提高晶体的纯度，减少缺陷和杂质。太阳能电池工业中常用来减少体内复合的技术有吸杂和钝化，吸杂能有效地提高半导体材料质量，而钝化能减少晶体缺陷对载流子寿命的影响。

太阳能电池半导体材料表面产生的电子-空穴对没来得及参与导电就复合的过程为表面复合（surface recombination）。在硅表面生长一层介质膜（SiO_2、Si_3N_4）或氢原子钝化是减少表面复合的有效方法，其主要目的是消除材料表面的悬挂键，减小载流子在表面发生复合的概率。

减少电极区复合可采用提高电极区掺杂浓度，降低少数载流子在电极区浓度的方法，从而降低在此区域复合的概率。

3.8.3 电流输出损失

太阳能电池等效电路由一个恒流源、一个理想二极管、一个串联电阻和一个并联电阻组成。因此，在负载一定的条件下，串联电阻越大，并联电阻越小，那么电流在输出的过程中损耗越大，即流经负载上的电流就越小。这就是电流在传输过程中的损失。

除了太阳能电池电阻会产生焦耳热损失之外，串联电阻以及漏电流的存在还会降低填充因子 FF，而太阳能电池转换效率正比于 FF，所以串并联电阻对太阳能电池转换效率有影响，如图 3-12 所示。不仅如此，研究发现，并联电阻 R_{sh} 对光电流影响较小，而对开路电压影响较大；串联电阻 R_s 对电流影响较大，而对开路电压影响几乎可以忽略。因此，提高硅片质量，减少硅片基体电阻，电极栅线要窄而厚（既减少遮光又保持良好的接触）等方法可以减小串联电阻，从而增大负载上的功率。增大并联电阻则主要通过边缘绝缘化、材料缺陷控制以及良好的 P-N 结等措施。

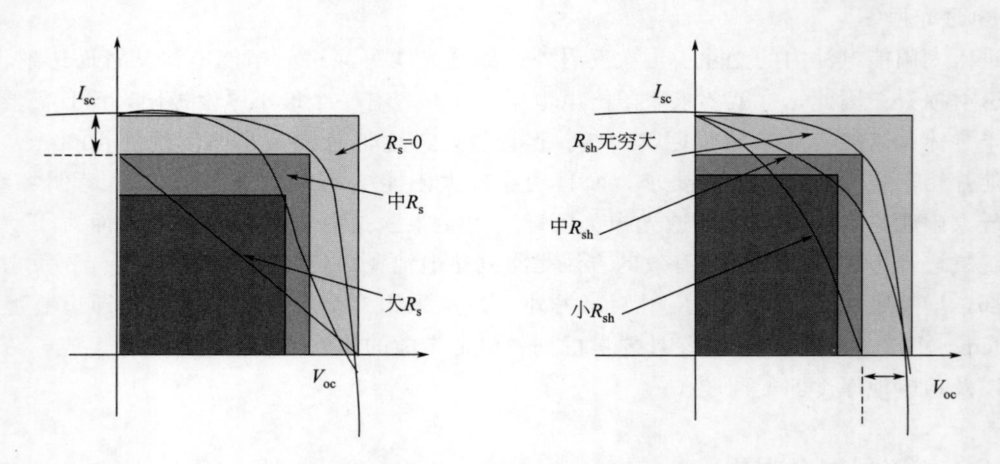

图 3-12 串、并联电阻对太阳能电池填充因子和 I_{sc} 及 V_{oc} 的影响

另外，P 型衬底太阳能电池背阴场设计也是减少电流损失的一个方法。Al 背阴场在烧结过程中与 Si 形成合金共熔体，Si 与 Al 的共熔体在降温时，Si 与 Al 重新结晶析出，形成高掺杂 Al（约 3×10^{18}）的 P^+ 层，与 P 型基区构成 P^+/P 高低结，进而在其界面产生了一个由 P 区指向 P^+ 的内建电场。由于内建电场所分离的光生载流子的积累，形成了一个以 P^+ 端为正、P 端为负的光生电压，该电压与电池 P-N 结光生电压极性相同，从而提高了开路电压 V_{oc}。同时，由于背阴场的存在，使光生载流子受到加速，这也有助于增加载流子的有效扩散长度，增加该部分少子收集概率，短路电流 I_{sc} 也得到了提高。

3.9 太阳能电池转换效率 η 极限

根据太阳能电池转换效率公式 $\eta=\frac{P_{\mathrm{m}}}{P_{\mathrm{in}}}\times 100\%=\frac{FF\times V_{\mathrm{oc}}\times I_{\mathrm{sc}}}{P_{\mathrm{in}}}\times 100\%$，可知当入射到太阳能电池表面的太阳光谱一定的情况下，其效率极限的影响因素主要有 FF、V_{oc}、I_{sc}，本节主要通过此三者的最大值来讨论太阳能电池的转换效率极限。

3.9.1 短路电流 I_{sc} 极限

一般情况下，入射到太阳能电池表面的能量大于材料禁带宽度时，每一个光子产生一个电子-空穴对。对于能量大于几倍禁带宽度的光子产生的电子有足够的能量再通过碰撞电离的机制在半导体导带上产生第二对电子-空穴对，但是考虑到太阳光中具有如此高能量光子的概率很小，所以第二对电子-空穴对产生的数量较少，故本书假设：

① 一个足够能量的光子产生一对电子-空穴对；

② 对于能量低于禁带宽度的光子不产生电子-空穴对；

③ 光生少子全部被收集。

在上述理想假设下，最大短路电流值显然仅与材料禁带宽度有关，其仿真结果如图 3-13 所示。硅太阳能电池最大光电流密度在 30～40mA/cm^2（AM1.5）、50～60mA/cm^2（AM0），且随着禁带宽度的减小，短路电流增大。这是因为在辐照光谱确定的情况下，半导体禁带宽度窄则参与产生电子-空穴对的光子必然增多。

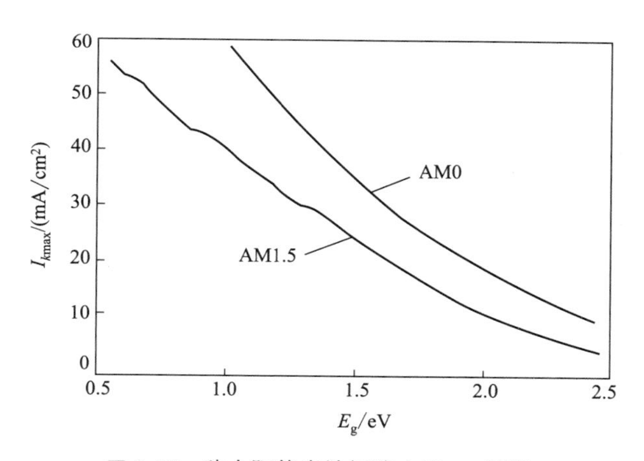

图 3-13 硅太阳能电池短路电流 I_{sc} 极限

太阳光长波极限与半导体材料禁带宽度之间的关系满足：$E(\mathrm{eV})=1.24/\lambda(\mu\mathrm{m})$。对于硅半导体，$E(\mathrm{eV})=1.1\mathrm{eV}$，因此波长极限 $\lambda=1.13\mu\mathrm{m}$，而对于更长的波长则不会产生电子-空穴对。

虽然在上述假设情况下，只需简单求出入射太阳辐射中能量高于半导体禁带宽度的光子数量即可计算短路电流极限，然而，半导体中存在一系列能量不同的吸收阈能，它们对应不同的吸收过程，这就使得根据太阳辐射光谱计算光电流的方法不可行。比如，硅半导体在

300K温度条件下，在一个声子辅助下，光子只需要1.052eV吸收阈能；而在两个声子参与硅半导体光吸收时，对应的能量阈能为0.987eV；如果有更多的声子参与此过程，则需要更低的能量吸收。

3.9.2 开路电压 V_{oc} 极限

太阳能电池开路电压表示为：

$$V_{oc}=\frac{kT}{q}\ln\left(\frac{I_L}{I_S}+1\right) \tag{3-24}$$

显然，在温度一定的情况下，I_L 最大、I_S 最小时 V_{oc} 最大。I_L 最大值为短路电流极限；I_S 可表示为：

$$I_S=Aq\left(\frac{D_e}{L_eN_A}+\frac{D_h}{L_hN_D}\right)n_i^2 \tag{3-25}$$

而本征载流子浓度平方可表示为：

$$n_i^2=N_CN_V\exp\left(-\frac{E_g}{kT}\right) \tag{3-26}$$

式中，D_e、D_h 分别为电子扩散系数和空穴扩散系数；L_e、L_h 分别为电子扩散长度和空穴扩散长度；N_A、N_D、N_C、N_V 分别为受主浓度、施主浓度、导带有效态密度和价带有效态密度；A 为太阳能电池面积。由式(3-25) 和式(3-26) 可得，最小暗电流与半导体禁带宽度之间的经验关系式为：

$$I_S\geqslant 1.5\times 10^{-5}e^{\frac{-E_g}{kT}} \tag{3-27}$$

为了提高开路电压，常常采用禁带宽度 E_g 大、少子寿命长、电阻率低的材料。比如选择0.2Ω·cm的硅，则当其他半导体参数选择最佳的取值时，对于硅太阳能电池最大的 $V_{oc}\approx 700mV$。

3.9.3 填充因子 FF 极限

在理想情况下，填充因子 FF 仅是开路电压的函数。填充因子 FF 与归一化开路电压 U_{oc} 之间的关系可用经验公式表示为：

$$FF=\frac{U_{oc}-\ln(U_{oc}+0.72)}{U_{oc}+1} \tag{3-28}$$

$$U_{oc}=V_{oc}(kT/q)^{\frac{1}{2}} \tag{3-29}$$

因此，当开路电压 V_{oc} 最大值确定后，填充因子 FF 最大值即可计算出来了。比如，取开路电压 $V_{oc}=700mV$ 时，对应最大的填充因子 $FF=0.84$。

3.9.4 转换效率 η 极限

通过上面讨论得出：V_{oc} 随着禁带宽度的减小而减小，而 I_{sc} 随着禁带宽度的减小而增大。因此，存在一个最佳的禁带宽度能够使太阳能电池转换效率最高，如图3-14所示。最佳的禁带宽度在约1.4～1.5eV，最适合的半导体材料为砷化镓（$E_g=1.4eV$），而硅禁带宽度低于此值。

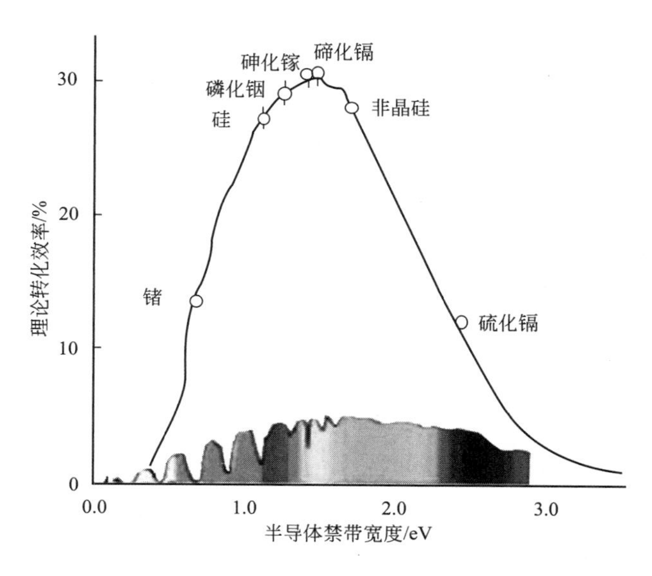

图 3-14　太阳能电池效率极限

根据 I_{sc}、V_{oc}、FF 极限计算出的太阳能电池转换效率理论极限是：单晶硅 27%，多晶硅 20%，非晶硅 15%，砷化镓 28.5%。目前研究结果为：2017 年天合光能股份有限公司大面积 IBC 单晶硅电池效率为 25.04%，也是目前世界上大面积 150mm 晶体硅沉底上制备的晶体硅太阳电池的最高转换效率；2017 年隆基乐叶 PERC 单晶硅太阳能电池转换效率已达 23.26%，创造了 PERC 单晶硅电池的世界纪录；晶科能源创造了高效 PERC P 型多晶硅太阳能电池（大面积 245.83cm^2）光电转换效率世界纪录，达到 22.04%，打破了 2015 年天合光能光伏科学与技术国家重点实验室的多晶硅太阳能电池 21.25%转换效率的世界纪录。

通过光能的转换也可以进行光电转换效率极限的估算，具体如下：

① 太阳光照射到半导体材料表面，光子能量低于半导体禁带宽度的不能产生光子。对硅半导体而言有 23%的太阳光能量损失。

② 对于能量大于半导体禁带宽度的光子只产生一对电子-空穴对，而且超过禁带宽度那部分能量会以热的形式被浪费掉。对硅半导体材料，该部分能量占可吸收光谱能量的 43%。

③ 光生载流子输出电压仅为相当于禁带宽度对应电压的一部分，例如硅的输出电压仅占 63.6%$\left(\frac{V_{oc}}{E_g}=\frac{0.7}{1.1}=63.6\%\right)$。

因此，粗略估算公式如下：

$$\begin{aligned}\eta &=(1-23\%)\times(1-43\%)\times63.6\%\\&=27.9\%\end{aligned}$$

3.10　温度对太阳能电池的影响

太阳能电池寿命周期内要经历四季更替的考验，其工作环境温度的变化范围很宽

(－40～80℃)，而且温度的变化会显著改变太阳能电池的输出性能，因此研究温度对太阳能电池转换效率的影响是十分必要的。

通常把温度每改变1℃造成的短路电流、开路电压和输出功率的变化百分数分别称为短路电流温度系数、开路电压温度系数和输出功率温度系数，分别用 α、β、γ 表示。这样短路电流、开路电压和输出功率又可表示为：

$$I_{sc}=I_0(1+\alpha\Delta T) \tag{3-30}$$

$$V_{oc}=V_0(1+\beta\Delta T) \tag{3-31}$$

$$P=P_0(1+\gamma\Delta T) \tag{3-32}$$

式中，I_0、V_0、P_0 分别为25℃时太阳能电池的短路电流、开路电压和输出功率；ΔT 为太阳能电池工作环境的实际温度与25℃的差值。

由于功率又可以表示为 $P=I_{sc}V_{oc}$，所以：

$$P=I_{sc}V_{oc}=I_0V_0(1+\alpha\Delta T)(1+\beta\Delta T)=I_0V_0[1+(\alpha+\beta)\Delta T+\alpha\beta\Delta T^2]\approx I_0V_0[1+(\alpha+\beta)\Delta T] \tag{3-33}$$

温度对太阳能电池短路电流的影响比较复杂，随着温度的升高，本征载流子浓度变大，P-N结的暗电流增大，导致短路电流减小。但另一方面，随着温度的升高，禁带宽度变小，本征吸收极限向长波方向移动，使更多的光能可被利用，导致短路电流变大。再则，温度升高可以使少子寿命和扩散长度增加，也使短路电流增大。这些效应的综合效果，使短路电流随着温度的升高而稍有增加。对硅太阳能电池来说，其短路电流温度系数是正的，一般在 $\alpha=(0.06\sim0.1)\%/℃$左右。

温度对太阳能电池开路电压产生严重影响。太阳能电池开路电压的大小直接同制造电池的半导体材料禁带宽度有关，而随着温度的升高，禁带宽度会变窄，对于硅材料来说，禁带宽度随温度的变化率约为－0.003eV/℃。半导体带隙随温度的变化关系满足下列方程：

$$E_g(T)=E_g(0)-\frac{aT^2}{T+b} \tag{3-34}$$

式中，$E_g(T)$ 为温度 T 时半导体带隙宽度；a、b 为温度相关系数，温度上升，带隙减小，光谱红移。常见半导体 Si、GaAs，其带隙宽度值如表3-1所示。

表3-1 硅（Si）、砷化镓（GaAs）半导体带隙宽度与温度关系

半导体	E_g(0K)/eV	E_g(300K)/eV	$a\times10^{-4}$eV/K^2	b/K
Si	1.17	1.12	4.730	636
GaAs	1.52	1.42	5.405	204

另一方面，随着温度的升高，P-N结暗电流增大（I_S 随温度的升高呈指数增大），也会造成开路电压的降低。对硅太阳能电池而言，开路电压的温度系数随太阳能电池的结构和加工工艺不同有所不同，一般 $\beta=-(0.1\sim0.4)\%/℃$左右。

输出功率是电流与电压的乘积，所以输出功率的温度系数受到电流和电压的共同影响。根据式(3-33) 可知 $\gamma=\alpha+\beta$，所以功率温度系数为负，其值约为：$\gamma=-(0.3\sim0.5)\%/℃$。

当温度升高时，I-U 曲线形态改变，填充因子下降，故能量转换效率随温度的增加而下降。

需要说明的是，这里介绍的是温度对晶体硅太阳能电池性能的影响。对非晶硅电池而言，温度影响则不同，相同的测试条件下，非晶硅太阳能电池 η 降低较小。根据美国Uni-

Solar 公司的报道，该公司三结非晶硅电池组件功率温度系数只有－0.21%。这主要是半导体材料禁带宽度不同所致，禁带宽度大的材料对温度的依赖较小，如图 3-15 所示。

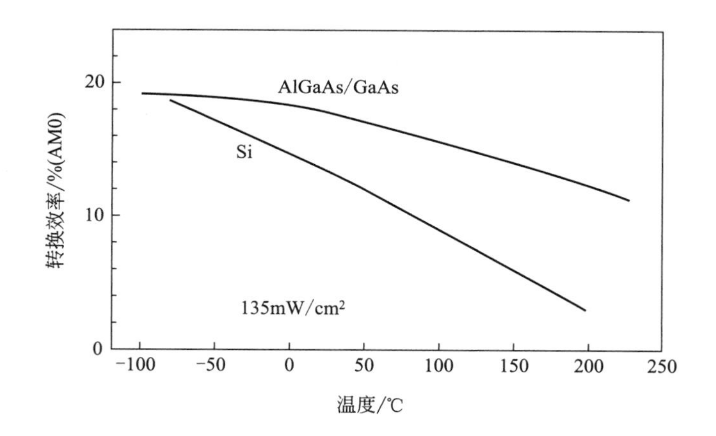

图 3-15　太阳能电池工作环境温度对转换效率影响

3.11　太阳能电池组件的“热斑效应”

在一定条件下，一串联支路中被遮蔽的太阳能电池组件将被当作负载消耗其他被光照的太阳能电池组件所产生的能量，被遮蔽的太阳能电池组件此时将会发热，这就是太阳能电池组件的“热斑效应（hot spot effect）”。

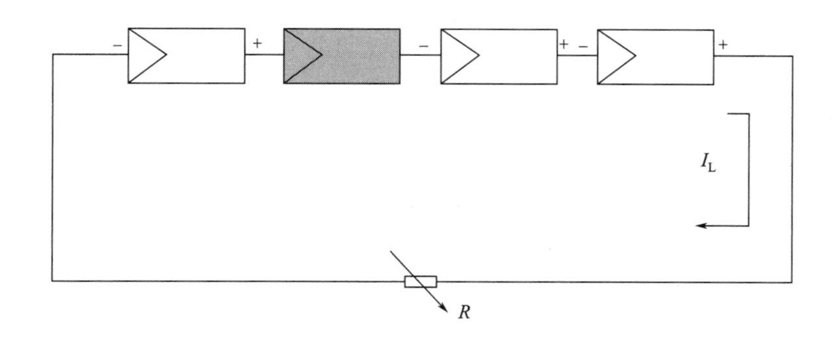

图 3-16　串联电池组件受遮挡示意图

图 3-16 为太阳能电池组件串联电路中受遮挡示意图。图中某块电池被遮挡，不能产生电能，通过调节负载电阻 R，可使太阳能电池组件的工作状态由开路成短路。对串联电路的遮挡引起的“热斑效应”可通过图 3-17 分析。受遮挡电池组件假设为 2，用 I-U 曲线 2 表示；其余组件假设为 1，用 I-U 曲线 1 表示；两者串联方阵为组 G，用 I-U 曲线 G 表示。

从 d、c、b、a 四种工作状态进行逐项分析：

① 调整太阳能电池组的输出阻抗，使其工作在开路（d 点），此时工作电流为 0，组开路电压 U_{Gd} 等于电池组件 1 和电池组件 2 的开路电压之和。

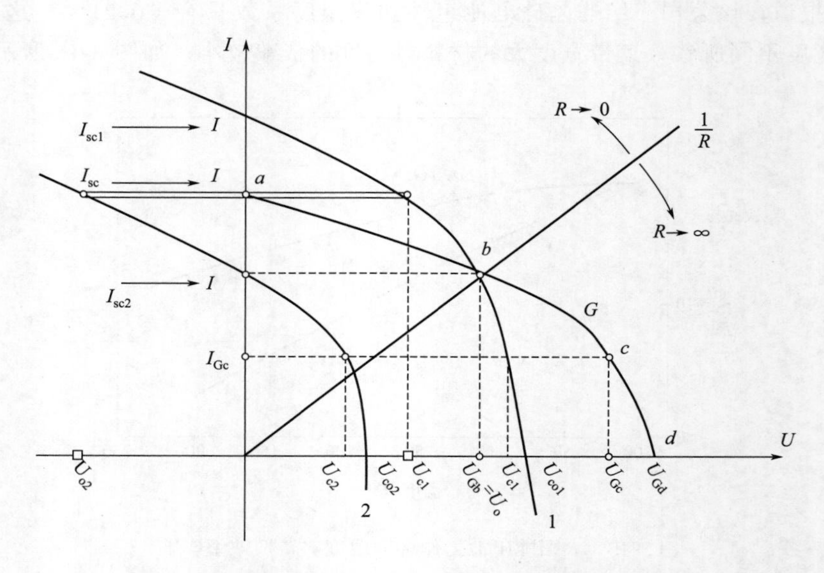

图 3-17 串联电路太阳能电池组件“热斑效应”分析

② 调整太阳能电池组的输出阻抗，使其工作在 c 点时，电池组件 1 和 2 都有正的功率输出。

③ 当电池组件工作在 b 点，此时电池组件 1 仍然工作在正功率输出状态，而受遮挡电池组件 2 已经处在短路状态，无功率输出，但也没有成为功率的接受体，没有成为电池组件 1 的负载。

④ 当电池组工作在短路状态 a 点，此时电池组件 1 仍然有正的功率输出，而电池组件 2 上的电压却反向，电池组件 2 成为电池组件 1 的负载，如果不考虑回路中的串联电阻，则此时组件 1 的功率全部加载到了组件 2 上，产生了“热斑效应”。假如该状态持续很长时间或组件 1 输出功率很大，则会在被遮挡电池组件上造成热斑损伤。

虽然上述以短路状态讲述“热斑效应”，但是并非仅仅在短路时才发生“热斑效应”，实际上从 b 点到 a 点的工作区间，电池组件 2 都处于接受组件 1 产生的功率的状态，都产生了“热斑效应”。这在实际工作中经常发生，如旁路型控制器在蓄电池充满时将通过旁路开关将太阳能电池组件短路，此时就很容易形成热斑。

并联电池组件也可能形成热斑，图 3-18 为太阳能电池组件的并联遮挡示意图，通过调节负载电阻 R，可使太阳能电池组件的工作状态由开路转为短路。对并联电路的遮挡引起的“热斑效应”可通过图 3-19 分析。受遮挡电池组件假设为 2，用 I-U 曲线 2 表示；其余组件假设为 1，用 I-U 曲线 1 表示；两者串联方阵为组 G，用 I-U 曲线 G 表示。

从 a、b、c、d 四种工作状态进行逐项分析：

① 调整太阳能电池组的输出阻抗，使其工作在短路状态（a 点），此时工作电流为 0，组短路电流 I_{sc} 等于电池组件 1 和电池组件 2 的短路电流之和。

② 调整太阳能电池组的输出阻抗，使其工作在 b 点时，电池组件 1 和 2 都有正的功率输出。

③ 当电池组件工作在 c 点，此时电池组件 1 仍然工作在正功率输出状态，而受遮挡电池组件 2 已经处在短路状态，无功率输出，但也没有成为功率的接受体，没有成为电池组件

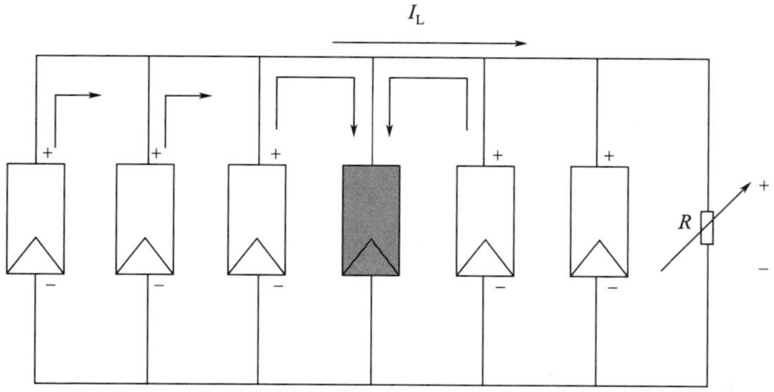

图 3-18　并联太阳能电池组件受遮挡示意图

1 的负载。

④ 当电池组工作在开路状态 d 点，此时电池组件 1 仍然有正的功率输出，而电池组件 2 上的电流却反向，电池组件 2 成为电池组件 1 的负载，如果不考虑回路中其他的串联旁路电流的话，则此时组件 1 的功率全部加载到了组件 2 上，产生了“热斑效应”。假如该状态持续很长时间或组件 1 输出功率很大，则会在被遮挡电池组件上造成“热斑”损伤。

实际上从 c 点到 d 点的工作区间，电池组件 2 都处于接受组件 1 产生的功率的状态，都产生了“热斑效应”。并联电池组处在开路或接近开路状态的情况在实际工作中经常发生，对于脉宽调制控制器，要求只有一个输入端，当系统功率较大时，太阳能电池组件会采用多组并联，在蓄电池接近充满时，脉冲宽度变窄，开关晶体管处于临近截止状态，太阳能电池组件的工作点向开路方向移动，如果没有在各并联支路加阻断二极管，则容易发生“热斑”现象。

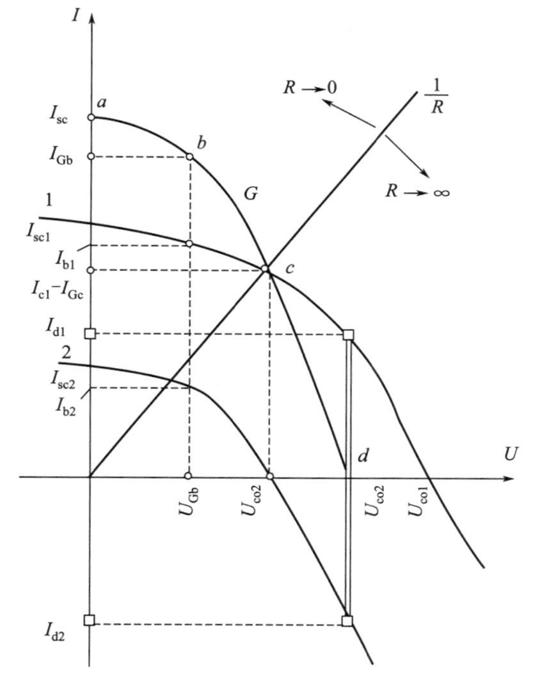

图 3-19　并联电路太阳能电池组件“热斑效应”分析

造成“热斑效应”的根源主要包括：

① 硅材料自身缺陷。

② 电池制造过程中出现的，比如去边不彻底，边缘短路；去边过头，P 型层向 N 型层中心延伸，边缘栅线引起的局部短路；烧结不良，正电极或背电极与硅片接触不良，串联电阻增大；烧结过度，即将使 P-N 结烧透，短路。

③ 电池片间性能不一致。电池自身性能衰减不一致，以及电池混档造成的（比如分选测试仪自身误差、之间差异以及误动作；人为的混片）。

④ 组件制造过程中焊接前混片或补片时混片；电池片自身隐裂；手工焊接过程中裂片

或隐裂片；玻璃弯曲引起裂片或温度过高时装框万向球顶裂电池片；虚焊；组件返修焊接不良，互联条之间搭接，接触电阻大；组件中异物引起短路；焊接背面时，正面互联条脱开，使互联条与电池间存在锡粒，层压过程造成电池破裂。

为了避免“热斑效应”的产生，光伏企业在生产过程中采取多种保障措施，具体如下：

① 电池生产线采用72片或90片一包的包装，避免组件生产线再次数片带来的混片；

② 电池生产线先外观检验，后测试分选，防止测试分选后再外观检验造成混片；

③ 组件生产时用整包的电池片，不用散包，防止混片；

④ 组件补片原则，一定要补同一档次的电池；

⑤ 焊接前检查隐裂片；

⑥ 焊串模板定期检查，防止互连条脱焊；

⑦ 严格检查异物；

⑧ 加强虚焊检查，防止虚焊；

⑨ 搬运时尽量减少玻璃弯曲；

⑩大组件采用4mm玻璃，以减少弯曲，增加强度；

⑪ 搬运周转车改为玻璃垂直放置；

⑫ 不允许＞50℃时装框；

⑬ 返修时不允许互连条对接；

⑭ 散包电池必须重新分选测试，凑成整包后再做组件；

⑮ 库存超过一定期限的电池在做组件前应经过二次分选测试；

⑯ 测试时，组件一定要在规定温度范围内；

⑰ 给出发现曲线异常后的处理方法，防止不良组件流到客户手中；

⑱ 电池先光衰减后，再分选测试。

虽然采取了以上部分措施，目前曲线异常依然存在，很多组件都有不同程度的热斑，有些措施实施起来有些难度，进展还需要时间和相关设备，还有措施实施得还不彻底。如何保证每个组件都用一包72片或90片同一档次的电池，且不会衰减，仍然需要持续改进。

“热斑效应”不仅会消耗光伏电能，而且能导致电池局部烧毁形成暗斑、焊点熔化、封装材料老化等永久性损坏，甚至使整个太阳能电池方阵失效，是影响光伏组件输出功率和使用寿命的重要因素，甚至可能导致安全隐患。据国外权威统计，“热斑效应”使太阳电池组件的实际使用寿命至少减少10%。

为防止太阳能电池组件由于“热斑效应”而被破坏，需要在太阳能电池片正负极间并联一个旁路二极管（bypass diode)，以避免串联回路中光照组件所产生的能量被遮蔽的组件消耗。而事实上，在每片电池上都并联一个二极管是不现实的。一般在组件上是18片（54片电池串联的组件）或24片（72片电池串联的组件）电池串联后并联一个二极管。同样，对于并联支路，需要串联一只二极管，避免并联回路中光照太阳能电池组件所产生的能量被遮蔽的组件所吸收（如图3-20)，串联二极管在独立光伏发电系统中可同时起到防止蓄电池在夜间反向充电的功能。

同时，《地面用晶体硅光伏组件——设计鉴定和定性》专门设置了热斑耐久试验（国际标准IEC 61215—2005)，以考核光伏组件经受热斑加热效应的能力。

热斑耐久试验过程包括最坏情况的确定、5h热斑试验以及试验后的诊断测量，过程分为以下4个步骤。

① 选定最差电池。由于受到检测时间和成本的限制，热斑耐久试验不能针对组件中的每一个电池进行。因此，正式试验之前先比较和选择热斑加热效应最显著的电池。具体方法是，在一定光照条件下，将组件短路，依次遮挡每个电池，被遮光后稳定温度最高者为最差电池片。电池温度可以用热成像仪等仪器测量。

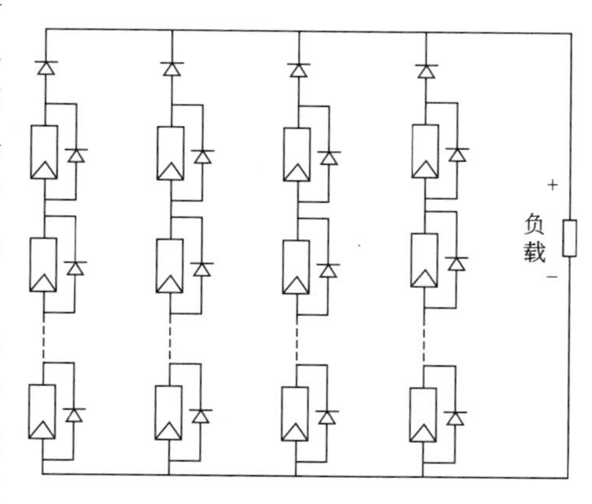

图 3-20　太阳能电池组件“热斑效应”的防护

对于串联-并联-串联连接方式的大型组件，标准允许随机选择其中 30% 的电池进行比较。对于串联和串联-并联连接方式的组件，IEC 61215 标准给出了两种快速的方法。第一种方法是：将组件短路，不遮光，直接寻找稳定工作温度最高的电池。第二种方法是：将组件短路，依次遮挡每个电池，选择遮光后组件短路电流减小最大的电池。不过大部分推荐采用第二种方法，这主要是考虑到测量短路电流精度较高，测量结果可以用于下一个步骤的判断，而且短路电流跟失谐电池消耗的功率有直接关系。

② 确定最坏遮光比例。选定最差电池之后，还要确定在何种遮光比例下热斑的温度最高。即用一组遮光增量为 5% 的不透明盖板，逐渐减小对该电池的遮光面积，监测电池被遮部位背面的稳定温度，看何时达到最高温度。

以上两个步骤所使用的辐射源，可以是稳态太阳模拟器或自然阳光，辐照度不低于 $700\mathrm{W/m^2}$，不均匀度不超过 ±2%，瞬时稳定度在 ±5% 以内。如果气候条件允许，可优先选择自然阳光。

③ 5h 热斑耐久试验。由于自然阳光很难在 5h 的长时间内保持 10% 的稳定度，因此须采用辐射源为 C 类或更好的稳态太阳模拟器，其辐照度为 $1000\mathrm{W/m^2} \pm 100\mathrm{W/m^2}$。光谱近似日光的氙灯是最佳选择，全光谱金卤灯也可以满足光谱要求。须注意灯阵列的设计，使测试平面的辐照不均匀度小于 ±10%；同时配备稳压电源，保证试验期间辐照不稳定度小于 10%。

④ 试验后的诊断测量。组件经过热斑耐久试验之后，首先进行外观检查，对任何裂纹、气泡或脱层等情况进行记录。如果发现严重外观缺陷，则视为不合格。如果存在外观缺陷但不属于严重外观缺陷，则对另外 2 块电池重复热斑耐久试验。试验后不再发现外观缺陷，则算合格。此外，组件在标准试验条件下的最大输出功率 P_m 的衰减不能超过 5%；绝缘电阻应满足初始试验的同样要求。

第 4 章

多晶硅原料制造工艺

硅系太阳能电池的制造从太阳能级多晶硅（poly-silicon）（多晶硅原料）的制造开始，多晶硅原料的品质直接影响到太阳能电池的性能，而制造成本则会直接影响整个太阳能电池的成本。随着技术的进步，涌现出多种制造多晶硅原料的制造工艺，其工艺越来越简单、制造效率逐步提高，而制造成本逐步降低、多晶硅品质越来越好。

本章主要介绍太阳能电池用多晶硅原料的制造工艺，主要包括：改良西门子方法、硅烷热分解法和流化床法。

4.1 太阳能电池材料选择

太阳能电池能源不仅是常规能源危机下的替代能源，也是社会可持续发展的必然需要。因此太阳能电池材料选择应该遵循以下几个原则：

① 半导体材料必须容易取得。只有原料易得才能保证太阳能电池成本的稳定，甚至随着工艺的完善成本呈现逐渐降低的趋势，只有稳定的价格才有利于太阳能电池持续发展和太阳能电池产业普及。

② 半导体材料必须环保无毒，且具有长期的稳定性。目前，全球温室效应、环境污染等问题给人们生活带来的危害已经到了触目惊心的地步。各国都在强调节能减排、低碳生活，我国更是宁愿以放慢经济发展为代价来降低污染气体的排放。因此，太阳能电池产业的发展和普及也要以环保为前提。

③ 半导体材料应该具有较高的光电转换效率。较高的能量转化效率是提高单位成本发电效率的一条途径。因此，半导体材料禁带宽度应该在 1.5eV 附近，而且以直接禁带半导体为最佳。

④ 制造工艺成熟、简单，成本较低。未来太阳能电池片的发展趋势是厚度越来越薄、面积越来越大，因此，要求制造工艺能够制造大面积太阳能电池片。

根据以上太阳能电池材料选择原则，可以用来制造太阳能电池的原料有硅材料（单晶硅、多晶硅、非晶硅）、GaAs、InP、CdTe、$CuInSe_2$ 等。

4.2 硅材料特征

4.2.1 硅材料物理属性

硅（silicon）是一种非金属元素，是一种重要的半导体材料，在地壳中丰度约为25.8%，是仅次于氧的最丰富的元素。硅在地壳中不存在单质状态，基本上都是以氧化状态（主要是硅酸盐矿和石英矿）的形式存在。硅在自然界的同位素及其所占比例分别为：^{28}Si 为92.23%，^{29}Si 为 4.67%，^{30}Si 为 3.10%。

硅原子序数为 14，原子量为 28.085，核外电子占据三个轨道，每个轨道上电子数分别为 2、8、4（如图 4-1 所示），电子排布为 $1s^2 2s^2 2p^6 3s^2 3p^2$。常压下，硅材料晶体具有金刚石的结构（如图 4-2 所示），晶格常数 $a=0.5430nm$，加压至 15GPa，则变为面心立方晶体，$a=0.6636nm$。常压下，硅金刚石结构晶胞可以看作是两个面心立方晶胞沿对角线方向上位移1/4 相互套构而成。1 个硅原子与 4 个相邻硅原子由共价键连接，这 4 个硅原子恰好在正四面体的 4 个顶角上，而四面体的中心是另外一个硅原子（彼此夹角为 109°28′），这种四面体称为共价四面体。原子在晶胞中排列方式是 8 个原子位于立方体的八个顶角上，6 个原子位于六个面心上，晶胞内部有 4 个分别位于四个体对角线的原子。立方体顶角和面心上的原子与晶胞内 4 个原子情况不同，所以硅晶体结构是由相同原子构成的复式晶格。

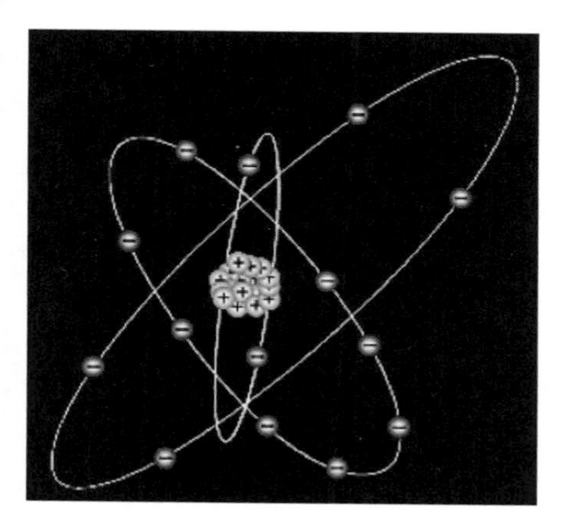

图 4-1　硅原子电子壳层结构

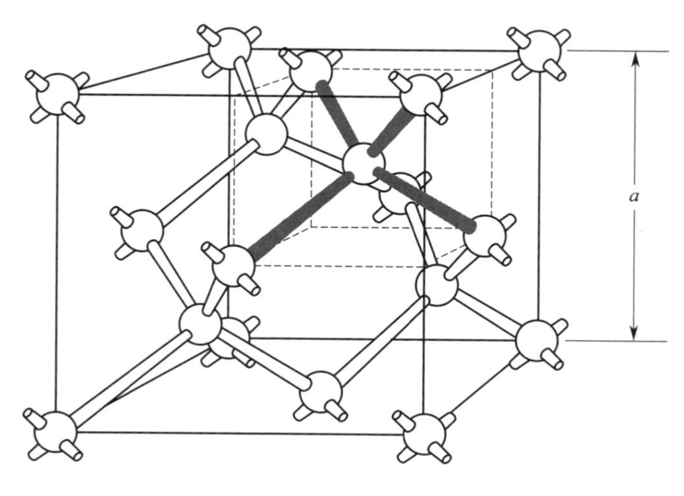

图 4-2　硅晶体结构

例题： 硅在 300K 的晶格常数 $a=0.5430nm$，计算硅晶体原子密度以及硅质量密度。

解：

硅一个晶胞原子数：$8\times\frac{1}{8}+6\times\frac{1}{2}+4=8$

晶胞体积：a^3

晶胞单位体积所含的原子数称为原子密度，则硅原子密度：$8/a^3=5\times10^{22}(\text{cm}^{-1})$。

质量密度 ρ ＝硅原子密度×摩尔质量÷阿伏伽德罗常数

$=5\times10^{22}\times28.09/6.02\times10^{23}=2.33(\text{g/cm}^3)$

金刚石结构另一个特点是内部存在着相当大的空隙。硅原子半径为 $r_{\text{Si}}=\frac{\sqrt{3}}{8}a=1.17\text{Å}$，硅原子体积为 $\frac{4}{3}\pi r_{\text{Si}}^3$，单位原子在晶格中占有的体积为 $\frac{1}{8}a^3$，则硅晶体空间利用率：$\frac{\text{硅原子体积}}{\text{单位原子在晶体中占有体积}}=34\%$，则空隙为 66%。

硅电阻率约在 $10^{-4}\sim10^{10}\Omega\cdot\text{cm}$ 范围内，且电导率和导电类型对杂质和外界因素高度敏感，当掺入极微量电活性杂质时，其电导率将会显著增大，例如硅中掺入亿分之一的硼，其电阻率降为原来的千分之一。当硅中掺入的杂质以磷、砷、锑等施主杂质为主时，该半导体以电子导电为主；当硅中掺入的杂质以硼、铝、镓等受主杂质为主时，则以空穴导电为主。

硅作为元素半导体，没有化合物半导体那样的化学计量比和多组元提纯的复杂性问题，因此工艺上比较容易获得高纯度和高完整性的单晶。硅禁带宽度比锗大，所以相对而言硅器件的结漏电就比较小，工作温度较高（250℃，而锗器件工作温度不高于 150℃），同时，硅地球丰度比锗（$4\times10^{-4}\%$）要高得多。所以硅半导体材料供给可以说是取之不尽的。20 世纪 60 年代开始人们对硅做了大量研究，在电子工业中，硅逐渐取代了锗，占据了主要地位。自 1958 年发明半导体集成电路以来，硅的需求量逐年增大，质量也相应提高。现在半导体硅已成为生产规模最大、单晶直径最大、生产工艺最完善的半导体材料，是固态电子学及相关信息技术的重要基础。但是，硅半导体也存在不足之处，即电子迁移率比锗小，尤其比 GaAs 小，所以简单硅器件高频下的工作性能不如锗或 GaAs 高频器件。此外，硅是间接带隙材料，光发射效率很低，硅不能作为可见光器件材料（激光器、发光管等），硅也没有线性电光效应，不能做调制器和开关，而 GaAs 为直接带隙材料，光发射效率高，是光电子器件的重要材料。但是用分子束外延、金属有机化学气相沉积等技术在硅衬底上生长 SiGe/Si 应变超晶格量子阱材料，可形成准直接带隙材料，并具有线性光电效应。此外，在硅衬底上异质外延 GaAs 或 InP 单晶薄膜，可构成复合发光材料。

硅室温下禁带宽度为 1.12eV，光吸收处于红外波段。人们利用超纯硅对 $1\sim7\mu\text{m}$ 红外光透过率高达 90%～95%这一特点制作红外聚焦透镜。硅单晶在红外波段折射率约为 3.4 左右，其表面光反射损失较高（小于锗的 45%），通常在其表面镀膜进行减反射，比如硅太阳能电池氮化硅减反射膜。

硅室温下无延展性，属脆性材料。但在 700℃具有热塑性，在应力作用下会呈现塑性形变。硅抗拉应力远大于抗剪应力，所以硅片容易碎裂。

硅在 1410℃时熔化，熔化时体积缩小，这是直拉单晶后剩余熔体凝固时会导致石英坩埚破裂的原因。熔硅有较大的表面张力（736mN/m）和较小的密度（2.3g/cm^3），这也是悬浮区熔法生长硅棒的原因，而锗（张力为 150mN/m，密度为 5.3g/cm^3）只能采用水平区熔法。

硅具有室温下禁带宽度为1.12eV、为间接带隙半导体、表面对太阳光的平均反射率高达30%以上等特征，并不是十分理想的太阳能电池材料首选。但是硅元素地球含量丰富，材料易取、无毒，其氧化物性能稳定、不溶于水，这是硅作为太阳能电池材料的优点。

硅按照内部原子排列方式的不同可分为单晶硅（mono-crystalline silicon）、多晶硅（poly-crystalline silicon）和非晶硅（amorphous silicon）。单晶硅原子排列规则，缺陷少；多晶硅晶粒之间会出现晶界缺陷；而非晶硅原子排列无规则，为非晶体结构。多晶硅按照纯度来分类，可以分为冶金级硅（metallurgical grade silicon，MG-Si）、太阳能级硅（solar grade silicon，SG-Si）、电子级硅（electronic grade silicon，EG-Si）。

4.2.2 硅材料化学属性

硅在常温下化学性质十分稳定，只能与F_2反映，在F_2中瞬间燃烧生成SiF_4。

$$Si+2F_2 = SiF_4 \tag{4-1}$$

加热时，能与其他卤素单质反应生成卤化物，与氧气反应生成SiO_2。

$$Si+Cl_2(Br_2,I_2) \xlongequal{\triangle} SiCl_4(SiBr_4,SiI_4) \tag{4-2}$$

$$Si+O_2 \xlongequal{\triangle} SiO_2 \tag{4-3}$$

在高温下，硅能与碳、氮、硫等非金属单质化合反应。

$$Si+C \xlongequal{\triangle} SiC \tag{4-4}$$

$$3Si+2N_2 \xlongequal{\triangle} Si_3N_4 \tag{4-5}$$

$$Si+2S \xlongequal{\triangle} SiS_2 \tag{4-6}$$

硅在含氧酸中会被钝化，能够与氢氟酸反应，还能与硝酸、氢氟酸混合酸反应。

$$Si+HF \xlongequal{\triangle} SiF_4\uparrow+2H_2 \tag{4-7}$$

$$3Si+4HNO_3+18HF = 3H_2SiF_6+4NO\uparrow+8H_2O \tag{4-8}$$

硅与碱溶液发生剧烈反应，生成硅酸盐并放出氢气。

$$Si+2NaOH+H_2O = Na_2SiO_3+2H_2\uparrow \tag{4-9}$$

除此之外，硅能够与一些金属（铜、铁、钙、镁、铂等）发生化合反应生成相应的硅化物，硅还能与一些金属离子（Cu^{2+}、Ag^{+}、Hg^{+}、Pb^{2+}等）发生置换反应，置换出相应的金属单质。

4.3 硅的用途

① 硅在新能源开发（太阳能源）中具有重要的意义。在单晶硅/多晶硅中掺杂磷或硼可以分别形成N型和P型半导体，两者结合形成电子元器件的核心结构P-N结。

② 硅是金属陶瓷、宇航材料的重要组成部分。陶瓷和金属混合烧结制成金属陶瓷复合材料，该材料具有耐高温、富韧性，而且可以切割，既继承了金属和陶瓷各自的优点，又弥

补了两者的不足。第一架航天飞机“哥伦比亚号”能抵挡住高速穿行稠密大气时摩擦产生的高温，全靠其外壳上的31000块硅瓦。

③ 硅作为光导纤维通信材料。纯的二氧化硅拉直成高透明度的玻璃纤维，使得激光能够在玻璃纤维中无数次地全反射向前传输。光导纤维通信与电缆通信相比，具有重量轻的优点；一根头发丝粗细的玻璃纤维可以实现256路电话通信，容量高；光导玻璃纤维通信还能够不受电、磁干扰，不怕窃听，具有较高的保密性等。

④ 硅作为性能优异的有机化合物材料。有机硅防水材料可以实现地下建筑的防水，古文物、易氧化物件上涂硅有机涂料可以防止青苔滋生，能够抵挡风吹雨淋、风化，保持物品色泽度，延长其使用寿命。天安门广场上人民英雄纪念碑便是硅作为有机涂料的一个成功例子。硅橡胶具有良好的绝缘性、长期不老化不龟裂、无毒等特点，硅油黏度受温度影响较小，流动性好，蒸气压低，是一种较好的润滑剂。

4.4 金属硅制造

金属硅从实验室研究到规模化生产，是从1938年苏联建成世界上第一台2000kV·A单相单电极电炉金属硅工厂开始的。随后，法国、日本、加拿大、美国、挪威和巴西等相继建成了工业硅厂。中国金属硅生产始于1957年的抚顺铝厂。20世纪70年代中期又在贵州遵义和青海民和建设金属硅厂。20世纪90年代后期国内开始建造6300kV·A工业硅炉（矿热炉），2000年后建设10000kV·A硅炉，2018年在产25000kV·A矿热炉已超百台。

4.4.1 金属硅制造原理

金属硅又称为工业硅、冶金级硅。金属硅（如图4-3）是在电弧炉内（如图4-4）通过将硅石（硅质原料的统称，有石英砂岩、石英岩、脉石岩、交代硅质角岩和石英砂等）和焦炭、煤、木屑等还原剂充分混合高温反应而制成的。

图4-3 金属硅

在约1700℃高温下，金属级硅产生的化学方程式为：

$$SiO_2 + 2C \xlongequal{} Si + 2CO \tag{4-10}$$

实际上，金属硅的还原是比较复杂的，随着炉内温度变化以及炉料所在区域的不同发生不同的副反应，如式(4-11)～式(4-19)所示。

炉料入炉后不断下降，受到上升炉气的作用，温度在不断升高，上升的SiO发生以下反应。反应产物大部分沉积在碳还原剂的空隙中，有些逃逸出炉外。

$$2SiO \xlongequal{} Si + SiO_2 \tag{4-11}$$

炉料继续下降，温度继续升高，当炉内温度升高到1800℃时，发生一系列反应：

$$SiO + 2C \xlongequal{} SiC + CO \tag{4-12}$$

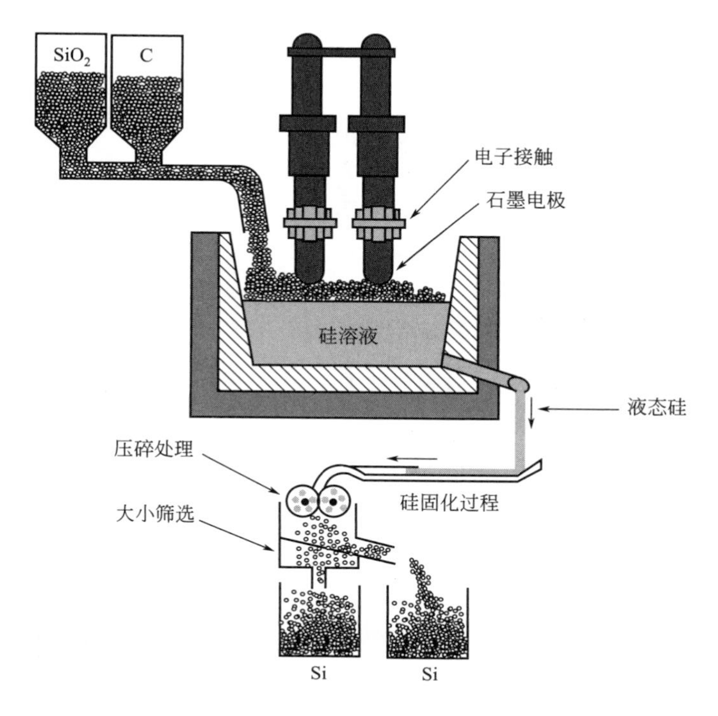

图 4-4　金属硅电弧炉示意图

$$SiO + SiC \xlongequal{} 2Si + CO \tag{4-13}$$

$$SiO_2 + 3C \xlongequal{} SiC + 2CO \tag{4-14}$$

如果温度进一步升高，则发生的反应为：

$$2SiO_2 + SiC \xlongequal{} 3SiO + CO \tag{4-15}$$

在电极区域会发生如下反应：

$$SiO_2 + 2SiC \xlongequal{} 3Si + 2CO \tag{4-16}$$

$$3SiO_2 + 2SiC \xlongequal{} Si + 4SiO + 2CO \tag{4-17}$$

炉料在下降过程中发生如下反应：

$$SiO + CO \xlongequal{} SiO_2 + C \tag{4-18}$$

$$3SiO + CO \xlongequal{} 2SiO_2 + SiC \tag{4-19}$$

金属硅纯度在97%～98%左右，金属硅再次熔化后重结晶，用酸去除杂质，得到纯度为2～3N的金属硅。金属硅杂质除了由来自还原剂和石墨电极的碳成分外，硅石内的其他杂质和还原剂带入的灰分，如Fe_2O_3、Al_2O_3、CaO等也被还原成金属Fe、Al、Ca而进入金属硅中。因此，金属硅冶炼中要求原料杂质尽量少，以保证其产品硅的纯度。根据三者百分含量不同金属硅可分为553、441、421、3303、2202、2502、1501、1101等不同牌号，第一位和第二位数字代表铁和铝的百分比含量，第三位和第四位数字代表钙含量。例如金属硅553，则代表铁铝钙含量分别为5%、5%、3%；金属硅3302代表铁铝钙含量分别为3%、3%、0.3%。

在冶金过程中控制其杂质的方法通常是：①炭等还原剂进炉前要清洗。②在液态硅倒入浅槽凝固的同时在其表面吹入氧化性气体（氧气或氧氮混合气体）进一步提纯，或者在反应炉中添加容易产生炉渣的物质（如 $CaCO_3$、SiO_2、CaO、CaF_2）来除去比硅活性强的杂质元素，如铝、钙、镁等。同时，为了提高硅的还原反应速度，可以在还原炉中加入 CaO、$CaCl_2$、$BaSO_4$ 和 NaCl 等催化剂。Ca^{2+}、Ba^{2+} 在反应中作用相同，而 NaCl 催化效果稍差一些。研究发现，在 1700℃左右时加入 1%的 CaO 和 2%的 $CaCl_2$ 可提高 SiC 和 SiO_2 的反应速度近一倍以上；在 1600℃左右时加入 2%的 $CaCl_2$ 和在 1700℃左右时加入 3%的 $CaCl_2$，催化效果最好，如果温度再升高，其催化效果不佳。

在冶炼过程中有少部分的 SiO_2、Al_2O_3 和 CaO 等未被还原，而形成炉渣。炉渣成分比例大致为 SiO_2 30%～40%、Al_2O_3 45%～60%、CaO 10%～20%。此炉渣熔点约为 1600～1700℃。渣量大时，耗电量增加，同时过粘的炉渣，不易从炉内排除，引起炉况恶化，所以要采用较好的原料，以减少渣量，降低单位电耗。正常情况下，渣量控制在不大于金属硅量的百分之五为宜。

4.4.2 金属硅制造流程

金属硅制造流程如图 4-5 所示。将原料硅石（纯硅砂）经过水洗、筛分并干燥后，根据所有还原剂种类，分别按不同的比例配料，计算机程序控制各料比例，分别从料仓汇集到一条皮带上，通过送料过程进行均匀混合，进入电炉内。然后电极通电，加热炉内物料，达到 1800℃的高温，硅在炉内被还原出来，并呈液态，通过“出硅口”放出并铸成硅锭，经过破碎、包装成工业硅销售。

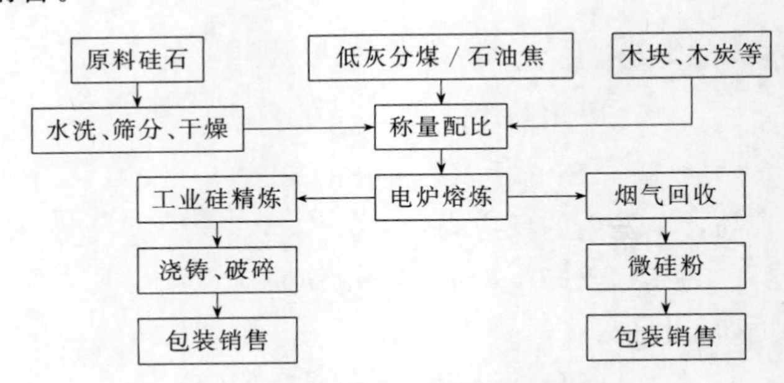

图 4-5 金属硅生产流程示意图

作为太阳能电池用硅原料，为了满足下一工序生产的需要，要把冷却后的块状金属硅变成 150μm 左右（80～120 目）的颗粒状硅，即颗粒硅。工业上通常的做法是把冷却后的硅经过压碎机（通过控制压碎机齿轮间的距离）把块状的硅变成符合 $SiHCl_3$ 合成需要使用的硅颗粒。

自电炉溢出的气体，经过除尘，回收其中的硅粉，得到微硅粉产品。微硅可以作为混凝土的掺和物改善混凝土的性能，也可以返回电炉作为原料，还可以用于硅酸盐砖和耐火材料原料以及其他用途。金属硅冶炼操作流程可分为：烘炉、配料加料、捣炉、出炉以及浇铸。

(1) 烘炉

在正式投产前要进行烘炉，除去炉衬水分和气体。烘炉质量的好坏不仅影响炉衬使用寿命，而且会影响电炉能否顺利投入生产。烘炉的方法有木柴烘、油烘、木焦混合烘、电烘。烘炉过程分两个阶段：柴烘、油烘或者焦烘；电烘。第一阶段目的是焙烧电极，使电极具有一定承受电流的能力并除去炉衬气体、水分；第二阶段是为了进一步焙烧电极，烘干炉衬，并使其炉衬达到一定温度，炉衬材料进一步烧结，达到冶炼标准。

① 木柴烘炉。该方法是一种传统的方法，成本低，但烘炉周期长、工作量大，且产生的木灰需要清理。木柴烘炉首先是在炉膛中放好木柴，用废油引燃，慢慢燃烧，火焰高度控制在炉口以下。小火烘烤电极时间约占烘烤时间的1/3～1/2，然后大火烘烤电极，使木柴均匀而剧烈燃烧，火焰高度达到电极把持器即可。在木柴烘炉过程中，要注意观察电极侧面变化，保证电极侧面均匀烘烤。

② 油烘炉。该方法焙烧速度快，烘炉时间短，但耗油量大，需要复杂设备，成本高，且烘烤电极质量不均匀。油烘炉是以柴油或重油为燃料，采用低压喷嘴并借助压缩空气使油雾化燃烧。该方法也是先小火烘烤，然后大火烘烤。火焰应从下向上移动，且火焰不要直接对准电极。

③ 木焦混合烘炉。该方法是烘炉的常用方法。烘烤时先堆放木柴，然后上面放大块冶金焦炭，用废油引燃，先小火烘烤电极，使焦炭缓慢燃烧，焦炭需要紧靠电极燃烧。混合烘炉时间长，焦炭消耗量较大，且产生的木灰和残焦需要清理，但是该方法电极升温均匀，焙烧效果较好。

第一阶段的烘烤需要记录炉衬和炉底温度变化，电极烘烤遵循从低温到高温的过程，为了防止电极断裂，烘烤时不能过多移动电极。烘烤后的电极应该是电极上部暗而不红或微红，下部则红而明亮，电极不再冒烟。

④ 电烘炉。首先将木焦混合烘炉后电极下方的木灰、残焦清理干净；然后，为了防止炉底氧化并构成电流回路而便于拉弧，在下面铺一层细石油焦或焦炭（$d<50$mm）；最后按电极位置放置小型碳素电极棒，下插电极，低负荷送电引弧，开始电烘炉。

电炉烘烤后，应迅速清理掉烘炉残焦和脱落的耐火砖，并把剩余少量焦炭推向炉内四周，然后下放电极，加新焦引弧，待电弧稳定后，加入较轻炉料。

⑵ **配料加料**

电炉烘烤后，经检查设备运行正常的前提下，就可以进行开炉配料、加料环节。

在生产过程中，各种原料的称量和混合均匀过程称为配料。对于大型电炉生产时，各种原料是由传送带送到料仓的，根据生产配比借助计算机程序控制进行下料称量，然后经过传送带输送机的送料过程实现原料的混合。

配料中有三个重要的比例需要生产者控制：计算的原料比例、实际用的配料比例，以及还原剂组成的使用比例。

计算的原料比例依据金属硅反应化学方程式(4-10）计算。生产中认为石英砂原料中SiO_2含量为100%，即原料不含其他杂质；碳质还原剂中灰分的氧化物还原所需的碳量与电极参加反应的碳量相当，可忽略不计。根据公式可以算出还原100kg的石英砂需要还原剂碳的量为：

$$m_C=100\times\frac{2\times12(\text{C 原子量})}{60(\text{SiO}_2\text{ 原子量})}=40(\text{kg})$$

假如还原剂木炭中水分占5%，挥发成分占20%，灰分占3%，则木炭中固定碳成分占比为：$C_{木炭}=72\%$；还原剂煤炭水分占5%，挥发成分占30%，灰分占3%，则煤炭中固定碳含量为：$C_{木炭}=62\%$。

再假设还原剂木炭和煤炭使用比例为30：70，并且考虑还原剂原料在炉内的损失，损失系数均为：$K=10\%$。则计算出石英砂、木炭和煤炭使用比例为：

$$m_{SiO_2}:m_{木炭}:m_{煤炭}=m_{SiO_2}:\frac{m_C\times 0.30}{C_{木炭}(1-K_{木炭})}:\frac{m_C\times 0.70}{C_{煤炭}(1-K_{煤炭})}$$

$$=100:\frac{20\times 0.30}{0.72\times 0.90}:\frac{20\times 0.70}{0.62\times 0.90}=100:18.52:50.18$$

实际生产中由于各种原料水分波动大，以及电气参数和操作情况等因素，致使实际用量与计算用量有一定的差异。于是在生产中要经过调整某一种还原剂用量来避免生产波动，故产生了实际用的配料比例。

通常的加料方法是经下料管和流槽把电炉料仓的炉料加到炉内，或者经人工用铁锹把炉料投入炉内。虽然金属硅熔炼是连续的，但是加料却是间断的，加料量应与电能的消耗和放出熔硅的量一致。为避免熔池上部料面加料过重，应在前一批料熔尽后再加一批新炉料。加料前，要先把旧炉料捣下去，然后把经过预热的料拨到电极周围，再加入一批新的炉料，使之在电极周围形成锥体。圆锥体所造成的压力应力求在炉料与电极表面接触处冒出的反应气体从料面上均匀冒出。对于新开炉的情况，由于炉底有残留的炭还原剂，所以在配料上应相应减少还原剂的比例。

(3) 捣炉

为保证需要的炉料适时进入反应坩埚，要通过捣炉强制炉料下沉。在实际生产中，加料和捣炉是结合进行的。早期捣炉用木棒进行，现在多数使用半自动或全自动捣炉机。

只有当炉料在炉膛上部已被很好加热以后或者出现形成“刺火孔”的迹象时，才实施捣炉沉料。捣炉可以疏松料层，增加炉料透气性，扩大反应区，从而延长焖烧时间，使一氧化硅挥发量减少，提高硅的回收率。捣炉操作要快，下杆方向角度要掌握好，不能对准电极。当炉况正常时，沿每相电极外侧切线方向及三个大面深深地插入料层。要迅速挑松坩埚壁上烧结的料层，捣碎大块就地下沉。不允许把烧结大块拨到炉外，然后把电极周围热料拨到电极根部，加玉米芯（或木屑）后再盖住新料。

(4) 出炉

出炉就是金属硅液态硅经路口放出的过程。出炉主要有间接出炉和连续出炉两种方式，不同的出炉方式对金属硅的生产率和质量有不同的影响。

间接出炉是在炉内的液态硅达到一定数量后，定期打开炉眼放出硅，然后关闭炉眼。该种出炉方式主要适用于小容量工业硅炉。短时间内放出较多液态硅，由于液态硅温度较高，有利于硅的精炼与熔渣的分离，能保证所得到的产品有较高的纯度和结晶结构。但是间接出炉炉内积存的硅较多，容易过热而造成硅的挥发损失和二次反应损失，而且电极也不易深插。

连续出炉多用在大型炉熔炼过程中，炉内反应生成的液态硅经炉眼连续流出，炉眼是经常开着的。连续出炉的电炉内硅过热程度小，挥发损失少，电极容易深埋，对改善熔炼过程和提高产量有益。但是，对于容量小的电炉，连续放出的液态硅少，流出后很快凝固，对熔渣分离和提高硅的质量不利。

在实际生产过程中，应根据不同情况和要求，采用不同的出炉方式。

(5) 浇铸

间接出炉时，要把从炉中流入抬包中的液态硅再浇铸到铸铁围城的定模中。为保证铸铁模浇铸时不熔化，铸铁砖是由添加其他耐高温合金的材料铸成。根据每炉液态硅的产量，浇铸前可调整锭模的尺寸，以保证锭模能够容纳足量的工业硅。对于连续出炉的浇铸工序则相对简单，直接把液态硅流入锭模凝固成形即可。

金属硅浇铸时往往会产生杂质偏析现象，为了减少偏析，得到稳定性好的没有粉化的工业硅，应该采取快速冷却或淬冷的方法避免此现象发生。通常是把液态硅浇铸到冷却速度较快的金属模中，铸锭厚度一般不超过 80～100mm。

由于硅的强度随着温度降低而降低，为了避免由于强度的降低导致的硅锭破碎，通常是当硅锭表面温度降到 900℃左右时，用特制夹具把硅锭从模中夹出，放到托盘上冷却，然后进行敲碎、包装工序。

4.4.3 金属硅生产影响因素

金属硅生产影响因素主要有电力因素、反应区参数以及硅熔池参数。

(1) 电力因素

还原炉电极工作端下部弧光所发出的热量主要集中于电极周围，因而炉内温度分布与弧光功率大小有关。一般而言，提高电极电压能够增大弧光功率，但是电压过高，使弧光拉长、电极上抬、高温区上移、热量损失、炉底温度降低、炉内温度梯度增大、炉况变差；电极电压过低，导致电功率过低、电极下降过深、炉料层电阻减少、通过炉料电流增大而通过弧光电流减小、炉料熔化和还原速度减慢、还原炉“闷死”现象发生。因此，必须保证还原炉电功率和热功率良好匹配，才能取得最低的电损耗和最高的效率。对一定功率的还原炉来说，在保证炉况良好和输入功率较高的前提下，应采用低电压大电流供电。

还原炉中，电流主要有两条回路：主电流回路（电极-电弧、熔融物、电极）和分电流回路（电极、炉料、电极）。对三相熔池的电场，电流不仅在电极和导电炉底间通过，而且也在电极、合金、电极间通过。从电极起弧端流向熔池的电流约占全部电流的 30%，而从电极侧表面通过的电流相应地占 70%。电极底部距离炉底越近，由电极通过炉底的电流越大。

在金属硅还原过程中，有很多未知数，只有熔池功率是确定不变的，其值为：

$$P_B = I^2 r_B = U_B I \cos\varphi_B \tag{4-20}$$

式中，P_B 为反应区有效功率，kV·A；I 为电流强度，A；r_B 为熔池电阻，Ω；$\cos\varphi_B$ 为电炉功率因数。

(2) 反应区参数

对于埋弧还原炉，无渣法冶炼时熔池的反应区可表示为：

$$P_{V_T} = P_B / nV_T \tag{4-21}$$

式中，n 为电极数目；V_T 为反应区体积。

在炉底没有上涨的熔池中，每相电极反应区体积为：

$$V_T = \frac{\pi}{4} D_P^2 (h_0 + h_B) - \frac{\pi}{4} d^2 h_B \tag{4-22}$$

式中，D_P 为反应区直径；h_B 为电极在炉料中插入深度；h_0 为电极与炉底间距离；d 为电极直径。

通过简化计算，对于表面没有烧损的圆柱形电极其反应区体积为：

$$V_T = 7.07 d^3 \tag{4-23}$$

而更多是电极表面有不同程度的烧损的情况，则反应区体积表示为：

$$V_T = 6.76d^3 \tag{4-24}$$

影响反应区尺寸的因素主要有还原炉输入功率、电极直径以及电极插入深度等。反应区有效功率 P_B 越高，熔池获得能量越多，还原炉温度越高，反应区响应越大。因此，通常情况下，还原炉要求满负荷供电。还原炉电极越大，反应区体积越大。一般反应区直径为电极直径的 2.4 倍左右。一般比较理想的电极插入深度为：$h_0=(1.2\sim2.5)d$，此时电极深而稳地插入炉料中，反应区大、炉温高而均匀；若 h_0 较小，炉膛温度下降、炉中结瘤；若 h_0 过大，炉底和熔体温度过高、合金温度过高而挥发。

(3) 硅熔池参数

电极直径是熔池主要的几何参数，它对熔池的其他参数和电气指标起到决定性的作用。电极直径 d 通常是根据电极电流和电极电流密度确定，如下所示：

$$d = 2\sqrt{\frac{I}{\pi \Delta I}} \tag{4-25}$$

式中，d 为电极直径，cm；I 为通过电极横截面的电流，A；ΔI 为电极电流密度，A/cm^2。

电极电流密度 ΔI 过大，则电极消耗增加、电极容易断裂、炉内温度梯度增大、熔池局部温度过高、合金蒸气损失增加；电极电流密度 ΔI 过小，电极烧结不良、熔池温度过低。

在三相还原炉中按正三角形配置的三根电极圆心所形成的直径称为极心圆直径。电极极心圆直径是一个对冶炼过程有较大影响的设备结构参数，电极极心圆直径选的合适，三根电极电弧作用区部分刚好相交于炉心，各反应区彼此交错重叠，这时炉心三角形区域相互串通，此时反应区增大，炉温高，炉心吃料快，产量高，经济指标好。

合理的极心圆直径 D_g 可通过下列公式计算：

$$D_g = \alpha d \tag{4-26}$$

式中，α 为心圆倍数。

合适的炉膛内径能够保证电极电流经过电极-炉料-炉壁的阻力大于经过电极-炉料-邻近电极或炉底的阻力。

炉膛内径 D_{in} 可通过下列公式计算：

$$D_{in} = \gamma d \tag{4-27}$$

式中，γ 为炉膛倍数。

炉膛直径约为极心圆直径的 2～3 倍，电极与炉膛间距离应大于电极直径的 0.8 倍。

炉膛深度 H 通过下列公式计算：

$$H = \beta d \tag{4-28}$$

式中，β 为炉深倍数。

一般来说，炉膛深度约为电极直径的 4～5 倍。

熔池电阻 r_B 是一个要在计算和冶炼过程中控制的物理参数，尤其是在计算机控制的还原炉中。计算熔池电阻必须计算熔池的电阻系数和电阻几何参数。熔池电阻 r_B 可通过下列公式计算：

$$r_B = \frac{0.206\rho}{d} = 3.7\rho P_{V_T}^{0.33} P_B^{-0.67} \tag{4-29}$$

式中，ρ 为熔池有效电阻率系数，Ω/cm。

工作电流 I 公式为：

$$I=\sqrt{\frac{P_B}{r_B}}\times 10^3=507\rho^{0.5}P_{V_T}^{-0.167}P_B^{-0.67} \tag{4-30}$$

电极上电压 U（有效电压）公式为：

$$U=Ir_B=1.97\rho^{0.5}P_{V_T}^{-0.167}P_B^{0.33} \tag{4-31}$$

在计算 r_B、I 及 U 公式中，P_B 是指单根电极有效功率或三相电极单相电极功率。

金属硅产能计算如下：

$$Q=\frac{PKT\cos\varphi_B}{W} \tag{4-32}$$

式中，Q 为还原炉生产能力，t/a；P 为变压器容量，kV·A；K 为变压器负荷利用系数，0.83；$\cos\varphi_B$ 为炉功率因数（未补偿），0.78；T 为还原炉有效冶炼时间，h；W 为电能单耗，kW·h/t(Si)。

4.4.4 工业硅烟气处理

每生产 1t 工业硅大约产生 1700～2300m^3 炉气，其烟气主要成分为 CO，含量约为 60%～80%，其次是 N_2 和 H_2O，发热值约为 10000～12000kJ/m^3。冶炼时炉气穿过料层进入烟罩，与空气接触的 CO 燃烧后转化为 CO_2。

烟气中还包括工业粉尘，主要有 Si、SiO、SiO_2、SiC。高温下，液态硅可能发生氧化反应生成一氧化硅或二氧化硅粉尘；碳与硅反应生成碳化硅颗粒粉尘；同时，熔硅高温下也会蒸发形成硅粉尘。这些粉尘物通常是被回收再次利用，或者用作其他工业生产的原料，如混凝土、耐火砖。

废气、粉尘产生的反应过程如下：

$$2CO+O_2 \longequal 2CO_2 \tag{4-33}$$

$$2Si+O_2 \longequal 2SiO \tag{4-34}$$

$$2SiO+O_2 \longequal 2SiO_2 \tag{4-35}$$

4.4.5 金属硅现状

2018 年我国金属硅装置产能为 500 万吨（有效产能 350 万吨），产量为 240 万吨，消费量为 156 万吨，分别占全球总量的 78.4%、68.2%和 45.2%，较 2008 年的 220 万吨、100 万吨、28 万吨相比，年均增长率分别为 8.6%、9.1%和 18.5%。而且生产过程已基本摆脱木炭，改用煤火油焦作为还原剂，且产品质量不断提升。同时，自动上料、加料和捣炉已得到普遍应用，余热利用等先进技术正在逐步推广。

过去十年金属硅下游的三大主要领域——铝合金及汽车、有机硅和多晶硅产业快速发展。2018 年我国铝合金及汽车产量分别为 796.9 万吨和 2780.9 万辆，与 2008 年的 230.3 万吨和 930.6 万辆相比，分别增长为原来的 3.46 倍和 2.99 倍，年均增长率达到 13.2%和 11.6%；有机硅和多晶硅产量分别为 225 万吨和 25.9 万吨，与 2008 年的 48 万吨和 0.4 万吨相比，分别增长为原来的 4.68 倍和 64.75 倍，年均增长率达到 16.7%和 38.3%。而金属硅产业的持续壮大和发展也为下游领域的发展提供了良好基础。2018 年国内金属硅消费 156

万吨，其中铝合金消费多晶硅 50 万吨、有机硅消费 65 万吨、多晶硅消费 34 万吨，占比分别为 32.1%、41.7%和 21.8%。

原料成本、燃料成本、冶炼炉效能等因素影响金属硅价格。2008 年 1～9 月金属硅价格大致如下：553 级硅均价为 12343 元/t；441 级硅均价为 13347 元/t；3303 级硅均价为 14398 元/t；2202 级硅均价为 16437 元/t；421 级硅均价为 14414 元/t。

金属硅综合电耗不高于 12000kW·h/t。2014 年《工业硅单位产品能源消耗限额》（GB 31338—2014）中规定，现有工业硅企业单位产品综合能耗限额限定值应不大于 3500kg（标煤）/t(硅)，新建工业硅企业单位产品综合能耗限额准入值应不大于 2800kg（标煤）/t(硅)，工业硅企业单位产品能耗限额先进值应不大于 2500kg（标煤）/t(硅)。6300kV·A 以下电弧炉综合冶炼电耗高达 13000kW·h/t，折合标准煤约 1600kg（标煤）/t(硅)，考虑到其他能源单耗约为 1900kg（标煤）/t(硅)，故综合能源单耗约为 3500kg（标煤）/t(硅)，因此 6300kV·A 以下的小炉逐渐被淘汰，10000kV·A 甚至更大型化的炉子（25000kV·A）成为主力军。

矿热炉又称电弧电炉或电阻电炉，采用碳质或镁质耐火材料作炉衬，电极插入炉料进行埋弧操作，利用电弧的能量及电流通过炉料的电阻而产生能量来达到熔炼目的。矿热炉是一种耗电量巨大的工业电炉，如图 4-6 所示。该炉主要由炉壳，炉盖、炉衬、短网、水冷系统、排烟系统、除尘系统、电极壳、电极压放及升降系统、上下料系统、把持器、烧穿器、液压系统、矿热炉变压器及各种电器设备等组成。25000kV·A 电弧炉具体参数指标如表 4-1 所示。

表 4-1　25000kV·A 电弧炉主要参数

炉壳直径/mm	10500	炉壳高度/mm	5630(炉壁厚 1050)
炉膛直径/mm	8400	炉膛深度/mm	3500(炉底砌砖厚 2130)
电极直径/mm	1400	电极分布圆直径/mm	3500±100
电极工作行程/mm	1400	电极升降速度/(m/min)	0.5
硅出口数量/个	2	每根电极铜瓦数/(块/根)	8
冷却水用量/(t/h)	300	日产量/(t/d)	120

图 4-6　硅矿热炉

4.5 改良西门子法制造多晶硅

西门子法（Siemens method）是由德国 Siemens 公司发明并于 1954 年申请了专利，且在 1965 年实现了工业化，并且淘汰了当时多晶硅制造技术——$SiCl_4$ 锌还原法。经过几十年的应用和发展，西门子法不断完善，先后出现了第一代、第二代和第三代西门子法。第三代多晶硅生产工艺即改良西门子法，它在第二代的基础上增加了还原尾气干法回收系统、$SiCl_4$ 回收氢化工艺，实现了完全闭环生产，是西门子法生产高纯多晶硅技术的主要技术，采用此法生产的多晶硅约占多晶硅全球总产量的 85%。但这种提炼技术的核心工艺仅仅掌握在美国、德国、日本等 7 家主要硅料厂商手中，而且严禁技术转让。

改良西门子法的优点是：

① 该法是目前主流的多晶硅原料生产方法，是最为成熟、最可靠、投产速度最快、产品质量较高的工艺，国外用该法制造出了纯度为 9～11N 的高纯硅。

② 节能。改良西门子法采用多对棒（36 对、40 对，甚至 48 对）、大直径还原炉，流化床温度低（约 300℃），可有效降低还原炉消耗的电能。相比于原有的 12 对、24 对棒还原炉，极大提升了单晶炉产量，目前主流设备的单炉产量可达 7～12t；多晶硅还原电耗从 2009 年的 120kW・h/kg(Si) 降低到目前的 45kW・h/kg(Si) 以下，最低可达到 40kW・h/kg(Si) 以下；综合电耗从 200kW・h/kg(Si) 降低到 60kW・h/kg(Si) 以下，下降幅度达 70%以上。随着现有工艺的进一步优化和提升，改良西门子法全流程的综合电耗有望降低到 55kW・h/kg(Si) 以下，综合电耗仍有下降空间。

③ 降低物耗。改良西门子法对还原尾气（H_2、HCl、$SiCl_4$ 等副产物以及大量副产热能的配套工艺）进行了有效的回收，这样就可以大大地降低原料的消耗；改良西门子法工艺中副产物包括四氯化硅和二氯二氢硅等。四氯化硅主要采用氢化技术将其变成三氯硅烷原料，经提纯后返回系统使用；副产物二氯二氢硅采用反歧化技术，与四氯化硅在催化剂作用下，反歧化生产三氯硅烷，经提纯后返回系统使用。通过两项技术的应用，大幅降低多晶硅生产过程中的原料消耗，按硅计算，硅耗已从 1.35kg/kg 多晶硅降低到 1.2kg/kg 以下，降低幅度达 10%以上。

④ 减少污染。改良西门子法是一个闭路循环系统，多晶硅生产中的各种物料得到了充分的利用，排出的废料极少，相对传统西门子法而言，污染得到了控制，保护了环境。

改良西门子法的缺点主要是工艺流程长、投资大、技术要求严格、$SiHCl_3$ 转化率低。

改良西门子法制造多晶硅硅原料的流程如图 4-7 所示。首先利用 HCl 将金属硅转化为三氯硅烷（$SiHCl_3$），经过一系列的纯化工艺转变为液态三氯硅烷，然后经过三氯硅烷氢化还原，并进行尾气回收处理和产品酸洗环节转变为多晶硅原料。除此之外，氢气制备和提纯，氯化氢合成，硅芯制备，废气、废液、废渣处理等环节也是改良西门子法的重要工序。

改良西门子法生产多晶硅所用设备主要有：氯化氢合成炉，三氯硅烷流化床加压合成炉，三氯硅烷水解凝胶处理系统，三氯硅烷粗馏、精馏塔提纯系统，硅芯炉，节电还原炉，磷检炉，硅棒切断机，腐蚀、清洗、干燥、包装系统，还原尾气干法回收系统，

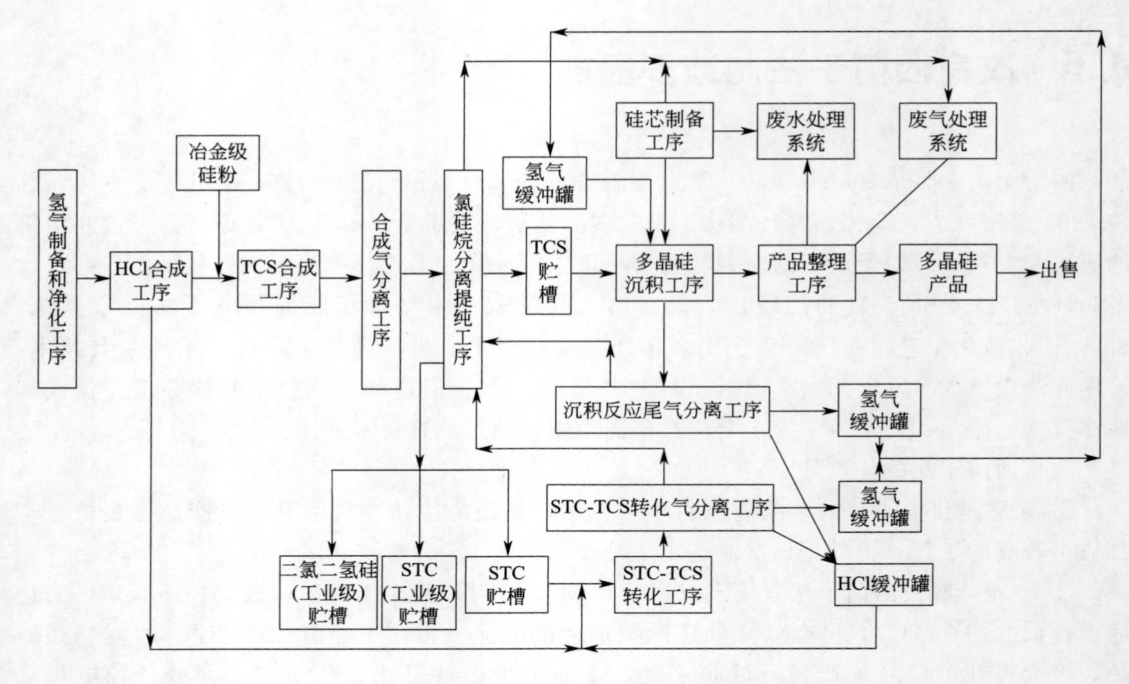

图 4-7　改良西门子法制造多晶硅硅原料流程图

其他包括分析、检测仪器，控制仪表，热能转换站，压缩空气站，循环水站，变配电站，净化厂房等。

4.5.1　三氯硅烷制备

(1) 原理

$SiHCl_3$（TCS）制备分为 $SiHCl_3$ 合成与提纯，其示意图如图 4-8 所示。MG-Si 经过粉碎机粉碎，送入球磨机球磨，过筛后进入料池。先后经过蒸汽和电感加热干燥炉干燥后，经硅粉计量罐计量后加入合成炉（流化床）中。当流化床温度升高到反应温度（550～600K）时，从流化床底部通入 HCl 气体，考虑到硅合成 $SiHCl_3$ 是放热反应，所以此时关掉加热电源，通过流化床自动控制系统进行 $SiHCl_3$ 生产，其反应方程式如下所示。

$$Si + 3HCl \xlongequal{550\sim600K} SiHCl_3 + H_2 \tag{4-36}$$

为了提高反应速度，提高 $SiHCl_3$ 合成产率，目前很多企业都在合成反应时加入催化剂，而且催化剂的引入也能够降低反应温度，减少 $SiCl_4$ 的含量。催化剂主要有两种：①含 Cu 5%的硅合金，它能够把反应温度降低到 500K 左右；②加入适量的 $CuCl_2$，该催化剂能够提高 $SiHCl_3$ 的含量至 90%左右。$CuCl_2$ 的量一般控制在 Si∶$CuCl_2$＝100∶0.5，过多的 $CuCl_2$ 导致催化剂中毒。

① 反应条件控制。硅粉和 HCl 气体在流化床中的反应是气体和固体间的反应，其反应条件的控制非常重要，不同的反应条件将会产生不同的产物。其反应条件主要包括：硅粉粒度要求、硅粉层高及 HCl 流量控制、温度控制、压力控制、水分和氧控制。

$SiHCl_3$ 的合成工艺对硅粉的要求是：干燥、流动性好、活性好以及粒度适中。一般来说，硅粉越细、比表面积越大是有利于反应进行的。但是硅粉粒度过小会产生两方面的不利

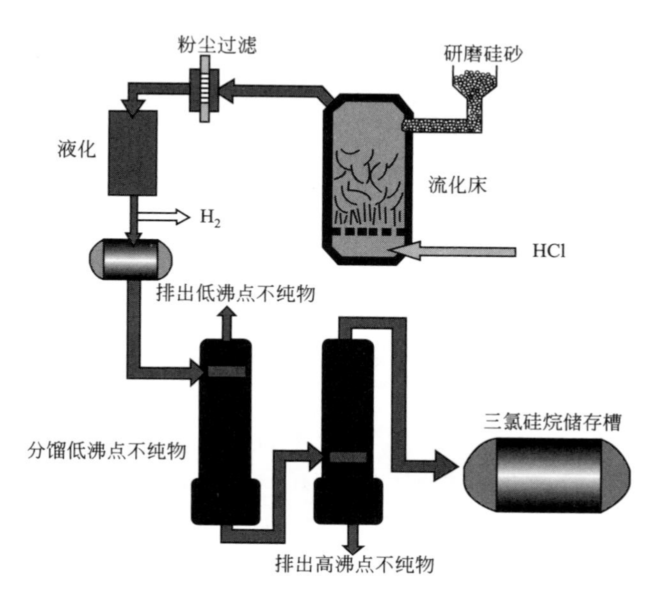

图 4-8　$SiHCl_3$ 合成与提纯示意图

影响：颗粒过小容易随气体排出流化床外，造成原料浪费，而且随着硅粉在管壁的积累可能造成管道堵塞，降低设备生产效率甚至影响设备正常运转；另外一种情况是硅粉在沸腾运动中相互碰撞、摩擦产生静电，该静电容易导致硅粉团聚。同样，硅粉过粗，则与 HCl 接触面积小，反应效率下降，而且流化床操作难度增大。实践证明，采用 80～120 目的硅粉粒度是合适的，既能够提高硅转化效率，又能够容易地维持设备正常操作。

硅粉料层高度及 HCl 流量对 $SiHCl_3$ 产量和质量有很大影响。硅粉料层高度是指硅粉的静止料层高低位差。料层过高，为了保持硅料较好的流动性，则要求较大的 HCl 气体流量。气体流量大，则部分硅粉将会被带离流化床造成浪费等。

料层高度计算的经验公式如下：

$$H = M_{Si}/(D_{Si}S) \tag{4-37}$$

式中，H 是硅粉静止层高度，m；D_{Si} 是硅粉堆积密度，kg/m^3；M_{Si} 是硅粉质量，kg；S 是流化床横截面积，m^2。

假设一流化床尺寸为 ϕ300mm×6500mm，投料量为 120kg，则料层高度和 HCl 流量计算如下。

流化床横截面积 S：$S = \frac{\pi}{4}D^2 = \frac{3.142}{4} \times 0.3^2 = 0.070695(m^2)$

80～120 目硅粉堆积密度 D_{Si}：$D_{Si} = 1310(kg/m^3)$

硅粉料层高度 H：$H = 120/(1310 \times 0.070695) = 1.296(m)$

单位质量硅粉静止高度为：$1/(1310 \times 0.070695) = 0.011(m)$

在该型号流化床中投料量为 120kg 时，硅粉静止层高为 1.296m。在这种情况下，HCl 流量在 25～35m^3/h 是比较合适的气体流量。

温度对 $SiHCl_3$ 合成是至关重要的，直接决定着反应产物种类。温度高于 600K 时，$SiCl_4$（STC）的生成量不断加大，主要的反应过程如式(4-38) 所示。这主要是由于 $SiCl_4$

结构具有高度的对称性，硅原子与氯原子以共价键形式结合，结构稳定，甚至在 850K 时 $SiCl_4$ 也不会分解。而 $SiHCl_3$ 分子结构不对称，硅原子与氯原子结合近似离子键方式，不稳定，在 650K 左右就可以分解。如果温度低于 550K，反应将产生大量 SiH_2Cl_2，反应过程如式(4-39) 所示。

$$Si+4HCl \xrightarrow{>600K} SiCl_4+2H_2 \tag{4-38}$$

$$Si+2HCl \xrightarrow{<550K} SiH_2Cl_2 \tag{4-39}$$

为了保证稳定的气固反应速度，需要维持流化床内气压基本恒定。系统压力过大，流化床内 HCl 流速小、进气量小，反应效率低，$SiHCl_3$ 含量低、产量小，不易控制、容易造成设备损坏。

流化床中游离氧和水分对 $SiHCl_3$ 合成极其有害。Si—O 键比 Si—Cl 键更为稳定，导致流化床中反应产物极易发生氧化和水解，使 $SiHCl_3$ 产率大大降低，同时，水解产生的硅胶会堵塞管道、冷凝器等设备部件，使系统压力变大，设备不能正常工作，水解产生的盐酸则对设备有强烈的腐蚀作用。游离氧和水分还能在硅表面逐渐形成一层致密的氧化膜，该氧化膜影响 Si 和 HCl 的有效接触，影响反应的正常进行。

研究发现，当 Si 和 HCl 中水含量为 0.1%时，$SiHCl_3$ 含量小于 80%；当水含量为 0.05%时，则 $SiHCl_3$ 含量高达 90%。因此，干燥的 Si 和 HCl 对硅粉转化率是非常重要的，这也是原料在进入流化床前都要进行干燥的原因。

② H_2 作用。虽然在 $SiHCl_3$ 合成反应中温度影响化学平衡的方向，但是在合成过程中副反应是不可避免的，即式(4-36) 和式(4-38) 同时存在。

两个反应方程中除了 Si 为固体，其他均为气体，所以两个方程的平衡常数分别为：

$$K_{p_1}=\frac{p_{SiHCl_3}p_{H_2}}{p_{HCl}^3} \Rightarrow p_{SiHCl_3}=K_{p_1}\frac{p_{HCl}^3}{p_{H_2}}$$

$$K_{p_2}=\frac{p_{SiCl_4}p_{H_2}^2}{p_{HCl}^4} \Rightarrow p_{SiCl_4}=K_{p_2}\frac{p_{HCl}^4}{p_{H_2}^2}$$

式中，p_{SiHCl_3} 为 $SiHCl_3$ 在体系中的分压；p_{H_2} 为 H_2 在体系中的分压；p_{HCl} 为 HCl 气体在体系中的分压；p_{SiCl_4} 为 $SiCl_4$ 在体系中的分压。

由以上两方程可得出：

$$\frac{p_{SiHCl_3}}{p_{SiCl_4}}=\frac{K_{p_1}}{K_{p_2}}\times\frac{p_{H_2}}{p_{HCl}}$$

在反应温度不变的情况下，平衡常数 K_{p_1}、K_{p_2} 是不变量，则 $SiHCl_3$ 和 $SiCl_4$ 分压比正比于 H_2 和 HCl 的分压比。因此，当向流化床通入 HCl 的同时，加入 H_2，则 $SiHCl_3$ 产率会增大。即在体系中加入 H_2 进行 HCl 稀释有利于 $SiHCl_3$ 的合成。同时，加入的氢气还能够带出反应生成的热量，起到冷却剂作用。一般而言，稀释剂 H_2 的量为（摩尔比）：$n_{H_2}:n_{HCl}=1:(3\sim5)$。

③ 硅粉转化率计算。$SiHCl_3$ 合成过程中硅的转化率由下列公式计算：

$$\eta=\frac{\frac{\text{硅原子量}}{\text{三氯硅烷分子量}}\times\text{三氯硅烷密度}\times\text{三氯硅烷百分含量}}{\text{硅粉单耗}}\times100\% \tag{4-40}$$

例如：某厂产 $SiHCl_3$，含量为 85%，每升 $SiHCl_3$ 消耗工业硅 0.25kg，忽略其他影响因素，则硅的转化率为：

$$\eta=\frac{\frac{28}{135.5}\times1.32\times85\%}{0.25}\times100\%=92.7\%$$

例如：某月 $SiHCl_3$ 产量为 62500L，消耗硅粉 18t，消耗液氯 75t，则工业硅粉的单耗和液氯的单耗为：

$$\text{硅粉单耗}=\frac{\text{实际消耗硅粉量}}{SiHCl_3\text{ 产量}}=\frac{18000}{62500}=0.288(\text{kg/L})$$

$$\text{液氯单耗}=\frac{\text{实际消耗液氯量}}{SiHCl_3\text{ 产量}}=\frac{75000}{62500}=1.2(\text{kg/L})$$

④ 流化床。$SiHCl_3$ 合成所用流化床示意图如图 4-9 所示。该流化床有金属硅入口、$SiHCl_3$ 等产物出口、HCl/H_2 入口、加热系统、冷却系统及腔体组成。当所通气体自下而上地穿过固体颗粒，并且气流速率超过某一临界值时，固体颗粒悬浮于流体中，呈现出上下翻动的状态。由于固体颗粒该状态与流体相似，所以该装置被称为流化床，或流体床。

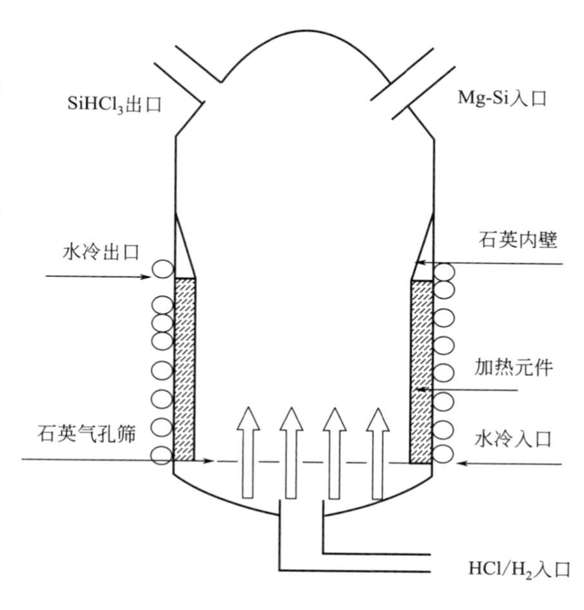

图 4-9 $SiHCl_3$ 合成流化床

硅粉在流化床中的状态与 HCl/H_2 气体流量有很大关系。当气流速度很小时，固体颗粒静止不动，气体从颗粒缝隙穿过，该气体通过流化床流速（V=流体流量/流化床横截面积）被认为是零。随着气流速度的增大，颗粒出现较小移动，此时颗粒仍保持相互接触，床层高度基本没有变化，而流体的实际速度和压力降 Δp 则随着流化床流速增加而逐渐上升。继续增大气流流量，床层开始膨胀疏松，床层高度加大，硅粉颗粒出现漂浮状态，进而出现前面所述的流化床阶段。如果在流化床的气流流量基础上继续增大流量，固体颗粒很快经 $SiHCl_3$ 出口抽走，严重的可能堵塞后续系统，影响连续性生产。

⑵ 合成气干法分离

在三氯硅烷合成炉内，硅粉与氯化氢气体发生反应，生成三氯硅烷，同时生成四氯化硅、三氯二氢硅、金属氯化物［式(4-41)～式(4-43) 所示］、聚氯硅烷、氢气等产物，此混合气体被称作三氯硅烷合成气。合成炉顶部挟带有硅粉的合成气，经三级旋风除尘器组成的干法除尘系统除去硅粉（$FeCl_3$、$AlCl_3$、$CaCl_2$、Si）后，送入湿法除尘系统，被四氯化硅液体洗涤，气体中的部分细小硅尘被洗下；洗涤同时，通入湿氢气与气体接触，气体所含部分金属氧化物发生水解而被除去。除去了硅粉而被净化的混合气体送往合成气干法分离工序。

$$2Fe+6HCl \xlongequal{} 2FeCl_3+3H_2 \tag{4-41}$$

$$2Al+6HCl \xlongequal{} 2AlCl_3+3H_2 \tag{4-42}$$

$$Ca+2HCl \xlongequal{} CaCl_2+H_2 \tag{4-43}$$

三氯硅烷合成气经过混合气缓冲罐，然后进入喷淋洗涤塔，被塔顶流下的低温氯硅烷液体洗涤。气体中的大部分氯硅烷被冷凝并混入洗涤液中。出塔底的氯硅烷用泵增压，大部分经冷冻降温后循环回塔顶用于气体的洗涤，多余部分的氯硅烷送入氯化氢解吸塔。

出喷淋洗涤塔塔顶除去了大部分氯硅烷的气体，用混合气压缩机压缩并经冷冻降温后，送入氯化氢吸收塔，被从氯化氢解吸塔底部送来的经冷冻降温的氯硅烷液体洗涤，气体中绝大部分氯化氢被氯硅烷吸收，气体中残留的大部分氯硅烷也被洗涤冷凝下来。出塔顶的气体为含有微量氯化氢和氯硅烷的氢气，经一组变温变压吸附器进一步除去氯化氢和氯硅烷后，得到高纯度的氢气。氢气流经氢气缓冲罐，然后返回氯化氢合成工序参与合成氯化氢的反应。吸附器再生废气含有氢气、氯化氢和氯硅烷，送外废气处理工序进行处理。

出氯化氢吸收塔底溶解有氯化氢气体的氯硅烷经加热后，与从喷淋洗涤塔底来的多余氯硅烷汇合，然后送入氯化氢解吸塔中部，通过减压蒸馏操作，在塔顶得到提纯的氯化氢气体，出塔氯化氢气体流经氯化氢缓冲器，然后送至三氯硅烷合成工序的循环氯化氢缓冲罐；塔底除去了氯化氢而得到再生的氯硅烷液体，大部分经冷却、冷冻降温后，送回氯化氢吸收塔用作吸收剂，多余的氯硅烷液体（即从三氯硅烷合成中分离出的氯硅烷）经冷却后送往氯硅烷贮存工序的原来氯硅烷贮槽。

在三氯硅烷合成工序生成、经过合成气干法分离工序分离出来的氯硅烷液体送入氯硅烷贮存工序的原料氯硅烷贮槽；在三氯硅烷还原工序生成、经还原尾气干法分离工序分离出来的氯硅烷液体送入氯硅烷贮存工序的还原氯硅烷贮槽；在四氯化硅氢化工序生成、经氢化气干法分离工序分离出来的氯硅烷液体送入氯硅烷贮存工序的氢化氯硅烷贮槽。原料氯硅烷液体、还原氯硅烷液体和氢化氯硅烷液体分别用泵抽出，送入氯硅烷分离提纯工序的不同精馏塔中。一般1＃塔去除低沸物，2＃去除金属、非金属杂质和四氯化硅。

4.5.2 $SiHCl_3$ 氢气还原制备多晶硅原料

(1) 原理

经氯硅烷分离提纯工序精制的三氯硅烷，送入三氯硅烷汽化器，被热水加热汽化。从还原尾气干法分离工序返回的循环氢气流经氢气缓冲罐后，也通入汽化器内，与三氯硅烷蒸气形成一定比例的混合气体。混合气体送入还原炉内，在高温（1050～1100℃）的硅芯（直径为5～10mm，长度为1.5～2m，数量约为80根）表面发生氢还原反应，生成硅沉积下来，使硅芯/硅棒的直径逐渐增大，直到达到目标尺寸（约150～200mm）。主要的反应如下：

$$SiHCl_3+H_2 \xlongequal{1050\sim1100℃} Si+3HCl \tag{4-44}$$

$$4SiHCl_3 \xlongequal{1050\sim1100℃} Si+3SiCl_4+2H_2 \tag{4-45}$$

$$SiCl_4+2H_2 \xlongequal{1050\sim1100℃} Si+HCl \quad (4\text{-}46)$$

$$2BCl_3+3H_2 \xlongequal{1050\sim1100℃} 2B+6HCl \quad (4\text{-}47)$$

$$2PCl_3+3H_2 \xlongequal{1050\sim1100℃} 2P+6HCl \quad (4\text{-}48)$$

除了以上反应外，当硅芯温度不在规定的温度范围（1050～1100℃）时可能发生如下反应，生成氯化氢、氢气、四氯化硅、二氯二氢硅等。这些气体与未反应的三氯硅烷（约占2/3）和氢气一起送出还原炉，经还原尾气冷却器用循环冷却水冷却后，直接送往还原尾气干法分离工序。

$$\begin{aligned} 2SiHCl_3 &= Si+2HCl+SiCl_4 \\ 2SiHCl_3 &= SiH_2Cl_2+SiCl_4 \\ SiCl_4+2H_2 &= Si+4HCl \\ Si+4HCl &= 2H_2+SiCl_4 \end{aligned} \quad (4\text{-}49)$$

因此，为了获得较好的硅实收率和生产效率，温度控制和 H_2 流量是至关重要的。$SiHCl_3$ 还原反应是吸热反应，一般来说升高温度有助于平衡向吸热方向进行，有利于高品质多晶硅生成、硅的沉积。但是温度也不可过高，温度太高硅沉积效率反而下降、硅化学活性增强易沾污其他设备、杂质还原程度加大。在恰当的温度下，硅沉积速率主要受 H_2 流量影响，较大的 H_2 流量有利于硅快速沉积。但是过大的 H_2 流量使反应气体在炉中停留时间过短提高了制造成本，而且对硅的品质也有影响。因此，H_2 流量需要处在一个恰当的平衡点才能保证沉积速率和硅品质双重要求。

$SiHCl_3$ 还原反应中 H_2 有两个通路：主路和次路。主路 H_2 起到反应气体和携源气体的作用，H_2 通过挥发器中液态 $SiHCl_3$，使 $SiHCl_3$ 鼓泡挥发并经进气口进入还原炉中；次路主要是在还原结束后通入还原炉中，其作用是赶走腔内气体、防止硅表面氧化、带走腔内硅粉等颗粒，起到清洁效果。

按照反应化学方程式的化学计量配比来进行还原反应时，产品呈褐色粉末状非晶体，而且效率很低。这主要是由于 H_2 不足，发生较为严重的次级反应所致。同样，H_2 含量也不能太大，其不利方面有以下几方面：H_2 稀释 $SiHCl_3$，减小 $SiHCl_3$ 与硅棒表面碰撞概率，降低硅沉积速度，降低硅产量；H_2 不能充分利用，造成浪费；过高的 H_2 浓度不利于抑制 B、P 杂质的析出，影响产品质量。根据经验，一般 $SiHCl_3$ 和 H_2 摩尔比约为 1∶(5～10)。

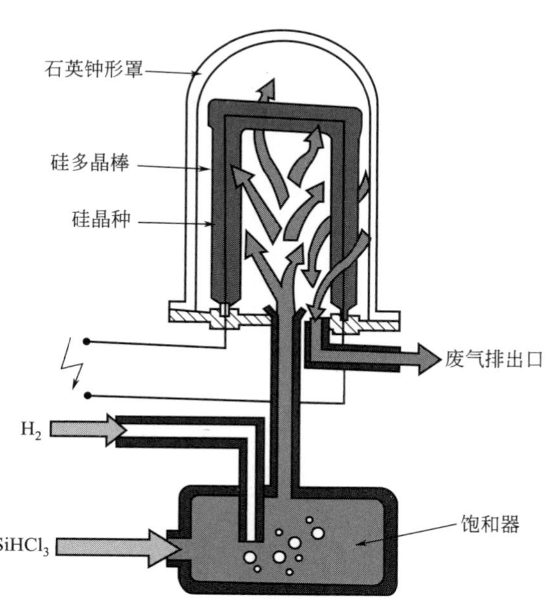

图 4-10　$SiHCl_3$ 氢气还原钟形罩反应炉

(2) 还原炉及操作流程

$SiHCl_3$ 氢气还原炉如图 4-10 所示，主要包括：电极加热系统、石英钟形罩、送气系统、真空出气系统、硅芯、冷却系统、观察窗口等。

具体操作流程为：

① 将“N”型硅芯热载体，即细小的硅棒（直径<1cm，长度约2m）固定在两电极上。

② 启动真空系统（水力射流式真空泵）抽真空，到达预定真空度（约几帕）后，再用氮气置换剩余空气，最后用氢气置换炉内氮气。

③ 启动加热系统并通入 H_2 和 $SiHCl_3$。由于 H_2 不仅作为 $SiHCl_3$ 的反应气体，而且也是 $SiHCl_3$ 的运送气体，即携源气体，所以实际生产中两者投入比例不是理论公式摩尔比，而是约1∶(5～10)。

④ 启动加热系统的同时开启冷却系统，保证钟形罩外面温度不大于500℃。

⑤ 当钟形罩内温度达到1050～1100℃时，$SiHCl_3$ 发生还原反应生成多晶硅并沉积到硅芯表面。

⑥ 当硅芯上硅沉积到一定厚度后（直径约20cm），关闭电源，停止主路气体（H_2、$SiHCl_3$）的输送，启动次路气体（H_2）将炉内含有的氯硅烷、氯化氢、氢气等混合气体压入还原尾气干法回收系统进行回收，然后用氮气置换炉内氢气。

⑦ 冷却后打开钟形罩，取出多晶硅，移出废石墨电极，视情况进行炉内清洗。冷却阶段氮气无害，直接排放，废石墨电极由原生产厂回收，清洗废水送废水处理系统处理。

(3) 还原尾气干法分离

$SiHCl_3$ 氢气还原生产多晶硅的同时还生成二氯二氢硅、四氯化硅、氯化氢和氢气，与未反应的三氯硅烷和氢气一起送出还原炉，经还原尾气冷却器用循环冷却水冷却后，直接送往还原尾气干法分离工序，然后分离成氯硅烷液体、氢气和氯化氢，分别循环使用。

还原尾气干法分离的原理和流程与三氯硅烷合成气干法分离工序十分类似。从变温变压吸附器出口得到的高纯度氢气，流经氢气缓冲罐后，大部分返回三氯硅烷还原工序参与制备多晶硅的反应，多余的氢气送往四氯化硅氢化工序参与四氯化硅的氢化反应；吸附器再生废气送往废气处理工序进行处理；从氯化氢解吸塔顶部得到提纯的氯化氢气体，送往放置于三氯硅烷合成工序的循环氯化氢缓冲罐；从氯化氢解吸塔底部引出的多余氯硅烷液体（即从三氯硅烷氢还原尾气中分离出的氯硅烷），送入氯硅烷贮存工序的还原氯硅烷贮槽。

① 四氯化硅氢化（STC-TCS）工序。经氯硅烷分离提纯工序精制的四氯硅烷，送入四氯化硅汽化器，被热水加热汽化。从氢气制备与净化工序送来的氢气和从还原尾气干法分离工序来的多余氢气在氢气缓冲罐混合后，也通入汽化器内，与四氯化硅蒸气形成一定比例的混合气体。

从四氯化硅汽化器来的四氯化硅与氢气的混合气体，送入氢化炉内。在氢化炉内通电的炽热电极表面附近，发生四氯化硅的氢化反应，生成三氯硅烷，同时生成氯化氢。出氢化炉的含有三氯硅烷、氯化氢和未反应的四氯化硅、氢气的混合气体，送往氢化气干法分离工序。

该氢化方式称为热氢化，又被称为直接氢化，其反应方程式如下：

$$SiCl_4 + H_2 \xrightarrow[0.6\sim0.8MPa]{约1100℃} SiHCl_3 + HCl \tag{4-50}$$

热氢化工艺可以实现单程 $SiCl_4$ 转化率约为15%～20%，多次循环可以有效提高转化效率。热氢化技术要求比较高，产品质量高，但是能耗较高。

冷氢化技术已成为国内多晶硅企业处理副产物四氯化硅的主流技术，目前国内在运行的多晶硅企业均已实施了冷氢化技术改进。冷氢化技术反应如下式所示。

$$Si+3SiCl_4+2H_2 \xrightarrow[2\sim3MPa]{约500℃} 4SiHCl_3 \tag{4-51}$$

为了防止高温下逆反应的发生，因此冷氢化反应温度不能太高，同样，考虑到温度太低影响反应速率，氢化效率降低，因此，通常冷氢化反应温度控制在500℃左右。同时，从冷氢化公式可以看出，其反应是向着体积减小的方向进行，因此适当的增加压力是有利于 $SiCl_4$ 冷氢化的，一般工业常采用约2.5MPa的压力。

冷氢化相对而言技术成熟，转化效率（20%～25%）有望更高，能耗有望降低，电耗约为0.5kW·h/kg，与热氢化电耗2～3kW·h/kg比较，氢化环节可节约能耗70%以上。但是冷氢化节点多、设备复杂、操作有一定危险性。

② 氢化气干法分离工序。从四氯化硅氢化工序来的氢化气被分离成氯硅烷液体、氢气和氯化氢气体，分别循环使用。氢化气干法分离的原理和流程与三氯硅烷合成气干法分裂工序十分类似。从变温变压吸附器出口得到的高纯度氢气，流经氢气缓冲罐后，返回四氯化硅氢化工序参与四氯化硅氢化反应；吸附再生的废气送往废气处理工序进行处理；从氯化氢解吸塔顶部得到的提纯的氯化氢气体，送往放置于三氯硅烷合成工序的循环氯化氢缓冲罐；从氯化氢解吸塔底部引出的多余的氯硅烷液体（即从氢化气中分离出的氯硅烷），送入氯硅烷贮存工序的氢化氯硅烷贮槽。

③ 氯硅烷贮存工序。从合成气干法分离工序、还原尾气干法分离工序、氢化气干法分离工序分离得到的氯硅烷液体，分别送入原料氯硅烷贮槽、还原氯硅烷贮槽、氢化氯硅烷贮槽，然后氯硅烷液体分别作为原料送至氯硅烷分离提纯工序的不同精馏塔。

在氯硅烷分离提纯工序3级精馏塔顶部得到的三氯硅烷、二氯二氢硅的混合液体，在4、5级精馏塔底得到的三氯硅烷液体，及在6、8、10级精馏塔底得到的三氯硅烷液体，送至工业级三氯硅烷贮槽，液体在槽内混合后作为工业级三氯硅烷产品外售。

(4) $SiHCl_3$ 还原反应中产量相关计算

① 硅实收率。$SiHCl_3$ 氢气还原过程中有多少硅被沉积成硅棒，有多少成分被浪费，在工业生产中往往采用硅实收率进行表征。

其计算方法为实际沉积的硅质量与所用 $SiHCl_3$ 中含硅量之比，即：

$$实收率=\frac{沉积硅质量}{所耗SiHCl_3液体体积\times SiHCl_3密度\times SiHCl_3中硅含量}\times100\% \tag{4-52}$$

② 硅沉积速度。硅沉积速度指还原反应中，单位时间内沉积硅的质量。

用公式表示为：

$$沉积速度=\frac{沉积硅质量}{还原反应时间} \tag{4-53}$$

例如一钟形罩还原炉一炉所得硅棒为250kg，用时170h，消耗 $SiHCl_3$ 6000L，硅芯质量为3kg，则硅实收率、硅沉积速度为：

$$实收率=\frac{250-3}{6000\times1.32\times\frac{28}{135.5}}\times100\%=15.1\%$$

$$沉积速度=\frac{250-3}{170}=1.453(kg/h)$$

4.5.3 西门子多晶硅原料

(1) 多晶硅腐蚀清洗

从还原炉内把多晶硅（如图 4-11）取下，然后切断、破碎成块状多晶硅，如图 4-12 所示。用氢氟酸（HF）和硝酸（HNO_3）进行腐蚀清洗，再用去离子水洗净多晶硅块，然后对多晶硅块进行干燥。酸腐蚀清洗过程中会有氟化氢和氮氧化物气体逸出至空气中，需要使用风机通过置于酸腐蚀清洗槽上方的风罩抽吸含有氟化氢和氮氧化物的空气，然后将气体送往废气处理装置进行处理，达标排放。对经检测达到规定质量指标的块状多晶硅产品进行包装。

图 4-11　多晶硅棒

图 4-12　块状多晶硅原料

(2) 多晶硅夹层现象

硅棒从还原炉取出后，从其横断面上能够看出以硅芯为圆心的同心圆，该种现象被称为硅棒的夹层现象。根据夹层形成的原因不同，可以分为温度夹层和氧化夹层。温度夹层形成的主要原因是在还原沉积过程中前后两次沉积温度的不同所导致，它是一种疏松、粗糙的结构，其中会夹杂许多气泡、杂质等，从外观来看多数呈现暗褐色。温度夹层采用酸腐蚀很难去除，若夹层比较严重可能在后续直拉单晶过程中发生“硅跳”现象。因此，在还原过程中要保持温度恒定，缓慢通入混合气体，控制反应速度稳定；在还原过程中，如果混合气体中有少量水蒸气或氧时，沉积在硅芯上的硅会发生氧化形成 SiO_2 氧化层。因此，从整体上看来，两层硅之间出现了 SiO_2 的夹层，即氧化夹层。氧化夹层在光线下呈现五颜六色的光泽。和温度夹层一样，酸洗也无法去除氧化夹层，在拉晶中也可能出现“硅跳”现象。

4.5.4 硅芯

目前，制备硅芯的方法主要有吸管法、切割法和基座法。

吸管法是最早制作硅芯的方法，采用壁薄且直径均匀的细长石英管，利用对管控制真空的办法，将熔硅吸入管内，冷却后去除石英管而获得硅芯。该方法简单，易操作，但是石英管易污染硅芯。

切割法是将高纯多晶硅棒用切割机切成方形细条，将其腐蚀清洗干净后，根据需要制作成硅芯，该方法操作简单，是制备方形硅芯的主要方法，但是硅料利用率低。

基座法采用高频感应局部熔化多晶硅棒，然后与上轴“籽晶”充分熔接，并以一定速度向上提，拉成所需直径、长度，且外表均匀的硅芯。该方法制备硅芯不与任何物质接触，无污染，是制备高质量硅芯的方法。制备硅芯的工艺流程如下：将达到工艺要求的硅芯料，根据直径大小计算出拉制成一定直径（7～20mm）和长度硅芯所需要的长度（约 2m），用切割机进行切割。将切割后的料先用去离子水清洗干净，再用硝酸、氢氟酸进行腐蚀，去除表面油污和杂质。腐蚀后的硅芯料经过烘干就可以送入硅芯炉内拉制硅芯。酸腐蚀处理过程也会存在氟化氢和氮氧化物逸出问题，处理方式和上述西门子多晶硅原料相同。

4.5.5 氢气制备与净化

在电解槽内经电解脱盐水制得氢气。电解制得的氢气经过冷却、分离液体后，进入除氧器，在催化剂作用下，氢气中的微量氧气与氢气反应生成水而被除去。除氧后的氢气通过一组吸附干燥器而被干燥，净化干燥后的氢气送入氢气贮存罐，然后送往氯化氢合成、三氯硅烷氢还原、四氯化硅氢化工序。

电解制得的氧气经过冷却、分离液体后，送入氧气贮存罐，然后送去装瓶。气液分离器排放废吸附剂，氢气脱氧器有废脱氧催化剂排放，干燥器有废吸附剂排放，均有供货商回收再利用。

4.5.6 氯化氢合成

从氢气制备与净化工序来的氢气和从合成气干法分离工序返回的循环氢气分别进入氢气缓冲罐并在罐内混合。出氢气缓冲罐的氢气引入氯化氢合成炉底部的燃烧枪。氢气与氯气的混合气体在燃烧枪出口被点燃，经燃烧反应生成氯化氢气体。出合成炉的氯化氢气体流经空气冷区器、水冷区器、深冷区器、雾沫分离器后被送往三氯硅烷合成工序。

为保证安全，“氯化氢合成系统”设置一套主要由两台氯化氢降膜吸收器和两套盐酸循环槽、盐酸循环泵组成的氯化氢气体吸收系统，可用水吸收因装置负荷调整或紧急泄放而排出的氯化氢气体。该系统保持连续运转，可随时接收并吸收装置排出的氯化氢气体。

同样为了保证安全，“氯化氢合成系统”还设置一套由废气处理塔、碱液循环槽、碱液循环泵和碱液循环冷却器组成的含氯废气处理系统。必要时，氯气缓冲罐及管道内的氯气可以送入废气处理塔内，用氢氧化钠水溶液洗涤除去。该废气处理系统也是需要保持连续运转，以保证可以随时接收并处理含氯气体。

4.5.7 废气、废液、废渣处理

(1) 硅粉废料

来自原料硅粉加料除尘器、三氯硅烷合成的旋风除尘器和合成反应器排放出来的硅粉，通过废渣运料槽运送到废渣漏斗中，进入带搅拌器的酸洗管内，再通过31%的盐酸对废硅粉（尘）脱碱，并溶解废硅中的铝、铁和钙等杂质。洗涤完成后，经压滤机过滤，废渣送干燥剂干燥，干燥后的硅粉返回三氯硅烷合成循环使用。废液汇入废气残液处理系统处理，从酸洗罐和滤液罐排放出来的含HCl废气也送往废气残液处理系统。

(2) 废气处理

① 含氯化氢、氯硅烷废气。$SiHCl_3$提纯工序排放的废气、还原炉开停废气、事故排放废气、氯硅烷及氯化氢贮存工序贮罐安全泄放气、CDI吸附废气全部用管道送入废气淋洗塔洗涤。废气经淋洗塔用10%NaOH溶液连续洗涤后，出塔底洗涤液用泵送入工艺废料处理工序，尾气经15m高度排气筒排放。

② 酸性废气。硅芯制备和多晶硅破碎腐蚀酸洗产生的酸性废气，经集气罩抽吸至废气处理系统。酸性废气经喷淋塔用10%石灰乳洗涤除去气体中的含氟废气，同时在洗涤液中加入还原剂氨，将绝大部分NO_x还原为N_2和H_2O。洗涤后气体经除湿后，再通过固体吸附法（以非贵重金属为催化剂）将气体中剩余NO_x用SDG吸附剂吸附，然后经20m高度排气筒排放。

(3) 废液

① 残液处理。在精馏塔中排放的主要含有四氯化硅和聚氯硅烷化合物的残液以及装置放净的氯硅烷残液液体送到该工序处理。残液首先送入残液收集槽，然后用氮气将液体压出，送入残液淋洗塔洗涤。处理原理与含氯化氢、氯硅烷废气相同，也是采用10%NaOH碱液进行处理，废液中的氯硅烷与NaOH和水发生反应而被转化为无害物质。

② 废液处理。废液大致分为Ⅰ类废液和Ⅱ类废液。

Ⅰ类废液包括来自氯化氢合成工序负荷调整产生的废液、事故泄放废气处理废液、停炉清洗废水、废气残液处理工序洗涤塔洗涤液和废硅粉处理的含酸废液。Ⅰ类废液经过混合、中和、沉清后，经过压滤机过滤，滤渣（主要成分为SiO_2）送水泥厂生产水泥。澄清液和滤液主要为高浓度含盐废水，含NaCl约200g/L以上，该部分水在工艺操作与处理中不引入钙、镁离子和硫酸根离子，水质满足氯碱生产要求，具体过程如下所示。

$$2NaCl+2H_2O \Longrightarrow 2NaOH+Cl_2+2H_2 \qquad (4\text{-}54)$$

Ⅱ类废液主要是指来自硅芯制备和多晶硅原料腐蚀清洗工序的废氢氟酸和废硝酸以及其他酸性废水。首先用10%石灰乳液中和、沉清后，经过压滤机过滤，滤渣（主要为CaF_2）

送水泥厂生产水泥。澄清液和滤液主要为硝酸钙溶液，经蒸发、浓缩后，作为副产品外售。蒸发冷凝液回用配制碱液。

4.6 硅烷法制造多晶硅

硅烷法多晶硅市场份额约为10%左右。硅烷（SiH_4）法制备多晶硅原料与西门子方法类似，只是中间产品不同，改良西门子法中间产品是 $SiHCl_3$，而硅烷法中间产品是 SiH_4。硅烷法主要分为硅烷热分解法和硅烷流化床法。硅烷热分解法是由 1956 年英国标准电讯实验所研发，1959 年，日本石冢研究所也同样成功地开发出了该方法。硅烷主要是以 $SiCl_4$ 氢化法、硅合金分解法、氢化物还原法、硅的直接氢化法等方法来制备，然后将制得的硅烷提纯后在热分解炉生产纯度较高的棒状多晶硅。后来美国联合碳化物公司采用歧化法制备硅烷，并综合上述工艺并加以改进，诞生了生产多晶硅的“新硅烷法”——硅烷流化床法。该方法是以 $SiCl_4$、H_2、HCl 和金属硅为原料，在高温高压流化床中生成 $SiHCl_3$，然后将 $SiHCl_3$ 再进一步歧化加氢生成 SiH_2Cl_2，继而生成硅烷气体。制备的硅烷通入加有小颗粒硅芯（硅粉）的流化床反应炉内进行连续热分解反应，生成粒径约为 1mm 左右的颗粒状多晶硅产品，如图 4-13 所示。

图 4-13 颗粒状多晶硅原料

4.6.1 硅烷性质

硅烷在标准大气压下是一种无色、恶臭气体，温度较低情况下能够液化为无色透明液体或固体，其物理、化学属性如表 4-2 所示。

表 4-2 硅烷主要物理、化学属性

分子式	SiH_4
分子量	32.2
熔点(1atm,1atm=101325Pa,下同)/℃	−185.0
沸点(1atm)/℃	−111.5
液体密度(−185℃)/(kg/m^3)	711

续表

气体密度(0℃,1atm)/(kg/m³)	1.42
临界温度/℃	−3.4
临界压力/atm	48.4
临界密度/(kg/m³)	242
熔化热(−186.4℃,<0.1kPa)/(kJ/kg)	24.62
汽化热(−111.5℃,1atm)/(kJ/kg)	342.89
比热容(25℃,1atm)/[kJ/(kg·K)]	1333.96
分解温度/℃	>600

硅烷能够在空气中发生爆炸性燃烧，即使在−180℃下也会与氧气发生剧烈反应，在稀释情况下硅烷也可能在空气中自燃。

$$SiH_4 + 2O_2 = SiO_2 + 2H_2O \quad (4\text{-}55)$$

在室温下，硅烷与卤素单质发生爆炸性反应生成卤代硅烷衍生物，在低温情况下，反应剧烈程度大大降低。不过硅烷与碘必须在催化剂（如 AlI_3）作用时才能反应。

$$2SiH_4 + 5Cl_2 = SiHCl_3 + SiH_2Cl_2 + 5HCl \quad (4\text{-}56)$$

$$SiH_4 + Br_2 \xrightarrow{-80℃} SiH_3Br(+SiH_2Br_2) + HBr \quad (4\text{-}57)$$

在室温下，硅烷与卤化氢在相应卤化铝催化剂作用下也会发生缓慢的反应，生成相应的卤素衍生物。而与卤化银的反应则需要在200℃以上的温度下，通入 SiH_4 进行。

$$SiH_4 + 3HCl \xlongequal{AlCl_3} SiHCl_3 + 3H_2 \quad (4\text{-}58)$$

$$SiH_4 + 2AgCl \xlongequal{>200℃} SiH_3Cl + HCl + 2Ag \quad (4\text{-}59)$$

常温下，硅烷与氨能够稳定的存在，但是当氨中存在负氨离子时，硅烷中氢原子就被 NH_2^- 取代，生成 $Si(NH_2)_4$；在高温或放电条件下，硅烷能够与氨或氮发生反应生成玻璃状的氮化硅。

$$3SiH_4 + 4NH_3 = Si_3N_4 + 12H_2 \quad (4\text{-}60)$$

$$3SiH_4 + 2N_2 = Si_3N_4 + 6H_2 \quad (4\text{-}61)$$

硅烷在水或微酸性水中不发生水解反应，但是即使水中存在微量的碱时，甚至是玻璃渗入的碱也足以引起硅烷的水解。将含有微量水分的硅烷通入高温反应室，观察到反应室内壁出现少量白色 SiO_2 粉末，其原因就是 SiH_4 发生了水解。如果水酸度较高，也会促进硅烷水解。

$$SiH_4 + 4H_2O = SiO_2 \cdot 2H_2O + 4H_2 \quad (4\text{-}62)$$

硅烷在碱溶液中会迅速分解生成硅酸盐。通过定量测定分解反应生成的氢气量，可以确定某种硅化物中 Si—H、Si—Si 键的数量，硅的总含量通过测定硅酸盐量来获得。实验室、企业等通常也利用 SiH_4 与碱溶液的反应来处理尾气中的硅烷，避免对周围大气的污染。

$$SiH_4 + 2NaOH + H_2O = Na_2SiO_3 + 4H_2 \quad (4\text{-}63)$$

4.6.2 流化床法

目前流化床还原技术有两个平台，一是硅烷流化床，另一个是三氯硅烷流化床。硅烷流化床技术以 REC 公司为代表的，其制造流程如图 4-14 所示。该方法利用金属硅为原料，通过氢化反应生成 $SiHCl_3$ 而制取 SiH_4，然后通过高温分解获得多晶硅。

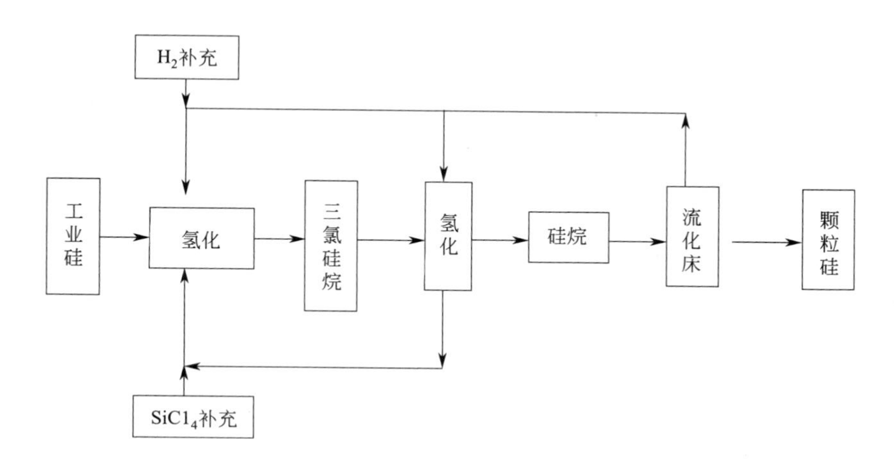

图 4-14　硅烷流化床法流程示意图

首先 $SiCl_4$、Si 和 H_2 在温度 500～600℃、约 0.3MPa 大气压下反应生成 $SiHCl_3$，然后 $SiHCl_3$ 在离子交换树脂不均匀反应器中发生歧化反应生成 SiH_2Cl_2，经过分馏提纯后 SiH_2Cl_2 再次经过歧化反应即生成 SiH_4，最后粗硅烷经过提纯制备出多晶硅制造原料 SiH_4，即两步歧化法。其反应方程式如下所示：

$$Si+2H_2+3SiCl_4 \xlongequal{} 4SiHCl_3 \qquad (4\text{-}64)$$

$$2SiHCl_3 \xlongequal{} SiH_2Cl_2+SiCl_4 \qquad (4\text{-}65)$$

$$3SiH_2Cl_2 \xlongequal{} SiH_4+2SiHCl_3 \qquad (4\text{-}66)$$

提纯原料气体 SiH_4 通过输送气体 H_2 运送到流化床中（如图 4-15 所示），而颗粒状多晶硅流化颗粒通过反应炉上方注入。通过控制气体速率可使颗粒多晶硅载体在炉中翻腾，当原料 SiH_4 上升到加热区时将发生分解产生硅而沉积到硅载体上。随着沉积硅的增多，颗粒越来越大，当其重力超过了气体的浮力时硅颗粒便会从流化床底部落下，成为颗粒状的多晶硅。

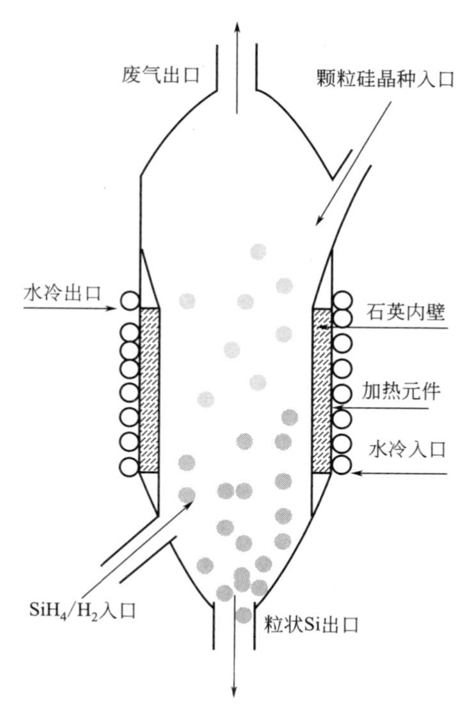

图 4-15　硅烷流化床示意图

三氯硅烷流化床制造多晶硅工艺流程如图 4-16 所示，该技术省去了三氯硅烷歧化工艺部分，简化了流程，但是还原工序的难度有所增加，另外，能耗和尾气处理的难度都增大了。但是和西门子方法相比还是具有一定优越性的。

三氯硅烷流化床示意如图 4-17 所示。流化床使用石英作衬底，与不锈钢材料形成冷却通道。流化床分为加热区和反应区。$SiHCl_3$ 和 H_2 混合气体通过喷嘴快速喷涂到反应区，反应区加有颗粒状多晶硅载体作为流化颗粒。混合气体受到加热区辐射能量加热发生还原反应，然后通过气相沉积在硅晶种表面形成颗粒状多晶硅。

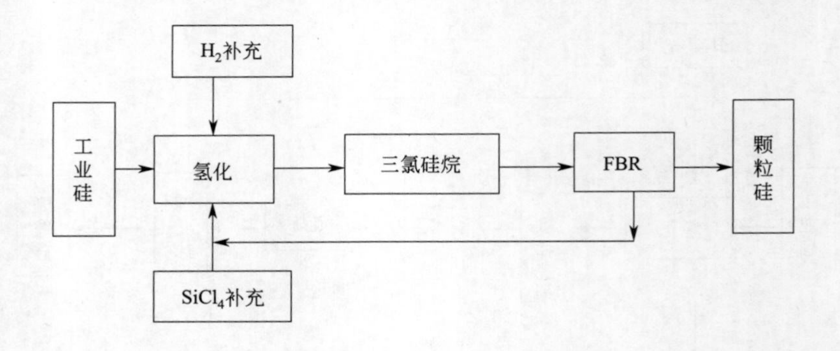

图 4-16　三氯硅烷流化床法流程示意图

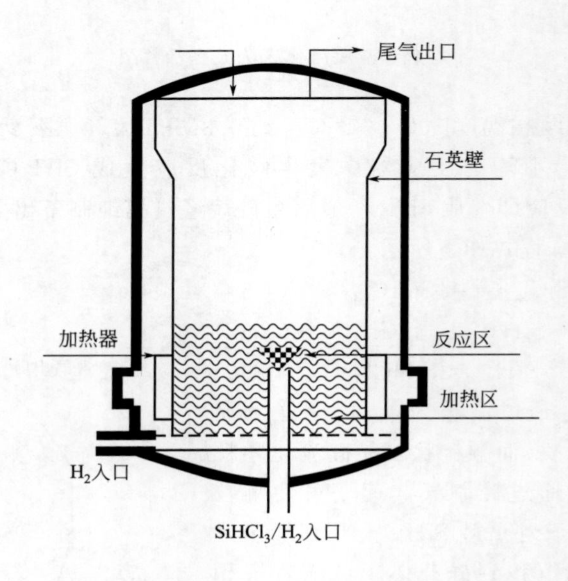

图 4-17　$SiHCl_3$ 流化床示意图

日本一家企业发明气液沉积 VLD（vapour liquid deposition）技术，其反应工艺如图 4-18 所示。以 $SiHCl_3$ 和 H_2 为原料，加入约为 1500℃高温石墨管中，在高温作用下，$SiHCl_3$ 被还原为液态 Si 和 $SiCl_4$。液态硅随后沉积到反应器底部，然后固化为颗粒状多晶硅。

该技术沉积温度高于硅熔点，故可以提高 $SiHCl_3$ 还原率，其沉积速率约为西门子法的 10 倍。VLD 技术另一个优点是液态沉积避免了硅粉过细、产生粉尘的问题，而且可以实现连续操作。但该法的一个主要缺点是多晶硅中碳和重金属杂质含量较高。

流化床反应炉内参与反应的硅表面积大，使得反应速率明显提高，从而降低了能耗与成本，实现了连续生产，可以连续运行 700h，而钟形罩还原炉则为批次间歇生产。流化床法电耗低（约 15kW·h/kg），约为西门子法的 1/10，成本低（约 20 美元/kg），且一次转化率高达 98%。不仅如此，颗粒多晶硅也是电子与太阳能产业所必需的原料，如拉制大直径单晶硅时连续加料以及生产太阳能电池所用硅带和连续铸锭都需要颗粒多晶硅。改良西门子法甚至还将生产的棒状多晶硅熔化成滴生成颗粒硅。但该法安全性差，危险性较大，且产品中存在大量微米尺度的粉尘，且颗粒多晶硅表面积大，易被污染，产品含氢量高，需要进行脱氢处理。不过，它还是基本能够满足太阳能电池生产的需要。故该方法比较适合大规模生产太阳能电池多晶硅。

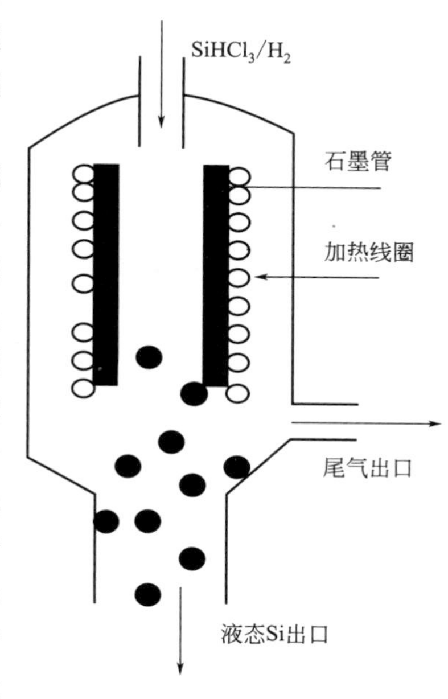

图 4-18 VLD 技术制造多晶硅示意图

目前采用流化床法生产颗粒状多晶硅的公司主要有挪威可再生资源公司（REC）、美国 Hemlock 和 MEMC 公司、德国瓦克公司（Wacker）。挪威 REC 公司是世界上唯一一家业务贯穿整个太阳能行业产业链的公司，是世界上最大的太阳能多晶硅生产商。该公司利用硅烷气体作为原料，采用流化床反应器技术（FBR）闭环工艺分解出颗粒状多晶硅，且基本上不产生副产品和废弃物。这一特有专利技术使得 REC 在全球太阳能行业中处于独一无二的地位，该技术使多晶硅在流化床反应器中沉积，而不是在传统的热解沉积炉或西门子反应器中沉积，因而可极大地降低建厂投资和生产能耗。2018 年多晶硅产量约 2040t，产生 11590MW 电力，平均每千克多晶硅约为 11.6 美元。美国 MEMC 公司采用硅烷流化床法制备多晶硅原料，该方法采用 Na、Al、H_2 制备 SiH_4，然后进行流化床热分解（730℃）产生颗粒状多晶硅，其流程如图 4-19 所示。

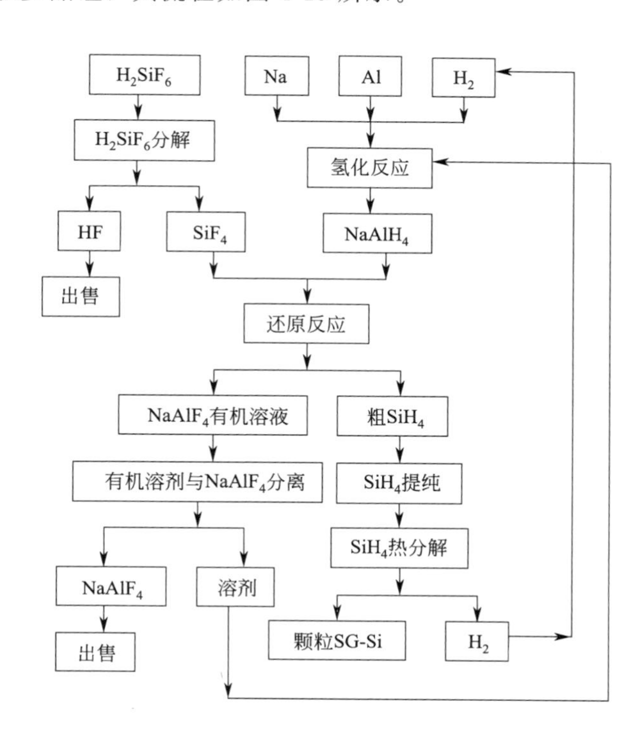

图 4-19 氢化物还原法制备颗粒状多晶硅流程示意图

4.6.3 硅烷热分解法

硅烷生产工艺主要是以三氯硅烷为原料，采用两步歧化法生产硅烷，副产物四氯化硅通过冷氢化再转化为三氯硅烷进入反应体系。除此之外，硅烷制造工艺还有氢化物还原法、硅化镁法等。得到的硅烷经过提纯净化然后在还原炉中完成热分解，得到棒状高纯多晶硅原料。

(1) $NaAlH_4/SiF_4$ 反应制备硅烷

该方法也被称为氢化物还原法，是由美国 MEMC 发明，其制备硅烷的流程如图 4-19 所示。其制备过程概括为以下几步：

① $NaAlH_4$ 制造。利用 Na、H_2 和 Al 通过氢化反应生成硅烷原料 $NaAlH_4$。

$$Na+Al+2H_2 = NaAlH_4 \tag{4-67}$$

② 磷酸盐工业副产品氢氟硅酸 H_2SiF_6 分解生成氟硅烷 SiF_4。

$$H_2SiF_6 = SiF_4+2HF \tag{4-68}$$

③ $NaAlH_4$ 还原 SiF_4 生成 SiH_4。

$$NaAlH_4+SiF_4 \xlongequal{\text{醚溶液}} SiH_4+NaF+AlF_3 \tag{4-69}$$

④ 粗硅烷提纯制备出多晶硅制备原料 SiH_4。

在氢化物制备硅烷工艺中，不仅 $NaAlH_4$ 可以作为反应物，其他碱金属铝氢化物也可反应，例如，$LiAlH_4$；同样，除了使用磷酸盐分解的 SiF_4 作为原料外，其他卤化硅也可作为反应原料，比如 $SiCl_4$ 等。

$$LiAlH_4+SiCl_4 \xlongequal{\text{醚溶液}} SiH_4+LiCl+AlCl_3 \tag{4-70}$$

(2) 硅化镁法制造硅烷

硅化镁（Mg_2Si）法是日本 Komatsu（株式会社小松公司）发明的，该法制硅烷分两步，首先在约 550℃的氢气氛围内使金属硅与镁发生反应生成 Mg_2Si，然后使硅化镁与氯化氨在 0℃氨水中发生反应产生 SiH_4。其反应方程式如下：

$$Si+2Mg = Mg_2Si \tag{4-71}$$

$$Mg_2Si+4NH_4Cl \xlongequal{\text{液氨}} SiH_4+2MgCl_2+4NH_3 \tag{4-72}$$

除此之外，Mg_2Si 与 HCl 水溶液或醇类反应也可以生成 SiH_4。

$$Mg_2Si+4HCl \xlongequal{\text{水溶液}} SiH_4+2MgCl_2 \tag{4-73}$$

$$Mg_2Si+4HAc \xlongequal{\text{液氨}} SiH_4+2Mg(Ac)_2 \tag{4-74}$$

硅化镁是强还原剂，在常温下干燥空气中性能稳定，但是加热时会燃烧，氧化放热加速其分解，逸出的镁蒸气使燃烧更剧烈，甚至有爆炸的危险。镁沸点为 1107℃，熔点为 651℃。因此，在 500℃时镁没有熔化，合成 Mg_2Si 反应是借助镁容易气化（13.3Pa）的特点，使其蒸气作用于硅晶体的气固相间的反应。高温条件下，Mg_2Si 不仅容易挥发，还会发生复杂的分解反应。因此，Mg_2Si 合成过程中温度控制是非常重要的。

$$Mg_2Si \xlongequal{>700℃} MgSi+Mg \tag{4-75}$$

$$2MgSi \xlongequal{<700℃} Mg_2Si+Si \tag{4-76}$$

$$MgSi \xlongequal{>1100℃} Mg+Si \tag{4-77}$$

Mg_2Si 法制备多晶硅原料消耗大，成本高。但是该法制备的多晶硅原料硼杂质浓度可以降低到 $1\times10^{-11}\sim2\times10^{-11}$（即 1000 亿个硅原子中有 1～2 个硼原子）范围内，比西门子方法制备的多晶硅原料中硼杂质浓度还要低。

(3) 硅烷热分解

一般而言，硅烷热分解使用的设备是硅沉积炉。在高温下，SiH_4 分解产生 Si 和 H_2，然后沉积到硅芯上。反应方程式如下：

$$SiH_4 \xlongequal{\quad} Si + 2H_2 \tag{4-78}$$

硅烷热分解工艺主要影响因素是温度。硅芯温度高有利于增大沉积速率，但是如果整个反应炉都处于高温，则会导致硅烷在没到达硅芯前已经分解，故而产生硅粉尘。因此，反应炉中要有十分有效的水冷系统，力求保证硅芯温度在 600～900℃，炉中其他位置温度为 100～200℃，一定不能超过硅烷分解温度（300℃）。

硅烷热分解制备多晶硅的优点主要有以下几方面：硅烷热稳定性差，600℃以上即可有效分解；硅烷反应彻底、尾气无需回收，且硅烷中硅含量高、实收率高；硅烷热分解无需还原剂，且产物无腐蚀性，故对设备耐腐蚀性要求不高、对设备污染降低；SiH_4 转化效率高，约 95%可实现有效转换。

硅烷热分解制备多晶硅的缺点主要有：硅烷空气中容易自燃，甚至易发生爆炸，日本小松公司采用硅烷热分解法制备棒状多晶硅发生过严重爆炸事故，因而没有得到推广，现在只有日本 Komatsu 公司使用此法。因此对硅烷的保存要求非常严格，保存在密封性较好的钢瓶中，置于温度不高于 52℃中环境中。硅烷对人体健康有很大影响，会导致头痛、头晕、恶心，会刺激上呼吸道，严重者可能导致肺炎、肾病等。由于硅烷沸点为－111.5℃，因此，在硅烷热分解制备多晶硅过程中冷气量消耗大。同时，硅烷热分解法沉积速率慢，能耗与西门子法相近。

4.7 多晶硅其他制备方法

氯硅烷还原法。该方法主要的还原剂为金属 Na 和 Zn。

Na 还原法是分别将 $SiCl_4$ 和 Na 汽化后送入石墨反应器中，两者直接反应生成液态 Si 和气态 NaCl。然后用温度保持在 1400～1500℃的石英坩埚分离收集。

Zn 还原法主要步骤为：

① 流化床加热器使 Zn 受热（900～1000℃）汽化与 $SiCl_4$ 发生还原反应，产生的硅气相沉积在硅芯颗粒上。

② $ZnCl_2$ 电解产生 Zn 和 Cl_2，从而实现循环利用。

③ Cl_2 与含硅原料反应生成 $SiCl_4$。

等离子体还原法是在 H_2 等离子体中 $SiCl_4$ 被还原为多晶硅的工艺。

太阳能级硅和金属级硅的不同在于杂质含量的差异，因此，去除金属级硅中杂质是冶炼太阳能级硅的一个途径。由此产生了制造多晶硅的一种方法——冶金法。该法是日本川崎制铁公司在 1996 年开发的专门用来制造太阳级多晶硅的一种技术。该工艺经过改进和发展，目前有多项技术可以进行金属级硅的提纯，主要包括：吹气精炼法、电子束熔炼法、等离子体熔炼法、定向凝固法造渣法和真空熔炼法等。冶金法分三个步骤：①湿法精炼。利用酸洗（HCl、HF、H_2SO_4、HNO_3/H_2SO_4 等）去除金属级硅金属杂质 Fe、Al、Ca。该过程能够降低 1～2 个数量级的金属杂质。②火法精炼。利用活性气体（Cl_2、O_2、Cl_2/O_2 等）与熔融硅中杂质反应生成挥发性气体或炉渣而得以去除。该过程能够有效地去除硅中的 B、P、C，其杂质含量能够降低 1 个数量级。③冶金提纯是冶金级硅精炼中最重要的一个环节。通常是几道工序配合来制造多晶硅。例如，川崎公司利用电子束熔炼法、等离子体熔炼法，并且结合定向凝固法来制造太阳级多晶硅。

碳热还原法是利用高纯碳还原 SiO_2，然后进行脱碳，得到纯度较高的多晶硅。该方法对碳和石英纯度要求为 10^{-6}（原子个数比）。

熔盐电解法是利用纯度较高的 SiO_2、硅氟酸盐为原料，通过熔盐电解的方法制造太阳级多晶硅的工艺。

第 5 章

单晶硅棒制造工艺

本章重点介绍单晶硅棒直拉法相关工艺和技术，主要包括直拉炉结构、热场安装、直拉单晶硅料和流程、杂质分布和碳氧杂质行为，以及对异常事件的处理，然后介绍了磁控直拉法和悬浮区熔法，并进行了分析比较。最后对直拉单晶其他先进技术进行了介绍，例如，连续直拉生长技术和液体覆盖直拉技术。

5.1 直拉法制造单晶硅棒

直拉法全称是切克劳斯基（Czochralski）法，简称 CZ 法，它是利用旋转着的单晶硅籽晶从坩埚的硅熔体中提拉制造单晶硅棒的方法，由该法制造的硅称 CZ 硅。该方法在 1918 年由 Czochralski 发明，从熔融金属中拉制细灯丝，后来经过 Teal 和 Little、Teal 和 Buehler 等人进一步改进，直到 1950 年才应用到单晶硅的制造上。

5.1.1 直拉单晶炉

1961 年，中国科学院半导体物理研究所和北京机械学院工厂（西安理工大学工厂前身）和技术人员共同研制出我国第一台人工晶体生长设备——TDK-36 型单晶炉，并且成功拉直出我国第一根无位错的硅单晶，其单晶品质接近当时国际先进水平。1988 年，西安理工大学工厂承担国家七五科技公共项目，成功研制出 TDR-62 系列软轴单晶炉（投料 30kg、单晶直径为 125mm）。1996 年，TDR-80 问世，投料 60kg，可拉制单晶直径为 200mm。浙江大学与美国 HAMCO 合作生产 CG-6000 单晶炉可投料 60kg，且从抽真空开始实现全部自动化。上海汉虹精密机械公司在 2005 年开始进行单晶炉生产，已实现投料 135kg 的全自动控制。目前，在优化拉晶设备和热场的基础上，CZ 法拉晶工艺技术得到快速提升发展。国内先进企业通过大装料、高拉速、多次拉晶等工艺技术的快速突破与推广应用，大幅提高了投料量和单炉产量，显著降低了拉晶成本。近几年，CZ 法单晶生长速度已经达到 1.4mm/min，200mm 硅棒直径可以实现 4000mm 长度，并且在多次加料条件下，直拉硅单晶的 600mm 热场大投料量可达到 400kg 以上，660mm 单晶炉最大可投 1000kg 以上，每炉可拉 3～5 根晶棒，单位方棒电耗控制在 30kW·h/kg 左右。同时通过联机实现了中央集成控制，一个人可以同时监控 6～8 台炉子，而且实现了连续加料、磁场法拉晶技术。

直拉单晶炉（TDR85A-ZJS）如图 5-1 所示，其结构大致可分为炉室、气压控制系统、晶体及坩埚旋转和升降机械传动系统和单晶硅棒生长控制系统四部分。炉子整体质量约为6t，外观参数大致为炉体高6.4m、宽1.3m、长2m，控制柜高1.6m、宽0.7m、长0.9m，电源柜高1.7m、宽1.4m、高0.8m。

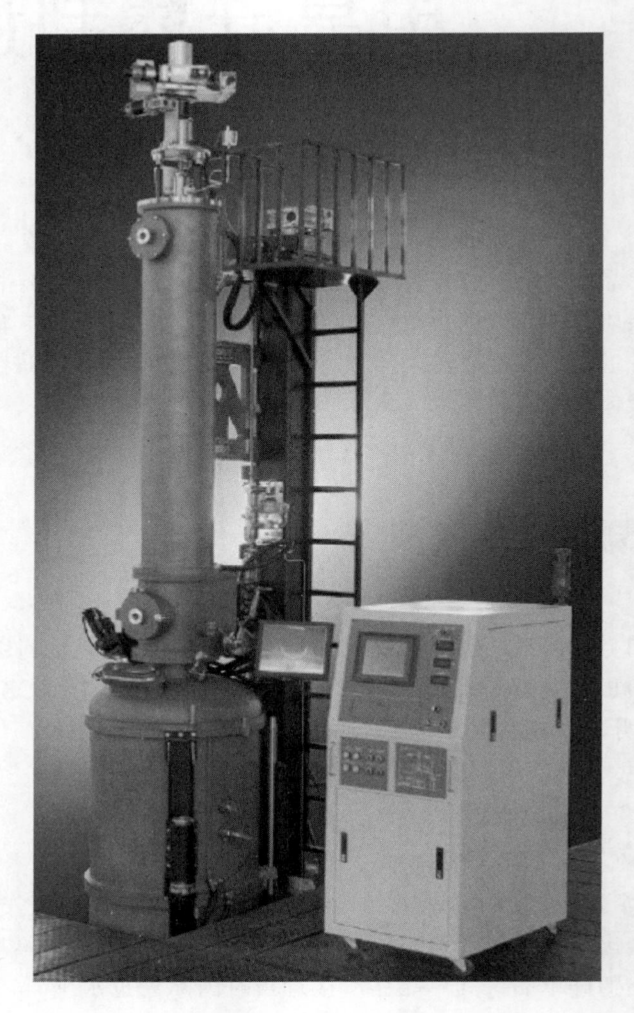

图 5-1 直拉单晶炉

直拉单晶炉操作流程大致为拆炉、热场安装和煅烧、石英坩埚安装、籽晶安装，以及直拉单晶工艺（装料、抽空、化料、引晶、缩颈、放肩、等径、收尾、停炉）。

(1) 炉室

炉室是生长单晶硅的地方，它提供一切单晶生长的必要条件，比如良好的真空度、良好的惰性气体保护，保证熔体不被氧化；炉体各部分冷却良好，保证热场不受干扰，保证晶体稳定旋转和平稳上升，保证熔体反向旋转和同步上升，保证结晶界面始终处于同一个高度位置；提供一个合理的热场，只允许籽晶这一个唯一晶核长大，它具有适当的过冷度，有利于“二维平面成核，侧面横向生长”等。

炉室按空间位置从上而下可分为上炉室、副炉室（副室）、炉盖、主炉室（主室）和下炉室。上炉室即上炉筒处在的空间，主要是提供晶棒上升空间，也是单晶硅棒冷却的地方；

副室是装籽晶、提肩、安装CCD等操作空间；炉盖是一个主室向副室的过渡，起到缩小直径作用；主室则是直拉单晶炉的热系统，即所谓的热场，是为了熔化硅料，产生硅棒的场所；下炉室则是下排气和电极穿孔位置。

(2) 气压控制系统

除了硅原料携带的杂质会直接影响单晶硅棒杂质含量外，在直拉单晶热系统内所使用的石英坩埚、石墨元件等，都会使高浓度的氧（10～20μg/g）、碳（0.01～0.2μg/g）等不纯物进入单晶棒中。

① 氧杂质的产生、去除。氧来自石英坩埚。在单晶硅生长的过程中，石英坩埚内表面和硅熔体接触的部分，在高温下会慢慢熔解产生SiO，其反应方程如式（5-1）所示。同时，高温下石英坩埚也会发生脱氧反应，如式（5-2）所示。

$$SiO_2 + Si = 2SiO \tag{5-1}$$

$$SiO_2 \longrightarrow SiO + O \tag{5-2}$$

产生的氧原子绝大多数（约98%）会以SiO的形式存在，少量的氧原子则溶于熔硅中，这是单晶硅棒中氧杂质的主要来源。一般认为，硅中氧在熔点温度附近的平衡固溶度为$2.75\times10^{18}cm^{-3}$，且随着温度的降低而减少，在700℃时，其溶解度约为$10^{16}cm^{-3}$。SiO饱和蒸气压约为1200Pa，比较容易从熔硅表面挥发，能够明显看到硅熔液上方有烟尘翻腾（主要成分为SiO，黄色烟尘），俗称“冒烟”，挥发出来的SiO会在较冷的炉壁处凝结成颗粒并附着在表面。随着凝结颗粒的增多，不可避免地会有少量SiO落入熔硅中，有时SiO粒子可能会被吸附到单晶生长界面上，造成正在生长的单晶原子晶向发生位错，使单晶生长失败，俗称“断苞”，降低了成晶率。为了避免气尘杂质对拉晶的影响，通常要持续通入保护气体氩气（Ar）。氩气由上而下穿过单晶生长区域，在机械泵协助下带走气尘杂质（主要成分是SiO、杂质挥发物、气体挥发物）。如果炉内气压远大于SiO饱和蒸气压，则上述现象更严重；如果炉内为高真空状态，那么SiO从熔硅表面挥发就会出现沸腾的现象，故而导致熔硅的飞溅损失，同时也给单晶的生长带来不便。因此，拉晶过程中炉内为负压，一般在1.3～2.0kPa。

溶解在硅熔体中氧的传输主要有对流和扩散两种方式，而氧在硅中扩散系数很小，所以氧主要通过对流传输到硅单晶和熔硅界面或者自由表面，氧在硅熔体中的传输如图5-2所示。直拉单晶硅中熔体对流主要有：从冷晶体边缘到热坩埚壁，由表面张力降低所驱动的沿着自由表面的热表面张力对流；熔体表面与底部存在着温度梯度，因熔体密度差引起的浮力导致沿垂直方向的自然对流；由晶体与坩埚引起的强迫对流，即离心抽运流。

因此，除了利用Ar保护气体带走SiO来减少氧杂质外，强制调节熔体流动来控制经由熔体流动而传输的氧量也是一个途径。控氧方法主要有两大类：通过调控拉晶条件（坩埚旋转速度和籽晶转速）来获得预期的最佳氧含量及其分布；设计新的晶体生产方法（磁控直拉法），强制附加某种外界因素的影响，以改变液流方式，从而达到控氧目的。坩埚旋转可以使熔体均匀化，氧浓度随坩埚转速增加而增大，高坩埚转速产生高含量氧。

② 碳杂质的产生、去除。炉体的石墨元件（石墨加热器、石墨坩埚、石墨保温罩等）在高温下会和石英坩埚脱氧产生的氧原子和石英发生反应产生一氧化碳（CO），反应如式（5-3）、式（5-4）所示。

$$C + O = CO \tag{5-3}$$

$$C + SiO_2 = SiO + CO \tag{5-4}$$

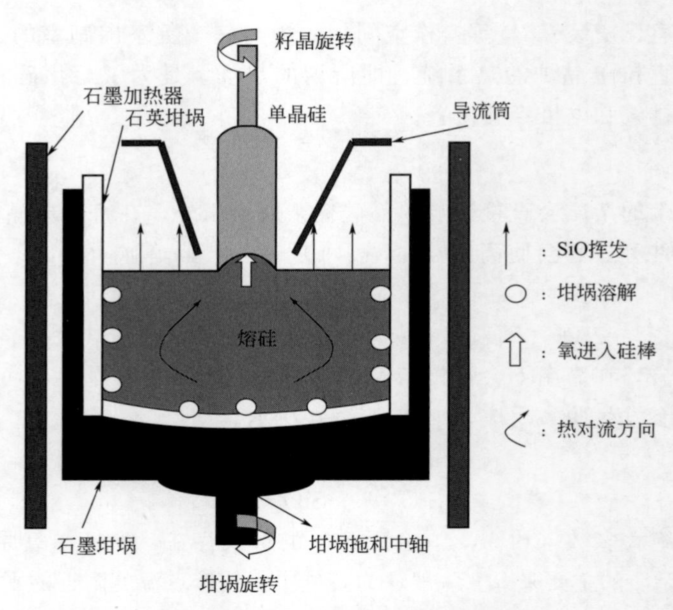

图 5-2　氧在 CZ 硅熔体中传输示意图

其次，石墨元件也会与炉内其他气体（H_2O、O_2 等）反应生成 CO、CO_2。

CO 不易挥发，若不及时排出，大多数就会进入熔硅中与硅反应［如式（5-5）所示］，生成的 SiO 大部分从熔硅中挥发，而碳则留在了熔体中。同时，CO、CO_2 等含碳成分溶入硅熔体中，也造成硅熔体的碳污染。研究表明，碳在硅熔体和晶体中的平衡固溶度分别为 $4\times10^{18}\text{cm}^{-3}$ 和 $4\times10^{17}\text{cm}^{-3}$。

$$CO+Si=\!=\!=SiO+C \tag{5-5}$$

对于太阳能电池用直拉单晶硅，其原料来源并非是高纯多晶硅原料（硅烷热分解、改良西门子法），还包括直拉单晶硅的头尾料，而且晶体生长的控制也不如微电子用直拉单晶严格，所以碳浓度相对较高。减少碳污染的办法除了利用 Ar 保护气体带走上述气体外，另外一种方法是减少碳氧化合物的产生，通常的做法是在石墨元件表面利用化学气相沉积的方法镀一层 SiC。

⑶ 晶体及坩埚旋转和升降机械传动系统

籽晶轴从炉室顶部插入炉内，通过软性的吊线挂住，晶棒与坩埚拉升速率必须能够维持较高的准确性才能保持液面在同一位置，进而精确控制晶棒的生长速度。籽晶旋转速度一般为 2～40r/min，可调，升降速度分为低速 0.2～10mm/min，高速可达 800mm/min。坩埚轴从炉室底部插入炉中，顶端装有石英坩埚，坩埚旋转速度为 2～20r/min，可调，坩埚升降速度分为低速 0.02～1mm/min，高速 160mm/min。

⑷ 单晶硅棒生长控制系统

直拉单晶炉供电电源为三相交流电源，经过变压器三相全波整流后形成低电压、大电流的直流电源作为主加热功率电源。对其电源要求：具有谐波补偿、无谐波污染、无大功率变压器功率损耗、能够保证拉晶波纹度小。在电源控制系统中，电源装置采用高精度 CPU 控制板独立控制。

拉晶全过程采用 PLC 控制，抗干扰性好，可靠性高，重复性好，维修方便，利用 PC

触摸屏电脑与PLC可进行实时数据交换，采用可视窗口进行软件操作、用户界面简单操作，通过屏幕可以对单晶棒拉制过程中的各种参数，如温度、转速、拉速和硅棒直径等进行控制。控制系统配备高像素CCD相机，能够实时测量单晶直径；配备直径控制系统，能够保证直径的精度。控制系统是通过计算机控制的闭环式回馈系统，即设定某一参数，控制系统会给出其他参数最佳的设置。如为了控制硅棒直径，控制系统会计算出最佳的拉速和温度，并进行自动校正。同样，对于炉体内保护气体的流量也是采用回馈方式控制。

对单晶拉制过程中的各种参数，如电流、电压、功率、温度、直径、坩埚位置、坩埚旋转速度、晶体位置、晶体旋转速度都进行了实时记录，以便操作人员进行数据分析。

5.1.2 热场

热场优劣对单晶质量有很大影响，合适的热场能够生长出高质量的单晶，不好的热场容易使单晶变为多晶，或者根本无法引晶。有的热场虽然能够生长单晶，但质量较差，有位错和其他结构缺陷。因此较好的热场条件，配置最佳的热场，是非常重要的直拉单晶工艺技术。热场有大有小，热场大小是按照石英坩埚直径来划分的，在过去的10年，单晶炉设备经历了更大的坩埚热场、更高的提拉副室、更自动化的引晶提拉控制系统的技术发展，热场尺寸从22英寸（1英寸＝0.0254m）一路发展到32英寸，目前拉晶生产主流热场为26英寸，新上项目多采用28英寸热场，研发已经达到32英寸。同时由于副室加高，单根8寸直拉单晶硅棒长度可以达到4300mm。单晶炉热场结构如图5-3所示，它包括石墨加热器和石

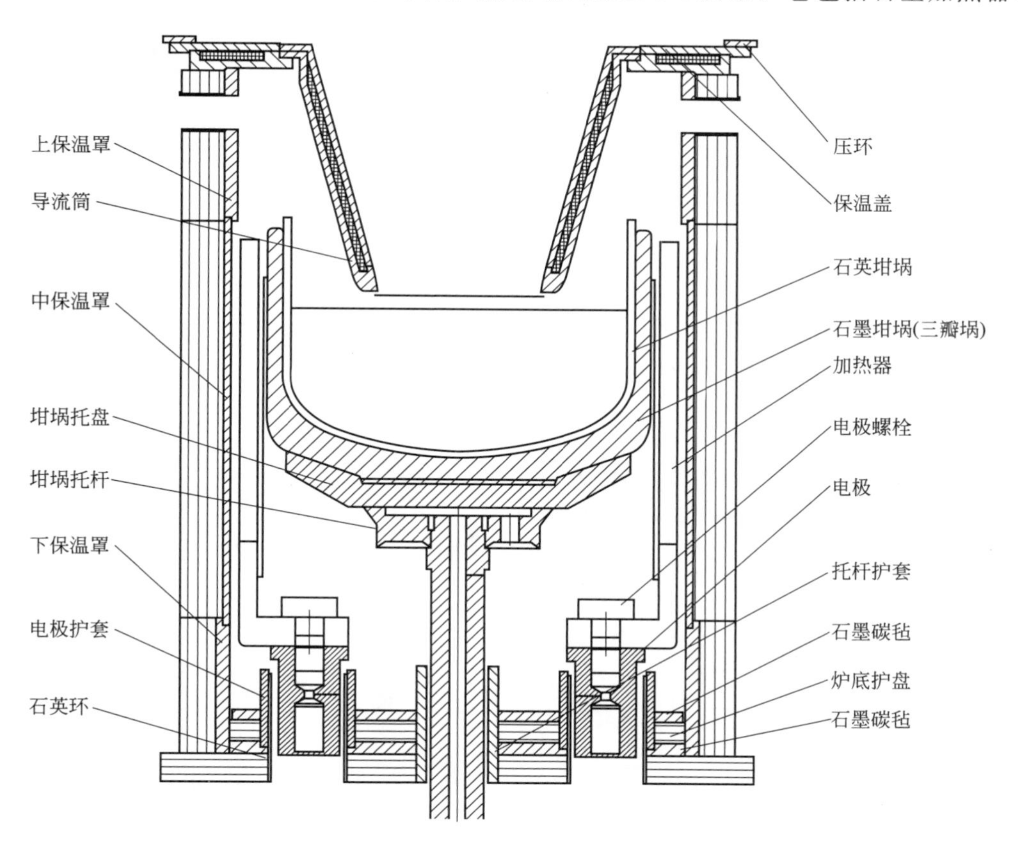

图5-3　单晶炉热场

墨电极、石墨坩埚、石英坩埚、石墨拖及石墨螺栓、导流筒、保温罩、保温盖、压环、炉壁和炉壁冷却系统，且为了防止漏硅，炉底、金属电极、石墨拖杆都设置了保护板和保护套。

加热系统长期处于高温状态下，因此所用石墨材质均为致密、坚固、耐用、变形小、无空洞、气孔率低（＜25%）、弯曲强度较大（～50MPa）、无裂纹、纯度高的材质，特别是要求金属杂质含量较少，一般在 10^{-7} 数量级。

(1) 加热器

加热器是热系统中最重要的部件，是热能的来源，温度高（最高可以达到 1600℃），所以一般采用高品质、高纯度的石墨加工而成。常见加热器有三种形状：筒状、杯状和螺旋状，但绝大部分加热器为筒状，CZ 法采用的是直筒式加热器，如图 5-4 所示，加热器有两个半圆桶组成，每个半圆桶又被纵向分成彼此相连的很多部分，这样半圆桶的电阻相当于每个小部分电阻的串联，然后把两个半圆桶并联形成完整的串并联电路。

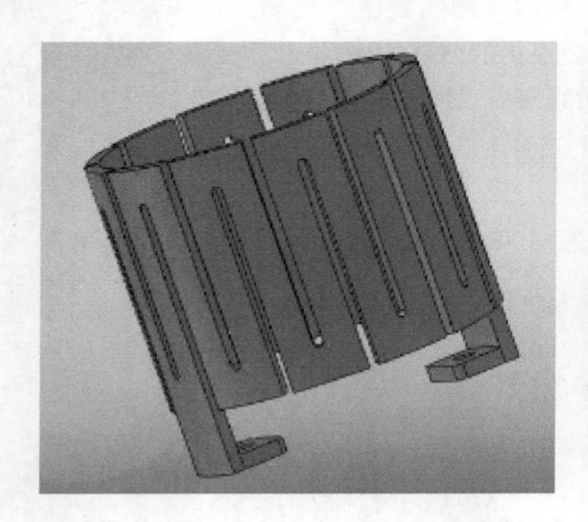

图 5-4　筒状石墨加热器

加热器下方有两个连接孔与石墨电极相连，如图 5-5 所示。石墨电极不仅可以起到平稳固定石墨加热器作用，而且需要通过石墨电极对加热器输送电流，因此需要石墨电极用料纯度要高，质量厚重，结实耐用，与金属电极和加热器的接触面要光滑、平稳，保证接触良好，通电时不打火。

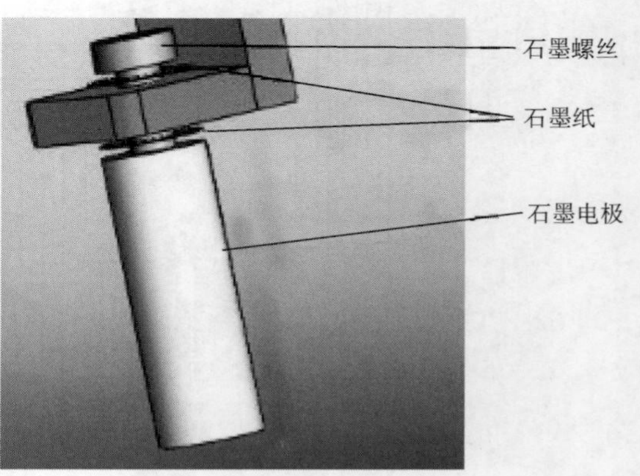

图 5-5　石墨电极和石墨连接结构

(2) 石墨坩埚

多晶硅在加热器加热作用下温度升高直至熔化，而同时石英坩埚在高温下会出现软化现象，因此需要在石英坩埚外侧包裹一石墨坩埚防止石英坩埚软化变形。石墨坩埚内径加工尺寸要和石英坩埚外形尺寸匹配。为了防止石墨坩埚的成分掉入熔硅中，要求石英坩埚的高度应该略高于石墨坩埚高度。石墨坩埚分为单体坩埚、两瓣合体坩埚以及三瓣合体坩埚。从节约成本、使用方便等方面各有所长，但一般来说，CZ 直拉单晶通常情况下会使用三瓣埚，如图 5-6 所示。

(3) 石墨拖

石墨拖包括石墨拖杆和石墨托盘，如图 5-7 所示。石墨拖是石墨坩埚的支撑体，要求和下轴结合牢固，对中性良好，在下轴转动时，拖杆及托盘的偏摆度≤0.5mm。同时，要求石墨拖高度是可调的，以保证在熔硅时，坩埚有合适的低锅位，在拉晶时，有足够的锅跟随动行程。

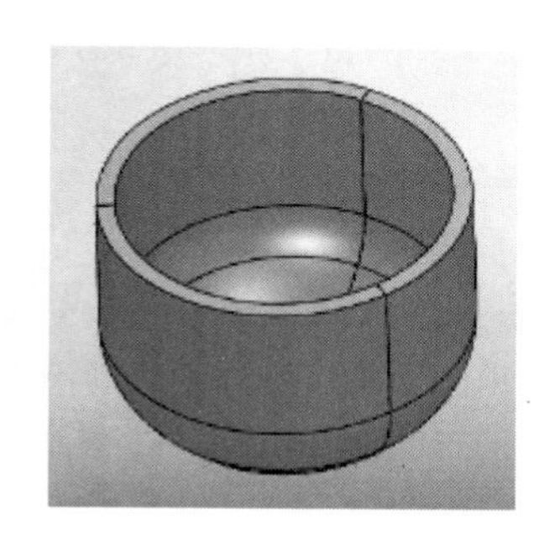

图 5-6 三瓣石墨坩埚

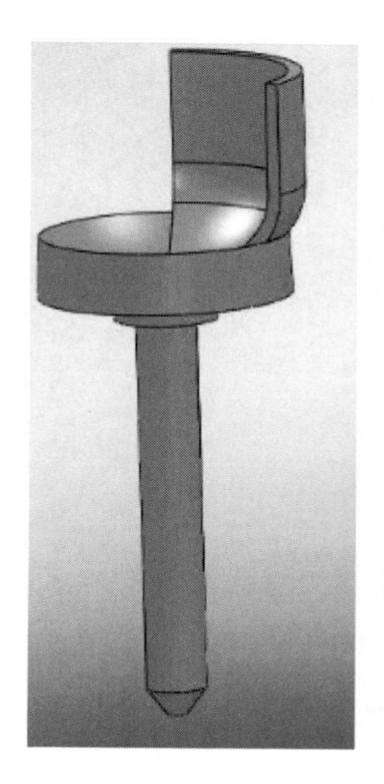

图 5-7 石墨拖

(4) 保温罩

保温罩分为上保温罩、中保温罩和下保温罩，如图 5-8 所示。保温罩是由一个保温筒外面包裹石墨碳毡而成，包裹层数视情况而定。下保温罩组成了底部的保温系统，它的作用是加强锅底保温，提高锅底温度，减少热量损失。中保温罩、上保温罩的作用也是为了减少热量的损失。只不过保温罩外石墨碳毡的层数不一样，使得温度提高不一样。排气的方式有上排气和下排气。现在使用的比较多的是上排气。这样，上保温罩上面就存在几个排气孔，这些排气孔保证了在高温下蒸发的气体的排出。

(5) 保温盖

保温盖（如图 5-9 所示）由保温上盖、保温碳毡和保温下盖组成，即两层环状石墨之间夹一层石墨碳毡组成，其内径大小与导流筒外径相匹配，平稳地放在保温罩板面上。

图 5-8 保温罩

图 5-9 保温盖

(6) 导流筒

导流筒（如图 5-10 所示）主要起到氩气导流作用。氩气向下进入单晶生长的区域，由一个圆筒形的导流筒直接把气体引导至坩埚内，导流筒下口延伸到坩埚内，直接作用于单晶生长面附近的气尘杂质。然后由于坩埚内壁的导向作用，气体在熔体液面上铺开后，又随坩埚内壁上升，最后从坩埚外侧流向炉体下部。另外，导流筒还可以阻隔热场内部和外部、控制热场温度梯度，以保证外部温度要大大小于内部温度，从而达到加快单晶拉速的目的。为了进一步增加隔热效果、降低功率、增加单晶硅冷却速度，往往在导流筒空隙中填充碳毡。

(7) 压环

压环（如图 5-11 所示）是由几截弧形环构成的一个圆形环状石墨件，它放置于盖板与炉壁接触处，可以防止热量和气体从炉壁与盖板的缝隙间通过。

5. 1. 3 热场温度梯度

热场又称为温度场。在单晶硅制备工艺中，煅烧时热系统内的温度分布相对稳定，为静态热场。在单晶生长过程中，由于不断发生液固转变，不断放出结晶潜热，同时，晶体越长越长，熔体液面不断下降，热量的传导、辐射等情况都发生变化，所以热场会发生变化，称为动态热场。为了描述热场中不同点温度及温度分布，常采用温度梯度来表示。

在单晶拉制过程中，籽晶是唯一非自发晶核，只要在籽晶结晶前沿处有一定的过冷度，

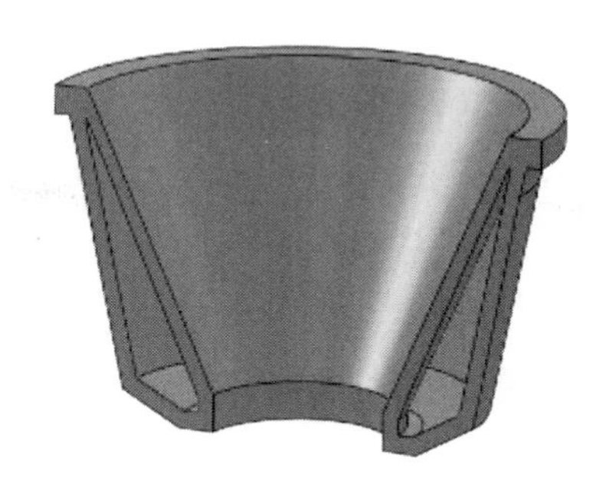

图 5-10　导流筒

图 5-11　压环

籽晶下端就可以生成二维晶核，而不允许前沿外的其他地方产生新晶核，否则结晶产物就不是单晶硅了。因此，单晶拉制过程中热场要满足以上条件。

图 5-12 为加热器温度分布（静态热场）示意图。沿着加热器中心轴线温度变化情况是：加热器中心温度最高，向上、向下温度逐渐降低，该温度变化用$\frac{dT}{dy}$表示，称为纵向温度梯

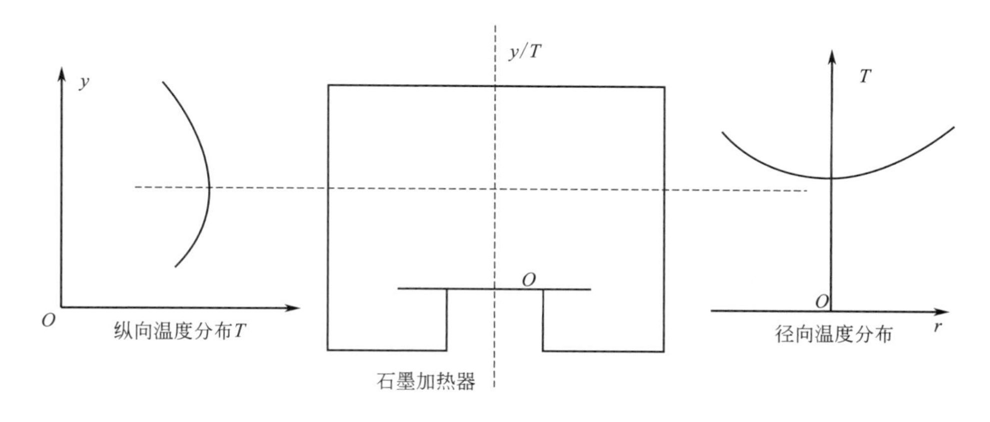

图 5-12　石墨加热器温度分布

度。沿轴线的径向温度逐渐升高，加热器中心径向温度最低，加热器温度最高，呈抛物线趋势，该温度变化称为径向温度梯度，用$\frac{dT}{dr}$表示。

单晶拉制过程中存在着熔体热场、结晶体热场以及固液界面热场，熔体、结晶体、固液界面分别用角标 L、S、S-L 表示。

距离生长界面越远，单晶硅温度越低，即晶体纵向温度梯度 $(\frac{dT}{dy})_S>0$，如图 5-13 所示，T_A 为结晶温度，虚线表示固液界面。只有 $(\frac{dT}{dy})_S$ 较大时，才能使熔体结晶释放的潜热及时移出，保证界面温度稳定。如果 $(\frac{dT}{dy})_S$ 较小，晶体生长释放的结晶潜热来不及散掉，单晶硅温度升高，随之界面温度升高，熔体过冷度减小，影响晶体生长。如果 $(\frac{dT}{dy})_S$ 过大，结晶潜热快速散掉，熔体表面温度降低，固液界面过冷度增大，可能形成不规则晶核，结晶体可能成为多晶，同时过冷度增大可能导致结晶体结构缺陷增多。

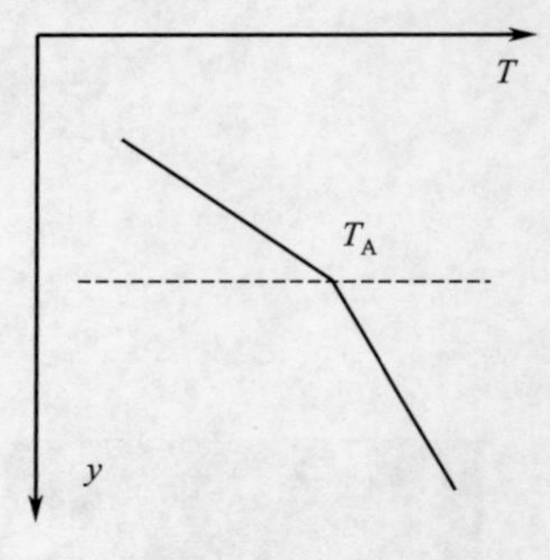

图 5-13　晶体纵向温度梯度

单晶硅径向温度梯度是由晶体纵向热传导、横向热传导、表面热辐射以及在热场中所处位置决定。一般而言，晶体硅中心温度高，边缘温度低，即 $(\frac{dT}{dr})_S>0$。

熔体纵向温度分布如图 5-14 所示。温度梯度 $(\frac{dT}{dy})_L$ 较大时，固液分界面以下熔体温度高于其结晶温度，因此，即使有局部较小温度降低也不会使晶体生长过快。所以，该种情况下，晶体生长界面是平坦的，晶体生长比较稳定。如果温度梯度 $(\frac{dT}{dy})_L$ 较小时，固液界面下熔体温度与结晶温度相差不大。假如熔体中出现局部温度波动，则可能产生新的晶核，凝结在单晶硅生长界面使结晶体出现非单晶结构。在特殊情况下，固液界面以下熔体温度小于结晶温度，而且距离界面越远温度越低，即 $(\frac{dT}{dy})_L<0$。在这种情况下，熔体内部会自发产生晶核，然后逐渐长大成为多晶。

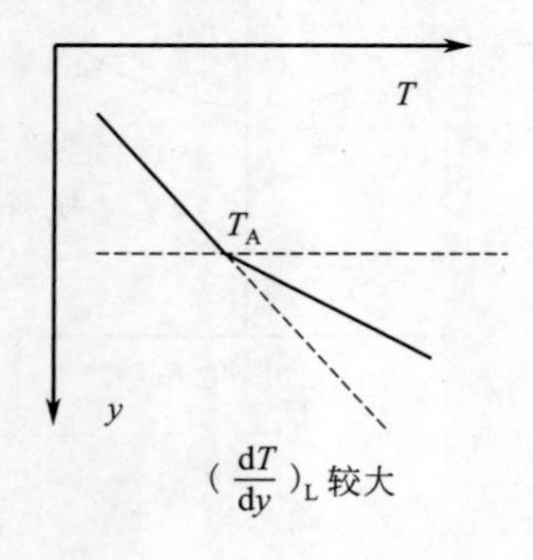

$(\frac{dT}{dy})_L$ 较大

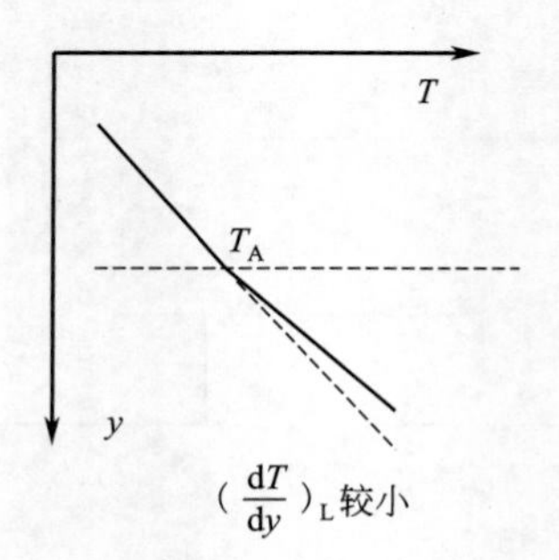

$(\frac{dT}{dy})_L$ 较小

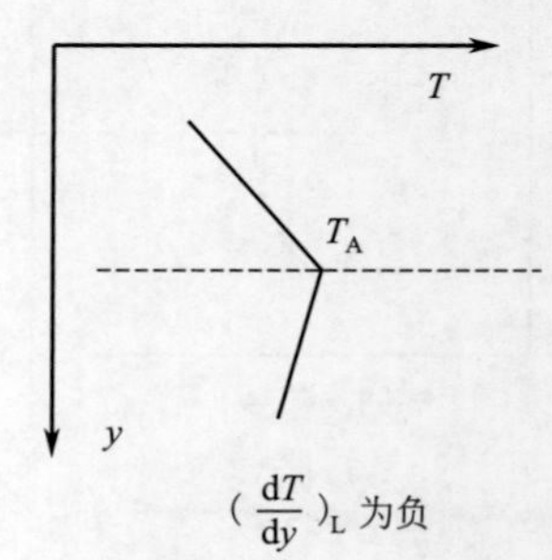

$(\frac{dT}{dy})_L$ 为负

图 5-14　熔体纵向温度梯度

熔体温度升高来源于加热器能量，所以熔体温度中心低、四周高，即熔体径向温度梯度 $(\frac{dT}{dr})_L>0$。对于熔体径向温度分布而言，更重要的是表面径向温度分布。若表面 $(\frac{dT}{dr})_L$ 过小，则坩埚边缘会出现结晶现象；如果 $(\frac{dT}{dy})_L$ 过大，结晶界面变得不平坦且容易产生位错。

直接影响熔硅结晶状态的是固液界面温度梯度，它是晶体、熔体、环境三者的传热、放热、散热综合影响的结果，在一定程度上决定着单晶的质量。界面处纵向温度梯度 $(\frac{dT}{dy})_{S-L}$ 要适当，这样才能形成必要的过冷度，使单晶有足够的生长动力。但是纵向温度梯度也不能太大，否则晶体会长为多晶或产生结构缺陷。一般而言，固液界面径向温度梯度 $(\frac{dT}{dr})_{S-L}$ 是变化的。单晶放肩生长时 $(\frac{dT}{dr})_{S-L}>0$，结晶界面凸向熔体。随着肩部长大，$(\frac{dT}{dr})_{S-L}$ 逐渐减小，直至 $(\frac{dT}{dr})_{S-L}=0$，这时结晶界面呈现平坦状态。$(\frac{dT}{dr})_{S-L}=0$ 一般出现在等径生长阶段。在收尾过程中，$(\frac{dT}{dr})_{S-L}<0$，结晶界面出现凸向晶体状态，而且越到尾部现象越明显。晶体生长过程中界面径向温度梯度变化过程如图 5-15 所示。

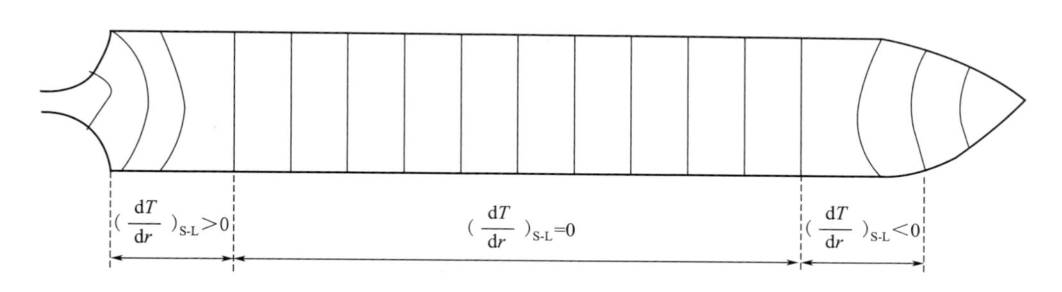

图 5-15　单晶硅生长界面径向温度梯度变化

5. 1. 4　拆炉

拆炉目的是为了取出单晶体，清除炉膛内挥发物，清扫热场石墨件上的附属物、石英碎片、石墨颗粒、碳毡粉尘等，同时还可以检查破损、更换部件。拆炉取出热场的顺序一般是由上而下，根据开炉次数和炉内挥发物的情况，决定热场部件取出的多少，但有的部件几乎每次拆炉都要取出，比如导流筒、石英坩埚、石墨坩埚及石墨拖。

(1) 取单晶棒

为了防止烫伤，拆炉时要佩戴高温防护手套，为保护工人健康及防止杂物带入，拆炉时还需要佩戴口罩和帽子，穿上工作服。

首先用吸尘设备吸去副室、炉盖筒壁上的氧化物并用无尘纸蘸无水乙醇擦拭。拧副室和炉盖处的螺丝时用力要均匀，同时要确保晶体不要来回摆动。按控制面板上晶升快速上升键，使晶体上升至副室适当距离关闭隔离阀再打开炉体。下降晶体至晶体专用车里（如图 5-16 所示），然后一手抓紧重锤，一手用钢丝钳将籽晶从细晶处剪断，然后稳定重锤，将籽晶从重锤上取下，放在指定位置，再将重锤升至副室适当位置。将单晶移到中转区，及时、准确地将单晶编号写在单晶上，待自然冷却后对单晶各项参数检测并做好记录。取单晶时切记不可以放在铁板上或让金属直接接触金属，否则会由于局部接触面传热太快而产生热应力，造成后续切片工序中出现裂纹和碎片。

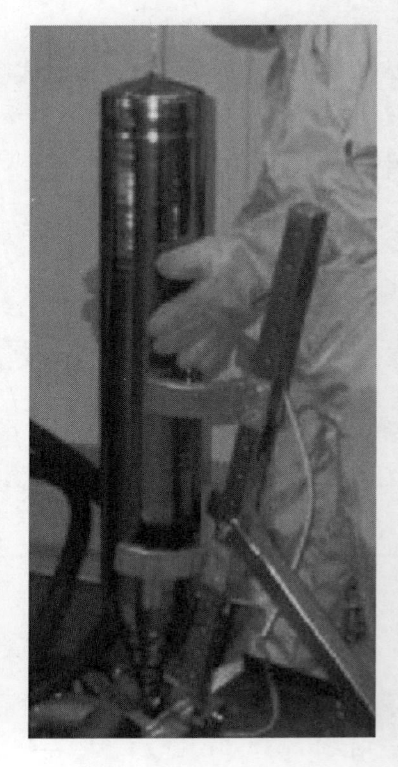

图 5-16　取硅单晶

⑵ 取热场部件

用钳子夹住石英坩埚上边沿垂直上提，使其松动，然后取出放入不锈钢小车上。切记不可用钳子或其他工具敲打、撬动三瓣埚，否则会影响三瓣埚的寿命。三瓣埚取法与石英坩埚相同，都是上提，特别是取石墨坩埚时不要碰触加热器，以防烫伤。待石英坩埚和石墨坩埚冷却后做好记录。热场其他石墨件按照操作规程依次取下放入不锈钢小车即可。

⑶ 热场清扫

① 石墨件清扫。待石墨件冷却后，用吸尘设备吸去石墨器件上的疏松挥发物、氧化物等附着物（如图 5-17 所示），沟槽及接口等处附着物沉积较多，特别是黏结石墨件的情况下用氧化铝等纱布打磨。比如加热器的清洁，先用氧化铝纱布打磨其内外表面及夹缝氧化物(如图 5-18)，再用吸尘设备吸除。对于硅蒸气沉积物的清扫，则是采用打磨机，并用吸尘设备清除干净。

② 真空管道氧化物清除。用毛刷和吸尘设备清扫抽气管道内的挥发物，吸尘管必须深入管道底部以便将管道内挥发物彻底吸除。拆除球阀与主室真空管连接部位，用不锈钢清洁球擦净管道内的氧化物，并用吸尘设备清除干净。用无尘纸蘸乙醇擦净球阀与真空管接口，

图 5-17　炉盖吸尘

图 5-18　打磨加热器

并检查密封圈是否损坏。

③ 过滤网氧化物清除。由于大量的氩气由机械泵排出，挥发出来的粉尘就会带入机械泵，直接影响它的使用寿命，因此在过滤罐（除尘筒）里加了过滤网，过滤网将大部分粉尘阻挡下来，因此要每炉清罐，特别是要将过滤网清除干净，否则影响抽空和排气，甚至在拉晶中会发生断棱等现象。用专用工具卸下除尘筒螺栓，取出罐盖和过滤网。打开除尘筒前要确认真空泵球阀和真空泵电源是否在关闭状态，否则在清理过程中会向炉内倒吸气，造成炉内污染。用毛刷和吸尘设备清扫过滤网及过滤罐内壁氧化物，用无尘纸蘸酒精擦拭过滤罐和密封部件，然后将清扫干净的过滤网缓慢放入除尘罐，并拧紧螺栓。

5.1.5　热场安装和煅烧

(1) 热场安装

热场在安装前要检查和除尘，特别是新的热场，应仔细擦拭去除浮尘、检查部件的质量，同时，对整个炉室在安装前也必须擦拭、检查，确保主室底座的清洁度，确保电极柱周围及坩埚轴端面无石英、碳毡及硅粉颗粒。

在整个安装过程中，要求整个热系统对中良好、同轴度高，主要包括坩埚轴与加热器对中、加热器与石墨坩埚对中、保温罩和加热器对中、保温盖和加热器对中，另外还要求测温

孔、排气孔对中等。安装顺序一般为由下而上、由内而外，具体流程如图 5-19 所示：热场

图 5-19　石墨元件安装过程

底盘、电极、炉底碳毡、炉底压片、下保温罩、石墨环、石英环、加热器、中保温罩、石墨拖杆、石墨托盘、三瓣埚、下降炉室、上保温罩、导气孔、保温盖板、导流筒、压环。

将热场底盘放在主室底座上，底盘安装要平稳，底盘边缘与主室底座内壁距离应相等，底盘上的电极孔、中心孔应与主室底座孔对中。

石墨电极柱安装时，左右对齐，使其处于同一水平面上，不可倾斜，同时要和石墨拖杆对中。注意电极柱安装时上下应加垫一层石墨纸（碳毡），并检查接触面是否平整，以防打火，另外，安装不宜太紧，否则容易胀裂引起电极打火。

在装石墨环、石英环时，先用吸尘设备吸除电极周围的粉状杂物，确保石英环在电极和底盘之间起到绝缘作用。

用无尘纸蘸乙醇擦净主室底座与主室接触的密封部位，平稳地把下保温罩安装在底座卡扣上，调整保温罩位置，做到保温罩内壁与加热器外壁之间四周间隙一致，下保温罩和电极之间的间隙前后一致，切不可大意，造成短路打火。注意下保温罩只可径向移动，不得转动，否则测温孔就对不准了。

安装加热器时，加热器的电极孔要与下面电极的两孔对准，螺栓必须拧紧，加热器与电极接触部分必须垫碳箔，否则容易发生放电打火事故。检查加热器上口是否处于同一水平面，加热器圆心是否对中。必须注意的是，每次清炉时电极螺栓先松掉后再拧紧，以防硅蒸气进入电极螺栓和加热器脚之间的缝隙使之粘住无法拆卸。

然后安装中保温罩，卡扣到位，并校正与加热器的间距，保持均匀一致。

将石墨拖杆稳定地装在下轴上，将下轴转动，目测是否偏摆。然后将钢板尺平放在坩埚轴上，观察与加热器之间的间隙是否保持一致。接着装托盘，托盘的中心也要跟加热器对中，下降坩埚拖杆至最低位置时距离加热器脚应不小于 2cm。

把三瓣埚平稳放在锅拖上，锅拖与锅底应该是紧密配合，然后下降并转动坩埚拖杆，调整锅位，检查三瓣埚与加热器之间是否在同一水平面上，是否间隙一致。如不在同一平面，检查石墨拖杆的锥度与下轴的锥度配合是否紧密，如不紧密须修正连杆的锥度或由设备维修人员检修。如果三瓣埚与加热器间隙不一致，则须调整加热器电极与托盘对中，这时石墨坩埚和加热器口之间的间隙四周应该是一致的（相差不大于 3mm）。

打开液压泵，升起炉筒至上限，用蘸有乙醇的无尘纸擦洗下炉筒上下结合部，同时旋转炉筒到适当位置（主室导向孔对准导向柱），按下控制面板“下降”按钮，使炉筒平稳定位后，并校准测温孔位置。然后将清理后的上保温罩装好，确保卡扣到位。

升起拖杆，让三瓣埚与保温盖水平，调整保温盖的位置，使得四周间隙一致，即保温盖和加热器对中。最后安装导流筒和压环。

⑵ 热场煅烧

新的热场需要在真空下煅烧，煅烧时间约 10h 左右，煅烧 3～5 次，才可以投入使用。使用后，每拉晶 4～8 炉后也要煅烧 1 次。

不同的热场煅烧功率不一样。一般要比引晶温度高，CZ1＃炉子煅烧最高功率一般为 110kW。目前普遍采用较大的热场，较大热场氩气流量比较大，炉膛内壁比较干净，煅烧的时间和间隔周期可灵活掌握。

5.1.6 石英坩埚

石英坩埚（quartz crucible）是用提炼后的石英石制造而成，早期的石英坩埚是全透明的，该透明坩埚结构容易导致不均匀的热传递条件，增加拉制单晶的难度。现在使用的石英坩埚一般都是采用电弧法生产，特别是对于直径＞250mm 的坩埚；而对于直径＜200mm 的坩埚，某些还是用气炼法生产。

电弧法制造坩埚是利用电弧的高温使坩埚内表面石英砂熔化，然后熔化区域向外表面逐渐扩展，直至达到坩埚壁厚尺度。而外表面要经过磨削成型，去掉黏附的石英砂，形成磨砂面，所以目前石英坩埚，特别是大尺寸坩埚都是半透明状的（内表面透明，外表面磨砂）。再经过切断、倒角、检查，以及清洗工艺，这样一个合格的石英坩埚就制造成了，如图 5-20 所示。

图 5-20　石英坩埚

石英坩埚的主要指标包括三个方面：几何尺寸，纯度、杂质含量，以及外观。几何尺寸体现了精加工水平，由于单晶生产厂家的热场系统，主要是石墨坩埚相对固定，因此石英坩埚几何尺寸有统一要求。由于美国通用电气公司（GE）进入市场较早，所以我国产品几何尺寸一般沿用了 GE 公司的标准。纯度、杂质含量标准，采用了石英砂原料生产厂家的标准，由于国产坩埚都采用了进口原料，国内坩埚厂家的标准与国际标准一致。但是，国内坩埚厂家主要列出了 Al、Fe、Ca、Cu、K、Na、Li 及 B 共 8 种杂质含量的指标，而 GE 标准除了上述 8 种元素外还列出了 As、Cd、Cr、Mg、Ni、P、Sb、T 及 Zr 共 9 种杂质元素，且 GE 指标相对要求也要高一些。外观检查包括触痕、裂纹、划伤、凹坑、表面附着物和沾污物、未熔物、白点和黑点、气泡及波纹等，每一种缺陷都给出了定义和控制限度。石英坩埚在装炉前也要对照上述标准进行检查。

石英坩埚安装前首先用蘸有乙醇的无尘纸擦洗炉筒、炉盖的外侧及周边，取来石英坩埚并检查坩埚标识与配料单是否一致，打开包装并按照上述检测标准检查并做好记录，如图 5-21 所示。石英坩埚内放一层石墨纸，然后装好石英坩埚，并检查四周间隙是否一致。

图 5-21　石英坩埚检查

5.1.7 籽晶

籽晶（seed crystal）是具有和所需晶体相同晶向的小晶体，是生长单晶的种子，也被称为晶种。用不同晶向的籽晶，会拉制出不同晶向的单晶。籽晶按用途分，有 CZ 直拉单晶籽晶、区熔籽晶、SiC 籽晶、蓝宝石籽晶；按照晶向可分为＜111＞籽晶、＜100＞籽晶、＜110＞籽晶；按照横截面的形状不同可分为圆形籽晶和方形籽晶，如图 5-22；按照固定夹头的不同可分为大小头籽晶和插销籽晶，如图 5-23 所示。

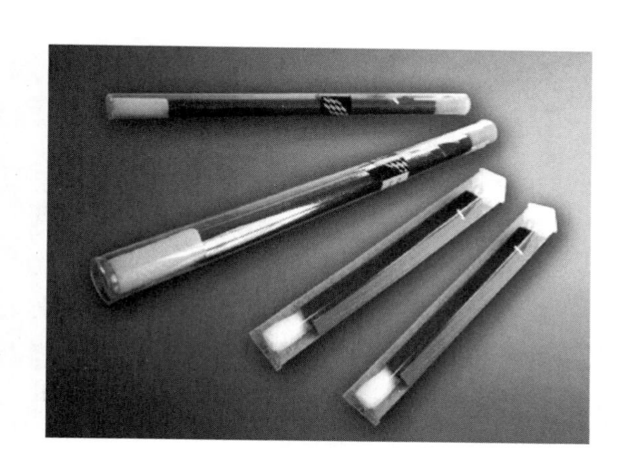

图 5-22 籽晶

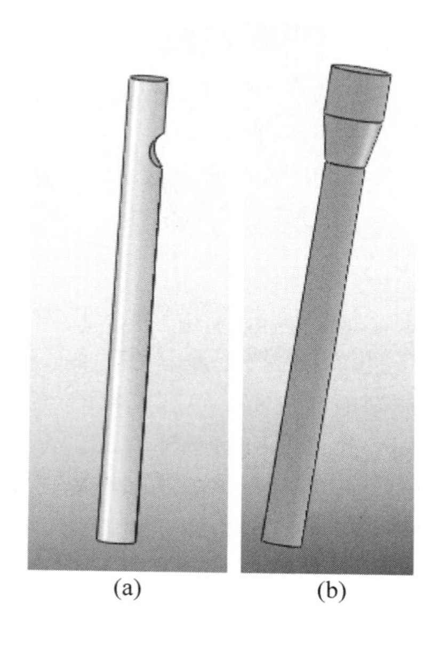

图 5-23 大小头籽晶 (a) 和插销籽晶 (b)

CZ 直拉单晶硅工艺中，对籽晶的要求：直径为 5～10mm 的圆形籽晶，直径不均匀度不超过 10%；长度根据所拉单晶尺寸而定，整个籽晶电阻率分布均匀，纵向不均匀度不超过 10%，晶向偏离度＜0.5°为佳。

籽晶安装也需要用蘸有乙醇的无尘纸擦拭炉盖和炉筒结合部的密封圈，再将炉盖旋转至炉筒上部，打开液压泵电源，按炉盖下降按钮降下炉盖。炉盖降到位后确认炉盖是否合好，防止漏气。用蘸有乙醇的无尘纸擦洗副炉室下部的结合部和炉盖上部的结合部，转动炉室，降下炉盖合炉。从指定的场所将腐蚀好的籽晶取来，用蘸有乙醇的无尘纸擦洗籽晶。注意不要直接用手接触籽晶，防止汗渍污染籽晶。下降籽晶夹头到一定位置，从副炉室小门中把籽晶装在夹头上，装好钼销。用力向下拉一下籽晶使其牢固，稳定好籽晶后使其快速上升到适当位置。用蘸有乙醇的无尘纸擦洗副炉室小门的密封圈和结合部，关闭炉室小门，拧上副室小门螺栓，打开翻板阀（隔离阀）。

5.1.8 直拉单晶硅料

直拉单晶硅料是指装入石英坩埚用于直拉单晶硅棒的原料，如图 5-24 所示，主要包括西门子法、改良西门子法生产的多晶硅、硅烷热分解多晶硅、悬浮区熔单晶硅原生硅料和回收料、直拉单晶回收料、废片等。

图 5-24　直拉单晶硅料

西门子法、改良西门子法，以及硅烷热分解法生产的多晶硅棒可以用于直拉单晶的原料。由于直拉法需要把原料装入特定坩埚内，所以需要将棒状多晶硅原料粉碎至适当的大小，并在硝酸（HNO_3）和氢氟酸（HF）的混合溶液中清洗去除可能的金属杂质以备直拉单晶使用。另外，西门子法、改良西门子法生产的多晶硅普遍用于悬浮区熔单晶和电子级直拉单晶，而硅烷热分解多晶硅纯度更高、价格更高，一般用于高阻区熔单晶硅原料。

流化床生产的多晶硅为颗粒状，也是直拉单晶原料。由于纯度较低（99.9999%），可用作太阳能电池级硅原料，不适合电子级单晶拉制。同时，由于流化床多晶硅为颗粒状，所以适合于装入坩埚底部。

直拉单晶及悬浮区熔单晶回收料是指不能用于制造单晶硅片的剩余部分，主要包括头尾料、有缺陷被切下来的部分、单晶硅切方边皮料，以及锅底料。据统计，直拉单晶硅片原料损耗大致如下：锅底料 15%，头尾料 20%，边皮料 10%～13%。如果把切损以及废片计算在内，直拉单晶硅棒利用率不足 50%。

直拉单晶回收料一般按照型号、电阻率进行分档使用。直拉单晶回收料主要用于制造分立元件，如晶体管、可控硅等，不得用于集成电路级单晶制造。对于没有掺杂的区熔单晶可用作电子级直拉单晶原料。由于区熔的掺杂一般采用中子辐照实现目标电阻率，所以，一旦掺杂，其头尾料要根据电阻率高低分级使用。对于区熔夹头料，要用榔头砸去料头上的熔化部分，这个熔化区集聚了成晶过程中分凝杂质，同时又有高温下夹头带来的金属杂质污染，更要注意腐蚀和清洗。因打火碰线圈、流料等原因形成的料头以及有金属熔迹的料头都应该去除，除非经特殊处理将污染物去除干净后方能用于太阳能电池原料。锅底料是单晶生产后剩余在坩埚底部的原料，锅底料所含杂质较多，只适合拉制太阳能电池级多晶硅。对锅底料同样需要按照所制单晶型号、电阻率分类存放。

废片是指硅太阳能电池生产工艺中（如切片、腐蚀清洗、扩散、减反射膜沉积、等离子刻蚀、丝网印刷等）产生的碎片，以及一些不合格的硅片（晶向、厚度、弯曲度、电学性质等不达标），而且集成电路生产线上也会产生一些废片。由于很多废片都是经过很多工序才形成的，在这期间会引入很多金属杂质，因此，对废片要进行分选、喷砂、腐蚀、清洗才能用作太阳能级多晶硅原料。

5.1.9 直拉单晶流程

拉晶工艺主要包括装料、抽空、化料、引晶、缩颈生长、放肩、等径生长、收尾生长，以及降温和停炉。

(1) 装料

装料过程看似简单，但是该步骤的正确与否直接关系到单晶硅棒生长的成败。首先根据计量配比，把掺杂剂装入坩埚底部，接着就是装入多晶硅原料，其顺序如图 5-25 所示：碎料铺底，大料铺中，边角（小料）填缝，中料铺上。由于多晶硅的熔化从坩埚底部开始，未填满的情况下可能发生上层的多晶硅变软滑落到底部，造成已熔化硅的外溅，这也是造成坩埚破裂的一个原因，所以装料时尽量填满坩埚底部；其次，硅料与坩埚接触的面选择有弧线的平滑面，处于石英坩埚下 2/3 容积的硅料接触面应尽可能大，上 1/3 容积的硅料接触面尽可能小，最好点接触，避免熔化时挂边、搭桥现象发生，绝对不允许大块硅料挤压坩埚（图 5-26 所示）。同时，装料时高出石英坩埚上沿的硅料应呈锥形（倾角小于 60°，垂直高度不超过 100mm），否则会在化料过程中引起硅液流下，损坏石墨件，甚至焖炉。

图 5-25　硅装料顺序

在整个装料过程中，要注意轻拿轻放，不得滑落，防止损坏坩埚，不要使硅料掉在加热器上、石英坩埚与三瓣埚之间，以免造成打火。如果硅料掉在地上，可用乙醇擦拭后再装料，不允许直接放入锅中。高出石英坩埚的硅料不能碰到下盖、导流筒等石墨件，否则会增加晶棒的碳含量，影响产品的质量。装料完成后打开坩埚旋转一下，确认四周间隙一致，再快速将坩埚降至下限，并停止旋转。然后用吸尘刷将坩埚上部、加热器上部、保温罩上部浮尘及硅渣吸尽。最后依次装好保温盖、导流筒。

如果装料过程中硅料间隙较大，在熔硅总质量不变的情况下必然增加料的装入总高

(a) (b)

图 5-26 上层硅料与坩埚点接触 (a) 和禁止大块硅料挤压坩埚 (b)

度，或者装料过程中上层没有与坩埚进行点接触，那么下层硅已经熔化后，而上层硅在接近熔点正在熔化的时候会受到内侧硅料挤压而粘在坩埚壁上，造成“挂边”。严重的可能发生“搭桥”现象。“搭桥”是指熔化时硅塌料后，上层部分硅块在熔硅中相互粘接在一起的现象。

如果是小硅料造成的挂边，在径向长度不大的情况下可以不进行人为处理；如果径向长度较大，在拉晶过程中会黏附其他挥发物，时而掉入熔体中，破坏单晶生长。一般处理方法是，降低坩埚使挂边位置处在热场较高温度，并转动坩埚。这样能够保证挂边处硅迅速熔化，而进行消除。但在消除挂边现象时，要注意“硅跳”现象的发生。“硅跳”是指熔硅在坩埚中沸腾的现象。如果一旦发现“硅跳”现象，应该立即降低功率、升起坩埚，并向单晶炉中通入更大剂量的氩气、减少排气量，增加炉内压力。

(2) 抽空

装完料后，检查仪器。一切工作准备无误后，关好炉门，打开真空泵电源抽真空，当真空度达到＜20Pa 时，打开氩气阀门进行 2～3 次冲洗，然后抽真空到＜5Pa 后，关闭真空阀和氩气阀进行炉子检漏。如果冷炉气体泄漏速率＜2Pa/10min，热炉气体泄漏速率为 1～3Pa/min 则为合格。检漏合格后进入加热化料工序。若炉子漏气速率＞0.2Pa/min，则需要重复上述步骤，若仍不合格，则需要报维修人员处理，并进行相应情况记录。

在拉制单晶过程中，需要给单晶炉持续不断地通入高纯氩气。氩气作为保护气体可以带走单晶炉（熔硅、炉部件等）中挥发出来的挥发物，以及带走重结晶潜热。如果氩气纯度不高，或者含有水、氧等杂质，可能影响单晶生长，严重时甚至无法拉制单晶。一般要求氩气纯度＞99.999%，氧含量＜0.5μg/g，水分含量＜0.5μg/g，氮含量＜2μg/g，C_nH_m＜1μg/g，露点温度＜−70℃。

(3) 化料 (melting)

炉子检漏合格后再次开启真空阀和氩气阀，设定氩气流量[40～80L/min(标准状况下)]，使炉内达到单晶生长所需的压力（1.3～2.0kPa），然后打开冷却水（压力为 0.1～0.3MPa×2，流量＞$10m^3$，水质 pH 值为 6～8，硬度＜50mg/L，Cl^- 含量＜10mg/L）阀门，开启石墨加热系统，加热到 1420℃以上使多晶硅熔化，如图 5-27 所示。在熔化过程中要注意逐步增大功率，如果加载功率过大则加剧石英坩埚与硅料反应，增大石英中的杂质进入熔硅速度，缩短石英坩埚使用寿命，功率过大也可能使变压器瞬间负载过大，或对整个加热回路造成瞬间电流过大而打火或损坏，同时，功率太高甚至发生“喷硅”现象；如果功率过低，熔化时间较长，产能降低。在熔化过程中要注意观察炉内情况，避免硅熔体飞溅、“挂边”、“搭桥”、“硅跳”等现象发生，在无异常塌料后旋转坩埚转速约为 2r/min，硅全部熔化完后，降低加热功率使其达到熔接温度，设定坩埚转速为 5～8r/min。

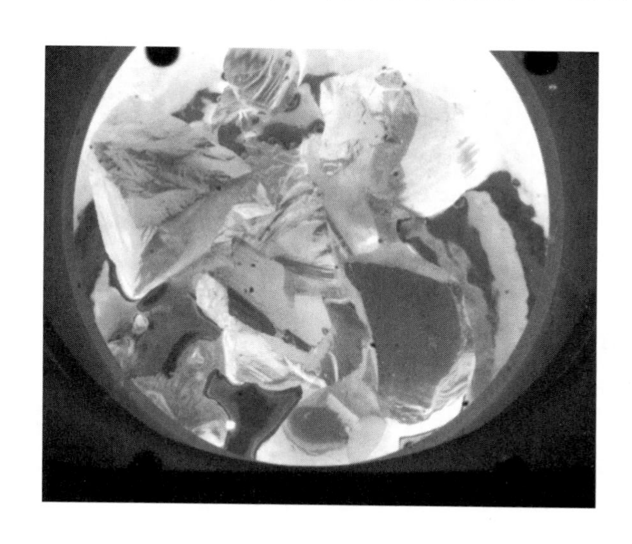

图 5-27　硅熔化

待坩埚中还有 3～5kg 硅料时将功率降至引晶功率左右，用坩埚余温将其熔化。料熔化后坩埚从化料锅位升到引晶锅位的过程中要多升几次，多次稳定温度，避免一步到位，引起“硅跳”或“喷硅”。同时，硅料熔化后放导流筒时，不要放偏，且挂钩不能挡住 CCD 摄像头，否则会影响直径的测量及拉晶。

多晶硅从固体到熔体的过程中经历了不同方式的热量传递：首先是热辐射加热外层多晶硅，然后通过多晶硅之间的热传导而达到熔化状态，当多晶硅全部熔化后，彼此间主要是对流传热。

(4) 引晶 (seeding)

当多晶硅料全部熔化后，按工艺要求调整气体流量、炉内压力，提升坩埚至熔接位置，调整籽晶和坩埚转速，并且通过降低石墨加热器功率控制硅熔体温度到一个合适拉晶的稳定状态（temperature stabilisation），即硅熔体的温度和流动性达到稳定，如图 5-28 所示。一般而言，装料越多达到稳定所需时间越长。当硅熔体处于稳定状态后，把籽晶放到距离硅熔体表面几毫米处进行预热，以减少籽晶和熔体的温度差，从而减小两者由于温度梯度而产生的热应力。当籽晶温度和熔体温度相等或者接近的时候，将籽晶慢慢浸入硅熔体中，使接触端出现少量熔滴，然后和硅熔体形成一个固液界面，该过程称为引晶，又被称为熔接。

引晶是缩颈生长的前一工序，其引晶温度以及引晶时坩埚位置直接影响引晶的好坏，关系到后面的缩颈工序品质。

① 坩埚位置调整。对于不同的热场、不同的单晶要求、不同的装料量，其坩埚位置要求不同，主要通过实践经验决定坩埚位置。坩埚位置如果较低，缩颈拉速不易提上去，缩颈

图 5-28　硅熔体稳定化

较细，容易颈断。放肩时，要么不容易快速长大，要么长大速度过快不易控制；如果坩埚位置过高，缩颈拉速提到过高，缩颈较粗不易产生细颈，不易位错排除，容易产生断棱现象；只有坩埚位置适当时，缩颈、放肩才容易操作，容易消除位错，放肩单晶棱线清晰、突出，速度合适，满足单晶硅生长的条件。

② 稳定状态判断。坩埚位置调整后，调整坩埚转速，初次引晶，应逐渐分段少许降温，待坩埚边上刚刚出现结晶时，再少许升温后结晶熔化，此时温度应该是合适的引晶温度。由于高温下坩埚与熔硅反应，生成一氧化硅气体逸出熔硅液面，带动坩埚边的熔硅起伏，因此引晶温度也可以通过观察“坩埚边效应”来判断。如果熔体温度较高，则可以观察到熔体频繁地爬上坩埚壁后又迅速掉下，起伏剧烈；如果温度较低，坩埚壁处熔体平静，爬上、落下的现象较少，根本没有起伏状态出现；如果熔体温度达到稳定化要求时，熔体慢慢爬上坩埚，然后慢慢落下，起伏平和。但是，由于现在很多热场都有了热屏，看不到坩埚边，所以根据“坩埚边效应”判断熔接温度越来越不实用。

③ 稳定化后引晶。根据引晶时籽晶与熔体相互作用情况（如图 5-29）进一步调节熔体温度。如果熔接界面出现刺眼的光圈，且光圈抖动厉害，籽晶与熔硅接触面越来越小，甚至发生籽晶熔断现象，这种情况有两种可能：一种是实际加热功率偏高，应适当降低功率，隔几分钟再熔接；另一种是熔硅和加热器保温系统热惰性引起的，说明硅熔完后引晶过急，温

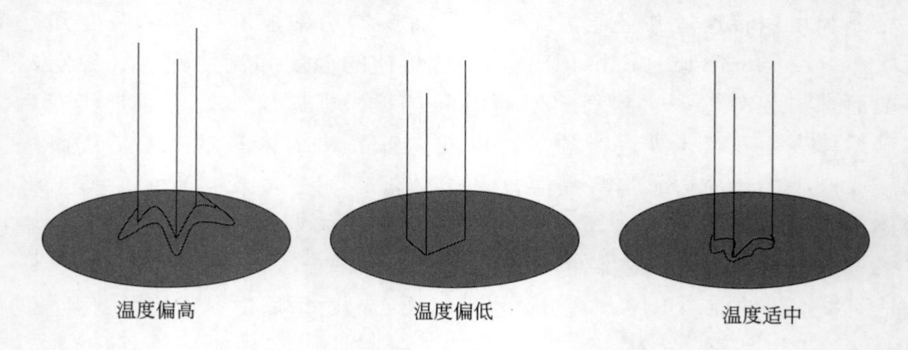

图 5-29　引晶温度判断示意图

度没有稳定，应稳定几分钟再引晶。如果熔接界面无光圈，籽晶无法与熔体引晶，出现籽晶周围立刻析出白色结晶，且结晶沿熔体表面长大等现象，则表示熔硅温度偏低，应立刻升温。当引晶时光圈缓慢出现，且光圈柔和、圆润，籽晶无熔断、无长大现象，则可以进行引晶生长。

(5) **缩颈生长** (growth of narrow neck)

硅籽晶和硅熔体引晶之后，等 1～2min 有光环出现且棱线有逐渐变化的趋势，快速提升籽晶（可达 3～6mm/min），提升速度越快，新结晶单晶硅直径越小，产生的新单晶被称为晶颈，该过程称为缩颈生长（如图 5-30）。

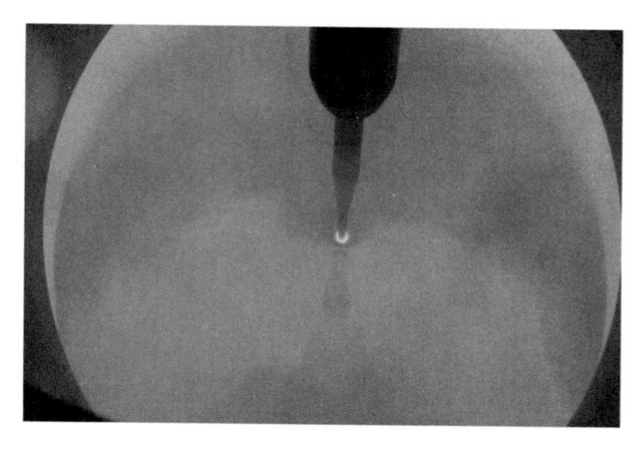

图 5-30 缩颈生长

一般而言，籽晶是采用单晶制造而成的，直径在 5～10mm，长度一般约为 10cm 左右。缩颈开始时，应先引直径 10mm 左右较粗的晶体，长度为 30mm，可作为下次熔接使用，避免籽晶浪费。经过去除表面损伤层的籽晶应该是无位错的，但是由于熔接过程中籽晶和硅熔体在温度差所产生的热应力和表面张力的作用下会产生位错，这些位错一旦出现，将会沿滑移面向外滑移，可能延伸到整个晶体，导致整个单晶体的毁坏。如果此时单晶硅直径很小、晶颈足够长，位错很快就能滑移出单晶硅表面，而不再继续向晶体内部延伸，这就是缩颈工艺能生长无位错单晶的原因。

单晶硅为金刚石结构，其位错的滑移方向为滑移面 {100} 的<110>方向。单晶硅生长方向为籽晶界面法线方向，一般为 [100]、[111]，偶尔用到 [110] 晶向。滑移面与生长方向夹角分别为 35°16′、19°28′、0°，于是位错可以利用缩晶生长消除位错技术（dash technique）使之长出晶体表面而消失。

理论上，晶颈长度 l 应该满足如下的经验公式：

$$l \geqslant d\tan\theta \tag{5-6}$$

式中，d 为晶颈直径，cm；θ 为滑移面与晶体生长方向的最小夹角。

所以，对于 [100] 方向生长的单晶，$l \geqslant d\tan 35°16' = 1.41d$；对于 [111] 方向生长的单晶，$l \geqslant d\tan 19°28' = 2.83d$。但是，在实践中晶颈长度要达到直径的 10 倍以上。

一般而言，晶颈的直径越小，越容易消除位错。但是，缩颈时晶颈直径 d 受单晶硅棒晶体长度和直径限制（重量限制），其经验公式如式（5-7）所示。式中 d 为晶颈直径，D 为晶体直径，L 为晶体长度。

$$d \approx 1.608 \times 10^{-3} DL^{1/2} \tag{5-7}$$

因此，在晶颈能够承受单晶硅棒重量的前提下，晶颈越细长越好。

一个高质量的缩颈应该是：颈细均匀、表面光滑、修长，直径 3～6mm（投料 60～90kg），长度 100～150mm，颈上棱线对称、突出、坚挺，没有时隐时现、一大一小现象。对<111>晶向有时能够看到苞丝，说明位错已经消除。

(6) **放肩** (expanding the shoulder)

缩颈过程后必须将直径放大到接近目标直径（相差约 10mm 左右），此阶段称为放肩，如图 5-31 所示。放肩开始，籽晶周围的光圈在前方开口，然后向两边退缩，随着直径的增大，光圈退缩到直径两边，并向后靠去，直至到目标尺寸。在放肩过程中拉升速度相比缩颈过程的拉升速度小得多，一般约为 0.5mm/min，放肩角度控制在近 150°左右，形成平放肩。

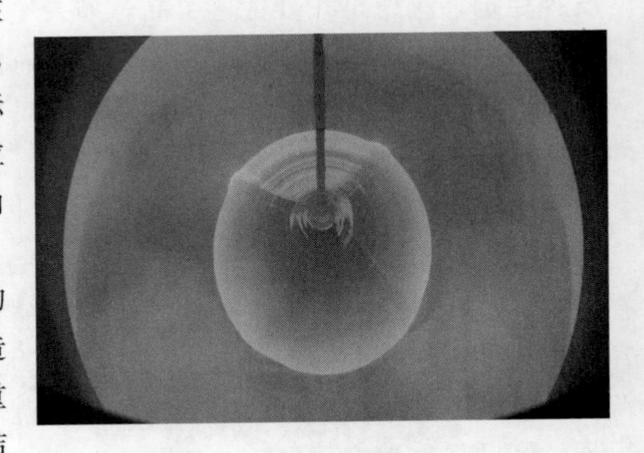

图 5-31 放肩

放肩的形状和角度将会影响单晶硅棒头部的固液截面形状及晶棒品质。较大的角度，容易造成熔体过冷，放肩直径快速增大而成方形，严重时将产生位错和位错增殖，甚至会出现非单晶结构。如果在肩部生长过程中发现此种情况，可适当提高拉速，适当升高温度。放肩太慢影响生产效率，晶冠太长导致晶体实收率低。因此，在放肩过程中最重要的参数是直径的增加速度。

在放肩过程中，放肩质量的优劣根据肩部特征观察。好的放肩应该具有以下特征：棱线对称、清楚、坚挺、连续，放肩表面光滑、圆润，没有切痕，出现的平面对称、平坦、光亮，没有切痕。

当放肩直径接近目标直径，与目标值相差 10mm 时，可以升高锅温、提高拉速（3～4mm/min）进入转肩阶段（shoulder turn）。这时会看到位于肩部后方的光圈较快地向前包围，最后闭合。光圈由开到闭合的过程就是转肩过程，转肩过程中晶体仍然在生长，只是生长速度越来越慢而已。

为保持液面位置不变，转肩时或转肩后应开始启动锅升，一般锅升速度要适当并随晶升变化。放肩时，直径增大很快，几乎不会出现“弯月面”光环，转肩过程中，弯月面光环逐渐出现，宽度增大，亮度变大。若放肩失败，用降锅的方式使肩脱离液面。不能直接提肩，以防锅位过高，引起液面抖动，发生“喷硅”事故。所以，目前的工艺都采取提高拉速的快转肩工艺。

(7) 等径生长 (growth of body)

转肩完成后便会进入等径生长阶段，如图 5-32 所示。单晶硅片来自硅棒的等径生长部分，所以此阶段的参数控制非常重要。拉速和温度的不断调整，可使硅棒的直径误差维持在±2mm 之间。由于拉晶过程硅熔体在不断地下降，而硅棒受到坩埚辐射能量增加，所以随着晶棒的增长要减小拉升速度来加快散热。等径生长阶段一般都在自动控制状态下进行，要维持无位错生长到底，就必须设定一个合理的控温曲线（实际上是功率控制曲线）。自动控制中，一般用光学传感器 CCD 取得弯月面的辐射信号作为直径信号。弯月面如图 5-33 所示，在生长界面的周界附近，熔体自由表面呈空间曲面，称为弯月面，弯月面可以反射坩埚等热辐射，从而形成高亮度的光环。

除此之外，保证硅棒无位错的生长是至关重要的。在等径生长过程中有两个原因可以导致位错产生。第一，单晶硅棒径向热应力。实践证实，晶体生长过程中等温面不可能绝对地保持平面，比如坩埚不同位置可能存在温度差，温度差的出现会造成单晶硅棒内部出现温度梯度，进而产生热应力。同时单晶硅的中心和边缘存在温度梯度也会产生热应力。如果热应力超过了产生位错所需要的临界应力，新的位错即可产生。第二，凝结在坩埚壁上的 SiO

图 5-32　等径生长

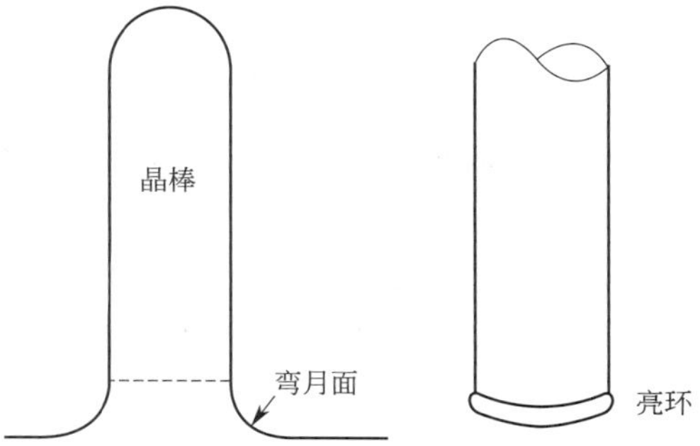

晶棒
弯月面
亮环

图 5-33　弯月面示意图

有可能掉入硅熔体中，最终会进入单晶硅棒中产生位错。

外形变化是判断位错最直观的方法，位错的出现会导致晶体硅棒的外形变化，即通常俗称的“单晶断棱”。通常单晶硅棒外形上会有一定规则的小平面（棱线），例如，对于＜111＞方向生长的单晶硅棒上应该有三个互成 120°夹角的扁平棱线；对于＜100＞方向生长的单晶硅棒有互成 90°夹角的四条棱线。无位错时，棱线应该是连续的，如果出现中断或一条或几条棱线消失，则说明在该处出现了位错，单晶变成了多晶，拉晶过程失败。值得注意的是，即使是全自动单晶炉，也不会出现断棱的报警，因此，操作工需要经常观察单晶状态。

(8) **收尾生长** (closure)

在完成等径生长过程后，升高硅熔体的温度，加快单晶硅的生长，使得单晶硅直径快速缩小，形成一个圆锥状而与液面分离，该过程称为单晶硅的收尾，如图 5-34 所示。如果不经过收尾过程，则会在单晶硅棒末端中产生热应力，假如热应力超过位错产生所需临界应力就可能产生位错，同时，位错会沿着滑移面向上攀移。对于＜111＞晶向生长单晶，位错向上的攀移长度约为单晶的直径尺度；对于＜100＞晶向生长的单晶，攀移长度短些。位错攀移使得单晶等径部位在位错位置被切除，不能加工为合格硅片，降低了单晶成品率。

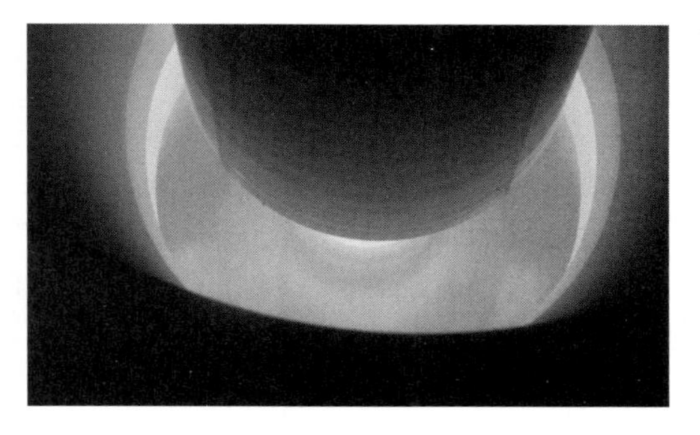

图 5-34　收尾生长

收尾可以根据晶体长度、晶体质量、剩余硅料多少来判断。收尾太早，剩料太多，拉晶不完全；收尾太晚，容易断苞，合格率降低。

根据尾部形状，收尾过程可分为慢收尾和快收尾。慢收尾，尾部平缓结束，时间长，不易断棱；快收尾，尾部快速收尖，时间短，易断棱。一般而言，在保证不断棱前提下，要求尽快收尾。

(9) **停炉** (shutdown)

收尾完毕，停止坩埚旋转并使其下降 30～50mm，停止晶体旋转并使其以 2mm/min 速度上升 30～60mm。加热功率在 1～2min 内降到零，或者先将功率降至 30kW，半小时后降至零。停炉后 3～5h 关闭氩气阀，继续抽真空到 3Pa 以下，关闭真空阀，停机械泵，进行热态检漏，要求检漏时间不少于 3min，漏气率不高于 0.3Pa/min。

5.1.10 熔体对流

熔体的对流对固液界面的形状造成直接的影响，而且也会影响结晶体杂质分布。引起熔体对流的因素包括热源引起的自然对流、晶体转动引起的对流、坩埚转动引起的对流，以及表面张力和晶体生长引起的对流，如图 5-35 所示。

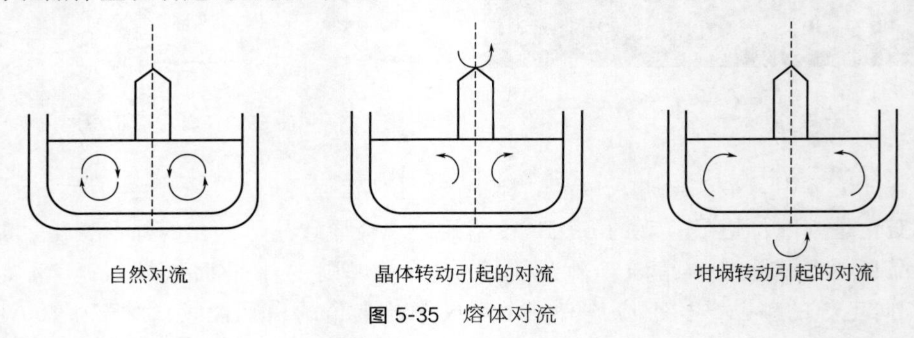

图 5-35 熔体对流

(1) 自然对流

根据熔体温度分布，熔体周边温度比中心高，底部温度比上部高，所以在重力作用下，熔体自然形成所谓的"自然对流"。自然对流可用无量纲的格拉晓夫常数，或者瑞利数来描述，即：

$$Gr=\alpha g\Delta T\frac{d^3}{V_K^2} \tag{5-8}$$

$$Ra=\alpha g\Delta T\frac{d^3}{kV_K} \tag{5-9}$$

式中，α 为熔硅热膨胀系数；g 为重力加速度；ΔT 为熔体内最大温度偏差；d 为熔体特征尺寸，即坩埚内径，或熔硅深度；V_K 为熔体动力黏滞系数；k 为熔体热扩散系数。

由公式可知，熔体特征尺寸 d 越大，自然对流程度 Ra、Gr 越大，严重的甚至会形成紊流，影响单晶正常生长。

对硅而言，$Gr=\alpha g\Delta T\dfrac{d^3}{V_K^2}=1.56\times10^4\Delta Td^3$。据估算，紊流临界值为 10^5，而目前热场的格拉晓夫常数值高达 10^8，所以必须依靠其他对流进行自然对流的抑制，方能进行单晶稳定生长。

(2) 晶体转动引起的对流

晶体转动会使紧邻固液界面下的熔体向上流动，并借助离心力的作用向外流动，其对流方向与自然对流相反。因此依靠晶体转动可以抑制自然对流，另外晶体转动也有利于改善熔体温度的轴对称性。

晶体转动引起的熔体对流可以通过雷诺数描述，即：

$$Re=\frac{\omega_s r^2}{V_K} \tag{5-10}$$

式中，r 为晶体半径；ω_s 为晶体转速。

对于熔面宽而深的情况，晶体转动对自然对流的影响只发生在固液界面以下较小区域，当熔面降低变小、变浅时，晶体转动对自然对流的影响作用比较大。

当 $Re=3\times10^5$ 时，晶体转动也会造成紊流。以 ϕ20cm 的晶体为例，晶体转速达到 20r/min 时即可发生紊流现象。

(3) **坩埚转动引起的对流**

坩埚转动使熔体外侧的液体向中心流动。其对流满足泰勒公式，即：

$$Ta=(\frac{2\omega_c h^2}{V_K})^2 \tag{5-11}$$

式中，ω_c 为坩埚转速；h 为熔体深度。

坩埚不仅可以改善熔体的热对称性，而且使熔体自然对流成螺旋状，增大径向温度梯度。当晶体转动和坩埚转动方向相反时，引起熔体中心形成一圆柱状滞怠区。在这个区域中，熔体以晶体转动和坩埚转动的相对角速度做螺旋运动，而在此区域外熔体随坩埚的转动而运动。熔体运动随晶体转动与坩埚转动速度不同而呈现复杂的情况，因此若两者配合不当则容易出现固液界面下杂质富集区厚度不均，从而导致晶体内杂质分布不均匀。

(4) **晶体生长及表面张力引起的对流**

由于熔体四周温度高于中心温度，所以在拉晶的过程中，固液界面下熔体向固液界面流动。对于表面张力引起的对流，在界面上与自然对流比小得多，所以通常情况下忽略不计。

事实上，固液界面的形状、熔体的对流状况是所有拉晶工艺参数的综合效果。

5.1.11 杂质分凝

由两种或两种以上的元素构成的固溶体，在熔体再结晶过程中，浓度小的元素在浓度大的元素晶体和熔体中浓度不同，此种现象被称为分凝现象。

对于直拉单晶硅以及后面要介绍的定向凝固法制备的多晶硅中，杂质含量相对硅熔体含量相当小，所以也会发生杂质在硅熔体和硅晶体中浓度不同的分凝现象。对于杂质浓度非常小的平衡态固液系统，在固液界面处杂质的成分比例，可表达为平衡分凝系数（或平均分配系数）K。K 与温度、浓度无关，仅决定于溶质和溶剂的性质，即硅中杂质成分。

$$K=\frac{C_S}{C_L} \tag{5-12}$$

C_S、C_L 分别为平衡态下固、液相的杂质浓度。如果固、液相线是直线，则 K 为两直线斜率之比，且为常数。对于不同的杂质，K 不同。若某杂质 $K<1$，则意味着杂质在晶体中的浓度始终小于在熔体中的浓度，也就导致随着晶体生长杂质含量越来越多，例如，碳杂质 $K\approx0.07$；若 $K>1$，则意味着杂质在晶体中的浓度始终大于在熔体中的浓度，也就导致随着晶体生长杂质含量越来越少，例如，氧杂质 $K\approx1.27$；若 $K=1$，则杂质在晶体中从头到尾分布均匀。B 的 K 约为 0.9，P 的 K 约为 0.35，则该成分在硅棒生长方向的分布根据杂质分凝系数判断。金属杂质在硅中平衡分凝系数在 $10^{-8}\sim10^{-4}$ 之间。几种主要杂质在硅中平衡分凝系数如表 5-1 所示。

表 5-1 硅中主要杂质平衡分凝系数

元素	C	O	P	B	Al	Fe	Cu	Ga	As	Sb
K	0.07	1.27	0.35	0.8	2×10^{-3}	8×10^{-6}	4×10^{-4}	8×10^{-3}	0.3	0.03

然而，实际生产中固液界面不可能达到平衡态，即硅晶体不可能以无限慢的速度结晶凝固，因此熔体中杂质不是均匀分布的。在固液界面总存在一薄层无流动的边界层，如果杂质扩散速度小于晶体凝固时从固液界面排出杂质的速度，则杂质会在边界层中产生聚集。随着杂质在边界层富集的越来越多，杂质浓度越来越大，杂质扩散也越来越快。当杂质在边界层聚集速度等于边界层杂质扩散到熔体中速度时，两者达到平衡状态。

考虑到杂质富集效应，引入杂质有效分凝系数 K_e。

$$K_e=\frac{C_S^*}{C_L^*} \tag{5-13}$$

式（5-12）和式（5-13）满足以下关系式：

$$K_e=\frac{K}{K+(1-K)\exp(\frac{-V\xi}{D_L})} \tag{5-14}$$

式中，V 是凝固速率；D_L 是杂质扩散系数；ξ 是杂质富集层厚度。

杂质富集层厚度 ξ 又可表示为：

$$\xi=1.6D^{1/3}\gamma^{1/6}\omega^{-1/2} \tag{5-15}$$

式中，γ 为液体黏滞系数，熔硅 $\gamma=3\times10^{-3}cm^2/s$；$\omega$ 是晶体转动角速度。

对有效分凝系数做进一步分析：当 $V\xi\to0$ 时，$K_e\to K$，即有效分凝系数趋于平衡分凝系数；当 $V\xi\to\infty$时，$K_e\to1$，即没有分凝效应出现。实际上，晶体生长速度和晶体转动速度不会很快，所以在估算杂质分凝系数时，通常采用平衡分凝系数。

目前尚无径向杂质分布定量模型。因为在晶棒边缘下方的溶液有一个氧浓度较低的区域，氧原子较容易扩散到自由液面而挥发，一般认为氧含量径向分布呈中间部分较多，边缘较少，这也说明了径向氧含量分布主要和晶体及坩埚旋转速度有关系。因为适当快速地旋转晶体，有助于增加固液界面下的强迫对流，使得固液界面下溶质扩散边界层的厚度较为均匀，因此快速地晶体旋转有助于降低径向氧含量分布。但相反地，增加坩埚旋转速度却会导致径向氧含量分布的不均匀，因为增大坩埚旋转速度使晶棒边缘下方溶液的氧原子缺乏。碳杂质径向分布理论上应该是中心浓度低而边缘浓度相对高些，同时研究发现在晶棒头部径向分布均匀性较差，但尾部相对均匀性较好。

5.1.12 硅中杂质

为了控制硅材料的电阻率和导电性能，会有意地将某些电活性杂质掺入其中。同时，在半导体硅晶体生长和加工过程中，往往又会无意中引入一些杂质，如氧、碳、氮等非金属杂质和铜、铁过渡金属杂质，这些杂质对硅材料性能往往会有很大影响。一定条件下硅单晶中某一种杂质的浓度有一个最大的可能值，这个最大的可能浓度是固溶度。固溶度的大小与杂质原子的大小和电化学效应等因素相关。对于硅晶体而言，杂质原子大小与硅原子四面体共价半径大小的相差程度对杂质原子的溶解度有一定的影响，如果两者的差异大于 15%，则杂质原子的溶解度通常比较低。研究者还发现硅中的某些杂质（如 Fe、Cu、Au、B 等）固溶度随温度的变化而改变，这些杂质的固溶度开始随着温度的升高而增大，但当温度上升到它们熔点温度附近时，其固溶度又迅速下降。

(1) 硅中氧杂质

氧是 CZ 硅中含量最高的杂质，它在硅中行为很复杂，总的来说，既有益又有害。

① 增强硅片机械强度。氧在硅晶格中处于间隙位置，对位错有钉扎作用，故而可以增大晶体的机械强度，避免硅片在器件工艺的热过程中发生形变。这是氧杂质对硅单晶性能最大贡献之一，也是 CZ 硅单晶在集成电路领域广泛应用的主要原因之一。但是这种增强作用只有氧处于溶解状态时才会出现，当处在沉淀状态时，不但不能增强反而会对机械强度有所破坏。氧沉淀的情况也是可以加以利用的，氧沉淀会在晶体中形成应力区，也可以形成一定数量的悬挂键，可以吸收杂质和缺陷。利用特定的热处理条件，在器件激活区外生成 SiO_2 沉淀和相关诱导缺陷，可用于有害金属杂质的吸除，使激活区成为“洁净区”以提高器件性能。因此，对器件加工过程而言，硅单晶氧杂质浓度必须在合适的范围内。

② 氧热施主。直拉单晶硅在低温（300～500℃）热处理时，会产生与氧相关的施主效应，具体表现为会产生大量的施主电子，使得 N 型硅电阻率下降，P 型硅的载流子浓度减少，电阻率上升。施主效应严重时，甚至能使 P 型晶体硅转化为 N 型晶体硅。这种与氧相关的施主被称为“热施主”。研究发现，氧热施主是双施主，即每个热施主可以向硅基体提供 2 个电子，其能级分别处于导带下 0.06～0.07eV 和 0.13～0.15eV。因此，当产生的热施主浓度较高时，会直接影响太阳能电池的性能。氧热施主在 450℃ 产生最大的热施主浓度，在 550℃ 以上短时间热处理就可以消除，通常消除参数设定为 650℃、1h。氧热施主除了受温度影响外，单晶硅原生氧浓度是热施主浓度的另一个最大因素。通常认为，氧热施主浓度主要取决于单晶硅中氧初始浓度，初始形成速率与氧浓度的 4 次方成正比，其最大浓度与氧浓度的 3 次方成正比。另外，晶体硅中其他杂质也会影响施主形成，比如碳、氮会抑制热施主形成，而氢会促进热施主形成。

除热施主外，含氧的直拉单晶硅在 550～850℃ 热处理时，还会形成新的与氧相关的施主，被称为“新施主”。新施主具有和氧热施主相似的性质，但是它生成时间一般为 10h 左右，甚至更长。因此，单晶硅棒冷却过程虽然要经过该温区，但是时间少于 10h，所以对于太阳能电池用直拉单晶硅而言，新施主的作用和影响一般是可以忽略的。

③ 氧沉淀。硅中氧在熔点温度附近的平衡固溶度为 $2.75\times10^{18}cm^{-3}$，在晶体生长过程中，随着温度降低，氧会以过饱和间隙态存在，在合适的热处理（600～1250℃）条件下，氧在硅中要析出，除了氧热施主外，氧析出的另一种形式是氧沉淀。

氧沉淀是中性的，主要成分是 SiO_x，体积是硅原子的 2.25 倍，没有电学性能，不会影响载流子的浓度，但是氧沉淀会对太阳能电池或硅集成电路性能产生不利影响，例如，造成双极型器件短路、漏电；对 CMOS 优越性造成影响等。值得一提的是，氧沉淀对材料力学性能具有双面性：当硅中存在微小氧沉淀时，会对位错起到钉扎作用，增强材料力学性能；但是当氧沉淀体积较大或数量太多时，会从沉淀体中向晶体内发射自间隙硅原子，导致硅晶格中自间隙原子饱和而发生偏吸，产生位错、层错等二次缺陷，从而降低硅材料性能。

影响单晶硅中氧沉淀形成、结构、分布和状态的因素主要有初始氧浓度，热处理温度和时间，和碳、氮及其他杂质原子的浓度，原始晶体硅的生长条件，热处理气氛、次序等。

a. 初始氧浓度是决定氧沉淀的主要原因。当初始氧浓度低于某一极限值时，氧沉淀数目几乎为零；而当初始氧浓度大于某一极限时，硅晶体中将产生大量氧沉淀。进一步研究表明，当条件发生改变时，氧沉淀与初始氧浓度之间的关系也会发生变化，当热处理时间增长，热处理温度降低，或者增加碳的浓度，则较低的氧浓度也能形成氧沉淀；反之，要形成氧沉淀则需要更高的初始氧浓度。

b. 氧在硅中的固溶度随温度的下降而不断下降。所以，具有一定浓度的氧在不同温度时的过饱和度是不同的，这是氧沉淀产生的必要条件。研究证明，氧沉淀过程是氧的扩散过程，受氧扩散的控制，而温度不仅影响氧的过饱和度，而且影响氧的扩散。当温度较低时（600～800℃），间隙氧的过饱和度大，形核驱动力强，但是氧的扩散速率较低。但温度较高时（1100～1250℃），氧的扩散速率高，易于形成氧沉淀，但是间隙氧的过饱和度低，固溶度增加，形核驱动力弱，实际产生氧沉淀量很少。因此，在不同温度下的氧沉淀是氧的过饱和度和氧扩散竞争的结果。实际上为了消除原生氧沉淀，一般将单晶硅在1300℃左右热处理1～2h后迅速冷却。

c. 在一定温度下，热处理时间是决定氧沉淀的重要因素。通常，直拉单晶硅在高温下氧沉淀有三个阶段：氧沉淀少量形成，表现出一个孕育期；氧沉淀快速增加；氧沉淀增加缓慢，接近饱和，此时，间隙氧浓度趋近该温度下的饱和固溶度。

对于太阳能电池用直拉单晶硅来说，与集成电路需要经历数十道甚至更多的热处理工艺不同，工艺十分简单，热处理工艺很少。另外，太阳能电池用直拉单晶硅拉晶速度快，冷却速度也快，和坩埚接触时间短，所以氧杂质相对也较少。因此，氧热施主和氧沉淀的影响都很小，可以忽略。

④ 硼氧复合体。早在1973年，Fischer就发现直拉单晶硅太阳能电池在光照下会出现效率衰退现象，而这个现象在200℃热处理后又能完全恢复，这在非晶硅太阳能电池中是著名的Staebler-Wronski现象。经过持续不断地研究，最后发现是一种硼氧复合体所致。

硼氧复合体缺陷除了与氧、硼相关外，温度对其形成和消失也有决定性作用。硼氧复合体缺陷可以低温（200℃）热处理予以消除，消除过程也是一种热激活过程，激活能为1.3eV。此外，光照强度对硼氧复合体缺陷的产生有着重要影响，缺陷密度随着光照强度的增大而增大。Schmidt提出了新的B-O复合体模型，它指出，在直拉单晶硅中存在由两个间隙氧原子组成的双氧分子O_{2i}，双氧分子与替位B结合，形成了B_8O_{2i}。在晶体硅中，硅的原子半径为1.17Å，B原子半径为0.88Å，B的原子半径比硅小25%，易与间隙氧结合，从而形成B-O复合体。此观点被Adey等的理论计算所支持。同时，理论计算还指出，这种复合体的分解能为1.2eV。B-O复合体的形成和消失，主要是由结合能、双氧分子的迁移能和分解能所决定。

考虑到硼氧复合体对高效硅电池效率有衰减等不利因素，相关研究人员对掺镓的P型和掺磷的N型铸造多晶硅进行了研究。掺镓的P型硅锭可以制备出性能优良的太阳能电池，但是镓在硅中分凝系数太小，仅为0.008，因此，晶体硅锭的底部和顶部电阻率相差很大，不利于规模生产。掺磷的N型硅锭也是一样，磷在硅中分凝系数为0.35，而且掺磷的多晶硅锭少子空穴迁移率较低，如果推广利用则需要对现用太阳能电池工艺和设备进行改造，另外，N型硅锭需要扩散硼形成P-N结，硼扩散温度要高于磷扩散温度。因此，无论是掺镓的P型硅锭还是掺磷的N型硅锭，都处于研究阶段。

(2) 硅中碳杂质

晶体中碳为非电活性杂质，主要处于替位位置，某些特殊情况下，碳也可能以间隙态形式存在。碳原子半径比硅小，当处于晶格位置时，会引起晶格形变，容易吸引氧原子在碳原子附近聚集，形成氧沉淀核心，为氧沉淀提供异质核心，从而促进氧沉淀形核。进一步而言，碳如果吸附在氧沉淀和基面上，还能降低氧沉淀的界面能，起到稳定氧沉淀核心的作用。试验证实：低碳硅单晶中的间隙氧浓度，在900℃以下热处理仅有少量沉淀；对高碳硅单晶的间隙氧，在600℃以下热处理氧浓度急剧减少，而硅晶体中的碳浓度也大幅减少，这说明碳促进氧沉淀生成。

硅中碳与氧相互作用可能会形成各种非电活性的C-O复合体，这些复合体能够造成氧的进一步聚集，从而对热施主的形成起到抑制作用，研究证明，碳氧复合体大约为一个碳原子加上两个氧原子组成。

(3) 硅中氮杂质

与碳、氧杂质相比，硅中氮杂质浓度通常较低，约为$10^{-14}cm^{-3}$。氮在硅中能够对位错具有很强的钉扎作用，阻止位错的滑移，抑制硅材料中的微缺陷，增强硅机械性能。生产实际中，为防止硅片翘曲变形和位错产生，往往需要增加硅片厚度，而氮对硅材料力学强度的提高则可以将硅片的厚度相应减小。一般认为，氮在硅中以两种状态存在：氮对（N—N）和替位氮。氮对中至少一个氮原子是处在硅晶格间隙位置上，而替位氮具有一定的电活性，其浓度不超过$10^{12}\sim10^{13}cm^{-3}$，约占总浓度的1%左右。因此，替位氮对硅材料和器件性能影响较小，实际研究中经常忽略。

当硅中氮杂质达到一定浓度时，在合适的温度下（450～750℃）可能有氮氧复合体生成，然而生成的氮氧复合体在较高温度下（>750℃）进行热处理又会逐渐消失，温度越高，消失时间越短。对氮氧复合体的结构等性能还在进一步研究当中。

氮杂质分凝系数很小，所以在硅生长过程中分凝现象很明显。硅晶体尾部氮的浓度要远高于头部的氮浓度。

(4) 硅中氢杂质

氢是硅棒中较为普遍的一种杂质，将硅片置于氢气氛围中退火（1200～1300℃）可在硅中引入氢气，同时还会使硅片表面形成表面洁净区；硅单晶在水汽或含氢气体或空气中进行低温退火（450℃），氢原子可能进入晶体硅中。研究表明，氢在室温下固溶度比较小，此时它们不能以氢原子或离子形式存在，而是以复合体的形式存在。

高温氢气退火对硅晶体中氧沉淀的形成具有一定的促进作用，同时氢对氧扩散的促进降低了硅片近表面氧的过饱和度，这将会抑制氧沉淀的形成，从而在硅片近表面形成更加良好的洁净区。Hara认为氢还可以聚集作为氧沉淀的核心促进氧沉淀的形成。氧沉淀是直拉硅单晶中一种重要的微缺陷，在集成电路的制造过程中硅片体内的氧沉淀能有效吸除硅片表面器件有源区的重金属杂质。此外，氢还能和硅中的其他微缺陷及杂质发生相互作用。氢能够改变或钝化有害金属杂质的能级，将硅中氢杂质的含量控制在合理的范围内可起到有效吸除有害金属杂质的作用。

Stefan研究发现向晶体中注入氢原子后，氢和间隙氧原子间的直接作用降低了氧原子扩散的势垒，他认为如果在氧原子的附近存在一个同样处于间隙位置的氢原子，那么氧原子就更容易从一个Si—Si键跳到相邻的键中。氢提高了间隙氧的扩散系数，同时加速了热施主的形成。Tan等认为氧的扩散系数取决于点缺陷的浓度，氢的引入能够增加空位的浓度和降低自间隙原子的浓度，从而达到促进氧扩散的作用。传统物理学认为，硅片中少量的H—O是加速热施主形成的主要成分。单晶硅中的氢能加速氧扩散、促进热施主及氧沉淀的形成，然而对其机理的研究有待于进一步加深。

(5) 硅中金属杂质

金属杂质是硅中重要杂质，少量的金属杂质尤其是过渡金属杂质就会对硅材料器件性能产生危害。金属杂质引入的深能级复合中心会大大降低少子寿命［如式（5-16）所示］，金属原子沉淀会造成漏电流从而造成对太阳能电池的不利影响。随着集成电路集成度的提高，原来对成品率无明显影响的缺陷也将变为致命缺陷。一般而言，原生单晶直拉硅中金属杂质能够控制在一个很低的范围内，但在后续的硅片加工及生产工艺中，金属杂质又会通过各种途径对硅材料造成污染。

$$\tau_0=\frac{1}{V\sigma N} \tag{5-16}$$

式中，τ_0 为少数载流子寿命；V 为载流子热扩散速率；σ 为少数载流子俘获面积；N 为金属杂质浓度，cm^{-3}。

① 金属杂质行为。单晶硅中的主要金属杂质是过渡金属铁、铜、镍，其中铜、镍是硅中饱和固溶度最大的金属，如表 5-2 所示。而且硅中金属杂质固溶度随温度降低而不断减小。金属通常以单原子或沉淀形式存于硅中，硅中铁、铬、锰均能与硼、铝、镓、铟等反应生成多种复合体，其中的铁硼对（Fe-B）是最常见也是最重要的金属复合体。此外，铁还能和金、锌等金属反应生成复合体。

⊡ 表 5-2　晶体硅中主要金属杂质固溶度

金属杂质	固溶度/cm^{-3}	适用温度
铁	$5\times10^{22}\exp(2.94\sim8.2/\kappa T)$	900℃$<T<$1200℃
铜	$5\times10^{22}\exp(1.49\sim2.4/\kappa T)$	500℃$<T<$800℃
镍	$5\times10^{22}\exp(1.68\sim3.2/\kappa T)$	500℃$<T<$950℃

室温下铁硼复合体的形成速度很快。室温下，替位位置的硼原子很难移动，铁硼复合体形成主要靠铁原子的迁移，铁原子通常在晶格＜111＞方向和硼结合成复合体。铁硼复合体的形成减少了硼掺杂浓度，也能对其余的硼原子起到补偿作用，导致载流子浓度降低，电阻率升高。在 200℃以上对硅晶体进行热处理时，铁硼复合体将会发生分解，同时生成铁沉淀。

硅晶体中大多数金属能形成金属沉淀。金属元素半径一般都比硅大，容易引起较大的晶格畸变，而且在硅中也都有非常大的扩散系数。例如，铜、镍，即使淬火，也会形成沉淀而不溶解在硅晶格中；铁、铬扩散系数相对较小，但在冷却热处理时仍然有沉淀现象出现。对过渡金属而言，其沉淀相结构一般为 MSi_2（M 为 Fe、Co、Ni），Cu 金属沉淀相结构为 Cu_3Si。一般而言，铜和镍是均匀成核沉淀；而 Fe 沉淀的形成需要异质沉淀核心（如位错、层错等），属于非均匀成核沉淀，当硅晶体在高温退火后缓慢冷却时，几乎所有的铁原子都能形成沉淀。金属沉淀的形态与金属种类、热处理温度和冷却速度有关。对于快扩散金属而言，在高温热处理后缓慢冷却，形成的沉淀一般密度较小，尺寸较大，且有特征形态。在高温热处理后淬火，则形成的沉淀一般密度较高，尺寸较小，没有特征形态。

② 吸杂去除。当金属杂质仅对硅材料表面造成损伤时，一般可以采用化学清洗剂（尽量使用高纯度的清洗剂）对材料表面进行清洗将杂质除去，但是清除硅材料内部的金属杂质则要采用吸杂的方法。吸杂分为内吸杂和外吸杂两种技术。内吸杂工艺是建立在氧沉淀及其

引入的二次缺陷的基础上的，此技术是在有源区之外的硅片体内产生高密度的氧沉淀及诱生缺陷，使其在器件工艺过程中沾污的金属杂质吸附到缺陷区，而在硅片表面形成晶格近完美的洁净区。早期人们为了制得完整晶体而提出了“消除缺陷”的目标，后来研究发现存在于硅片近表面和体内的缺陷（不在器件的有源区），不但无害，而且有利于提高器件成品率与电参数。因为缺陷所产生的应力场，能够吸除器件有源区沾污的金属吸杂与原生缺陷，以保证有源区（结区）的洁净。这样便发展了内吸除（氧的本征吸除）技术，以提高 IC 成品率与电参数。外吸杂有磷吸杂、背面损伤、多晶硅沉淀等方法，其原理是在硅片的背面造成损伤，引入位错等晶体缺陷，或是利用提高掺杂原子浓度增大金属固溶度的原理在背面造成重掺层，从而在硅片背面形成捕获场吸引缺陷和各种杂质使其在应力区发生沉淀。对于硅太阳能电池而言，一般是结合太阳能电池的 P-N 结制备的磷扩散，在背面形成磷重掺杂层达到吸除金属杂质的目的。

5.1.13 电阻率均匀性控制

单晶硅棒杂质分布是不均匀的，这种不均匀会造成电阻率在纵向和径向上的不均匀，从而对器件参数产生不利影响：电子器件电流分布不均，特别是大面积器件，局部发热，引起局部击穿；降低耐压和功率性能等。

(1) 纵向电阻率均匀性控制

影响直拉单晶硅纵向电阻率不均匀的因素主要有杂质分凝、蒸发、沾污等。对于 $K<1$ 的杂质，分凝效应会使单晶尾部电阻率降低，而蒸发现象则正好相反，使尾部电阻率升高。坩埚的污染，比如引入 N 型杂质，则会使 P 型单晶尾部电阻率增高，使 N 型单晶硅尾部电阻率降低。对硅单晶来说，杂质分凝和蒸发对电阻率的影响都很大，通常采用变速拉晶法和双坩埚法控制纵向电阻率不均匀性。

① 变速拉晶法。依据分凝原理，在拉晶时，若杂质 $K<1$，C_L 则不断增大，要保持 C_S 不变，则必须使 K 减小。若在晶体生长初期用较大的拉速，随后随着晶体的长大而不断减小拉速，保持 C_L 与 K 乘积不变，这样拉制出来的单晶纵向电阻率是均匀的。但是初期拉速也不宜过大，否则会产生缺陷，而拉速太小又会使生产时间过长。

对硅熔体的蒸发影响可以通过生长进行控制利用。在降低拉速拉出的尾部电阻率较低，可把尾部直径变细、降低拉速、增加杂质蒸发使 C_L 变小，而改善晶体体电阻率均匀性。反之，如单晶尾部电阻率高，则可增加拉速、降低真空度减少杂质蒸发使电阻率均匀。

② 双坩埚法。对于 $K<1$（$K=1$ 不适用）的杂质，用双坩埚法可控制纵向电阻率均匀性，如图 5-36 所示。在小坩埚外再套一个大坩埚，且内坩埚下面通过连通孔与外坩埚连通，所掺杂杂质放在内坩埚里，并从内坩埚拉制单晶。

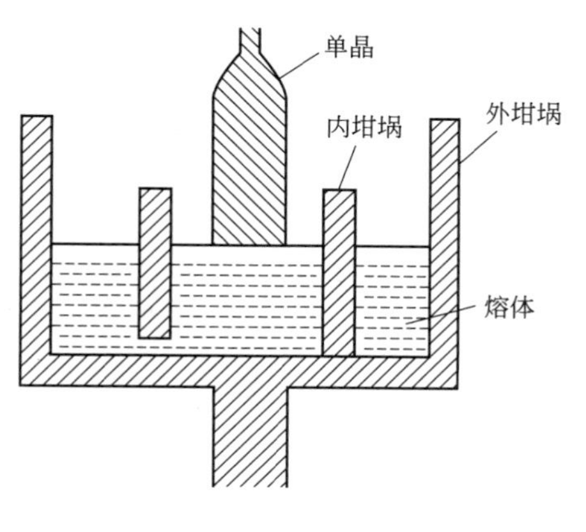

图 5-36 双坩埚法示意图

其原理还是根据杂质分凝而来，$K<1$ 时，要保持 C_S 不变，可以减小拉速，即变速拉晶法，也可以减小 C_L，即双坩埚法。当硅熔化后，

内、外坩埚液面是平面，拉晶后内坩埚液面下降，C_L 浓度变大，外坩埚熔体进入补充，始终可保持内、外液面相同，而且熔体的流入也稀释了杂质浓度。

如果 K 较小时，生长的晶体所带走的杂质少，内坩埚熔体中杂质浓度变化缓慢，晶体纵向电阻率就比较均匀。另一方面，如拉制单晶的总质量 m 相同，内坩埚中熔体质量 m_i 越大，拉晶时进入内坩埚稀释熔体的纯熔液越小，电阻率也就越均匀。

用此法拉晶，一般不把内坩埚熔体拉净而是拉出一部分后重新加料再熔融拉晶。这样可以得到一批纵向电阻率均匀的晶体。对于锗来说，剩余的锗在石墨坩埚内凝固不会使坩埚炸裂，故广泛采用此法。而熔硅凝固时会使坩埚炸裂，因此该法一直未被使用。

(2) 径向电阻率均匀性控制

影响单晶硅径向电阻率均匀性的主要原因是晶体生长时固液界面的平坦度和小平面效应。

① 固液界面平坦度。在晶体生长时，如果熔体搅拌均匀，则等电阻面就是固液交界面（熔体中的杂质浓度与晶体中杂质浓度不同，所以电阻率不同，只有固液界面电阻才会相等）。在杂质 $K<1$ 时，凸向熔体的界面会使径向电阻率出现中间高、边缘低的现象，凹向熔体的界面则相反，平坦的固液界面其径向电阻率均匀性较好。同时，界面形状也影响单晶硅品质，一般而言，界面为平面时能够生产出较高品质的单晶硅，而固液界面呈现凸或凹的形状时，结晶过程中会产生热应力。如果热应力小于硅的弹性临界应力，热应力会在冷却过程中消除，不会对晶棒产生影响，否则热应力可能导致硅棒内产生位错。

拉晶时，固液界面形状是由热场分布及晶体生长运行参数等因素决定的。在直拉单晶中，固液界面的形状是由炉温分布及晶体散热等因素综合作用的结果。拉晶时，固液界面热交换主要有四种：熔硅凝固放出的相变潜热、熔体的热传导、通过晶体向上的热传导、通过晶体向外的热辐射。潜热对整个界面是均匀的，在生长速度一定时大小也不变。在生长晶体头部，固液界面距离单晶炉水冷籽晶杆较近，晶体内温度梯度较大，使晶体纵向导热大于表面热辐射，所以固液界面凸向熔体；在晶体生长到中部时，纵向导热等于表面热辐射，故界面平坦；在结晶尾部，纵向导热小于表面热辐射，固液界面凹向熔体。

为了获取径向电阻率均匀的单晶，必须调平固液界面，采用的方法有：a. 调整晶体生长热系统，使热场径向温度梯度变小。对于凸向熔体的界面，增大拉速，使晶体凝固速度增大，这时由于在界面上放出的结晶潜热增大，界面附近熔体温度升高，结果熔化了界面处一部分晶体，使界面趋于平坦。反之，可降低生长速度，熔体会凝固一个相应的体积，使生长界面趋于平坦；b. 调节拉晶运行参数。增大晶体转速会使固液界面由下向上运动的高温液流增大，使界面由凸转平坦。但是要注意转速提升不可过快、过高，否则可能导致固液界面转向凹状。坩埚转动引起的液流方向与自然对流相同，效果与晶体转动完全相反。增大坩埚内径与晶体直径的比值，会使固液界面变平坦，还能使位错密度及晶体中氧含量下降，一般令坩埚直径∶晶体直径＝(2.5～3)∶1。

② 小平面效应。晶体生长的固液界面，由于受坩埚中熔体等温线的限制，常常是弯曲的。如果在晶体生长时迅速提起晶体，则硅单晶的固液界面会出现一小片平整的平面，通常称为小平面。在小平面区杂质浓度与非小平面区有很大的差异，这种杂质在小平面区域中分布异常的现象叫小平面效应。由于小平面效应，小平面区域电阻率会降低，为了消除小平面效应带来的径向电阻率不均匀性，需将固液界面调平。

5.1.14 晶体杂质条纹

直拉单晶硅如果沿着其纵、横剖面进行性能检测，会发现他们的电阻率、载流子寿命以及其他电学性能会出现起伏。当化学腐蚀时，其腐蚀速度也会出现起伏，最后出现宽窄不一的条纹。这些条纹是由于晶体中杂质浓度的起伏造成的，因此称为杂质条纹。

由杂质分凝原理 $C_S=K_{eff}C_L$ 可知，在一个不太长的时间间隔内，可以认为液体浓度 C_L 不变。因此 K_{eff} 的变化直接决定着晶体中杂质浓度的变化。由于 K_{eff} 与生长速率和扩散层厚度有关，如果晶体转速一定，扩散层厚度也一定，那么 K_{eff} 的起伏直接与生长速率起伏有关。实际上，正是由于晶体生长速率的微起伏，造成了晶体中杂质浓度的起伏。晶体生长速率的起伏可能由以下原因引起：由于晶体炉的机械蠕动和机械振动，使提拉或熔区移动速率无规则地起伏而产生间歇式条纹；由于晶体转轴和温度场不同轴，使生长速率发生起伏；由于加热器功率或热量损耗（如水冷、气流状况）的瞬间变化引起生长速率的变化；由于液流非稳流动，熔体内温度产生规则或不规则的起伏引起生长速率的起伏。

杂质条纹的存在使材料的微区电性质发生较大的差异，这对大规模集成电路的制作十分不利。通常可以将掺杂的单晶在一定温度下退火，使一部分浓度较高的杂质条纹衰减；也可以采用中子嬗变生产 N 型硅单晶，或在无重力条件下（太空实验室），磁场抑制自然对流引起的熔体温度波动可消除一部分杂质条纹。

5.1.15 掺杂

在直拉法中掺杂方法有共熔法和投杂法两种。对于不易蒸发的杂质，如硼，可采用共熔法掺杂，即把掺入杂质与硅料一起放入坩埚中熔化；对于易蒸发的杂质，如砷、锑、铟等，则放入掺杂勺中，待材料熔化后，在拉晶前再投入熔体中，并需充入氩气抑制杂质挥发。

(1) 仅考虑杂质分凝时的掺杂

如前文所述，半导体材料电阻与杂质浓度关系可表示为：$\rho=\frac{1}{C_S e\mu}$

杂质分布为：

$$C_S=KC_0(1-g)^{k-1} \tag{5-17}$$

因此可算出在直拉单晶时，任意部位 g 处的电阻率与原来掺杂浓度的关系：

$$\rho=\frac{1}{e\mu KC_0(1-g)^{-(1-k)}} \tag{5-18}$$

① 元素掺杂。如果要拉制电阻率为 ρ、质量为 w 的晶体，所需要加入的杂质量 m 为：

$$m=C_0\frac{wA}{dN_0}=\frac{1}{K\rho e\mu(1-g)^{-(1-k)}}\times\frac{wA}{dN_0} \tag{5-19}$$

式中，C_0 为杂质浓度，cm^{-3}；w 为单晶质量，g；A 为单晶摩尔质量，g/mol；d 为单晶密度，g/cm^3；N_0 为阿伏伽德罗常数，mol^{-1}。

例题 1： 欲拉制 $g=\frac{1}{2}$ 处、$\rho=1\Omega\cdot cm$ 的 N 型锗单晶 50g，所用锗为本征纯度，问需掺杂砷的量。已知 $K_{As}=0.02$，$A_{As}=74.9g/mol$，$\mu=4000cm^2/(V\cdot s)$，$N_0=6.02\times10^{23}mol^{-1}$。

$$C_0 \approx 4\times 10^{16}\mathrm{cm}^{-3}$$

$$m \approx 0.057\mathrm{mg}$$

从例题 1 可以看出，掺杂量一般很小，很难用常规量具准确称量，所以除非拉直重掺杂单晶外，一般都不采用直接加入杂质元素的方法，而是把杂质与本征半导体做成合金，即母合金，在拉制单晶时掺入，这样掺杂量可以准确控制。常用的母合金有硼硅（B-Si）母合金、磷硅（P-Si）母合金、砷锗（As-Ge）母合金、镓锗（Ga-Ge）母合金等。

② 母合金掺杂。假设掺杂母合金质量为 W，密度为 $D_{合}$，杂质浓度为 $C_{合}$，硅熔体质量为 M，密度为 D_{Si}，掺杂后杂质浓度为 C_0，根据杂质总量相当进行计算，公式如下：

$$\frac{W}{D_{合}}C_{合}=\frac{M+W}{D_{Si}}C_0 \tag{5-20}$$

考虑到母合金中杂质量相对硅质量而言要小很多，对母合金密度影响很小，一般认为母合金的密度与硅的密度相等，即 $D_{合}=D_{Si}$；又考虑到母合金质量相对硅熔体而言也很小，一般做如近似 $M+W\approx M$。因此，上式简化为：

$$W=\frac{MC_0}{C_{合}} \tag{5-21}$$

把 C_0 表达式代入得：

$$W=\frac{1}{K\rho e\mu(1-g)^{-(1-k)}}\times\frac{M}{C_{合}} \tag{5-22}$$

在实际拉制高阻单晶过程中，其单晶头部杂质浓度 $C_{S(头)}$ 为：

$$C_{S(头)}=KC_L=K\frac{W}{M}C_{合}\pm C_f \tag{5-23}$$

式中，C_f 为多晶硅原料和坩埚污染引入的杂质对单晶硅头部的贡献。如拉制 P 型单晶，若多晶硅料所含杂质也是 P 型的，则杂质对头部杂质浓度起到补充作用，即 C_f 取正；若硅料所含杂志为 N 型的，则 C_f 取负。

因此，要拉制电阻率上限为 ρ［对于 $C_{S(头)}$ ］的单晶，应投入的含含量杂质为 $C_{合}$ 的母合金质量为：

$$W=\frac{M[C_{S(头)}\pm C_f]}{KC_{合}} \tag{5-24}$$

例题 2： 硅多晶 300g，掺杂 P-Si 母合金 0.2g，拉制头部电阻率为 1Ω·cm 单晶（头部杂质浓度为 $5.2\times 10^{15}\mathrm{cm}^{-3}$，忽略硅料和坩埚的影响），求母合金浓度。

$$(300+0.2)\times 5.2\times 10^{15}=0.2\times 0.35\times C_{合}$$

$$C_{合}=2.2\times 10^{19}(\mathrm{cm}^{-3})$$

(2) 考虑蒸发作用时的掺杂

直拉单晶从熔化到放肩生长需要一段时间，掺入杂质元素必有部分蒸发。而杂质蒸发量 $\mathrm{d}N$ 与时间 $\mathrm{d}t$、熔体表面积 A_S、熔体中杂质浓度 C_0 成正比，因此，熔体中杂质蒸发使浓度降低量可表示为：

$$\mathrm{d}N=-EA_SC_0\mathrm{d}t \tag{5-25}$$

式中，E 为蒸发常数；C_0 与熔体杂质数量 N、熔体体积 V 的关系又可表示为 $C_0=N/V$，因此上式积分处理后得：

$$\int_{N_0}^{N}\frac{\mathrm{d}N}{N}=\int_0^t -\frac{EA_S}{V}\mathrm{d}t$$

$$\ln N\mid_{N_0}^{N}=-\frac{EA_S}{V}t\mid_0^t$$

$$N=N_0\exp[(-EA_S/V)t] \tag{5-26}$$

当 $t=0$，即母合金投入没有蒸发情况发生时，此时熔体杂质数量为：

$$N=N_0=\frac{W}{D}C_{合} \tag{5-27}$$

熔体体积可用熔体质量和密度表示为 $V=M/D$，所以杂质含量又可表示为：

$$N=\frac{W}{D}C_{合}\ \exp[(-EA_SD/M)t]=\frac{W}{D}C_{合}\ \exp[(-EA_S/\mu)t] \tag{5-28}$$

上式描述了熔体中杂质浓度随时间推移而减小的变化规律。

如前文所述，如考虑硅料和坩埚的污染影响 $C_{S(头)}=KC_0\pm C_f$，则 $C_{S(头)}=K\dfrac{N}{V}\pm C_f$，因此 $C_{S(头)}$ 也可表示为：

$$C_{S(头)}=K\frac{W}{M}\times C_{合}\ \exp-\frac{EA_SD}{M}t\pm C_f \tag{5-29}$$

上式即表示单晶头部杂质浓度随生长时间而变化的规律。

因此，要拉制电阻率上限为 ρ［对于 $C_{S(头)}$］的单晶，应投入的杂质含量为 $C_{合}$ 母合金质量为：

$$W=\frac{M[C_{S(头)}\pm C_f]}{KC_{合}}e^{\frac{EA_SD}{M}t} \tag{5-30}$$

5.1.16 单晶硅良率控制

良率是指生产出内部不含任何位错的单晶硅棒的能力。虽然缩颈技术可以消除籽晶与熔硅引晶时的位错，但由于在长晶的其他过程中温度梯度和杂质仍然随时可能存在，所以位错可能发生在整个长晶过程中。

前面讨论过引起杂质的原因主要有石墨元件带来的碳杂质、炉室内氧成分、石英坩埚引入的杂质，以及多晶硅原料含的杂质。通过使用高纯石墨元件，或在石墨元件表面镀一层 SiC 薄膜可以大大降低碳杂质在单晶中的含量；通过真空抽气系统和 Ar 保护气体的协同作用可以降低氧杂质含量；多晶硅中杂质可以在多晶硅原料生产过程，以及通过后续酸洗干燥来降低其含量。因此，实际上石英坩埚是影响单晶硅良率的主要原因，通常的做法是在高纯石英坩埚表面涂一层含有结晶水的氢氧化钡[$Ba(OH)_2\cdot 8H_2O$]。

石英坩埚为非晶态，在适当的条件下可以发生相变形成稳定的方石英晶体，而当方石英晶体脱落后便会掉入硅熔体中，虽然其中大部分方石英可以溶解在熔体中，但是仍有小部分，特别是颗粒较大的方石英晶体，在没有溶解前可能会与单晶硅棒相遇，从而产生位错。研究发现，如果在石英坩埚表面涂一层可以促使方石英晶体均匀细化的物质可以大大提升单晶硅棒良率，这是因为方石英颗粒小而致密度大、附着力强，所以很难脱落进入熔体中，即使有部分落入熔体中，但是由于颗粒细小很容易熔化。

最合适的均匀细化的物质是 $BaSiO_3$。石英坩埚表面生成 $BaSiO_3$ 物质的过程如式（5-

31）～式（5-33）所示，首先氢氧化钡[$Ba(OH)_2$]在空气中与 CO_2 作用生成碳酸钡（$BaCO_3$），在石英坩埚受热后分解为氧化钡（BaO），然后 BaO 与 SiO_2 反应形成硅酸钡（$BaSiO_3$）。

$$Ba(OH)_2 + CO_2 \longrightarrow BaCO_3 \tag{5-31}$$

$$BaCO_3 \longrightarrow BaO + CO_2 \tag{5-32}$$

$$BaO + SiO_2 \longrightarrow BaSiO_3 \tag{5-33}$$

碱金属或其化合物（氧化物、氢氧化物、碳酸盐、草酸盐、硅酸盐）也可以起到均匀细化石英的作用，但是考虑到金属杂质的污染而一般不用在太阳能电池单晶硅直拉法中。

5.1.17 单晶车间生产事故及处理

单晶车间生产事故主要分为人为事故和非人为事故。

(1) 人为事故

石英坩埚破坏损伤。装料时大块料自由落体掉入石英坩埚导致石英坩埚破裂或石英坩埚有划痕和内伤，这种石英坩埚不符合拉晶要求，不能再用。装料时要轻拿轻放，特别是大块料，对于小块料，用袋子倒时一定要确认是否倒干净。整个边皮料不要靠在石英坩埚壁，特别是锅边上边缘，否则会出现石英坩埚崩边的可能。

①“喷硅”。“喷硅”一般发生在挥发过程和升锅引晶的过程中，主要是由于温度太高、液面离导流筒太近、液面抖动剧烈引起。挥发时应使液面离导流筒有一定的距离，在升锅位时可以采取多次缓慢升锅，也可以等温度降下来再升锅位。锅位在快升到引晶锅位时多稳定温度。

② 等径时硅液碰到导流筒。在等径的过程中由于锅位太高，液面离导流筒近，使液面抖动碰到导流筒，导致无法等径生长，导流筒底部粘上硅液。等径过程中应时刻注意液面与导流筒的距离（15～20mm），如果液面离导流筒太近，可以采取降低锅升速度的措施，也可以关闭锅升，等正常后再恢复锅升。

③ 重锤熔入硅熔液中。由于没有设定晶下限位，重锤一直下降而熔入硅液。应设置合适的晶下限位，使重锤在合适的位置不能下降，最重要的是操作人员精力集中。

④ 直径偏小。直径偏小通常发生于转肩后切入等径自动生长后一段或者晶棒末尾一段。由于等径过程中没有及时测量直径，导致直径偏小而使部分晶棒报废。因此，等径过程中要及时测量直径，如有偏小现象应及时采取解决办法，如果在末尾没有自动补锅升功能应手动补锅升。

⑤ 单晶棒内裂。主要是冷却操作不规范导致。比如有的企业冷却流程规定两个阶段：第一阶段 1mm/min 1h，3mm/min 0.5h，8mm/min 2h，然后在副室冷却 1.5h；第二阶段要进行收尾操作。停炉时应降低锅位使硅棒脱离液面。

⑥ 倒吸和氧化。在等径过程中炉内会产生很多氧化物，使晶棒氧化。一般炉内氧化是由于漏气/水或者挥发物抽不出去造成的。漏气/水可能原因：炉体本身漏气/水、不小心开过滤罐放气阀以及电磁阀不工作等。挥发物抽不出去一般是由于抽气孔堵塞引起。因此，在清扫工序中要认真清扫抽气孔和管道；加热前认真检漏；清过滤罐要看好炉号及其对应的过滤罐，再看真空泵是否没有工作，然后再开放气阀。

⑦ 籽晶断。由于原籽晶或细颈质量不过关，或在取棒过程中晶棒晃动幅度过大导致晶

体掉入锅中。装籽晶时要仔细检查有无裂纹；钼夹头与籽晶是否吻合，装上后用力拉籽晶；引晶时一定要把握熔接温度，引晶要避免细颈过细、质量问题等；取晶棒时尽量减少摆动幅度。

⑧ 打火。硅料在高温过程中电压、电流、功率波动很大且重复复位后仍加不上热，而且炉体内有“噼啪”声音。加热器螺栓要拧紧且每个螺栓力度相似，热场安装时确认加热器与反射膜、下保温筒、中保温筒之间缝隙均匀性；检查热场部件之间是否有碳毡等杂物；装料时要注意坩埚上面不要放太小的碎料，避免塌料时小料掉到三瓣埚与加热器之间。

⑨ 石墨件损坏。是指在拆装炉过程中石墨件碰到异物使其损坏不能使用的事故。在拆装炉时要确保高温手套处于安全状态；拆装炉时清理周边障碍物，拿石墨件时要轻拿轻放，大件要两人合作。

(2) 非人为事故

① 三瓣埚裂。在炉子工作的过程中，开锅转，液面严重抖动。在排除温度振荡和机械振荡、石英坩埚挂边碰导流筒等因素下可以确定是坩埚破裂。一般应该关闭锅升，手动拉，做拉多晶处理。

② 单晶棒掉落。在等径中掉落或是在停炉后掉落。一般是由于机械振动、细晶/原籽晶断裂、液面结晶等原因引起。尽可能排除机械振动因素，安装籽晶时要检查好；引晶时必须出光圈，在快到结尾时必须注意炉内液面情况；尾部掉料时，一定要经常观察炉内变化，液面结晶时要加温手动拉，若结晶很快，直接切断晶体，停炉。

③ 漏硅。在炉子工作过程中熔硅漏入炉体，导致炉体打火、石墨件损坏等情况。一般由于石英坩埚破裂引起。在装料前应检查好石英坩埚，不能用的绝对不用；化料锅位的变化一定要按照工艺要求操作；装料时不能用硬物砸破石英坩埚或使其内有内伤。

④ 停电。生产过程中突然停电，造成炉子停水、炉子停止工作、真空泵停止工作。首先关闭氩气，手动关闭真空泵阀门。然后通过启动发电机，继续生产，即如停电时间较短(5min 以内)，可以继续生产：打开真空泵，打开氩气，开加热器。如停电时间较长，则直拉工序不同应对措施不同：空烧时停电，来电后继续空烧；化料和引晶放肩阶段停电，则需要停炉，待结晶后手动升石英坩埚至最高限位；如在等径阶段停电，手动降低坩埚使晶棒脱离液面，结晶后坩埚至最高限位；收尾阶段停电，手动降低坩埚使晶棒脱离液面，停炉冷却。

⑤ 停水。停水一般是与停电联系在一起的。停水会使炉子热量无法移除，导致炉子变形损坏，甚至报废。因此停水相对而言更加严重。一般停电、停水后立刻启动发电机，恢复供水则影响较小。如果无法立刻恢复供水，则需要利用备用水进行人工冷却。

5.2 连续加料直拉法

直拉单晶硅每拉一根单晶硅就得熔化一坩埚多晶硅料、降一次温、停一次炉、拆一次炉，石英坩埚经过冷却破裂而无法重复使用等问题，不仅浪费能源，耗费人力，而且生产速度缓慢，生产成本也高。克服这一弱点最简单的方法就是加大坩埚的尺寸，增大熔硅量。但是加大坩埚尺寸，就要加大单晶炉的尺寸，就得增加电动机的功率，同时也得增加熔硅的电功率。这样，不仅不能弥补直拉单晶硅的上述弱点，而且还增大了工艺难度和能源的浪费。为了弥补坩埚尺寸小的不足、提高生产率，发展了“重新加料”和“连续加料”两种技术。

重新加料直拉技术，又叫作多次拉晶法（recharged CZ，RCZ），是在CZ法基础上通过设备加装加料装置（给料器）改进而来的。RCZ在每次拉制完成后使坩埚保持高温，通过加料装置将多晶硅颗粒料加入坩埚内，与剩余锅底料一起熔化，用于下次晶棒拉制。RCZ解决了坩埚冷却导致其破裂的问题，使得坩埚可以重复利用。虽然如此，但是RCZ在拉制下一次单晶前必须要等待单晶硅棒在闸门室内冷却并移出，造成工业生产效率不高，同时，RCZ仍然没法避免随着单晶硅棒拉制而熔体变少、液面降低问题，也就没法改善拉制环境中热场不稳定问题，硅棒同样可能存在头尾性质不均问题。

连续加料直拉生长技术（continuous CZ，CZZ）是在拉制单晶的同时连续进料，很好地建立了拉制过程中稳态热场，同时可以固定分凝系数解决组分分布不均等问题。CZZ根据加料方式不同又可分为连续固态加料、连续液体加料、双坩埚液态加料三种形式。固态加料是选用颗粒硅料通过给料器直接加入单晶生长炉；液态加料设备分为熔料炉和生长炉，熔料炉专门熔化颗粒硅料，并通过给料器进行连续加料，而生长炉专门拉制单晶。两炉之间有输送管，根据两侧压力不同实现生长炉补料，保持液面高度不变；双坩埚技术则是内层坩埚拉制单晶，外层坩埚加料熔化硅料，两层之间用石英挡板有效隔绝加料引起的熔体扰流，防止内层坩埚的拉制过程受到加料影响。

CCZ直拉法拉制单晶和加料熔化同时进行，省去了硅棒冷却的时间，提升了生产效率，生产效率是RCZ的1.4倍以上，单位电耗降低20%以上，因而成本较RCZ低30%。CCZ硅棒电阻率更加均匀、分布更窄，更加适用于P型PERC电池工艺及更加高效的N型电池工艺。基于效率、品质、成本等多重因素考量，CCZ连续直拉单晶技术将逐渐替代现有的RCZ技术。

目前制约CCZ的因素主要有坩埚寿命和熔硅液面温度控制。目前国内石英坩埚寿命为250h，限制了CCZ法一次拉制8～10根单晶的最佳生产效率（RCZ可完成4～5根拉制）。国外石英坩埚寿命为500h，但售价昂贵，约3万美金一只。随着提拉速度的提升，熔液晶体界面会产生更多热量，因此熔液液面温度控制和热传导技术也是限制CCZ效率的一个方面。

目前，国内已经具备CCZ生产技术和能力：2017年4月，保利协鑫收购SunEdison第五代CCZ连续直拉单晶技术及资产；2018年8月，隆基完成CCZ单晶产品研发并具备量产能力。

5.3 磁控直拉法

CZ法中硅熔体的热对流（坩埚和单晶的旋转导致的强制对流、拉速驱动的强制对流、表面张力驱动的自然对流和浮力驱动的自然对流）导致坩埚中的杂质，特别是氧杂质进入单晶硅中。同时，热对流还会引起固液界面附近温度波动，晶体生长速度起伏，导致晶体中形成杂质条纹和漩涡缺陷。为了克服直拉法中以上缺点，通过施加一磁场来抑制硅熔体的强制对流，控制石英坩埚与熔体强相互作用的直拉法被称为磁控直拉法（magnetic field applied czochralski），简称MCZ。

由前面格拉晓夫常数或瑞利数公式可以看出，Ra 与 g 成正比。当在太空环境下生长单晶时，$g \to 0$，自然对流很弱，宏观无热对流，晶体生长过程中熔体质量输运主要依赖扩散，因此，晶体的完整性和均匀性将大大提高。然而，在地球上生长单晶，g 是常数，也就是说依靠改变 g 来达到提高单晶生长的完整性和均匀性是不现实的。但是，自然对流与熔体黏滞系数之间有重要的联系，因此可以通过提高 V_K 来达到相同的效果。

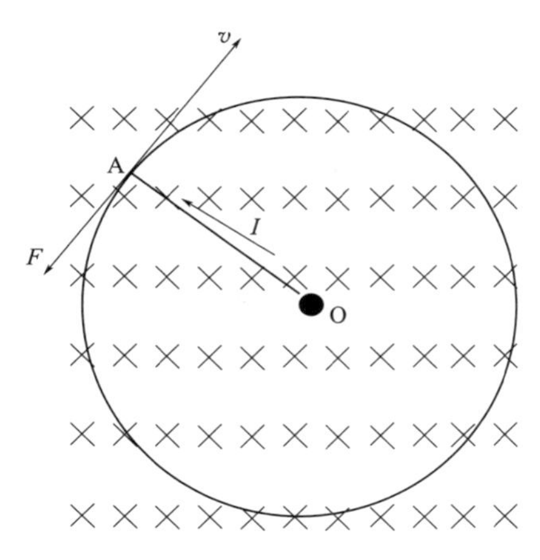

图 5-37　磁控直拉法原理示意图

5.3.1　磁控直拉法原理

磁控直拉法的原理如图 5-37 所示（以纵向磁场为例）。高温下硅熔体具有良好的导电性，故熔体可视为导体。如果在垂直于熔体表面的方向加上磁场，由法拉第电磁感应定律得知，做切割磁力线运动的导体会产生一感应电流（感应电动势），其大小和方向由式(5-34) 决定：

$$I_{OA} \propto (\vec{v} \times \vec{B}) \cdot \vec{l}_{OA} \tag{5-34}$$

由于熔体绕中心旋转，可把熔体看作由中心点到石英坩埚边缘长度（即石英坩埚半径）的导体棒密排而成，因此熔体旋转过程中切割磁力线等效于多根长度为坩埚半径的熔体导体棒切割。假设该棒沿顺时针旋转，根据式(5-34) 可判断其电流方向由 O 指向 A。

由安培定律得知，载流导体在磁场中运动受到力的作用即安培力作用，其大小和方向由式(5-35) 决定：

$$\vec{F} = I\vec{l}_{OA} \times \vec{B} \tag{5-35}$$

根据式(5-35) 可以判断，该熔体导体棒受力与其运动方向相反，流体运动受到抑制，其热对流也大大削弱。因此可将洛伦兹力阻碍对流的效应理解为“磁场增加了硅熔体的动黏度”，在磁流体力学中常用哈特曼数 H_a 来表征这个效应。

$$H_a = \left(\frac{\sigma}{\rho V}\right)^{1/2} \mu H d \tag{5-36}$$

式中，σ 为电导率，$\Omega^{-1} \cdot cm^{-1}$，$\rho$ 为流体密度，g/cm^3；V 为黏滞系数，cm^2/s；μ 为磁导率，N/A^2；H 为磁场强度，A/m^2；d 为坩埚半径，cm。在磁场作用下，H_a 增大，临界瑞利数也增大，当磁场强度大于某一数值时，能有效抑制热对流。实验显示，当磁感应强度为 0.15T 时，熔体流动速度可降低几十倍。

5.3.2　磁控直拉法磁场

磁场的产生可用电阻材料，也可用超导材料，前者容易维护，但不能产生强磁场，后者则相反。根据磁场构型的不同，所加磁场可分为横型磁场（horizontal magnetic CZ，HMCZ）、纵型磁场（vertical magnetic CZ，VMCZ）以及会切磁场（cusped magnetic CZ，CMCZ）。

横型磁场（如图 5-38）是通过电磁铁产生的，技术简单，操作方便。但由于传统电磁体的体积和耗电量都比较大，目前很多都使用超导磁铁设计。横型磁场有助于提高晶体生长速率、控制晶体中氧含量，并有利于氧含量在轴向的均匀性，所以多用于单晶硅生长方面。这主要是由于横向磁场降低了石英坩埚的熔解量，使 SiO 挥发速率增大，而石英坩埚底部向上输运的氧受到抑制。进一步研究发现，在横型磁场作用下，晶体转速快慢对氧含量影响不明显，但坩埚转速却是控制氧含量的主要因素。横型磁场缺点：破坏了自然对流的轴对称性，导致晶体中漩涡条纹的产生。

纵型磁场（如图 5-39）可以由感应线圈产生，磁体体积和耗电量比较小，但技术比较复杂，该技术多用于化合物半导体单晶生长方面。随着纵型磁场强度增大，氧含量增加，而且轴向变化也大。在纵型磁场作用下，晶体中氧含量随晶体转速增大而增大，而坩埚转速快慢对氧含量影响较小。纵型磁场缺点是破坏了系统的横向对称性，使得杂质浓度在晶体的径向分布不均匀。

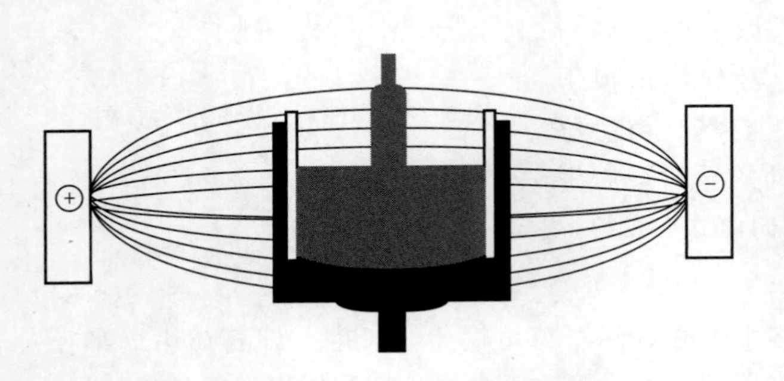

图 5-38 HMCZ 横型磁场

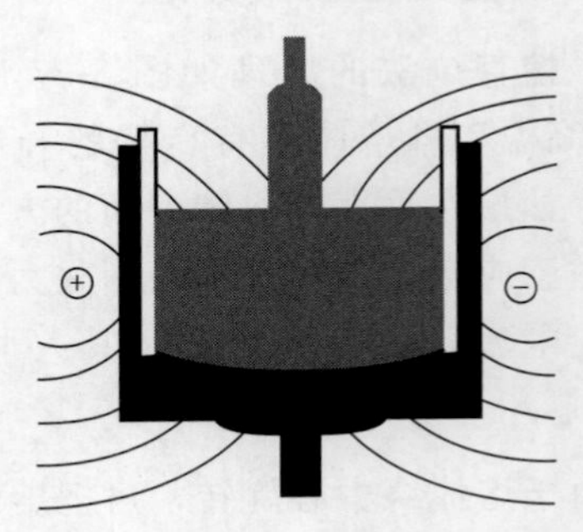

图 5-39 VMCZ 纵型磁场

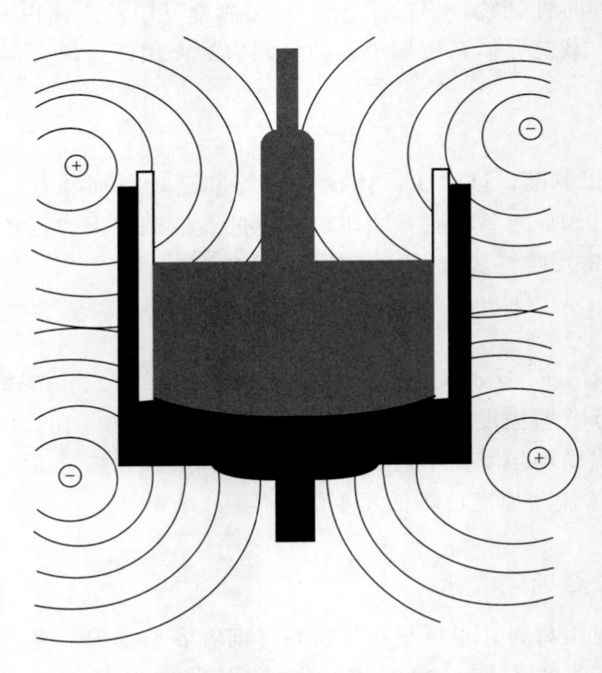

图 5-40 CMCZ 会切磁场

考虑到横型磁场和纵型磁场的不足之处，Series 和 Hirata 提出会切磁场（如图 5-40）的概念。会切磁场可以利用一对相反电流的亥姆霍兹（Helmholtz）线圈产生，两线圈产生的磁场在熔体表面上为横向，在熔体内为纵向。这样会切磁场既可以避免横向、纵向磁场单独作用的弊端，又可以维持两者单独作用的优点。即熔体内部的轴对称性和熔面横向对称性都没有被破坏，大部分熔体都受到磁场抑制作用，紊流程度降低，而且能够有效降低晶体中氧含量，且氧含量径向分布均匀。

5.4 悬浮区熔法制造单晶硅棒

5.4.1 悬浮区熔原理

悬浮区熔法是1952年提出的一种物理方法，是制备超纯半导体材料（9～10N硅）、高纯金属的重要方法，在1953年由Keck和Golay两人率先把该方法应用到晶体硅制备技术中。该法是将圆柱形高纯硅棒垂直固定于悬浮区熔单晶炉上部，在感应线圈中通以高功率的射频电流，射频电流激发的电磁场将在硅棒中引起涡流，产生焦耳热，进而硅棒得以熔化。熔区依靠熔硅表面的张力和电磁力支撑而悬浮于多晶硅和下方长出的单晶之间，所以该法被称为悬浮区熔法（floating zone method），简称FZ。

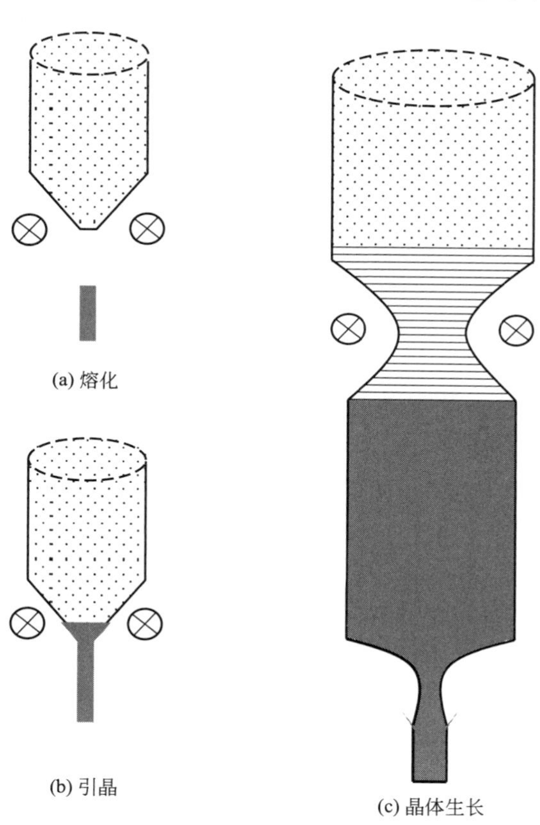

图5-41 悬浮区熔法制造单晶硅棒示意图

首先将高品质的硅棒原料表面打磨光滑，并将一端切割打磨成锥形，然后对硅棒进行腐蚀清洗以备区熔。硅棒被安装在感应线圈上部，而籽晶被固定在单晶炉下部，多晶硅棒和籽晶同轴且旋转方向相反。关上炉门，真空泵排除空气后，向炉内充入保护气体（氮气或氮氢混合气体）使炉内压力略高于大气压力。启动高频加热系统，当多晶硅棒底端出现熔滴时，将硅棒降低与籽晶熔接，然后硅棒和感应线圈快速上升，以便拉出细长晶颈，然后放慢拉速，降低温度，放肩至目标直径。在此过程中，高频感应线圈配合单晶生长速度缓慢向上移动通过整根多晶硅棒，最终生长为一根单晶硅棒，如图5-41所示。

5.4.2 熔硅稳定问题

悬浮区熔法的关键是熔区的稳定，由于硅具有密度小（$2330kg/m^3$）、表面张力大（约0.74N/m）的特点，而且受到高频电磁的支撑力作用，所以熔区容易保持稳定。熔区稳定性条件是熔区表面张力F_1与所受磁场力F_2之和要大于等于熔区重力F_3和多晶硅棒转动时离心力F_4之和，即如公式(5-37)所示。

$$F_1+F_2 \geqslant F_3+F_4 \tag{5-37}$$

式中，$F_1=\frac{2\alpha}{R}$，α 为熔硅表面张力系数；$F_2=2\pi R\frac{\mu I_1 I_2}{b}$，$\mu$ 为熔硅的磁导率，I_1、I_2 分别为感应线圈电流和感生电流，b 为感应线圈和熔区的作用距离；$F_3=\rho gh$，ρ 为熔硅密度，g 为重力加速度，h 为熔区高度；$F_4=\frac{mv^2}{R}$，m 为熔区质量，v 为熔区速度，R 为熔区对应旋转中心的距离。通过以上代换，公式(5-37) 可表示为：

$$\frac{2\alpha}{R}+2\pi R\frac{\mu I_1 I_2}{b} \geqslant \rho gh+\frac{mv^2}{R} \tag{5-38}$$

通过公式(5-37) 和式(5-38) 可以看出：表面张力越大，熔区越短小，熔区转速越小，越容易建立稳定的熔区。要增大晶体的直径，又要保持熔区的稳定，就要减小熔区质量，降低转速。

5.4.3 中子嬗变掺杂

悬浮区熔单晶掺杂方法很多。最原始的方法是将 B_2O_3 或 P_2O_5 的乙醇溶液直接涂抹在多晶硅棒的表面。该法生产的单晶硅电阻率分布极不均匀，且掺杂量很难控制。也可以把易挥发的 PH_3 或 B_2H_6 通过 N_2（O_2）稀释后吹入悬浮区熔多晶硅棒熔区，这也是目前最普遍的一种掺杂方式。还可以在硅棒圆锥部分钻孔进行填埋掺杂，依靠分凝效应使杂质在单晶的轴向分布趋于均匀，但该法适用于分凝系数较小的杂质，比如 Ga（分凝系数为 0.008）、In（分凝系数为 0.0004）等掺杂杂质。以上方法均存在掺杂杂质分布不均匀的问题，单晶硅电阻率不均匀率一般为 15%～25%，甚至更差。而（慢）中子嬗变掺杂（neutron transmutation doping，NTD）技术可以制取 N 型、电阻率分布均匀的 FZ 硅，其电阻率径向分布不均匀度＜5%。

中子嬗变是在核反应堆中进行的。硅有三种稳定同位素：^{28}Si、^{29}Si、^{30}Si，其中在核反应堆中 ^{30}Si 俘获一个热中子成为 ^{31}Si，而 ^{31}Si 极不稳定（半衰期为 2.6h），释放出一个电子而嬗变为 ^{31}P，其过程如下所示：

$$^{30}\mathrm{Si}+\mathrm{n} \longrightarrow {}^{31}\mathrm{Si}+\mathrm{r} \tag{5-39}$$

$$^{31}\mathrm{Si} \longrightarrow {}^{31}\mathrm{P}+\mathrm{e} \tag{5-40}$$

式中，n 为热中子；r 为光子；e 为电子。

由于 ^{30}Si 在 Si 中是均匀分布的，而且热中子对硅而言是透明的，所以 Si 中 ^{30}Si 俘获热中子的概率几乎是相同的，因而嬗变产生的 ^{31}P 在硅中分布非常均匀，单晶电阻率也是均匀分布。

反应堆中子嬗变后，硅单晶电阻率虽然非常均匀，但是此时电阻率很高。实际上，这不是硅单晶的真实电阻率，其主要原因有：①反应堆中除热中子外，还有大量快中子，但快中子不能被 ^{30}Si 俘获，将会撞击硅原子使之离开平衡位置；②在进行核反应过程中，^{31}P 大部分也处在晶格的间隙位置，而间隙 ^{31}P 是不具备电活性的。因此，为了得到硅单晶真实电阻率，需要经过 800～850℃热处理，使在中子辐照中受伤的晶格得到恢复。

虽然中子嬗变掺杂能够产生电阻率非常均匀的单晶硅，但该方法只适合制造电阻率大于 30Ω·cm 的 N 型半导体（掺杂浓度为 $1.5\times10^{14}\mathrm{cm}^{-3}$）。对于电阻率太低的产品，中子辐照时间太长，会导致成本较高。同时，中子嬗变掺杂增加了硅棒制造成本和能源消耗，每千克单晶硅中子辐照费用约为 400 元，一个中子反应堆消耗的能源相当可观。区熔硅单晶的产量受中子辐照资源的限制，不能满足市场需求。另外一个缺点是，生产周期长，中子辐照后的单晶必须放置一段时间，使单晶硅中产生的杂质元素衰减至半衰期后才能加工，避免对人体产生辐射。

快中子辐照由于其能量较高且是一种中性粒子，所以快中子有很强的贯穿能力，在辐照硅中能够引入分布均匀的缺陷态，然后通过短时退火可以在硅片表面形成比较完好的清洁区，比如，氧含量急剧下降区。因此，可以利用快中子来实现硅片杂质和缺陷的控制和利用，特别是 N 型硅片表面的氧化诱发层错和 P 型硅片表面的“雾”缺陷。

5.4.4 悬浮区熔单晶炉

悬浮区熔单晶炉如图 5-42 所示，该炉由炉室、机械传动装置、电气控制系统和高频发生器组成。炉室为不锈钢水套式直立容器，可通过分子泵实现高真空或通 N_2/H_2 等保护气体。炉室顶部和底部分别有一可以升降和旋转的夹具，用以固定硅棒原料和单晶籽晶。电气控制柜主要用以显示和设置制造参数的，目前先进的设备已经使用计算机进行数据采集和处理了。高频发生器是该单晶炉最重要的一个结构，可以提供 40～60kW 的功率，频率大于 2MHz。目前大多数的悬浮区熔单晶炉感应线圈由多匝变为单匝。

图 5-42 悬浮区熔单晶炉

FZ 法主要用来提纯和生长单晶。该法不使用坩埚，熔区呈悬浮状态，不与任何物质相接触，而且单晶炉为石英内壁，因此不会被污染，可以反复提纯，所以能够获得高纯度的单晶。这也导致了区熔法可以在真空或保护气体中进行，该工艺有利于硅中磷、氧、碳杂质的蒸发和除硼外其他杂质的分凝，所以特别适用于制造高阻硅单晶和探测器级高纯硅单晶，其电阻率高达数千欧·厘米到上万欧·厘米，主要应用到高反压器件，如可控硅、整流器，以及大功率器件方面。

一定浓度的氧杂质能够提供晶片强化作用，而区熔硅片纯度高，氧含量较少，所以硅片强度要比 CZ 硅片弱。

FZ 法单晶硅生产速率较快，约为 CZ 法的 2 倍，如果在垂直多晶硅棒顶部建立熔区，也可以从相反的方向拉直单晶，但该法拉直的单晶直径比多晶硅基座直径要小，该法被称为基座拉晶法。由于熔区稳定性问题，以及加热线圈限制，FZ 法生产更大尺寸单晶能力受限，目前可以实现的硅棒直径为 150mm。

FZ 炉成本高，而且对圆柱形多晶硅棒要求有严格的几何公差和平滑的表面。相比较而言，CZ 设备简单，易于操作，对多晶硅原料的几何尺寸要求不高，块状或颗粒状多晶硅均可。直拉单晶硅主要应用到微电子集成电路和太阳能电池领域，占整个单晶硅产量的 85%。

5.5 无接触坩埚技术

日本 Kazuo Nakajima 研究组提出了一种新颖的无接触坩埚法生长大尺寸单晶硅。在传统的多晶铸造炉中运用特殊的热场和籽晶，生长超大尺寸的单晶硅锭，如图 5-43 所示。在生长过程中单晶棒不与坩埚壁接触，因此不需要氮化硅涂层，目前其可以生长 45cm 直径的硅棒。采用同样的电池工艺，P 型硅片可以获得平均 18.9%的转换效率，而普通 P 型直拉硅片转换效率为 20%；若制备 N 型硅片，则平均转换效率为 19.3%，对 N 型直拉硅片的转换效率为 20%。该方法产量高，转换效率也高于普通的铸造多晶硅片，具有一定的产业化前景。

图 5-43　无接触坩埚技术制备单晶硅

5.6 液体覆盖直拉技术

液体覆盖直拉技术是对直拉法的一个重大改进，用此法可以制备多种含有挥发性组元的化合物半导体单晶，比如 GaAs、InP、GaP、GaSb 和 InAs 等。该技术利用一种惰性液体覆盖剂覆盖被拉直材料的熔体，在晶体生长室内充入惰性气体，使其压力大于熔体的分解压力，以抑制熔体中挥发性组元的蒸发损失，这样就可按通常的直拉法进行单晶生长。对惰性液体的要求：密度小于所拉直的材料，即能够浮于熔体表面之上；对熔体和坩埚在化学上必须是惰性的，也不能与熔体混溶，但要能浸入晶体和坩埚；熔点要低于被拉直的材料，且蒸气压很低；有较高的纯度，熔融状态下透明。光伏材料使用的覆盖剂为 B_2O_3，密度为 $1.8g/cm^3$，软化温度为 450℃，在 1300℃时蒸气压仅为 13Pa，透明性好，黏滞性也好。

第6章

多晶硅锭铸造工艺

本章从多晶硅发展历程介绍了多晶硅锭在光伏材料中的重要地位，进而介绍了多晶硅锭的制造原理——方向性凝固原理，并分析了四种硅锭铸造方法：布里曼法、热交换法、浇铸法、电磁铸造法，重点详述了热交换法特征、炉型特点、硅锭流程，最后对铸造硅锭品质影响因素（温度、杂质、缺陷）进行了讨论。

6.1 多晶硅发展

自20世纪80年代铸造多晶硅发明和应用以来，多晶硅增长迅速，已成为目前主要的光伏材料。20世纪80年代末多晶硅片仅占光伏材料的10%左右，2000年左右，国际上新建的太阳能电池和材料生产线大部分是铸造多晶硅生产线，多晶硅片占整个光伏材料的36%以上，当前，在整个太阳能电池材料市场中，晶体硅片以超过90%的比例占据着绝对优势，单晶硅、多晶硅市场份额相当。

早期单晶电池片没有切方环节，直接使用圆形硅片制作电池片，然后组装组件，不能有效利用光伏组件空间，相对增加了光伏组件的成本。后来采用切方形成近似于四边形的形状，解决了空间利用率问题，但是单晶硅材料利用率降低了，即使回收再用也会抬高硅片成本，而且直拉单晶工艺复杂。铸造多晶硅利用定向凝固原理，在方形坩埚中制备硅锭材料，操作简单，易于生长大尺寸硅料，易于长晶自动化控制，而且后续切片也便捷。同时，铸造多晶硅相对耗能要小，且该技术对多晶硅原料容忍度要高，因此铸造硅锭成本相比而言要低。虽然铸造多晶硅具有高密度位错、相对较高的杂质浓度，降低了光伏电池的光电转化效率，但是在“平面固液相技术”“氮化硅涂层技术”“氮化硅减反射膜技术”“氢钝化技术”“吸杂技术”的开发和应用下，多晶硅锭电学性能有了明显提高，两者光电转化效率差距正在逐渐缩短。因此多晶硅锭在光伏电池产业中仍扮演着重要角色，甚至是主要角色。

6.2 多晶硅锭铸造原理

方向性凝固（directional solidification）技术又称为定向凝固，该技术在1913年被提出，但是直到1976年才被Fischer和Pschunder应用到太阳能电池多晶硅锭制造上，当时仅占光伏材料的10%左右，目前是制造多晶硅锭的主要技术。该技术通过控制温度场的变化，形成单方向的热流，即固液界面处温度梯度大于零，而横向无温度梯度，从而实现了垂直于固液界面定向生长柱状晶体。

定向凝固技术制造的多晶硅呈现柱状，且伴有分叉。这主要是因为硅是小平面相，不同晶面自由能不相同，表面自由能最低的晶面会优先生长，特别是由于杂质的存在，晶面吸附杂质改变了表面自由能，所以出现分叉现象，如图6-1所示。对于金属，由于各表面自由能一样，生长的柱状晶取向直，无分叉。

图6-1　多晶硅锭柱状晶图

多晶硅定向凝固生长也存在多晶硅杂质分凝现象，因此，定向凝固技术也是硅提纯过程。

利用定向凝固原理铸造多晶硅锭的方法有布里曼法（Bridgman）、热交换法（heat exchange method）、浇铸法（casting）和电磁铸造法（electromagnetic casting）等。

6.3　定向凝固传热分析

定向凝固可简化为一维传热问题来分析，假设熔体凝固方向为 z 方向，则在热平衡条件下，可表示为：

$$\lambda_S \Delta T_{Sz} - \lambda_L \Delta T_{Lz} = \rho L V \tag{6-1}$$

式中，λ_S、λ_L 分别为固态、熔体状态硅热导率；ρ 为熔体密度；L 为相变潜热；$V=\frac{dz}{dt}$，为熔体凝固速率；$\Delta T_{Sz}=\frac{dT_S}{dz}$，$\Delta T_{Lz}=\frac{dT_L}{dz}$分别为固、液相硅温度梯度。

通过公式可以看出，在 λ_S、λ_L 为常数的假设下，凝固速率 V 确定时，ΔT_{Sz} 与 ΔT_{Lz} 成正比。通过增大 ΔT_{Sz} 来增强固相散热，提高 ΔT_{Lz}，增大结晶速率。ΔT_{Lz} 增大有利于

抑制成分过冷，从而提高晶体品质。但是太大的 ΔT_{Lz}，可能导致熔体温度过高，出现剧烈挥发、分解等现象，同时 ΔT_{Sz} 过大会引起较大的内应力，导致晶体出现位错甚至破裂。

6.4 布里曼法

布里曼法（Bridgeman method）是经典的早期定向凝固方法，其原理如图 6-2 所示。首先将块状或颗粒状多晶硅原料放入石英坩埚内，启动真空系统，当真空到达设定值后启动加热线圈，在硅全部熔化后降低石英坩埚位置或提升加热系统，即使坩埚底部移出热源区，从而建立起定向凝固条件。因此，热量从石英坩埚底部传出，底部熔硅温度降低而出现凝固结晶。随着坩埚持续下降，固液分界面垂直上移，产生柱状多晶硅。

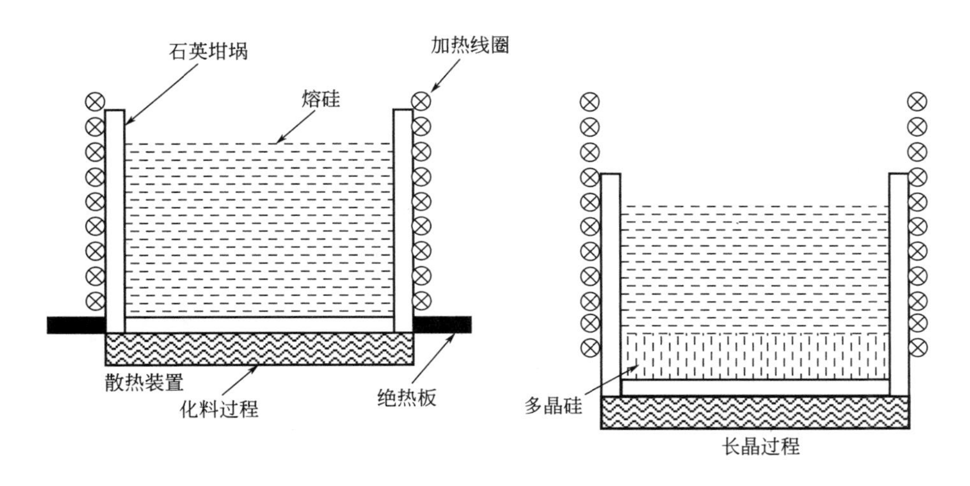

图 6-2　布里曼法制造多晶硅锭示意图

布里曼法工艺操作简单，但是炉子结构复杂，坩埚工作台升降必须平稳，长晶速率受工作台下降速度及水冷条件控制，长晶速度可以调节，硅锭高度主要受设备及坩埚高度限制。布里曼硅锭生长速度约为 0.8～1mm/min，耗时长（2～3 天/炉），而且为间歇式生产工艺。为了增大结晶速率，目前很多铸造炉底部加装了散热装置（水冷、液氮等）来增强底部散热。

6.5 热交换法

热交换法（heate exchange method，HEM）是国内生产多晶硅锭的一个主要方法，但设备主要从国外引进，如美国 GT Solar 公司，德国 ALD 公司、KR Solar 公司、英国 Crystal Systems 公司等。

热交换法坩埚和热源在化料和长晶过程中无相对位移，采用侧壁或顶底部加热方式，通过坩埚底部设置一热开关完成定向凝固结晶，在加热熔化时不启动散热系统，在凝固时打开热开关，增强坩埚底部散热，形成单方向热流，实现定向凝固。

热交换法硅锭长晶速率和固液温度梯度是变化的。结晶速率受温度梯度的影响，而温度梯度由底部刚结晶时的远大于零而逐渐减小，直到结晶结束时等于零。同时随着多晶硅锭生长，热场温度相应上移，而且还要保证热源和坩埚位置固定不变的条件下径向温度梯度为零（径向不散热），温度场控制和条件难度相对要大，特别是硅锭长度越大，热场温度控制就越难。因此，热交换法铸造硅锭高度受限，要扩大容量只能是增加硅锭的截面积。

热交换炉最大的优点就是结构简单，操作便捷。

6.5.1 热交换炉

硅锭生产核心设备为多晶硅铸锭炉，由罐装炉体、加热和测温系统、装载及隔热笼升降装置、真空和压力控制系统、水冷系统、控制和安全保护系统等组成。其几种代表性铸造炉参数如表6-1所示。

表 6-1 铸造多晶硅炉参数

铸造炉供应商	GT Solar 公司(美国)	GT Solar 公司(美国)	ALD 公司(德国)
型号	GT-DSS240	GT-DSS450	SCU 375
坩埚尺寸	690mm×690mm×320mm	840mm×840mm×420mm	834mm×834mm×390mm
硅锭质量	240～270kg	400～450kg	375kg
每炉时间	50h	52～54h	40～50h
年产锭数	160	450	200
单炉产能	2.8～3.2MW/a	>6.2MW/a	6MW/a
装卸料方式	底开	底开	顶开
加热方式	周围电阻式	周围电阻式	顶、底部电阻棒
工作区尺寸	4.8m×3.7m×6.5m	4.6m×3.65m×6m	6m×3.2m×5.2m
装料设备	有装料机	有装料机	需吊装机
价格	600000 美元	900000 美元	600000 欧元

由于多晶硅铸锭过程需要在负压状态下进行一系列操作，需要保持炉内为稳定的压力，因此需要真空系统（抽气和送气系统）。同时，该系统还要配备灵敏的压力检测装置，并把检测数据传输给“长晶情况实时分析判断系统”来判断控制压力情况，保证硅锭定向生长过程中炉内气氛稳定。

加热系统是铸锭核心部件，是热场分布和硅熔化状态的决定性因素，满足硅锭在长晶过程中对温度的要求。加热系统采用发热体加热，由中央控制器控制，并可保证恒定温度场内温度可按设定值变化，同时控制温度在一定精度范围内。

测温系统是检测炉内硅锭在长晶过程中温度的变化，给硅锭“长晶状况实时分析判断系统”提供数据，以便该系统随时调整长晶参数，使这一过程处于良好状态。

保温层升降系统通过精密机械升降系统，并搭配精确位置、速度控制系统来实现的，该系统要求能保证硅锭在长晶过程中保持良好的长晶速度。

除此之外，硅锭炉还配备熔化及长晶结束自动判断系统、系统故障诊断及报警系统。

(1) GT Solar **公司热交换炉**

GT Solar 公司热交换炉是国内使用最多的一种铸锭炉，如图6-3所示。该炉采用侧壁加

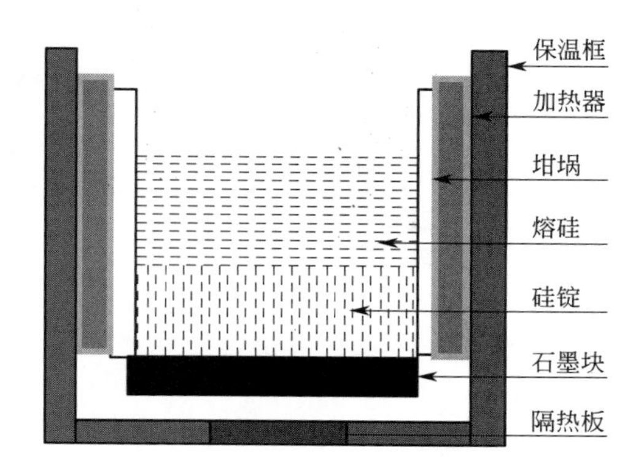

图 6-3　GT Solar 公司热交换炉

热方式，即周围式加热方式，加热时保温框和底部隔热板紧密结合，保证热量不外泄，长晶时通过提升保温框（0.1～0.2mm/min）来增加大石墨块的散热强度，打开热开关，开启散热系统，增强坩埚底部散热，坩埚底部热量通过保温筒和隔热板空隙散发出去，形成温度梯度。长晶速度由坩埚底部散热条件决定，比如，通常强制散热采用水冷，则水流量、水冷通道结构及进出水温度差是散热效果的影响因素。

GT Solar 公司热交换炉最大的优点是炉子结构简单，坩埚底部没有被加热，底部温度较表面温度低，容易形成强烈对流，但是该炉热效率不高，硅锭电耗约为 13～15kW·h/kg，结晶速度一般在 10～20mm/h，硅锭质量约为 250～450kg，铸锭循环周期长，约为 50h 左右。目前 GT Solar 公司常用坩埚几何尺寸为 840mm×840mm×420mm，硅锭质量约为 400～450kg，G5 坩埚几何尺寸为 890mm×890mm×480mm，硅锭质量约为 500kg，G6 坩埚尺寸为 1046mm×1046mm×480mm，铸锭质量达到 800kg。

(2) ALD 公司热交换炉

ALD 公司热交换炉如图 6-4 所示，该炉采用顶、底部石墨棒加热，采取顶装料方式，装料时炉盖平推移出，凝固时底部加热器断开，同时打开热开关，通过冷却板，提高散热强度（也即长晶速度）。由于是顶部加热，在液相中形成了正温度梯度，改善了晶粒取向，长晶速

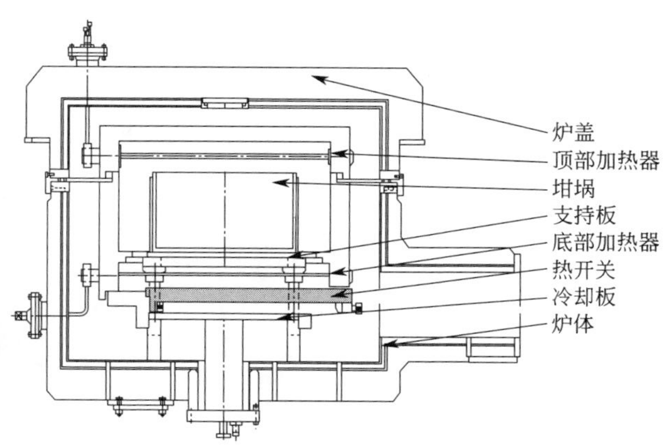

图 6-4　ALD 公司热交换炉

度也比 GT 铸造炉较快。顶部加热，抑制了对流，提纯效果可能低于 GT Solar 公司炉。固液界面较平，径向温度梯度小，杂质径向分凝不明显。该炉热效率较高，有热开关，周期缩短，约为 46～50h。该炉型生产容量大，目前正在为国内很多厂家引进，但结构较复杂，需用悬臂吊车顶装料，厂房高度增加。

6.5.2 铸造硅锭工艺流程

多晶硅锭铸造工艺流程主要包括多晶硅原料备料（腐蚀清洗、烘干、称重、包装）、掺杂剂准备、石英坩埚准备（坩埚检查、坩埚涂层）、装炉、加热、化料、晶体生长、退火、冷却、出锭等工序。

(1) 硅锭备料

与直拉、区熔单晶硅相比，铸造硅锭工艺对硅原料的不纯度具有更大的容忍度，所以铸造多晶硅的原料更多地使用电子工业的剩余料，从而使得多晶硅原料来源可以更广，价格可以更便宜。甚至于多晶硅锭切方下来的头尾料、边料也是可以重复利用的。有研究表明，只要硅锭原料中剩余料的比例不超过 40%，就可以生长出合格的铸造多晶硅。因此用于铸锭的多晶硅原料可以有西门子法、改良西门子法以及其他方法制备的原生多晶硅料（硅块或硅颗粒），多晶硅切方头料、边料，单晶硅边皮料、头尾料，以及单晶/多晶硅切片或电池片工序中的碎料、硅粉等，如图 6-5 所示。

图 6-5 铸锭多晶硅原料

(2) 石英坩埚准备

在铸造多晶硅制造过程中，可以利用方形的高纯石墨坩埚，也可以用石英坩埚，还可以使用陶瓷坩埚。石墨坩埚相对便宜，但可能会带来碳污染和金属污染问题；石英坩埚成本高，但污染少，高质量的多晶硅锭必须使用石英坩埚。

铸锭坩埚从理论上而言可以无限制地扩大，仅受限于铸锭炉的尺寸。由于影响硅锭质量的缺陷和杂质都会趋向于硅锭的边缘，因此硅锭越大，产品质量越好，一个大尺寸的硅锭也能制造出更多、质量更好的产品，得材率更高。因此，硅锭发展趋势也是倾向于生产更大尺寸硅锭。

① 石英坩埚检查　表面应干净无污染且无裂纹，内部不能有超过 2mm 的划痕、凹坑、凸起。另外，石英坩埚的尺寸如内外部尺寸、上边墙厚度、底部厚度等数据需核实，如坩埚底部过厚或过薄会引起铸锭热场工艺的变化。

② 石英坩埚涂层　铸造多晶硅时，在原料化料、晶体生长过程中，硅熔体和坩埚长时间接触会产生黏滞性。由于两种材料的热膨胀系数不同，如果硅材料和坩埚壁结合紧密，在晶体冷却时由于体积膨胀会在坩埚壁与硅锭之间产生剪切应力以及挤压力，这些因素很可能造成晶体硅损伤缺陷、裂纹或坩埚破裂（如图 6-6 所示），以及硅锭难以从坩埚内脱离出来的困难。硅熔体和坩埚的长时间接触还会造成坩埚的腐蚀，使多晶硅中碳、氧浓度升高。为了解决这些问题，工艺上一般采用氮化硅等材料作为涂层附在坩埚的内壁。

图 6-6　硅锭结晶粘锅破裂现象

虽然利用定向凝固技术生成的多晶硅，多数情况下坩埚是消耗品，不能重复循环使用，即一炉多晶硅需要一只坩埚。但是使用氮化硅涂层可使坩埚得到重复使用，降低了生产成本。

氮化硅涂层制备与注意事项如下：首先领取坩埚并检查，然后预热坩埚，在预热坩埚的同时称取氮化硅粉末，通过 100～200 目尼龙纱网过滤氮化硅粉，然后配制氮化硅喷涂液，最后进行喷涂作业。喷涂过程中要使液体均匀聚集，涂层必须均匀、无气泡、无脱落、无裂纹等问题，最后放入坩埚烧结炉进行涂层烧结，如图 6-7 所示。烧结结束后，待炉内温度降至 100℃以下时，即可取出，尽快装料，投炉，在炉外保存时间不超过 6h。

(3) 装炉

将涂有涂层的石英坩埚放置在热交换台上，装入适量的硅原料，然后安装加热设备、隔热设备和上下炉罩合拢。炉内抽真空，并通入氩气作为保护气体，使炉内压力基本保持在

图 6-7　坩埚涂层和烧结

400～600mbar（1bar＝0.1MPa）左右。

首先对铸锭多晶硅料进行测试、分档、分类，直到达到配比质量，最后计算需要的掺杂剂用量。然后进行装料工序，如图 6-8 所示：片状料（边料、硅锭头尾料）、颗粒料、粉末料等垫于坩埚底部和四周，碎片置于其上，块料置于碎片之上。注意顶部不要放大硅料，也不要放细碎硅料，装料过程中不要接触金属，要轻拿轻放，不要刮擦氮化硅涂层。

图 6-8　多晶硅装料

(4) 加热

利用石墨加热器给炉体加热，首先是石墨部件（包括加热器、坩埚板、热交换台等）、隔热层、硅原料表面吸附的湿气蒸发，然后缓慢加温，使石英坩埚温度达到 1200～1300℃，该过程需要 4～5h。

(5) 化料

逐渐增大加热功率，使坩埚内温度达到 1500℃左右，硅原料开始熔化。熔化过程温度始终保持在1500℃，直到化料结束，该过程持续时间大约9～11h。

(6) 晶体生长

硅原料熔化结束后，降低加热功率，使石英坩埚的温度降低到1420℃（硅熔点）。然后石英坩埚逐渐向下移动，或者隔热装置（隔热笼）逐渐上升，使得石英坩埚慢慢脱离加热区，与周围形成热交换。同时，冷却板通水，使熔体的温度自底部开始降低，晶体硅首先在底部形成，并呈柱状向上生长，生长过程中固液界面始终保持与水平面平行，直至晶体生长完成，该过程视装料多少而定，一般大约需要20～30h。

(7) 退火

晶体生长完成后，由于晶体底部和上部存在较大的温度梯度，因此硅锭中可能存在热应力，在硅片加工和电池片制备过程中容易造成硅片碎裂。所以，晶体生长完成后，硅锭要保持在熔点附近2～4h，使晶锭温度均匀，以减少或消除热应力。

(8) 冷却

晶锭在炉内退火后，停止加热，提升隔热装置或者完全下降硅锭，炉内通入大流量氩气，使晶体温度逐渐降低至室温附近；同时，炉内气压逐渐上升直至达到大气压。

(9) 出锭

降低下炉罩，露出固定其上的坩埚，用专用的装卸料叉车将坩埚叉出，取出硅锭，如图6-9所示。

图6-9 铸造多晶硅锭

6.6 浇铸法

浇铸法（casting method）在1975年由Wacker公司发明，其铸锭原理如图6-10所示。将硅料置于熔炼坩埚中加热熔化，然后利用翻转机械将其注入预先准备好的凝固坩埚内进行结晶凝固，为了减少径向散热，凝固坩埚除底部散热外其他位置均进行隔热处理，从而得到等轴多晶硅。

浇铸法工艺成熟，易于操作控制，其化料、长晶、冷却分别位于不同地方，基本实现了半连续生产，有利于生产效率提高和能耗的降低。然而其熔炼与结晶成型在不同的坩埚中进行，容易造成熔体二次污染，此外该设备有坩埚翻转机械及引锭机构，结构相对较复杂，同时受熔炼坩埚及翻转机械的限制，炉产量较小，而且由于晶界、亚晶界的不利影响，电池效率较低。

近年来，为了提高多晶硅电池的转换效率，对传统工艺加以改进，通过对凝固坩埚中熔体凝固过程温度加以控制——通常是在坩埚周围增加加热装置，并加以引锭结构方便对熔硅周围热场控制，形成一定的温度梯度和定向散热的条件，获得定向柱状晶组织。同时，近年来对该法熔炼过程进行了研究，采用了一些新的熔炼技术，如利用真空除杂作用及感应熔炼

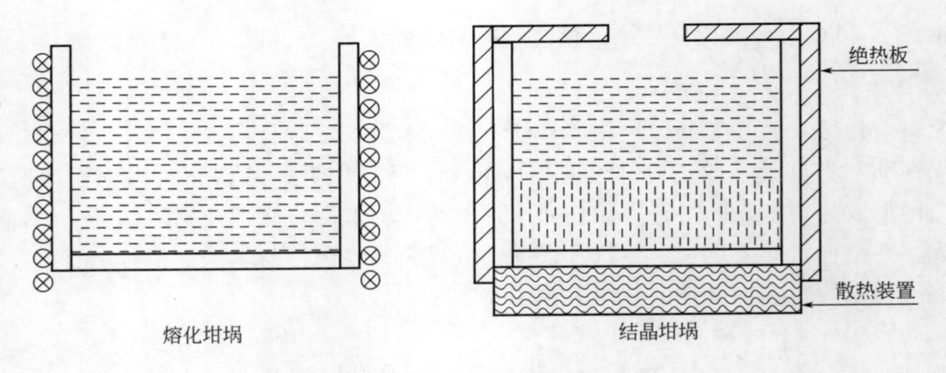

图 6-10　浇铸法制造多晶硅锭示意图

过程中电磁力对熔体的搅拌及促使熔体与坩埚的软接触或无接触作用，采用真空条件下的电磁感应熔炼或冷坩埚感应熔炼来对原料硅进行加热熔化等。

早期的凝固坩埚多为石墨材质，所以制备的硅锭中氧、碳杂质含量较高，后来逐渐被石英坩埚替代。为了应对硅锭与坩埚粘连问题，实现顺利脱模，对凝固坩埚同样采取涂层方法，而熔炼坩埚则不需要进行涂层处理。

6.7　电磁铸造法

电磁铸造法（electromagnetic casting，EMC）又被称为电磁感应加热连续铸造法（electromagnetic continuous pulling，EMCP），该方法在 1985 年由 Ciszek 首先提出，而后在日本得到深入的研究，并将其成功应用到了工业生产中。法国的 Francis Durand 等人在与 Photo-watt 公司合作下也于 1989 年将此法成功应用到了多晶硅锭铸造中。该法结合了冷坩埚感应熔炼与连续铸造原理，集两者优点于一体。

首先通过电磁铸造炉顶部经加料器把块状或颗粒状多晶硅原料投入坩埚容器，然后通过熔体预热及线圈感应原理加热熔化硅料，最后通过向下抽拉支撑结构来实现硅熔体从底部开始定向凝固结晶多晶硅锭，其原理如图 6-11 所示。

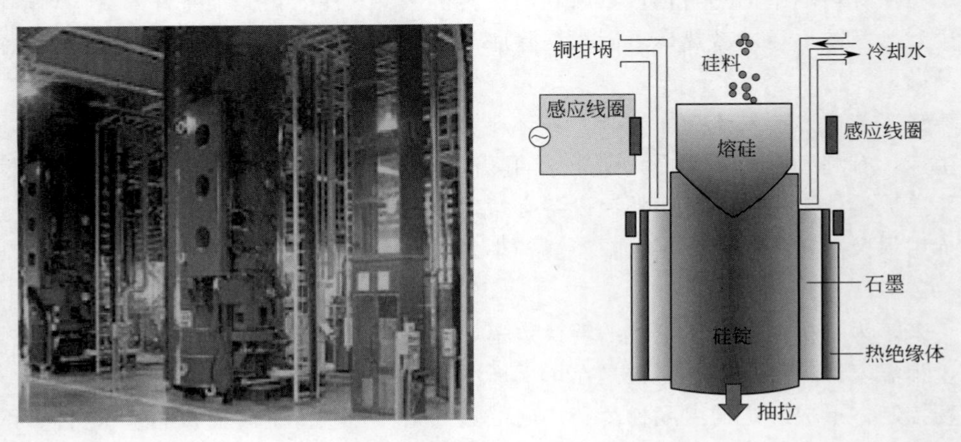

图 6-11　电磁铸造法原理示意图

低温下硅为非良导体，不满足电磁感应加热条件，因此需要在坩埚底部加石墨底托预热结构，即石墨结构既是熔体支撑结构也是预热元件。电磁铸造法中坩埚材质为铜，为了避免温度过高引起性能下降及熔体污染，设计上要求铜坩埚施加一交变电流，频率与熔体感应电流相同，方向与感应电流相反。在电磁斥力作用下熔体与坩埚无接触或软接触，有效避免了坩埚对熔体的污染，所得硅锭中杂质含量基本与原料相同，氧含量有所降低，铜含量略高，这是电磁铸造法多晶硅锭杂质含量较低的主要原因。

由于电磁力搅拌作用，硅锭性能均匀，避免了杂质分凝导致的硅锭头尾质量差、需切除的现象，材料利用率高，而且掺杂剂在硅熔体中分布会更均匀。但是电磁铸硅锭晶粒尺寸小，边料和头尾料晶粒尺寸小于 1mm，中间晶粒稍大，但也只有 2mm 左右。而且晶内缺陷，主要是位错密度大，电池片光电转换效率不高。由于杂质大多集中于缺陷附近，因此晶内缺陷有一定的内除杂作用，常规的外除杂已无多大意义，为此，研究开发了钝化技术，以用来提高电池性能。

电磁铸造法在熔体定向凝固的同时，可以进行加料，实现了连续生产，提高了生产效率，长晶速度＞10cm/h，相当于 30kg/h，而且冷坩埚寿命长，可重复利用，有利于成本的降低。电磁铸造硅锭截面比较小，但高度却很大，日本实现了 350mm×350mm、高 1m 以上硅锭的制造，甚至更高的硅锭也有报道。

6.8 多晶硅锭掺杂

太阳能电池基体材料主要以 P 型铸造多晶硅为主，硼（B）为主要的掺杂剂。其电阻率在 0.1～5Ω·cm 范围内都可以用来制备太阳能电池，最优的电阻率在 1Ω·cm 左右，硼掺杂浓度约为 $2\times10^{16}cm^{-3}$。

适量的 B_2O_3 和硅原料一起放入坩埚，熔化后 B_2O_3 分解，从而使硼熔入硅熔体中，最终进入多晶硅锭体内，其反应式如下所示。

$$2B_2O_3 = 4B + 3O_2 \qquad (6\text{-}2)$$

硼杂质分凝系数为 0.8～0.9，因此，相对而言硅锭底部硼浓度稍小，其浓度对硅锭电阻率影响变化趋势如图 6-12 所示。从图中可以看出，理论值与实际值吻合较好，因此，可以采用数值计算方法验证硅锭电阻率是否出现异常。

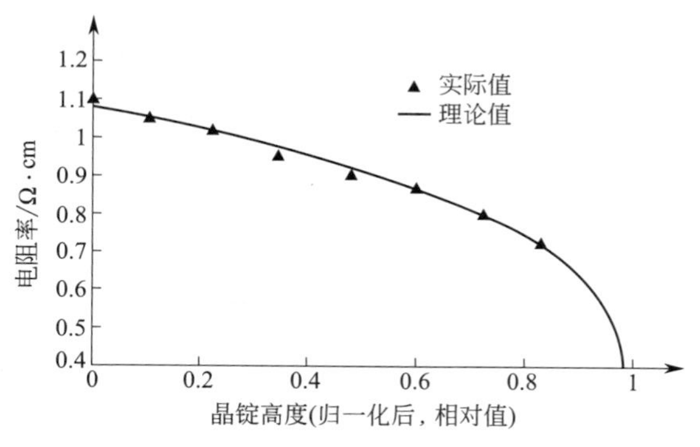

图 6-12 硅锭电阻率分布趋势

另外，硼氧复合体对多晶硅的影响与单晶硅一样。

6.9 多晶硅锭温度影响

多晶硅锭定向生长时，一般从坩埚底部开始，晶体在底部形核并逐渐向上生长形成柱状晶，晶柱的方向与晶体凝固方向平行，直至结晶结束。但是在不同的热场设计中，固液界面形状呈现凸或凹状，由于熔体和晶硅密度不同，在重力作用下将会影响晶体凝固过程，产生晶粒小、不能垂直生长的问题，影响硅锭质量。针对上述问题，进行热场设计，使得硅熔体在凝固时，自底部开始到上部结束，其固液界面始终保持与水平面平行，即“平面固液界面凝固技术”。

除此之外，硅锭在凝固过程中，晶体中心与边缘存在温度梯度。当温度梯度足够大时可能导致晶锭的裂纹、碎裂等严重问题，为此，铸造炉需要进行必要的隔热，保证单一方向热流，保持硅熔体温度的均匀性，使其没有较大的温度梯度。同样，在晶体冷却过程中温度梯度过大也会影响硅锭的质量，这就要求在晶体生长初期，晶体生长速率尽量小，使得温度梯度尽量小，以保证最少的缺陷密度生长，然后在可以保证固液界面平直前提下尽量高速生长多晶，以提高产率。

6.10 多晶硅锭杂质

铸造多晶硅原料要求不高，很大一部分来源于剩余料，再加上来自坩埚 SiO_2 的污染，所以硅锭体内杂质含量相对单晶硅棒而言很高，其杂质情况大致如表 6-2 所示。光伏电池对杂质的容忍度是不一样的，一般来说，对非金属有较高的容忍度，而对于金属则很低，例如，对 C、O、Fe、Cu 的容忍度分别约为 $10^{18}cm^{-3}$、$10^{19}cm^{-3}$、$10^{14}cm^{-3}$、$5\times10^{17}cm^{-3}$。根据分凝系数并结合硅锭生产实际情况，得到杂质在硅锭中分布情况如图 6-13 所示。

⊡ 表 6-2 多晶硅锭杂质

杂质	氧	碳	铜	镍	铁
浓度/cm^{-3}	$<1\times10^{18}$	$<4\times10^{18}$	$<1\times10^{12}$	$<1\times10^{12}$	$<3\times10^{8}$

6.10.1 非金属杂质

(1) 氧杂质

碳、氧杂质产生原因和直拉单晶硅相同。氧主要来源于石英坩埚脱氧反应或石英坩埚与硅反应，碳则主要来源于石墨元件（加热器、石墨坩埚、石墨拖、碳毡等）。

氧在硅熔体中传输受到许多因素影响，如水平对流、扩散、熔体表面蒸发、坩埚污染和硅锭生长速度等，但主要还是依赖于热对流。氧在硅熔体中分凝系数大约为 1，在凝固过程中分凝机制对于氧在硅中传递和分布起着重要作用，因此，硅锭从底部（氧杂质浓度约为 10～13μg/g）向上氧浓度逐渐降低，中间或顶部氧杂质含量较低，约为 1～7μg/g，侧部由

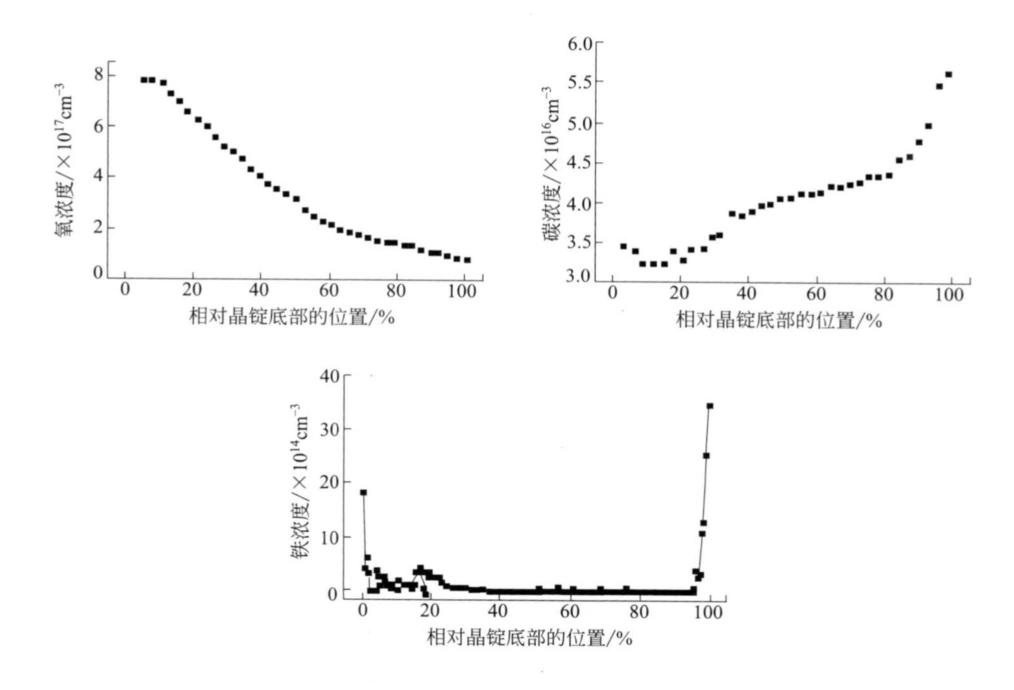

图 6-13　铸造硅锭杂质分布

于与坩埚直接接触，氧含量也相对较高。

虽然低于溶解度的间隙氧并不显电学活性，但是当间隙氧浓度高于其溶解度时，就会有热施主、新热施主和氧沉淀生成，进一步产生位错、层错，从而成为少数载流子的复合中心。当间隙氧浓度低于 $7\times10^{17}cm^{-3}$ 时，磷吸杂效果十分显著，相反高于此浓度时，吸杂效果不明显甚至更差。

(2) 碳杂质

碳分凝系数小于 1，在定向凝固时碳将聚集在硅锭的头部（顶端），而底部较少。碳是ⅣA 族元素，与硅同族，不会产生施主和受主效应。但是碳原子半径小，容易造成晶格畸变，导致氧原子在附近偏聚而形成氧沉淀的异质核心，从而对材料产生影响。更为严重的是，如果碳含量过多的话，也会与硅反应，产生一定量的碳化硅，而碳化硅的沉淀会导致晶格位错，形成深能级载流子复合中心，从而影响少子寿命，导致硅材料电学性能变差。近年来一些研究表明，在多晶硅中还容易产生尺寸较大的 SiC 团聚，往往与棒状 Si_3N_4 结合在一起形成硬质夹杂，从而影响硅锭切割。

通常情况下，碳自身很难形成沉淀，也很难与氧生成氧沉淀或碳氧复合体，但是在从高温到低温再到高温的退火处理中，碳、氧可能会发生复合，或促进氧沉淀生成。但是该沉淀是不稳定的，在高温下，又会熔解，导致碳、氧浓度又上升。在热处理时，Al-P 共同吸杂效果明显依赖于碳的浓度。同氧一样，碳在多晶硅中的行为十分复杂，对材料电学性能的影响，需要进一步研究。

(3) 氮杂质

硅中氮元素能够增加硅材料的机械强度、异质微缺陷，促进氧沉淀生成。但是铸造多晶硅锭都是采用氮气保护，或者坩埚涂层氮化硅高温下也会与硅反应，或者氮化硅颗粒脱落直接熔于硅熔体中，这些因素都会导致多晶硅细晶产生，增加晶界数量，影响光伏电池性能。

另外，在结晶过程中，氮还会与氧作用形成氮氧复合体。但是由于氮的固溶度很低，而且氮氧复合体是浅能级，因此对材料影响不是很大。

综合考虑，氧、碳、氮等杂质及其化合物或复合体对硅材料是有影响的，但是如果能够控制在 $1\times10^{-5}\sim2\times10^{-5}$（原子个数比）范围内，作为光伏电池的硅材料来说影响是很小的，是可以忽略的。由于这些杂质性质比较活泼，容易形成化合物，因此从硅熔体带走或凝固时带走不是很困难的事情。

6.10.2 金属杂质

硅锭中存在的过渡金属杂质主要有 Fe、Co、Ni、Cu、Au、Zn、Pt 等，其中 Fe、Ni、Cu 等主要占据的是间隙位置，而 Au、Zn、Pt 在硅中则主要是代替位置。

(1) 铁杂质

铁是多晶硅中最为重要的一种过渡族金属，在硅中主要是以自间隙铁、铁的复合体或铁沉淀（$FeSi_2$）形式存在。这些自间隙铁、铁的复合体或铁沉淀在硅的禁带中引入深能级中心，从而显著降低了材料少数载流子寿命。在 P 型硅中，低浓度的铁通常与硼结合成铁-硼对，而高浓度的铁则主要形成铁沉淀，它们都是深能级复合中心。铁在硅中分凝系数比较小，大约为 $5\times10^{-6}\sim7\times10^{-6}$，但是硅锭中铁分布却是底部和顶部浓度都比较高，中间较低，且分布较为均匀。这与单一分凝机制决定的间隙铁浓度分布规律有出入，目前普遍认为这是锅底内壁污染条件下固相扩散的结果，而且相关数值模拟也证实了这一点。

(2) 铜杂质

铜在硅中则易形成稳定的富金属化合物 Cu_3Si，其晶格常数远大于硅，从而引起晶格适配，产生局部应力，严重影响硅材料和器件的质量。而且铜沉淀的性质取决于冷却速率和缺陷密度，快冷下形成高密度的小尺寸铜沉淀，慢冷条件下则形成低密度的大尺寸铜沉淀，后者的复合强度远大于前者。

6.11 多晶硅锭缺陷

多晶硅中存在高密度、种类繁多的缺陷，比如晶界、位错、小角晶界、孪晶、亚晶界、空位、自间隙原子以及各种微缺陷等。这些缺陷的存在增强了电子与空穴的复合，特别是少数载流子复合，因而会影响少数载流子寿命。

(1) 晶粒

对于铸造多晶硅而言，晶粒越大越好，这样晶界面积和作用就可以减少。在实际工业中，铸造多晶硅的晶粒尺寸一般为 1～10mm，高质量的多晶硅晶粒大小平均可达 10～15mm。

晶粒大小受长晶速度影响。较快的结晶速度使得熔体中细小晶粒成核的概率增大，且长大受到限制，因此快速结晶会产生众多细小的晶粒。这也是浇铸法多晶硅锭晶粒尺寸小于热交换法的主要原因。

晶粒大小还与所处硅锭位置有关。一般而言，硅锭在坩埚底部形核时，核心数目相对较多，晶粒尺寸相对较小，随着长晶进行，大的晶粒会变得更大，小的晶粒会逐渐萎缩，即晶粒尺寸会逐渐变大，因此，铸造多晶硅锭底部晶粒小，上部晶粒大，如图 6-14 所示。研究发现，这不仅得益于生长速度变慢，而且相邻晶粒间的结合也是一个原因。

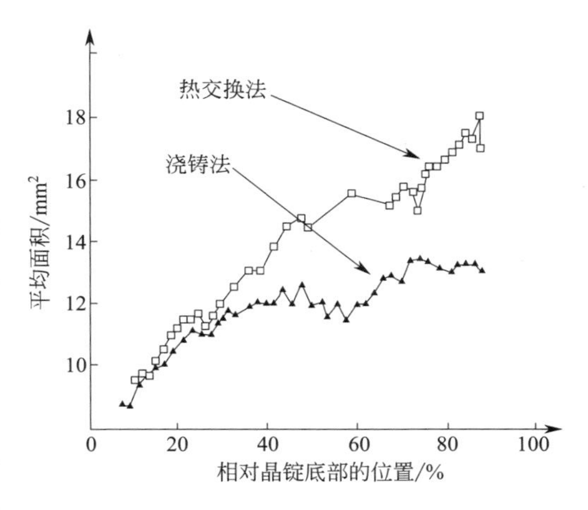

图 6-14 硅锭晶粒与位置关系

(2) 晶界

研究发现，洁净的晶界对少数载流子寿命并无影响或影响较小，实际影响少数载流子寿命的不是晶粒晶界而是晶界电活性。晶界处硅原子的不连续性造成晶界上悬挂键以及金属杂质原子在晶界位置的沉积是导致晶界处电活性的主要原因，第二个影响晶界电活性的因素是晶体生长界面形状，水平的生长界面有助于降低晶界电活性。当然，也有人认为晶界本身就存在着一系列界面状态，有界面势垒，存在悬挂键，故晶界本身就有电学活性，而当杂质偏聚或沉淀于此时，它的电学活性会进一步增强，称为少数载流子复合中心。两者共同看法都是杂质很容易在晶界处偏聚或沉积，如果晶界垂直于晶体表面，则对光伏电池效率影响较小。通过氢钝化技术把氢原子植入晶体中使之与晶界高活性电子结合，进而降低了少数载流子复合的概率，降低了晶界电活性，有效提高了少子寿命。

(3) 位错

实际上，位错是影响多晶硅太阳能电池效率的主要原因，在多晶硅铸锭过程中，与凝固时温度梯度热应力有关，另外，各种杂质沉淀也会导致位错产生。位错本身就具有悬挂键，存在电学活性，能够降低少子寿命，而且金属在此极易偏聚，少子寿命降低就更加严重。研究发现，当多晶硅锭位错密度超过 $10^5 \sim 10^6 mm^{-2}$ 时太阳能电池转化效率就会受到影响。因此，在多晶硅锭结晶时，降低温度梯度、降低热应力是改善多晶硅锭品质的一个途径。

第7章

晶体硅切片工艺

本章主要内容是晶体硅切片相关技术，主要包括内圆切割、外圆切割和砂浆多线切割和金刚石线切割技术，并对硅片质量检查和硅片等级标准进行介绍。据统计，太阳能级硅片制造成本中40%为多晶硅原料制造费用，30%为CZ拉晶费用，剩下30%为硅片加工成型费用。同时，由于硅带工艺省去了电池片制造工艺中切片、腐蚀、抛光等工艺，大大节省了成本，而成为近年来研究的热点。

7.1 硅片分类

硅片直径主要有70mm、100mm、150mm、200mm、300mm，目前已发展到450mm等规格。直径越大，在一个硅片上经一次工艺循环可制作的集成电路芯片数就越多，每个芯片的成本也就越低。因此，更大直径硅片是硅片制作技术的发展方向。但硅片尺寸越大，对微电子工艺设备、材料和技术的要求也就越高。

光伏电池硅片在2010年后，156mm硅片的比例越来越大，并成为行业主流，125mm的P型硅片在2014年前后基本被淘汰，基本仅应用于一些IBC电池与HIT电池的组件。2013年底，隆基、中环、晶龙、阳光能源、卡姆丹克5家企业联合发布了M1（156.75-f205mm）与M2（156.75-f210mm）硅片标准，在不改变组件尺寸的情况下，M2通过提升硅片面积（提升2.2%）使组件功率提升了5W（峰瓦数）[1]以上，迅速成为行业主流并稳定了数年时间，其间市场也存在着少量M4规格（161.7-f211mm）的硅片，面积比M2增加了5.7%，产品以N型双面组件为主。到2018年下半年，许多企业希望通过扩大硅片尺寸提升组件功率以获得产品竞争力。一种思路是不提高组件尺寸的情况下继续提高硅片对边距，考虑的尺寸包括157mm、157.25mm、157.4mm等，但获得的功率增加比较有限，另外增加了对生产精度的要求、还可能影响认证兼容性（如无法满足UL的爬电距离要求）。另一种思路是沿着125mm提升到156mm的思路把组件继续做大，如158.75mm规格的倒角硅片或全方片（f223mm），后者将硅片面积提高3%左右，使60片电池组件的功率提高了近10W（峰瓦数）；同时一些N型组件制造企业选择了161.7mm对边距的M4硅片；另外也有企业在推出166mm对边距的硅片。

按单晶生长方法划分，单晶硅片可称为CZ片、MCZ片、FZ片、外延硅片。CZ硅主

[1] 一些文献中把峰瓦数写作Wp，表示太阳能电池的峰值功率。

要用于太阳能电池、二极管、集成电路，也可作为外延片的衬底，如存储器电路通常使用CZ抛光片，主要是因为其成本较低。当前CZ硅片直径可控制在70～300mm之间。MCZ硅和CZ硅用途基本相似，但其性能好于CZ硅。FZ硅主要用于高压大功率可控整流器件领域，在大功率输变电产品、电力机车、整流产品、变频产品、机电一体化、节能灯、电视机等系列产品的芯片中普遍采用。当前FZ硅片直径可控制在70～140mm之间。外延硅片主要用于晶体管和集成电路领域，如逻辑电路一般使用价格较高的外延片，因其在集成电路制造中有更好的适用性，并具有消除闩锁效应的能力。当前外延片的直径在70～300mm之间。实际生产中是从成本和性能两方面考虑硅片的生产方法和规格的，当前仍是直拉法单晶硅材料应用最为广泛。

7.2 硅片切片流程

光伏单晶切片流程为单晶硅切断、滚圆、切方、切片、脱胶、插片、腐蚀清洗、干燥、检查、包装。光伏多晶硅切片流程为硅锭切方、倒角、切片、脱胶、插片、腐蚀清洗、干燥、检查、包装。相比光伏硅片而言，晶圆单晶（半导体IC）硅片制造流程步骤较多，主要包括硅棒切断、滚圆、制作参考面、切片、激光标识、倒角、磨片、背损伤、边缘晶面抛光、预热清洗、抵抗稳定（退火）、背封、粘片、抛光、检查前清洗、外观检查、金属清洗、擦片、激光检查、包装。

7.2.1 光伏硅切片

(1) 晶体切断、滚圆、切方、倒角

沿着垂直于单晶体生长的方向，切除硅棒的头（硅单晶籽晶和放肩部分）和尾部以及外形尺寸小于规格要求的无用部分，将硅晶棒切成数段，同时对硅棒切取样片，检测其电阻率、氧碳含量、晶体缺陷等相关参数。

虽然直拉法硅锭等径部分直径误差控制在2mm范围，但是也是不规则的圆柱形，除此之外，外侧可能会有晶棱等出现，因此需要进行滚圆形成规则的圆形外侧面，如图7-1所示。硅棒绕自身轴向旋转，并向前运动，磨轮旋转，并设定一定的推进量，逐渐磨削，实现硅棒滚圆。

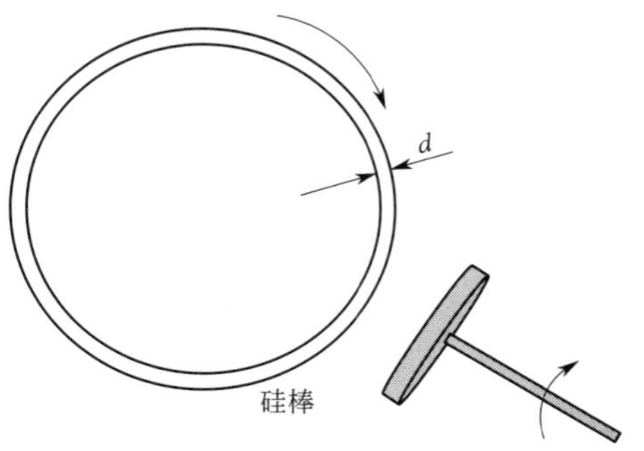

图7-1 硅棒滚圆示意图

为了充分利用电池模组对太阳光的吸收面积，现在电池片大多是四边形或近四边形。因此，除了单晶硅棒必须切断外，还需要对等径四周进行切方（修边），形成近似正方形的表面（如图7-2），切片后即是单晶硅片的大倒角。因此，一般情况下光伏单晶硅片不再做倒角处理，而半导体IC硅片倒角在后续章节单独介绍。

多晶硅锭为规则的方形，不过外形较大，且外侧比较粗糙、损失较大，无法直接切片，

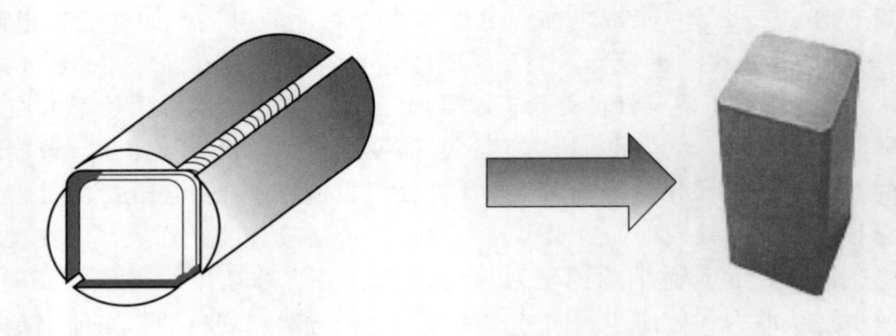

图 7-2 单晶硅棒切方

需要切方分割（如图 7-3 所示）。一般，铸造硅锭周边（边）和底部（尾）、顶部（头）存在高浓度杂质、高浓度缺陷，为硅锭低质量的区域，其少数载流子寿命较短，不能用于太阳能电池制造，因此，首先把多晶硅锭头尾料和边料切除，再进行继续切方。目前坩埚主流为 840mm×840mm，可以加工出 25 块尺寸为 156mm×156mm 的多晶硅方棒，而对于 700mm×700mm 硅锭成品可以切出 16 块 156mm×156mm 方棒。

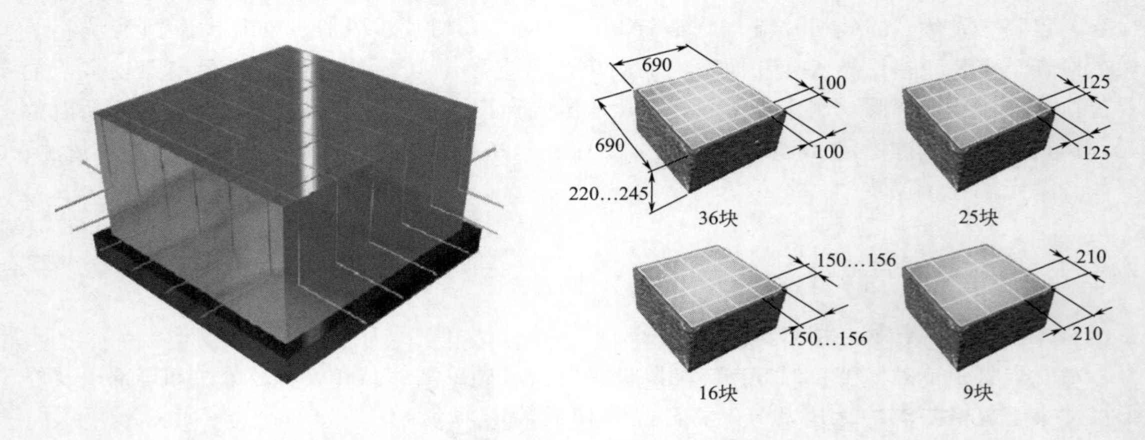

图 7-3 多晶硅锭切方示意图

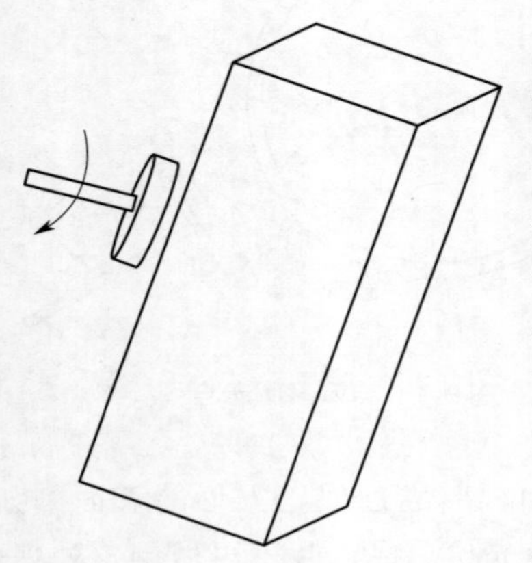

图 7-4 多晶硅倒角示意图

无论是内圆切割还是多线切割，切除的硅片都具有尖锐的边缘。在后续电池片制作工序中极易造成硅片崩边和产生位错以及滑移线等缺陷。因此，需要对硅片进行倒角处理，使其尖锐的边缘变得圆滑，降低硅片破裂概率，同时也能够有效释放边缘应力。常常采用高速运转的金刚石磨轮，对多晶硅棒边缘进行磨削，从而获得钝圆形边缘，切片后形成多晶硅片的小倒角，如图 7-4 所示。

(2) **晶体硅切片**

硅片切割技术主要包括内圆、外圆切割技术，多线切割技术（砂浆线切割技术、金刚石线切割技术），其主要切割特征如表 7-1 所示。

⊡ **表 7-1　几种切割技术加工硅片特征比较**

特征	外圆切割	内圆切割	砂浆线切割
切割方式	磨削	磨削	磨料研磨
硅片表面特征	剥落、碎片	剥落、碎片	切痕
损伤层厚度/μm	15～25	20～30	11～15
每次加工硅片数	单片、多片	单片	200～400片
切割效率/(mm^2/min)	30～45	30～65	180～360(单片)
硅片厚度/μm	400	350	160
硅棒尺寸/mm	＜100	最大200	＞300
切损/μm	1000	300～500	150～200
硅片翘曲	严重	严重	轻微

早期的单晶硅片切割使用内圆切割技术和外圆切割技术。

内圆切割（inside diameter saw，ID切割）机分为立式和卧式两种，切割刀片绕自身轴高速旋转（约2000r/min）运动，硅棒从刀片圆心向外径方向逐渐水平移动实现切割。每切割一片，硅锭退回到圆心，并垂直移动一定距离（硅片厚度和刀口厚度一半之和），再次进行下一片的切割，如图7-5所示。

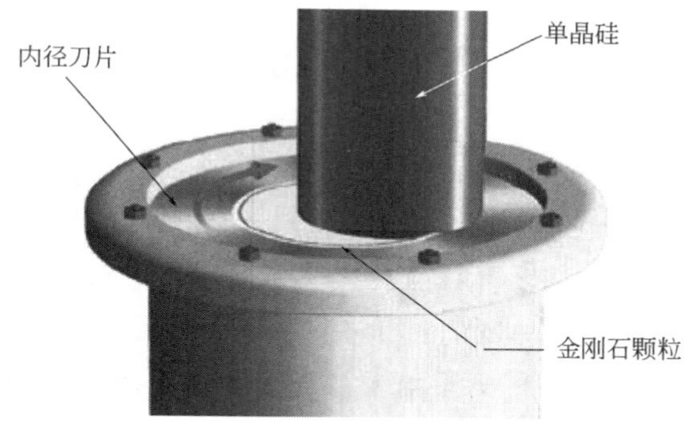

图7-5　单晶硅片内圆切割机

内圆切割是传统的切割工艺，2000年之前是硅片主流切割技术，目前已经基本淘汰。内圆切割能够通过张力使刀片平直，所以与带锯或外圆切割相比，刀片会更薄些，因此切割损失也就较小，切片精度也较高，同时，切片成本低（约为多线切割的1/4～1/3）、设备成本低、操作简单，以及修刀、装刀也方便。但是，由于结构限制，内圆切割技术只能切割直径不大于200mm的硅棒，且每次只能切割一片，损伤层较大、切损较大。因此，内圆切割技术在部分小尺寸硅片、小批量生产中还在使用。

外圆切割（outside diameter saw，OD切割）机主要有卧式和立式两种，由主轴系统、冷却循环系统、工业机控制系统、电磁旋转工作台等组成。刀片安装在主轴上面，在钢制圆片基体外圆部分电镀一层金刚石磨粒，可以单刀切割或者多刀切割。由于切割时刀片太薄容易产生变形和侧向摆动，导致硅片切缝较大，即切损较大，晶面不平整，且切割硅片直径也受到限制。

与内圆、外圆切割技术相比，多线切割技术加工出的硅片弯曲度、绕曲度、总厚度公差、切损、表面损伤层厚度等都很小。多线切割硅片在太阳能电池中应用已经发展了十余年，主要方法可分为两种，即砂浆线切割和金刚石线切割，如图 7-6 所示。详细讲解请参看 7.3 和 7.4 章节。

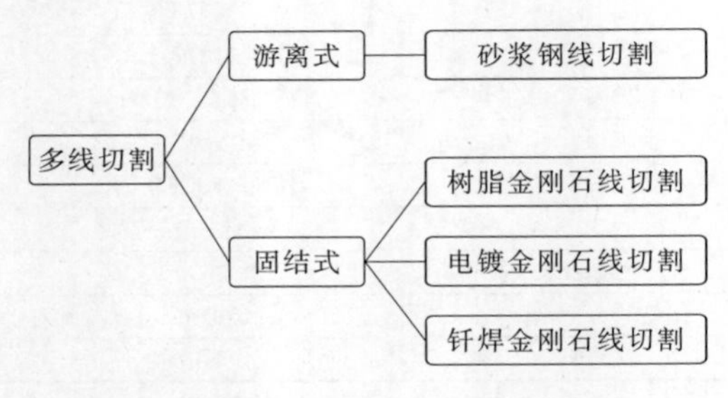

图 7-6 硅片多线切割技术分类

电火花线切割技术（wire cut electrical discharge machining，WEDM）是利用工件和电极丝之间的脉冲性电火花放电，产生瞬间高温使工件材料局部熔化或气化，从而达到加工的目的。比利时鲁文大学采用低速走丝电火花切割技术进行了硅片切割研究，日本冈山大学进行了高速走丝电火花线切割技术的研究，并研制出了样机。电火花线切割技术实验表明：电火花线切割技术加工硅片厚度变化、弯曲度与多线切割结果几乎一样。采用 250μm 钼丝，硅片切损约为 280μm，该值也与多线切割切损相当，而且该技术切割成本比多线切割低许多。

无论哪种切片工艺，硅棒都必须要牢固地固定在石英板（或其他切割平台上）上，因此石英板与硅棒接触面需要用专用胶水黏结在一起，即粘棒。

切片后脱胶当然也就是必不可少的。常借助温水浸泡和喷水方法除胶，目前除胶有自动除胶和手动除胶两种。除胶后的硅片装入硅篮内，即插片。插片过程也是硅片初步检查过程，通过目视对不合格的硅片进行剔除。

(3) 硅片腐蚀清洗

硅片在滚圆、切方以及切片过程中，被加工的表面都会有不同程度的损伤层，因此需要对硅片表面进行处理，即硅片清洗。

硅表面的化学腐蚀一般采用湿法腐蚀，硅表面腐蚀形成随机分布的微小原电池，腐蚀电流较大，一般超过 $100A/cm^2$，但是出于对腐蚀液高纯度和减少可能金属离子污染的要求，目前主要使用氢氟酸（HF）、硝酸（HNO_3）混合的酸性腐蚀液，以及氢氧化钾（KOH）液或氢氧化钠（NaOH）液等碱性腐蚀液。工业上主要用的是 HNO_3-HF 酸性腐蚀液。

酸腐蚀原理：硅在 HNO_3 溶液中能被氧化形成一层致密的二氧化硅薄膜，该薄膜不溶于水和硝酸，但能与 HF 酸反应生成溶于水的氟硅酸，因此硅片腐蚀在两种酸的配合下得以持续不断地进行。具体反应如下：

$$3Si+4HNO_3 = 3SiO_2\downarrow+2H_2O+4NO\uparrow \tag{7-1}$$

$$SiO_2+6HF = H_2[SiF_6]+2H_2O \tag{7-2}$$

通常情况下，去除损伤层酸腐蚀液配制方法为：浓度为 70%的 HNO_3 和浓度为 50%的 HF 酸以体积比（2～10）∶1 混合。

碱腐蚀原理：在氢氧化钠化学腐蚀时，采用 10%～30%的氢氧化钠水溶液，温度为 80～90℃，将硅片浸入腐蚀液中。腐蚀的化学方程式如下：

$$Si+H_2O+2NaOH = Na_2SiO_3+2H_2\uparrow \tag{7-3}$$

硅片酸性腐蚀为放热反应，腐蚀过程不需要加热，而碱性腐蚀一般为热碱环境（80～95℃），需要加热；酸性腐蚀生成物有氮化物需要特殊处理，碱性腐蚀液废液相对而言比较容易处理；从腐蚀表面来看，酸性腐蚀后的硅片粗糙度较低。工业上，大量采用的仍然为酸性腐蚀，腐蚀深度约为20～30μm。

硅片腐蚀清洗是在超声波清洗槽进行的。首先硅片篮挂在机械臂下经过水槽，去除切片残留颗粒物、油等，然后经过腐蚀槽，最后经过多个水槽后送入干燥工序。

(4) 硅片检查

经过腐蚀清洗后的硅片要进行全面的检测，以便分析是否能够进入晶体硅电池片制备环节，否则就会被淘汰。用于太阳能电池的硅片，其检测内容大致可以分为外观检测、尺寸检测以及物理性能检测。外观检查主要包括有无裂纹、崩边、缺口、线痕、穿孔、划伤、厚薄片、凹坑等；尺寸检测主要包括边宽、对角线宽度、中心厚度、总厚度偏差、翘曲度、弯曲度、方片角度等；物理性能检查主要是少子寿命、电阻率、碳氧含量、导电属性等。表7-2以156mm×156mm多晶硅片为例，列举了硅片检查方案。

⊡ 表7-2 硅片检查方案

多晶156mm×156mm硅片技术参数表		
检验项目		检验方法
导电类型	P型	冷热探针测试仪
电阻率/Ω·cm	0.8～3	四探针测试仪
氧含量/cm^{-3}	≤1.0×10^{18}	傅立叶红外光谱测试仪
碳含量/cm^{-3}	≤5.0×10^{17}	傅立叶红外光谱测试仪
边宽/mm	156±0.5	数显游标卡尺
对角线/mm	219.2±0.5	数显游标卡尺
中心厚度/μm	200±20	MS-203
总厚度差异TTV/μm	≤30	MS-203
弯曲度/μm	≤40	塞尺
倒角/mm	0.5～2	数显游标卡尺
方片角度	90°±0.3°	角度尺
外观要求	15μm≤线痕≤25μm	手持式粗糙度测试仪
	无凹坑	目视
	无穿孔、针孔	目视
	有轻微沾污	目视
	崩边	目视
	有应力片	手感
	无孪晶片	目视
	有缺口、缺角	目视
	无裂纹	目视
	无划伤	目视
	薄厚片	WA-200
体少子寿命/μs	≥2	WT-2000D

注：检测方法不唯一。

线痕是指硅片在切割过程中硅片表面被划伤所留下的痕迹。

崩边是指晶片边缘或表面未贯穿晶片的局部缺损区域，当崩边在晶片边缘生长时，其尺寸由径向深度和周边弦长给出。

污片是指用清洗溶剂清洗时不能除去的表面脏污。

穿孔是指在对光源观察时，晶片表面存在有用针或似用针刺的小孔。

微晶是指1cm单位长度上晶粒个数不超过5个。

隐裂是指硅片表面存在不贯穿的隐形裂纹，裂纹宽度大于0.1mm。

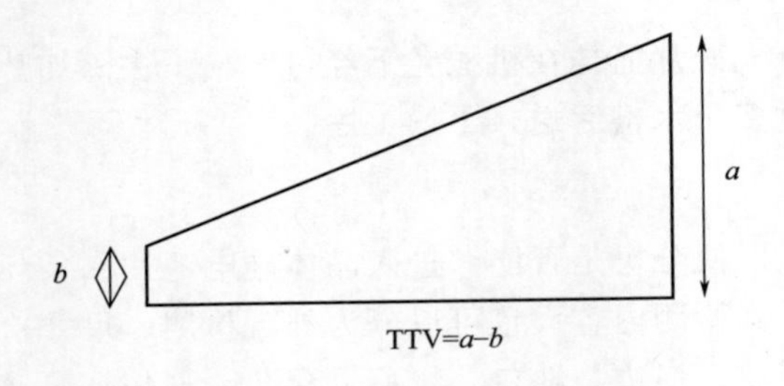

图 7-7　硅片 TTV 示意图

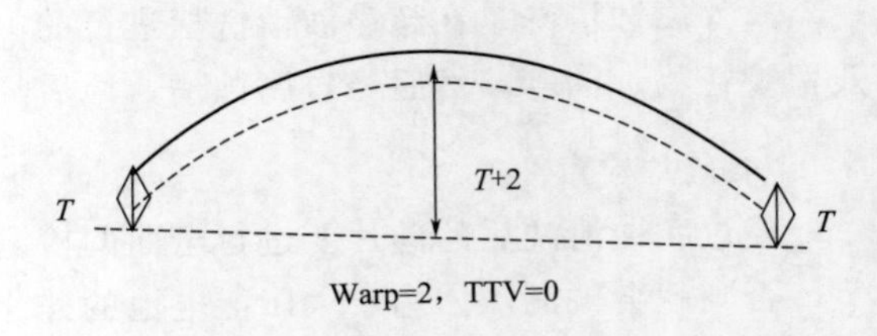

图 7-8　硅片 Warp 示意图

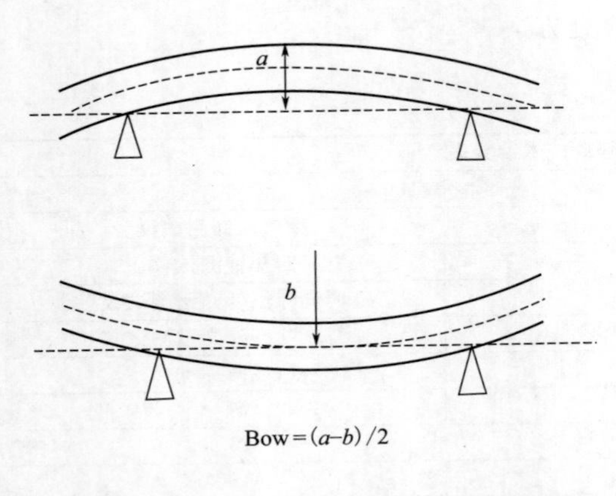

图 7-9　硅片 Bow 示意图

总厚度偏差 TTV（total thickness variation）是指硅片的最大厚度与最小厚度之差，如图 7-7 所示。对于 200mm 的硅片，使用多线切割时，TTV 能够控制在 20μm 之内。

硅片翘曲度 Warp 是指硅片参考平面与硅片中心平面的最大与最小距离差值，如图 7-8 所示。一般采用多线切割的直径 200mm 硅片，其 Warp 可控制在 20μm 内。

弯曲度 Bow 是指硅片表面凹凸变形大小的数值，是描述硅片变形程度的指标，如图 7-9 所示。对于内圆切割，由于硅片两侧受力不均匀，其弯曲度的减小是个难题；而对于多线切割则可以很好地避免较大的弯曲度，甚至于弯曲度几乎为零。

(5)包装

尽管如此，可能还没有考虑得非常周到，硅片的包装是非常重要的。包装的目的是为硅片提供一个无尘的环境，并使硅片在运输时不受到任何损伤；包装还可以防止硅片受潮。如果一片好的硅片被放置在一容器内，并让它受到污染，它的污染程度会与在硅片加工过程中的任何阶段一样严重，甚至认为这是更严重的问题，因为在硅片生产过程中，随着每一步骤的完成，硅片的价值也在不断上升。理想的包装是既能提供清洁的环境，又能控制保存和运输时的小环境的整洁。典型的运输用的容器是用聚丙烯、聚乙烯或一些其他塑料材料制成。这些塑料应不会释放任何气体并且是无尘的，如此硅片表面才不会被污染。图 7-10 为晶体硅片图像。

7.2.2　晶圆单晶硅切片

本小节简单介绍电路级单晶硅切片相关内容，与光伏硅片相同的流程内容则不做介绍。

(1) 参考面 (flat) 制作

电路级硅单晶要求硅片大尺寸，因此，硅棒滚圆后不需要切方，而是制作主、副参考面，然后切片。微电子器件在晶圆上可以做 n 个，因此需要切割，主参考面（primary flat）就是给出了最佳的划片方位，即解理面，沿着该方向划片碎裂的概率是最小的，因此制作参考面又被称为定位面。对于＜111＞晶片主参考面规定为（110），而＜100＞晶片则主参考面

图 7-10　晶体硅片

是（011）。三极管一般用（111）面，MOS 一般用（110）。主参考面的长度及其晶向的精度均有规定，随着晶片直径的增加，主参考面的长度也会增加。对于 200mm 以上的硅片不再采用主参考面的规定，而是采用了 V 型槽（notch）的规定。副参考面（secondary flat）主要作用是识别硅片径向和导电类型，其长度小于主参考面。如图 7-11 是不同硅片参考面。

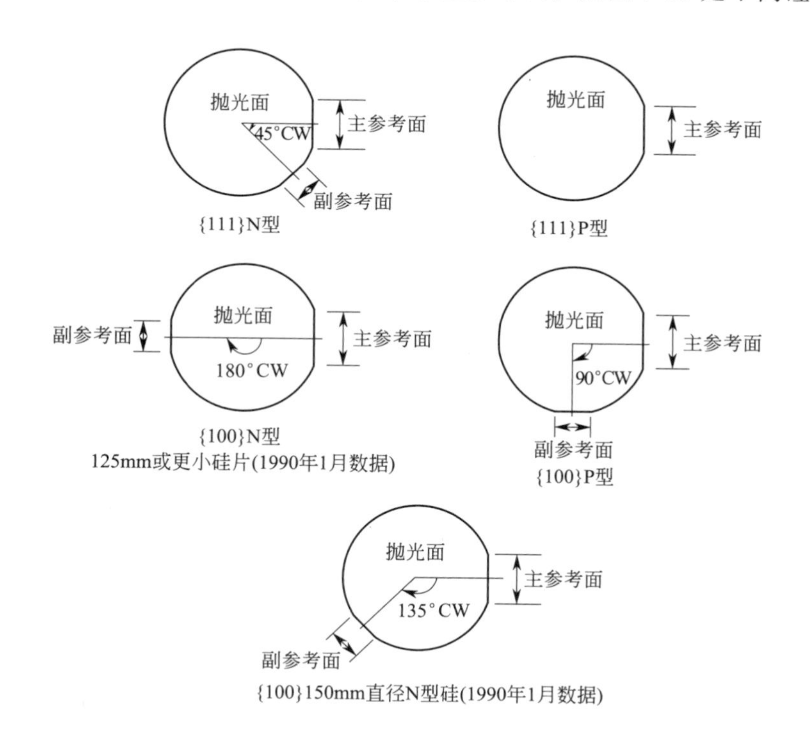

图 7-11　不同硅片参考面

X 射线晶体定向的方法如下：选用单色 X 射线进行照射，固定射线入射方向，依据待切割的径向，固定出射束测量方向，即固定待确定的晶面入射角 θ，沿衍射方向，缓慢旋转晶体，并记录出射线强度变化，当出射线强度最强时，即是需要确定的方向。假设光线入射

是 $\vec{K}$ 方向，探测是 $\vec{K}'$方向，两者夹角是 2θ。也可以固定入射光线和晶体，调整测量方向，寻找衍射极大方向。

(2) 激光标识

在晶体棒被切割成一片片硅片之后，硅片会被用激光刻上标识——硅片“身份证”。硅片按从晶体棒切割下的顺序进行编码，且编码标准是统一的，因而有标识的硅片是能够进行追溯的，能够准确知道该硅片是从哪一单晶棒的什么位置切割下来的。

(3) 硅片倒角

一般采用机械倒角方式进行硅片倒角处理，即轮磨工艺。待倒角的硅片通过真空吸盘固定在可以旋转的支架上，而倒角机的磨轮以高速旋转（6000～8000r/min），磨轮具有与硅片倒角相同的形状，内槽镀有一层金刚石颗粒，在磨轮摩擦作用下两者做相对运动，再加入合适的磨削剂实现倒角。研磨力度通过两者旋转速度以及两者相对距离控制，以便达到最佳的倒角效果。对于没有参考面的倒角，硅片做标准圆周运动，而对于有参考面的硅片，由于边缘不是规则圆形，硅片不是做圆周运动，而是采用凸轮进行旋转。

为了尽量减小粗糙度，且保证加工效率，分别由大到小采用不同磨粒的倒角磨轮。先采用 800＃的磨轮粗倒角，再采用 3000＃磨轮进行精细倒角，最后获得光滑的表面，平均粗糙度 $Ra<0.04\mu m$。

硅片经过倒角后，其边缘轮廓并不相同，主要有 R 型和 T 型两种，如图 7-12 所示，其中 R 型为主流倒角。倒角主要参数有倒角角度、宽幅、中心定位、磨轮与旋转台调节。

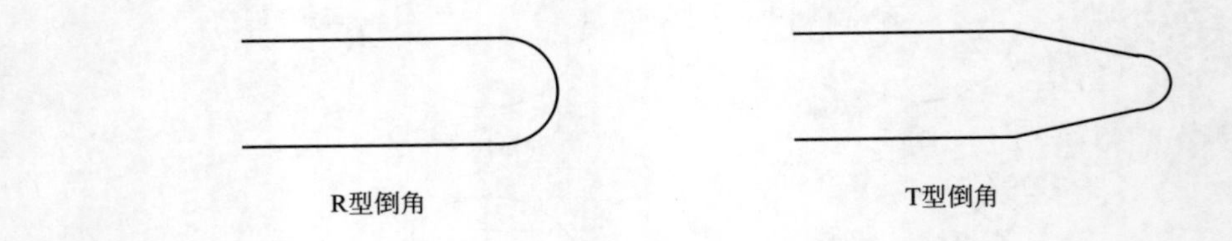

图 7-12　硅片倒角示意图

(4) 磨片

多线切割后的硅片，表面有一定的损伤层，存在晶格畸变、划痕，以及较大起伏度，为了获得光滑而平整的晶体表面，需要进行去除损伤层，通常分两步：机械研磨和表面抛光，其中机械研磨，即磨片。在磨片时，硅片被放置在磨盘上，硅片的两侧都能与磨盘接触，从而使硅片的两侧能同时研磨到，如图 7-13 所示。磨盘是铸铁制的，边缘锯齿状。上磨盘上有一系列的洞，可让研磨浆均匀分布在硅片上，在一定压力作用下研磨硅片表面，达到去除损失层的目的。磨片除了能够去除损伤层，还可以使硅片非常平整。

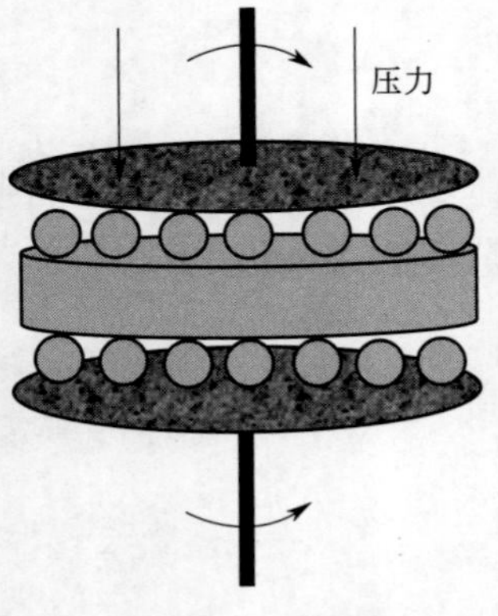

图 7-13　硅片磨片原料示意图

磨片过程主要是一个机械挤压切削过程，磨盘挤压硅片表面的研磨磨粒，同时有些磨粒可以先把硅片表面氧化，再把氧化层机械磨削。这样可以减慢切削速度，提高最终加工精度。研磨浆主要有磨料 SiC、磨削液和助磨剂组成。磨料粒度小，则磨削的表面粗糙度小，加工精度高，但是加工速度慢。粒度大，则加工速度快，但是加工粗糙度大，一般选用 10～14μm 粒度。基于效率和精度考虑，常采用先粗磨料加工，再细磨料提高精度的方法。研磨过程中，小尺寸的研磨颗粒带有电荷，随着颗粒不断减小，自身重力也减小，一方面易于悬浮，另一方面当大量硅粉存在时，也易于发生团聚，而影响研磨效果。助磨剂常常是表面活性剂，其分子具有双亲基团，即亲水和亲油颗粒。因此，助磨剂分子可以分布在研磨剂颗粒周围，外层是水，可以防止颗粒团聚。同时，助磨剂也能够起到保证磨粒悬浮性，加速材料磨削速度，并保证硅片平整度的作用。磨削液通常采用水，能够起到冷却、排渣、润滑、防锈作用。磨料 SiC、磨削剂、助磨剂经典配比为（10±1）∶（20±1）∶（4±0.2）。磨片后硅片总厚度偏差 TTV 应当小于 5μm（未磨前几十微米），而表层剪除量应当大于损伤层厚，所以对多线切割其值约为 40～60μm，对内圆切割，剪除量较大，约为 60～120μm。

(5) 背面损伤

在硅片的背面进行机械损伤是为了形成金属吸杂中心。当硅片达到一定温度时，如 Fe、Ni、Cr、Zn 等会降低载流子寿命的金属原子就会在硅体内运动。当这些原子在硅片背面遇到损伤点，它们就会被诱陷并本能地从内部移动到损伤点。背损伤的引入典型的是通过冲击或磨损。举例来说，冲击方法用喷砂法，磨损则用刷子在硅片表面摩擦。其他一些损伤方法还有：淀积一层多晶硅和产生一化学生长层。

(6) 边缘抛光

硅片边缘抛光的目的是为了去除在硅片边缘残留的腐蚀坑。当硅片边缘变得光滑，硅片边缘的应力也会变得均匀。应力的均匀分布，使硅片更坚固。抛光后的边缘能将颗粒灰尘的吸附降到最低。硅片边缘的抛光方法类似于硅片表面的抛光。硅片由一真空吸头吸住，以一定角度在旋转桶内旋转且不妨碍桶的垂直旋转。该桶有一抛光衬垫并有砂浆流过，用化学/机械抛光法将硅片边缘的腐蚀坑清除。另一种方法是只对硅片边缘进行酸腐蚀。

(7) 预热清洗

在硅片进入退火前，需要清洁，将有机物及金属沾污清除，如果有金属残留在硅片表面，当进入抵抗稳定过程，温度升高时，会进入硅体内。这里的清洗过程是将硅片浸没在能清除有机物和氧化物的清洗液（$H_2SO_4+H_2O_2$）中，许多金属会以氧化物形式溶解入化学清洗液中，然后用氢氟酸（HF）将硅片表面的氧化层溶解以清除污物。

(8) 退火

硅片在 CZ 炉内高浓度的氧氛围里生长。绝大部分的氧是惰性的，然而仍有少数的氧会形成小基团。这些基团会扮演 N-施主的角色，就会使硅片的电阻率测试不正确。要防止这一问题的发生，硅片必须首先加热到 650℃左右。这一高的温度会使氧形成大的基团而不会影响电阻率。然后对硅片进行急冷，以阻碍小的氧基团的形成。这一过程可以有效地消除氧作为 N-施主的特性，并使真正的电阻率稳定下来。

(9) 背封

对于重掺的硅片来说，会经过一个高温阶段，在硅片背面淀积一层薄膜，能阻止掺杂剂向外扩散。通常有三种薄膜被用来作为背封材料：二氧化硅（SiO_2）、氮化硅（Si_3N_4）、多晶硅。如果氧化物或氮化物用来背封，可以严格地认为是一密封剂，而如果采用多晶硅，除了主要作为密封剂外，还起到了外部吸杂作用。

(10) 粘片

在硅片进入抛光之前，先要进行粘片。粘片必须保证硅片能抛光平整。有两种主要的粘片方式，即蜡粘片或模板粘片。

(11) 抛光

硅片抛光的目的是得到一非常光滑、平整、无任何损伤的硅表面。抛光的过程类似于磨片的过程，只是过程的基础不同。磨片时，硅片进行的是机械研磨；而抛光是一个化学/机械过程，这也是抛光比磨片能够得到更光滑表面的原因。

(12) 检查前清洗

硅片抛光后，表面有大量的沾污物，绝大部分是来自于抛光过程的颗粒。抛光过程是一个化学/机械过程，集中了大量的颗粒。为了能对硅片进行检查，需进行清洗以除去大部分的颗粒。通过这次清洗，硅片的清洁度虽仍不能满足客户的要求。

通常的清洗方法是在抛光后用 RCA SC-1 清洗液。有时用 SC-1 清洗时，同时还用磁超声清洗更为有效。另一方法是先用 H_2SO_4/H_2O_2，再用 HF 清洗。相比之下，第二种方法更能有效清除金属沾污。

(13) 金属物去除清洗

硅片检查完后，就要进行最终的清洗以清除剩余在硅片表面的所有颗粒，主要的沾污物是检查前清洗后仍留在硅片表面的金属离子。这些金属离子来自各不同的用到金属与硅片接触的加工过程，如切片、磨片，一些金属离子甚至来自前面几个清洗过程中用到的化学试剂。

(14) 擦片

在用 HCl 清洗完硅片后，可能还会在表面吸附一些颗粒。一些制造商选择 PVA 制的刷子来清除这些残留颗粒。在擦洗过程中，纯水或氨水（$NH_3 \cdot H_2O$）应流经硅片表面以带走黏附的颗粒。用 PVA 擦片是清除颗粒的有效手段。

(15) 激光检查

硅片的最终清洗完成后，就需要检查表面颗粒和表面缺陷。激光是短波中高强度的波源，会在硅片表面反射。如果表面没有任何问题，光打到硅片表面就会以相同角度反射，如果光打到颗粒上或打到粗糙的平面上，光就不会以相同角度反射，反射的光会向各个方向传播并能在不同角度被探测到。

7.3 砂浆线切割

现在单晶硅、多晶硅切片工艺绝大部分都采用多线锯切割（wire saw）技术，其切割原理如图 7-14 所示。切割机有四个转轮，每个轮上均匀分布着多个（约 600，甚至 1000）沟槽，而不锈钢线则通过一个转轮一侧绕向另一转轮同一侧，一直绕满四个转轮，形成四个水平的切割线“网”。绕在切割机上不锈钢线的长度少则数公里，多则数百公里（500km），在切割的时候通过马达驱动导线轮使整个切割线以 5～25m/s 的速度移动。切割线的速度、直线运动或来回运动都会在整个切割过程中根据硅锭的形状进行调整。在切割线运动过程中，喷嘴会持续向切割线喷射含有悬浮碳化硅颗粒的研磨浆。

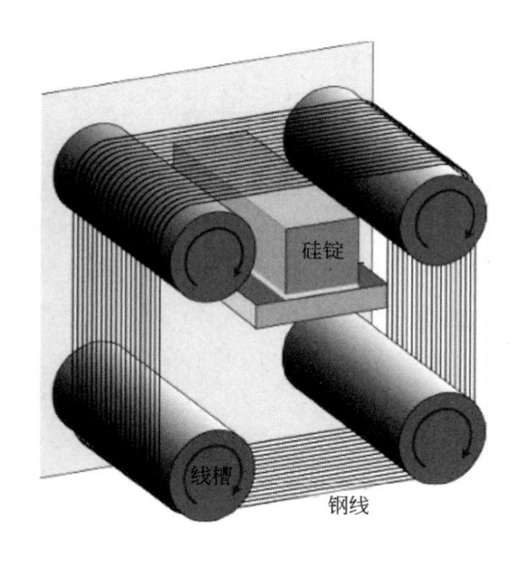

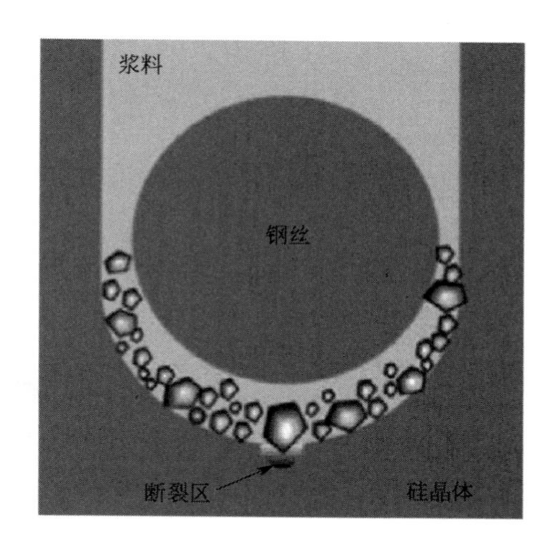

图 7-14　晶体硅片多线锯切割示意图

钢线的张力是硅片切割工艺核心要素之一。张力控制不好是产生线痕片、崩边、甚至断线的重要原因。如果钢线张力过小，将会导致钢线弯曲增大，带砂能力下降，切割能力降低，从而出现线痕片。钢线张力过大，悬浮在钢线上的碳化硅微粉就会难以进入锯缝，切割效率降低，出现线痕片，并且增大断线的概率。如果当切到胶条时，有时候会因为张力使用时间过长引起偏离零点的变化，出现崩边等情况。钢线的张力也会影响钢线的横向振动，即钢线的摆幅（游移量），当然摆幅也与砂浆的阻尼效应有关。增加钢线的张力能够减小钢线的摆幅和由此降低对切损的影响。

多线切割根据走线方式不同可以分为单向走线切割和双向走线切割两种。

单向走线切割过程中线网始终保持在一个切割方向转动，切割时砂浆只能从晶体硅一侧进入，新线给量等于线速。其优点是切出的硅片表面光滑，粗糙度小，同时由于钢线磨损小，可获得较高的切削速度；缺点是每次切割钢线使用量大，对钢线和砂浆的质量要求很高。目前单向走线的操作越来越少，仅限于 MB 和 HCT 机器。

双向走线切割过程中线网速度由零用时 2～3s 加速到规定速度（最高速度），保持一定时间的匀速后减速到零，停顿 0.2s 后反向加速、保持一定时间匀速后减速到零，从而完成一个切割周期。影响双向走线的参数有加速时间、最高速度、平均速度、切割周期，各参数之间互有因果，一般而言线切割能力在一定范围内随着钢线的速度提高而提高，但不能低于或超过砂浆的切割能力。如果低于砂浆的切割能力，就会出现线痕片甚至断线；反之，如果超出砂浆的切割能力，就会导致砂浆流量跟不上，从而出现厚薄片甚至线痕片。双向走线切割新线给量等于钢丝正方向进给量减去负方向进给量。双向线切割节省钢线，而且由于砂浆可以从晶体硅两侧进入，对砂浆的要求相对较低；但是双向线切割硅片表面粗糙度大，尤其切割周期长后表面线纹明显。

目前的太阳能市场中，由于单晶硅电池片和多晶硅电池片制绒工艺的差异，对单晶硅片多采用双向走线方式加工，对多晶硅片多采用单向走线方式加工。对于后续需要进行表面处理（研磨、抛光）的集成电路级硅片，也多采用双向走线方式。

切片损失（kerf loss）简称切损，一直是硅片切割工艺备受关注的问题，它直接影响晶体硅电池片生产成本。多线切割切损主要受不锈钢线的线径，以及研磨剂 SiC 的直径和钢线游移量影响。例如，不锈钢线直径为 180μm，SiC 硬质材料直径为 5～30μm，切损为 200～250μm。因此，使用直径更小的不锈钢线可以大大降低切损，但是 SiC 直径不可太小，否则切割速度和效率就大受影响。

切割过程中实际起作用的是切割浆料（slurry），而不锈钢线只是传输浆料的动力，浆料不仅可以起到研磨切割晶体作用，而且也可以带走切割产生的热量。浆料主要有油和硬质材料碳化硅（SiC）组成，由于油黏性较大，切片不容易分开，因此常用聚乙二醇代替。浆料的费用约占整个切片环节费用的 30%左右，所以为了降低硅片切割成本，很多企业对浆料进行回收处理后再使用，但是回收浆料必须满足粘浆料稠度、油料质量、浆料杂质含量以及研磨剂研磨能力要求。

7.4 金刚石线切割

从硅片切割行业发展来看，单、多晶硅通用的传统砂浆钢线切割技术工艺改进空间不大，占主要成本的砂浆、钢线等耗材的价格均已逼近成本线，很难再有下降的空间。由于砂浆钢线切割技术存在切速低、硅耗量高、不环保等因素，已不再具备产业竞争力，目前只在小部分铸造多晶硅厂家应用，主要是因为这些厂家还没有足够的技改资金改造为金刚石线切割设备。

金刚石线切割开始时应用于蓝宝石切割，规模应用于蓝宝石切割始于 2007 年，应用于光伏晶体硅片的切割始于 2010 年。金刚石线的需求量按应用领域和环节划分，用于光伏级硅切片即 50～80μm 线径规格的金刚石线用量大，占当前金刚石线总需求量的比例超过 90%，远高于蓝宝石、磁性材料以及硅切方、硅切断等应用领域和环节的用量。金刚石线切片技术因环保、高效率、线径更细、可切硅片更薄、综合切片成本更低等优势，迅速占领了全部的单晶硅切片和大部分多晶硅切片市场。

传统砂浆钢线切割是通过高速运动的钢线带动掺在切割液中的碳化硅游离颗粒磨刻硅棒，切割形成硅片，通常切速仅有 0.4mm/min。金刚石线切割是在钢线表面利用电镀或树脂层固定金刚石颗粒，切割过程中金刚石运动速度与钢线速度一致，切割能力有大幅提升，因而可采用 1.0mm/min 甚至 1.2mm/min 以上的大切速，切割效率可大幅提升 2～3 倍以上。以 200mm 硅棒为例，传统砂浆钢线切割一刀需要约 10h，而金刚石线切割只需 3h，2017 年新开发的国产专用金刚石线切割机（如无锡上机数控股份有限公司和大连连城数控股份有限公司）只需 2h 甚至 1.5h 即可，使设备折旧和人工成本大幅下降。

在传统的砂浆钢线切割过程中，游离态的碳化硅颗粒在磨刻硅棒的同时也在磨刻钢线，造成钢线极大磨损，因而细线化非常困难。金刚石线切割由于金刚石颗粒固结在钢线表面，切割过程中金刚石运动速度与钢线一致，金刚石颗粒不会对钢线造成伤害，其切割能力也相比传统游离切割有大幅提升，这给细线化提供了可能。数据测算显示，金刚石线径每下降 10μm，单片硅成本下降约 0.15 元，产能提升约 4%，可见其降本空间巨大。近年来，金刚石线基本以每年 10～20μm 的速度在细线化。2017 年，国内先进企业已实现母线 70μm 金刚石线多晶硅切片量产，单晶硅也已实现母线 65μm 量产，2020 年金刚石线径接近 50μm，预计 2025 年金刚石线母线在 40μm 左右。金刚石线的线径逐渐趋于细化，有利于节省成本，同时降低切割损耗，提高出片率。目前，国产电镀金刚石线各项技术指标均达到甚至超过了日本同类产品，基本已实现国产化。

另外，随着金刚石线母线线径及磨粒粒径的降低，以及硅片厚度的下降，每千克方棒/方锭的出片量将有所增加。2018 年单晶方棒出片量约为 65 片，多晶为 63 片，与 2017 年相比每千克出片量增加 5 片，预算 2025 年单晶方棒出片量为 80 多片，而多晶方锭出片量也将达到 75 片。

金刚石线切割目前主要是电镀金刚石线和树脂金刚石线两种技术路线，其中电镀金刚石线以其线耗低、强度高、成本低的优势占据大部分市场份额。树脂金刚石线是使用金刚石与树脂混合浆料涂覆在钢线的表面，然后经过两次固化而成，其工艺流程如图 7-15 所示。电镀金刚石线的制备方法则是在金刚石及钢线上均预镀一层镍，然后将金刚石镀在钢线上，之后再进行二次加厚镀镍，再进行后处理，其工艺流程如图 7-16 所示。

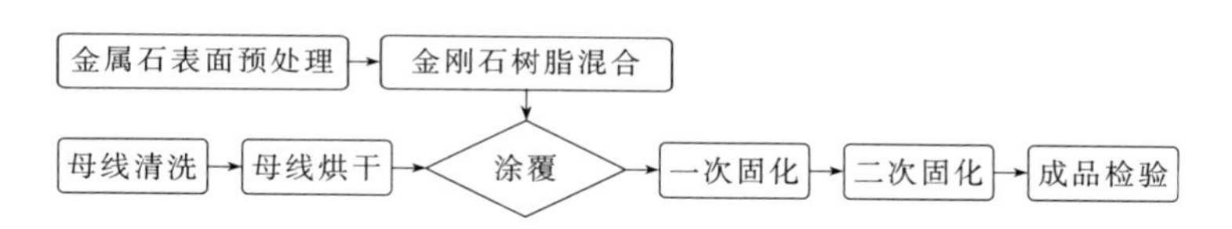

图 7-15　树脂金刚石线制备工艺流程

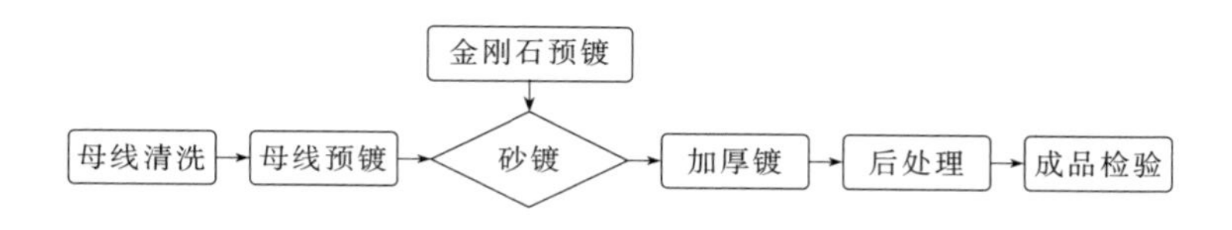

图 7-16　电镀金刚石线制备工艺流程

两种金刚石线切割多晶硅片技术参数和切割硅片性能分别如表 7-3 和表 7-4 所示。在早期（2012 年），电镀金刚石线的成本远高于树脂金刚石线，约为树脂金刚石线的 4 倍，但近几年电镀金刚石线的成本下降非常快，到 2017 年金刚石线成本仅高于树脂金刚石线 1 倍。由于电镀金刚石线的硬度较高，损耗低，所以使用电镀金刚石线的线耗（多晶＜2m/片，单晶＜1m/片）要比树脂金刚石线的线耗（约 4m/片）低很多。因此，综合单片成本来看，使用电镀金刚石线切割多晶硅片的成本并不高。在 2016 年以前，树脂金刚石线的多晶硅单片切割用线成本是低于电镀金刚石线的，而在 2017 年，电镀金刚石线的切割用线成本已经低于树脂金刚石线，而且两种金刚线成本均低于砂浆线切割成本（0.6 元/片）。与多晶硅片相比，单晶硅片的用线成本仍低于多晶硅片。

电镀金刚石线比较硬，切割面粗糙度也更高，因此硅片在使用添加剂［有机催化剂（organic catalyst tex，OCT）］的腐蚀液中更容易形成较好的绒面结构，而树脂金刚石线柔软，切割面更加光滑，即使在添加剂作用下仍无法较好地进行酸腐蚀。因此，多晶硅绝大多数采

⊡ 表 7-3　电镀金刚石线和树脂金刚石线技术及成本对比

性能指标	电镀金刚石线(70μm)	树脂金刚石线(70μm)
破断力/N	≥17.5	≥16.5
延伸率/%	2.0～3.0	>3.0
扭转断裂/次	≥150	≥150
金刚石出刃高度/μm	约 5～8	约 2～3
线耗/(m/片)	低(≤2)	高(约 4)
金刚石线成本/(元/m)	0.8(2012 年)、0.22(2017 年)	0.2(2012 年)、0.1(2017 年)
切割成本/(元/片)	约 0.3(多晶硅)、0.2(单晶硅)	约 0.4(多晶硅)

⊡ 表 7-4　多线切割硅片性能对比

参数	电镀金刚石线	树脂金刚石线	砂浆钢线
切片方式	刻削	刻削	研磨
损伤层/μm	6～8	5～7	11～15
表面粗糙度	中	低	高
硅片 TTV	低	中	高(<15μm)
线张力	低	中	高(20～30N)
线径/μm	50～60	60～70	100～120
硅片厚度趋势/μm	80	110	160
金刚石附着力	高	中	无

用电镀金刚石线切割，而非树脂金刚石线。

当前金刚石线切割设备主要有两种：金刚石线切割专用机和改造机。专用机具有高效、更低产品成本的优势，主要有大连连城、无锡上机、德国 MB、日本 NTC 开发的产品；改造机在切片速度和性能上稍弱于专用机，但是国内原有砂浆切割机保有量大，改造机短时间内仍然占很大的切片市场。日本 NTC 的小型切割机已经改造成功，改造费用在 30 万元左右，改造后的产能是原来的 3 倍。但是 HCT、Meyer Burger 等公司的大型砂浆切割机改造起来较困难，而且成本很高，1 台改造费约 80 万元。2017 年，以保利协鑫为代表的企业率先布局金刚石线多晶硅切片改造机，以较低的成本实现了规模化改造金刚石线切片设备。攻克了 PV800（NTC）、MB271（MB）和 B5（HCT）等大型机的金刚石线改造技术，实现了切片机台金刚石线改造的全覆盖。改造后的 MB271 切片机单台设备产能突破 16000 片/天，改造机成本约是专用机的 1/10～1/5 左右，具有极大的成本优势；线径在 65μm 之上，切片良率、出片率等和专用机相当；在产品品质方面，TTV、线痕等参数与专用机水平持平。

7.5 少子寿命

少子寿命（minority-carrier lifetime）是光伏材料的一个重要参数，是指晶体中非平衡少数载流子由产生到复合存在的平均时间间隔，等于非平衡少数载流子浓度衰减到起始值的 1/e（e=2.718）所需的时间，又称为体寿命，用 τ 表示，单位为 μs，光伏硅片裸测要求少数载流子体寿命不小于 2μs。

通常少数载流子寿命是用实验方法测量的，各种测量方法都包括非平衡载流子的注入和检测两个基本方面。最常用的注入方法是光注入和电注入，而检测非平衡载流子的方法很多，如探测电导率的变化，探测微波反射或透射信号的变化等，根据不同的注入方式和检测方式的不同组合就形成了数十种少子寿命测试方法，主要分为两大类：瞬态法和稳态法。瞬态法是利用脉冲电或闪光在半导体中激发出非平衡载流子、改变半导体的体电阻、通过测量体电阻或两端电压的变化规律直接获得半导体材料的寿命的方法，这类方法包括光电导衰减法和双脉冲法。光电导衰减法有直流光电导衰减法、高频光电导衰减法和微波光电导衰减法。其差别主要是用直流、高频电流还是微波来提供检测样品中非平衡载流子衰减过程的手段。直流法是标准方法，高频法在硅单晶质量检验中使用十分方便，而微波法则可以用于器件工艺线上测试晶片的工艺质量。稳态法是利用稳定的光照，使半导体中非平衡少子的分布达到稳定的状态，由测量半导体样品处在稳定的非平衡状态时的某些物理量求得载流子寿命。例如，扩散长度法、稳态光电导法等。

由于注入方法、表面状况的不同，以及探测和算法也各不相同，对于不同的测试方法，测试结果可能会有出入。因此，少子寿命测试没有绝对的精度概念，也没有国际认定的标准样片的标准，只有重复性、分辨率的概念。对于同一样品，不同测试方法之间需要做比对试验。但对于相同设备或相同企业的不同型号的设备，其测试结果是一致的。

7.5.1 微波光电导衰减法

微波光电导衰减法能够无接触、无损伤、快速测试，能够测试较低寿命、低电阻率的样品，即可以测试硅锭、硅棒，也可以测试硅片或电池成品，既可以测试 P 型材料，也可以测试 N 型材料，同时对测试样品厚度没有严格要求，非常有利于太阳能硅片少子寿命检测分析。

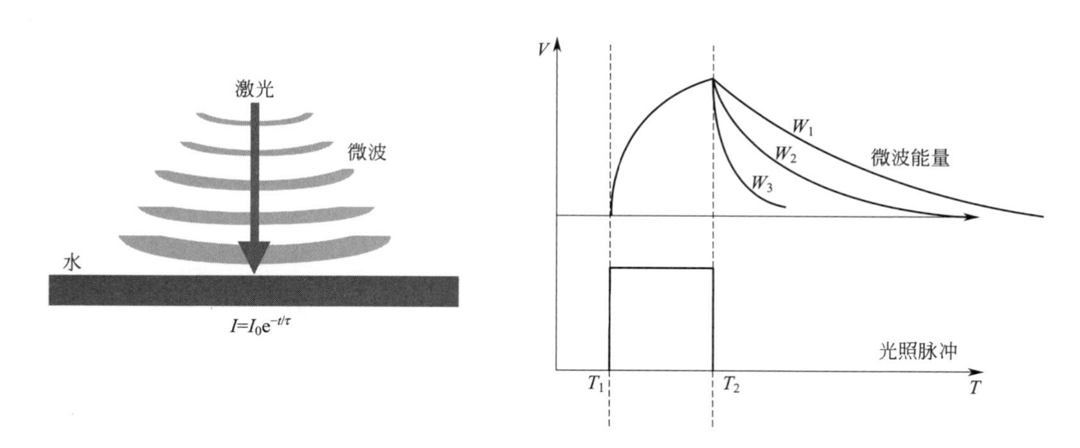

图 7-17　微波光电导衰减法原理

微波光电导衰减法（μ-PCD）测试少子寿命，包括光注入产生电子-空穴对和微波探测信号的变化两个过程。904nm 激光注入（硅注入深度大约为 30μm）产生电子空穴对，样品电导率增加，当撤去外界光注入时，电导率随时间指数衰减，这一趋势间接反映了少子的衰减趋势，则通过微波探测电导率随时间变化趋势可以测少子的寿命。那么如何测量少子寿命呢，那就用到了微波。一定波长的微波具有穿透绝缘体而被导体反射的特性，因此在激光照射硅材料及撤掉激光的过程中，硅材料从近似绝缘体变成了近似导体，再由近似导体变成了近绝缘体，而照在其上的微波也由于硅料的这种变化，呈现出振荡，如图 7-17 所示。

受激光激发后载流子数量激增，因而反射回来的微波能量也相应增大，随着激光脉冲关闭，反射微波能量也随着降低，载流子数量趋于平衡态。将这个振荡信号采集到电脑中，通过数据处理从而得到清晰、平滑的曲线，即是少子寿命曲线。扫描式少子寿命测试仪的每个扫描点，都是这样的一个曲线组成的，然后取平均之后，再用相应的色标进行画点操作，形成不同颜色的图像。测试结果如图 7-18 所示。

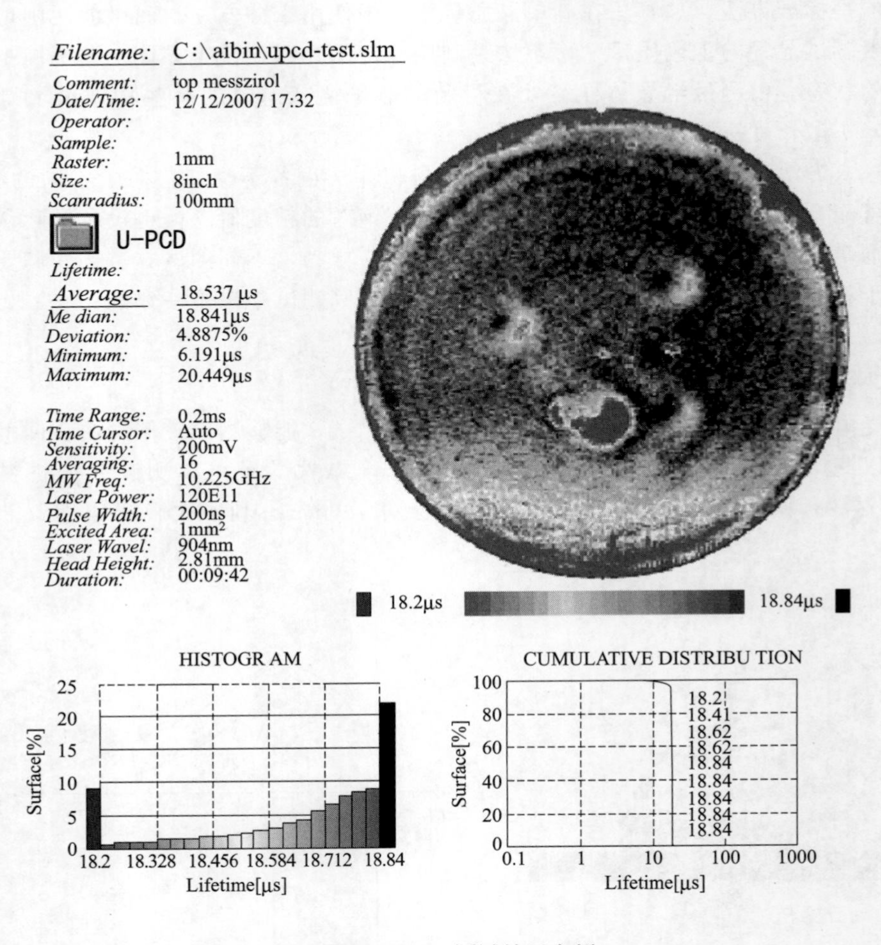

图 7-18　μ-PCD 测试结果实例

微波光电导衰减法测试的是半导体的有效寿命（测试寿命），实际包括体寿命和表面寿命，具体可由下式表示。

$$\frac{1}{\tau_{\text{meas}}}=\frac{1}{\tau_{\text{bulk}}}+\frac{1}{\tau_{\text{diff}}+\tau_{\text{surf}}} \tag{7-4}$$

式中，扩散寿命 $\tau_{\text{diff}}=\dfrac{d^2}{\pi^2 D_{n,p}}$；表面寿命 $\tau_{\text{surf}}=\dfrac{d}{2S}$；$\tau_{\text{bulk}}$ 为体寿命。$D_{n,p}$ 为电子或空穴的扩散系数，d 为样品厚度，S 为表面复合速度，其大小取决于表面状态，对于裸片复合速度不小于 10^5 cm/s（抛光面约 10^4 cm/s），钝化后可小于 10cm/s，τ_{diff} 影响较小，τ_{surf} 对

测试寿命有很大影响，使其偏离了体寿命。

为了有效减少表面复合的影响，尽量使测试的有效寿命趋于体寿命，需进行表面钝化。通常的表面钝化方法包括：表面电荷沉积、化学钝化和热氧化法。对于抛光过或表面特别均匀的腐蚀过而且表面没有氧化层的样片，无需预处理，但表面有氧化层的样片，在化学钝化前需要用 HF 处理：5% HF 中浸泡一段时间，时间长短取决于氧化层的厚度，一般建议 2nm 的氧化层需要 20s，50～100nm 的氧化层需要 5～10min。对于表面有损伤，或粗糙表面的样片（太阳能级样品大都属于此列），需要预先处理：在 HF＋HNO_3（95% HNO_3＋5%HF）中浸泡 1min。经过预先处理之后，就可以使用碘酒的钝化处理方法。碘酒浓度为 0.2%～5%，推荐 1L 乙醇配 10g 碘。

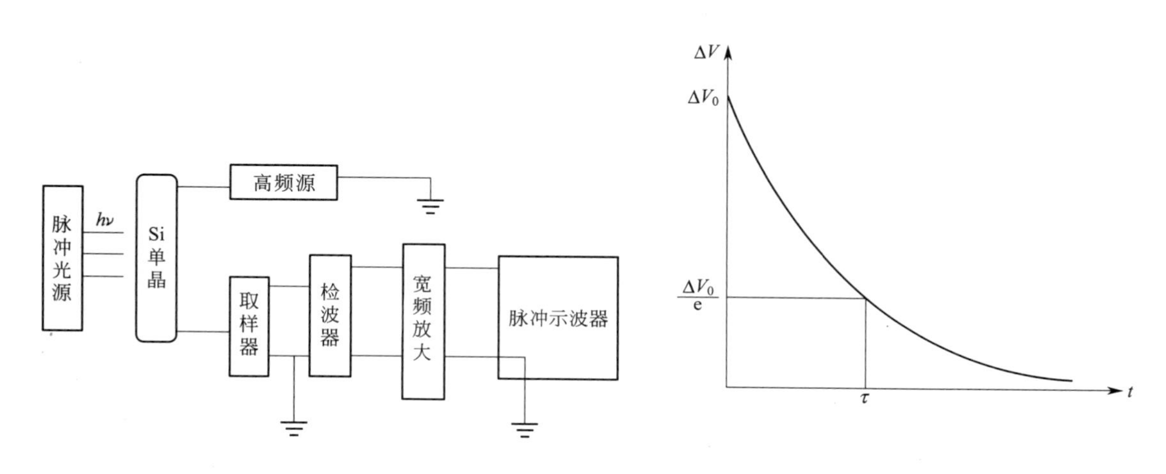

图 7-19　高频光电导衰减法原理

7.5.2　高频光电导衰减法

高频光电导衰减法原理如图 7-19 所示。高频源提供的高频电流流经被测试样品，不光照时，由高频源产生的等幅高频正弦电流，通过试样与取样电阻 R，在取样电阻两端产生高频电压 V。当红外光源的脉冲光照射样品时，单晶体内产生的非平衡光生载流子使样品产生附加光电导，从而导致样品电阻减小。由于高频源为恒压输出，因此流经样品的高频电流幅值增加 ΔI，光照消失后，ΔI 逐渐衰减，其衰减速度取决于光生载流子在晶体内存在的平均时间即寿命。在小注入条件下，当光照区复合为主要因素时，ΔI 将按指数规律衰减，此时取样器上产生的电压变化 ΔV 也按同样的规律变化，即 $\Delta V=\Delta V_0 e^{-\frac{t}{\tau}}$。此调幅高频信号经检波器解调和高频滤波，再经宽频放大器放大后输入脉冲示波器，在示波器上可显示下图的指数衰减曲线，由曲线就可以获得寿命值。

相对于直流光电导测定，高频光电导以直流光电导衰减法为基础，用高频电场代替直流电场，以电容耦合代替欧姆接触，以检测试样上电流的变化代替检测样品上电压的变化。该检测方法存在的干扰因素有陷阱效应、表面复合、注入量、光伏效应的影响，光源波长、电场、温度、杂质复合中心的影响，滤波的影响等。受这些干扰因素的影响，在检测的过程中需要做相应的校准。

直流光电导是测量块状和棒状单晶寿命的经典方法；μ-PCD 法是后来发展的测量抛光硅片寿命的方法。直流光电导衰减法要求表面为研磨面（用粒径 5～12μm 氧化铝研磨，表面复合速度接近无限大，约 10^7 cm/s），这是很容易做到的。μ-PCD 法则要求表面为完美的抛光钝化面，要准确测量寿命为 10μs 的 P 型硅片表面复合速度至少要小于 10^3cm/s，并需要钝化稳定。

高频光电导衰减法介于两者之间，可以测量表面为研磨状态的块状单晶体寿命，也可以测量表面未研磨或抛光的硅片寿命。

7.6 体电阻率

假设一块电阻率 ρ 均匀的半导体材料，其几何尺寸与测量探针的间距相比可以看作半无穷大，探针引入的点电流源的电流强度为 I。那么对于半无穷大样品上这个点电流源而言，样品中的等位面是一个球面，如图 7-20 所示。

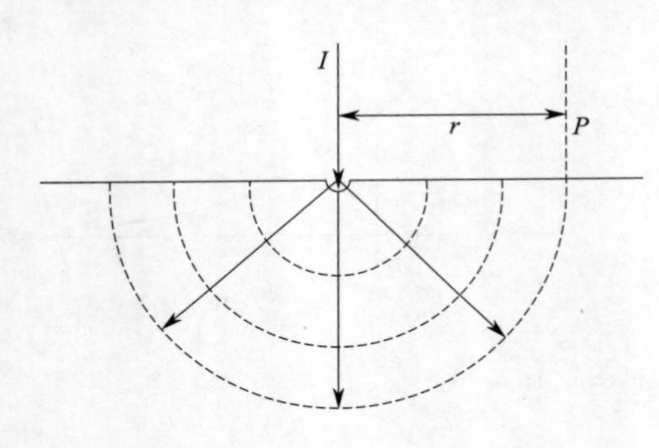

图 7-20 半无穷大样品点电流源半球等位面

对于距离点电流源半径为 r 的半球面上的 P 点，其电流面度 j 为：

$$j=\frac{I}{2\pi r^2} \tag{7-5}$$

式中，I 为点电流源的强度；$2\pi r^2$ 为半径为 r 的半球等位面的面积。

P 点的电流密度与该点处的电场强度存在以下关系：

$$j=\frac{E(r)}{\rho} \tag{7-6}$$

$$E(r)=j\rho=\frac{I\rho}{2\pi r^2}=-\frac{\mathrm{d}V(r)}{\mathrm{d}r} \tag{7-7}$$

设无限远处点电位为零，即$V(r)\big|_{r\to\infty}=0$，则 P 点电位可表示为：

$$V(r)=\int_{\infty}^{r}-E(r)\mathrm{d}r=\frac{I\rho}{2\pi r} \tag{7-8}$$

上式是无穷大均匀样品上离开点电流源距离为 r 的点的电位与探针流过的电流和样品电阻率的关系式，它代表了一个电流源对距离 r 处点电势的贡献。

7.6.1 半无穷大样品体电阻率

硅片电阻率测量方法有多种，其中四探针法具有设备简单、操作方便、测量精度高，以及对样品的形状无严格要求等优点，是目前检测硅片电阻率的主要方法，如图 7-21 所示。

直线型四探针法是用针距为 S（通常情况 $S=1$mm）的四根金属排成一列压在平整的样品表面上，其中外侧两根探针（1 和 4）连接恒定电流源，由于样品中有恒流源通过，所以将在内侧探针（2 和 3）间产生压降 V_{23}。

当电流由探针 1 流入样品，从探针 4 流出样品时，可以认为探针 1 和 4 都是点电流源。

则探针 2 处的电势 V_2 是处于探针 1 点电流源 $+I$ 和处于探针 4 处的电流源 $-I$ 电势之和，即：

$$V_2=\frac{I\rho}{2\pi}\left(\frac{1}{r_{12}}-\frac{1}{r_{24}}\right)=\frac{I\rho}{2\pi}\left(\frac{1}{S}-\frac{1}{2S}\right) \quad (7\text{-}9)$$

同样，探针 3 处电势 V_3 可表示为：

$$V_3=\frac{I\rho}{2\pi}\left(\frac{1}{r_{13}}-\frac{1}{r_{34}}\right)=\frac{I\rho}{2\pi}\left(\frac{1}{2S}-\frac{1}{S}\right) \quad (7\text{-}10)$$

因此，探针 2 和 3 之间的电势差为：

$$V_{23}=V_2-V_3=\frac{I\rho}{2\pi S} \quad (7\text{-}11)$$

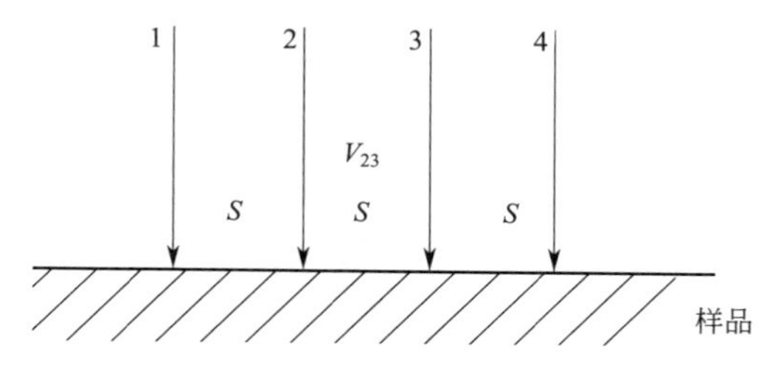

图 7-21 半无穷大样品体电阻率测试原理

由此可得出样品的电阻率为：

$$\rho=2\pi S\,\frac{V_{23}}{I} \quad (7\text{-}12)$$

上述电阻率公式适用于半无穷大样品，要求样品厚度及边缘与探针之间最近距离大于 4 倍探针间距。若这些条件不满足时，由探针流入样品的电流就会被样品的非导电边界表面反射或被导电边界表面吸收，其结果就会使探针 2、3 处的电位升高或降低。因此，在这种情况下测量的电阻率会高于或低于样品实际的电阻率值，需要引进修正因子 B_0，对公式进行修正如下。

$$\rho=\frac{2\pi S}{B_0}\times\frac{V_{23}}{I} \quad (7\text{-}13)$$

在用四探针测量半导体材料电阻率时要注意以下几个问题：

① 半导体材料电阻率随温度变化很灵敏，因此，必须在样品达到热平衡的情况下进行测量，并记录测量时的问题，必要时还需要进行温度系数修正。实验证明，电阻率为 10Ω · cm 的单晶硅，温度从 23℃上升到 28℃时，其电阻率大约减少 4%。

② 测量时电流选择要适当，电流太小，会降低电压测量精度，但电流太大又会因为非平衡载流子注入或样品发热而使电阻率降低。

③ 需要在电场强度 $E<1\text{V/cm}$ 弱场下进行测量，电场强度太大，会使载流子迁移率降低，电阻率测量值偏大。

④ 测量高阻材料和光敏材料时，由于光电导效应和光电压效应会严重影响电阻率的测量，因此对这类材料测量需要特别注意遮光处理。

⑤ 为了增加测量表面的载流子复合速度，避免少子注入对测量结果的影响，待测样品表面要经过粗磨或喷砂处理，特别是高电阻率的样品。

7.6.2 薄层样品电阻率

当测试半导体厚度 d 为无限小，而面积为无限大时，该种半导体被称为薄层材料，如图 7-22 所示。薄层半导体电流从探针 1 流入和从探针 4 流出的电流，其等位面近似为半圆柱面（高为 d，等位面的半径为 r），类似于对半无穷大样品的推导，对于探针间距 S 相等的直线型探针，薄层样品电阻率为：

$$\rho=\frac{\pi}{\ln 2}\times d\times\frac{V_{23}}{I}=4.53d\,\frac{V_{23}}{I} \quad (7\text{-}14)$$

实际上无限薄层是不存在的，但只要薄层的厚度 $d=S/2$ 时，就可视为无限薄层。在半

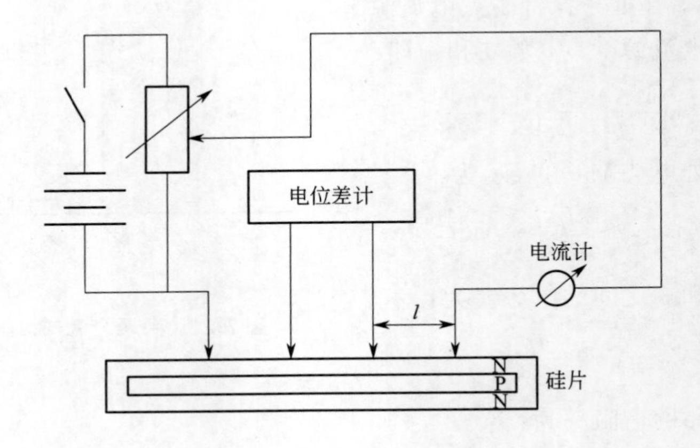

图 7-22　薄层样品电阻率测试原理

导体器件制造中，其扩散层的厚度只有几微米甚至更小，一般薄膜材料的厚度也在微米及纳米量级，而探针间距一般为 1mm 左右，因此对此类材料，无限薄层条件是满足的。

7.7 硅片等级标准

硅片企业的标准都不一样，仅供参考。以下标准针对的硅片厚度为 220μm。

(1) 优等品（Ⅰ类片）

① 物理、化学特性。

a. 型号：P 晶向〈100〉±1°；

b. 氧含量：≤1.0×10^{18} at/cm^3；

c. 碳含量：≤5×10^{16} at/cm^3；

d. 少子寿命：τ=1.3～3.0μs（在测试电压≥20mV 下裸片的数据）；

e. 电阻率：0.9～1.2Ω·cm、1.2～3.0Ω·cm、3.0～6.0Ω·cm；

f. 位错密度：≤3000 个/cm^2。

② 几何尺寸。

a. 边长：(156mm±0.5mm)×(156mm±0.5mm)；

b. 对角：(219.2mm±0.5mm)×(219.2mm±0.5mm)；

c. 同轴度：任意两弧的弦长之差≤1mm；

d. 垂直度：任意两边的夹角 90°±0.3°；

e. 厚度：200μm±20μm（中心点厚度≥195μm，边缘四点厚度≥180μm），180μm±20μm（中心点厚度≥175μm，边缘四点厚度≥160μm）；

f. TTV：≤20μm；

g. 弯曲度：≤30μm。

③ 表面指标。

a. 线痕：无可视线痕；

b. 目视表面：无沾污、无水渍、无染色、无白斑、无指印等；

c. 无崩边、无可视裂纹、边缘光滑、目视无翘曲。

(2) 合格品 （Ⅱ类片）

① 物理化学特性。

a. 型号：P 晶向〈100〉±1°；

b. 氧含量：$\leqslant 1.0\times10^{18}$ at/cm^3；

c. 碳含量：$\leqslant 5\times10^{16}$ at/cm^3；

d. 少子寿命：$\tau=1.0\sim1.2\mu s$（在测试电压≥20mV 下裸片的数据）；

e. 电阻率：0.5～0.8Ω·cm；

f. 位错密度：≤3000 个/cm^2。

② 几何尺寸。

a. 边长：(125mm±0.5mm)×(125mm±0.5mm)；

b. 对角：(150mm±0.5mm)×(150mm±0.5mm)；

c. 同轴度：任意两弧的弦长之差≤1.5mm；

d. 垂直度：任意两边的夹角 90°±0.3°；

e. 厚度：200μm±20μm（中心点厚度≥195μm，边缘四点厚度≥180μm），180μm±20μm（中心点厚度≥175μm，边缘四点厚度≥160μm）；

f. TTV：≤30μm；

g. 弯曲度：≤40μm。

③ 表面指标。

a. 线痕：无明显线痕、触摸无凹凸感。

b. 崩边范围：崩边口不是“V”型、长×深≤1mm×0.5mm，个数≤1 个/片；无可视裂纹、边缘光滑、目视无翘曲。

(3) 等外品 （Ⅲ类片）

① 物理、化学特性。

a. 型号：P、N 晶向〈100〉±3°；

b. 氧含量：$\leqslant 1.0\times10^{18}$ at/cm^3；

c. 碳含量：$\leqslant 5\times10^{16}$ at/cm^3；

d. 少子寿命：$\tau<1.0\mu s$（在测试电压≥20mV 下裸片的数据）；

e. 电阻率：≤0.5Ω·cm；

f. 位错密度：>3000 个/cm^2。

② 几何尺寸。

a. 边长：(125mm±1.0mm)×(125mm±1.0mm)；

b. 对角：(150mm±1.0mm)×(150±1.0mm)；

c. 同轴度：任意两弧的弦长之差≤1.5mm；

d. 垂直度：任意两边的夹角 90°±0.5°；

e. 厚度：<160μm。

③ 表面指标。有明显线痕、触摸有凹凸感。

说明：只要满足第三条“等外品（Ⅲ类片）”的任意一项就判为不合格品。

7.8 硅带制造技术

硅带（silicon strip）即带状多晶硅，硅带制造技术是一种有较好发展前景的太阳能电池硅材料制造工艺，它是利用不同的技术直接从硅熔体中生长出带状多晶硅的工艺。

硅带生产技术省去了晶体硅的切片、抛光和腐蚀等工序，大大降低了太阳能电池的制造成本。以厚度为 200～250μm 硅片为例，对于内圆切割而言，刀片厚度约为 250～300μm，则有约 60％硅材料被浪费；即使对于线切割（180μm），也会有约 40％原料损失。考虑到未来电池片越来越薄的发展趋势，其硅原料损失比例则会更大。因此，硅带技术得到了人们的关注。到目前为止，约有 20 余种技术被开发，而且部分技术已经进入实际生产应用阶段。

带状硅技术存在的缺点主要有：①硅带生长、冷却速率都较快，晶粒细小，缺陷密度高；②金属杂质及轻元素杂质含量较高，导致利用该技术制备的电池效率普遍较低，太阳能电池发电单位成本较高。

硅带的制造方法主要有定边喂膜（edge difined film feed，EFG）法，横向拉模（ribbon growth on substrate，RGS）法，硅蹼（dendritic web，WEB）法，条带（string ribbon，STR）法等。

(1) 定边喂膜法

定边喂膜（EFG）法技术在 1971 年由 Tyco 实验室开发，经过数十年的发展，该技术由单个硅带拉制发展为现今的多个和多边形硅带拉制。EFG 工艺技术成熟，目前绝大多数硅带由此法生产，其硅带生长速率可达 5cm/min，硅带长度可达 25m，宽度可达 12.5cm。

EFG 原理如图 7-23 所示。多晶硅在石英坩埚内熔化后，把一薄、宽、开口的高纯石墨

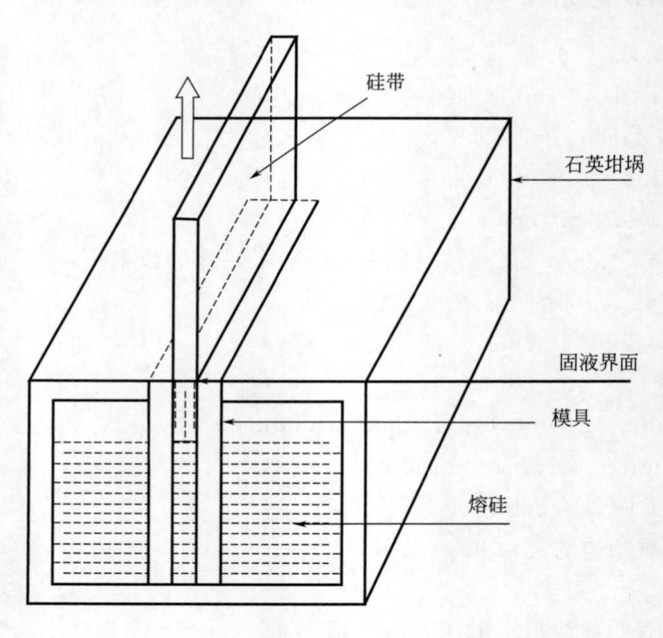

图 7-23 定边喂膜法制造硅带示意图

模子浸入熔体中，在虹吸力作用下，熔硅就会被硅籽晶拉出具有和石墨模子宽度和厚度相同的光洁硅带。硅带的厚度除受到模具的影响外，也受到熔体高度、温度和拉速的影响。如果熔体温度较高或拉速过大，则固液界面要比模子表面高得多，则硅带的厚度要小于模子顶端厚度；反之，硅带厚度约为模子顶端厚度。随着熔体的减少，液面不断下降，则硅带厚度也会略小于模子厚度。

EFG 法结晶速度取决于固液界面的相变潜热能否被及时移走，而固液界面一般是在石墨模子外，这是为了防止硅带与模子的沾粘。

(2) 横向拉膜法

横向拉模（RGS）法原理如图 7-24 所示。硅熔体及模具放置于石墨或陶瓷基板上，模具的三边与基板无缝接触，另一边则开有一定宽度和高度的隙缝，通过该隙缝来控制硅带的生长宽度和厚度。同时，硅带的厚度还要受到熔硅表面张力、拉速和散热效率的影响。RGS 方法制造的硅带最大特点是，晶粒生长方向不是平行于拉制方法，而是与之垂直。晶粒生长方向主要由散热决定，横向拉膜法表面散热远大于其拉制方向的传热，所以热量主要由基板传递出去，因此晶粒生长方向垂直于基板方向。正是由于基板较高的传热效率，RGS 硅带拉制速度快，生产效率高。

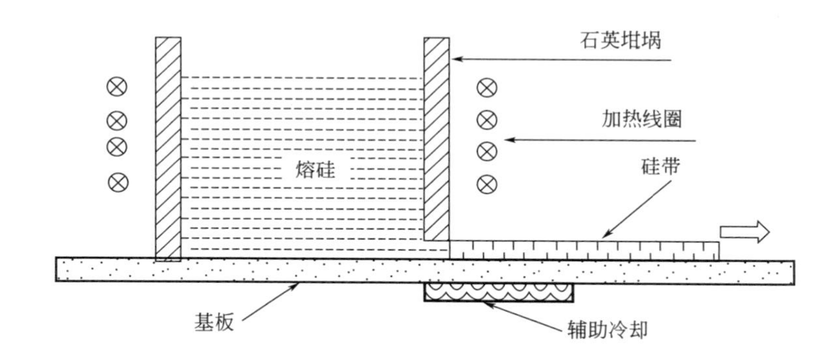

图 7-24　横向拉膜法原理示意图

日本对其装置进行了改进，如图 7-25 所示。改进后的横向拉膜法不使用基板，通过控制熔硅出口温度使其在出口处结晶，与硅带籽晶熔接，然后拉制成膜。同时通过液面控制装

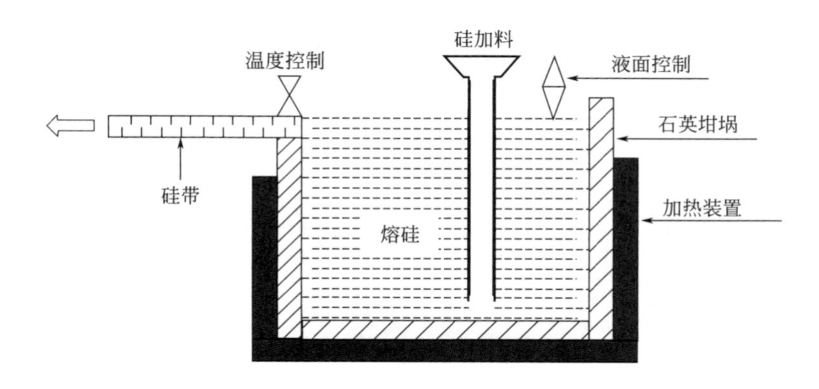

图 7-25　无基板横向拉膜法原理示意图

置来控制均匀的液面，以保证硅带厚度的均匀性。温度控制和硅带厚度的控制是该技术的难点。该法制造的硅带生长速度约为30cm/min。由于该法不使用基板，因此可以避免基板污染问题，但是由于硅带没有经过挤压过程，所以表面光洁度较差。

(3) 硅带其他制造方法

条带（STR）法是利用两根穿过坩埚底部的石墨线及其之间的条带籽晶来拉制硅带的，如图7-26所示。石墨线的拉速决定了硅带的生长速度，硅带的厚度则受到拉速、硅熔体表面张力和散热情况共同决定，STR可拉制出几十微米厚度的硅带。

硅蹼（WEB）法与条带法制造硅带原理相同，实际上条带法就是在硅蹼法基础上发展而来的。硅蹼法是通过枝状网再拉出熔硅结晶，从而制造硅带。

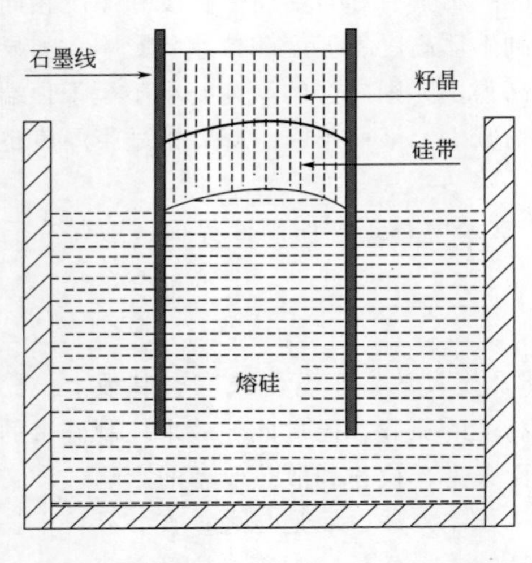

图7-26 条带法制造硅带原理示意图

7.9 直拉硅片技术

美国1366科技公司提出的直拉硅片技术（direct wafer）无需铸锭、无需切片，直接从硅的熔体中生长硅片。该公司在美国波士顿的展示工厂拥有3台全自动的硅片生产设备，目前可实现20s/片的出片速率。在2016年1366科技公司完成了超过15万片硅片的制造，并将其制造成电池和组件，供应日本的一个商业化电站项目。直接硅片法目前生产的是标准156mm×156mm、180～200μm厚度的硅片，其尺寸和厚度均可以容易地进行调节。在薄片化方面，这一技术采用了“薄片加厚边”的3D硅片解决方案（如图7-27所示），该方案可

图7-27 1366科技公司硅片示意图

使硅片厚度降至100μm以下，使硅片硅耗降至1.5g/W（峰瓦数），硅片价格有望低至1.5元/片（硅料以100元/kg计）；同时，对多晶硅材料的节约极大地降低了光伏制造产业链中的能源消耗，缩短了能源回收期。光电转换效率方面，1366科技公司于2016年底公布了与韩华Q-cells采用PERC工艺制造电池19.6%的高效率。直接硅片技术不仅可以很容易地改变掺杂体，且可实现掺杂体在硅片厚度方向上的浓度梯度，在硅片内部实现漂移场，这一技术为直接硅片效率提升提供了很大的空间。1366科技公司公布的技术路线显示，其效率可超越目前的高效多晶（HPM）。

第8章
硅电池片制造工艺

市面上商业化的太阳能电池中，晶体硅太阳能电池约占85%。虽然随着薄膜太阳能电池技术的成熟、成本的降低、电池性能的提高，其市场所占份额会有所增加，但是短时间内太阳能电池行业中晶体硅太阳能电池仍然占主导地位。

本章主要介绍硅电池片的制造工艺，主要包括：基板材料及其表面制绒、扩散制P-N结、减反射膜制备、丝网印刷、烘烤及封装等工艺。

8.1 晶体硅太阳能电池

晶体硅太阳能电池分为单晶硅太阳能电池和多晶硅太阳能电池。

单晶硅太阳能电池原子排列长程有序，且缺陷少，因此自由电子与空穴复合概率小，单晶硅太阳能电池有较高的光电转化效率，其理论值约为27%。同时，完整的结晶结构使原子与周围其他四个原子结合稳定，太阳光照射下不容易产生共价键的断裂等现象，较少的悬挂键是保证单晶硅太阳能电池性能稳定的一个因素。然而，由于单晶硅棒制造过程中较大的能耗，以及原料的损耗（锅底料15%，头尾料20%，边料10%～13%）和切片工艺中材料的切损等因素，使得单晶硅太阳能电池片制造成本较高。

多晶硅太阳能电池相比单晶硅太阳能电池而言，成本较低。降低成本、追逐利润一直是商家追求的目标，因此这也就促进了多晶硅太阳能电池迅速发展。目前，多晶硅太阳能电池市场份额略高于单晶硅太阳能电池，而且随着多晶硅锭制造技术的进步以及电池片工艺的完善，多晶硅太阳能电池市场份额将会继续增大。多晶硅太阳能电池另一个优点是：多晶硅锭结晶速率快，产出高。但是，与单晶硅太阳能电池相比多晶硅太阳能电池的光电转化效率较低，理论值约为20%。这主要是由以下两个因素影响：①多晶硅内部晶界。晶界处会存在较多悬挂键，因此电子与空穴的移动受阻，增加了电子与空穴复合的概率，导致电流下降。②晶界处会有很多杂质聚集，这也会增加电子与空穴的复合概率。多晶硅太阳能电池不完整的结晶结构，使得硅原子与周围原子的结合性能较差。因此，在太阳光照射下比较容易产生共价键的断裂，特别是对于高能量的紫光，随着照射时间的增加悬挂键数量增多，多晶硅太阳能电池光电转化效率将会衰退。

因此，考虑到价格因素以及发电效率，实际上单晶硅太阳能电池和多晶硅太阳能电池单位成本的发电效率（watt per dollar）是非常接近的。

8.2 基板材料

对硅太阳能电池而言，基体材料就是单晶硅片或多晶硅片。基体材料是影响太阳能电池效率的最主要因素，它不仅和材料种类有关，还受到材料性能的影响，比如杂质及缺陷多少、基板电阻率高低、基板厚薄等。

硅太阳能电池基板可以是单晶硅或者多晶硅。单晶硅有较好的品质，其中以 FZ 单晶硅最佳，CZ 单晶硅次之。在对光电转化效率要求不高的情况下，考虑到制造成本，多晶硅基板被广泛应用到太阳能电池制造中。基板一般是使用掺杂后的杂质半导体，即 P 型掺杂或 N 型掺杂半导体，通常以 P 型掺杂基板居多。

少数载流子的寿命是影响太阳能电池光电效率的重要因素，基板中杂质越多，少子寿命越短，特别是金属杂质。太阳能电池工艺中金属杂质的控制除了在太阳能级硅制造过程中外，在太阳能电池制造工艺中通过吸杂技术（gettering technology）去除金属杂质也是一个方法。通过式(8-1) 和式(8-2) 可以看出：反向饱和光电流越大，开路电压越小，少子寿命 τ_n 越小，因此理想的太阳能电池基板应该是低电阻率和高少子寿命。目前，实验室制备的高效率太阳能电池大多使用的硅片是电阻率约为 0.01～0.1Ω·cm、少子寿命高达几毫秒的 FZ 单晶硅基体。但是为了降低光致衰减现象，目前晶体硅有向高电阻率发展的趋势。理论和实践证明，电阻率在 0.5～3Ω·cm 左右的单晶硅及多晶硅都有很好的效果。现在广泛使用的 CZ 单晶硅中，由于存在掺杂原子 B 与杂质原子 O 相互作用，以及其他杂质的作用，少子寿命直接与掺杂浓度和电阻率有关。

$$V_{oc}=\frac{kT}{q}\ln\left(\frac{I_L}{I_O}+1\right) \tag{8-1}$$

$$I_O=Aq\,\frac{N_C N_V}{N_A}\sqrt{\frac{D_n}{\tau_n}}\exp\left(\frac{-E_g}{kT}\right) \tag{8-2}$$

硅基板厚度也会影响太阳能电池的光电转化效率。较厚的基板不仅浪费材料，增加成本，而且增大了载流子的传输距离，提高了电子与空穴复合概率。由于透射光穿过硅基板时会发生衰减，以及硅对太阳光吸收系数较小的缘故，所以硅片也不宜太薄，否则会造成光的吸收不充分。某单色光强度随透射距离呈指数衰减，表达式如公式(8-3) 所示。

$$I_x=I_{x_0}\exp[-\alpha(x-x_0)] \tag{8-3}$$

式中，α 是单射光波长的函数，称为吸收系数。

该表达式在太阳能电池基板设计中很重要，通过该公式可以确定太阳光在硅中的吸收距离，以及电池片最小厚度。对晶体硅而言，基板不能低于 100μm。事实上，目前普遍使用的线切割工艺达不到 100μm 以下的切割技术，因此，就目前来说，基板厚度对晶体硅太阳能电池效率的影响还没有显现出来，但是随着切割技术的发展（切割硅片越来越薄），综合考虑硅电池片发展的趋势（硅片越来越大、厚度越来越薄）等因素，基板厚度的负面影响必然会出现。

8.3 表面制绒

8.3.1 硅片清洗

切割后的硅片表面会残留一些污染的杂质，大致可分为：①油脂、松香、蜡等有机物质；②金属、金属离子及各种无机化合物；③尘埃及其他可溶性物质。通常采用化学清洗（cleaning）的方式去除这些污染物，采用的化学清洗剂有去离子水、有机溶剂（甲苯、二甲苯、丙酮、三氯乙烯、四氯化碳等）、浓酸、强碱等。

硅片经过初步清洗后，接着进行表面腐蚀（surface etching）去除切割损伤层（damage layer）。采用的腐蚀液有酸性和碱性两类。酸性腐蚀剂为 HF 和 HNO_3，在缓冲剂乙酸的作用下硅片表面更加光亮，其配比一般为 $V(HNO_3):V(HF):V(CH_3COOH)=5:3:3$ 或 $5:1:1$。但在大规模企业生产中，考虑到成本问题，常常不使用乙酸。硅也可与 NaOH、KOH 等碱性溶液反应生成硅酸盐并放出氢气，因此可使用碱性溶液作为硅片的腐蚀溶液。虽然碱腐蚀硅片表面没有酸腐蚀硅片表面光亮平整，但是所制造电池性能完全相同，而且与酸腐蚀相比，碱腐蚀具有成本低和环境污染小的优点。另外，碱腐蚀还可以用于硅片的减薄技术，制造薄型硅太阳能电池。碱腐蚀浓度一般在 10%～30%范围内，温度为 80～90℃，时间为 1～3min。

在完成化学清洗和表面腐蚀后，要用去离子水进行冲洗硅片，然后进行制绒工艺。

实际上，目前大型清洗设备（制绒）已经集成了硅片的清洗环节，因此切割后硅片的清洗、腐蚀、制绒又被统称为一次清洗（一洗）。

8.3.2 制绒意义和原理

太阳光照射到硅片表面上时，一部分会被硅片表面反射出去，导致太阳光能量不能全部被吸收。据资料报道，对长波范围光（＞1100nm），反射率约为 35%，对短波区域光（＜400nm），其反射率高达 54%，总体而言，硅材料对太阳光的反射率均大于 30%。显然，从制造高效太阳能电池的观点来看，高反射率是不利于太阳能电池片对入射光充分吸收利用的。为了减少硅表面对太阳光的反射，多种技术被开发利用，例如：减反射膜技术，表面制绒技术。

表面制绒技术又被称为表面织构化技术（surface texturization），是指通过某种技术方法在硅片的表面制作出凸凹不平的形状，以达到太阳光线在表面的多次反射（至少两次）（如图 8-1），增加 P-N 结面积（增加 1.732 倍），增强晶体硅表面对光的吸收，有效增强入射太阳光利用率的目的，从而提高了光生电流密度，提高了太阳能电池的转化效率。

制绒技术可分为干法制绒和湿法制绒。

干法制绒包括机械刻槽、激光刻蚀、反应离子刻蚀、光刻等。

机械刻槽（mechanical grooving）是将一系列刀片固定在同一轴上，在硅片表面形成 V 型沟槽的技术。该工艺简单，图形均匀，但是沟槽深度较大，约为 50μm，影响太阳能电池电极的制作，而且造成较多的原料浪费，不适合薄硅片的刻槽，因此硅片越来越大、越来越薄的发展趋势限制了机械刻槽技术在硅表面制绒的应用前景。

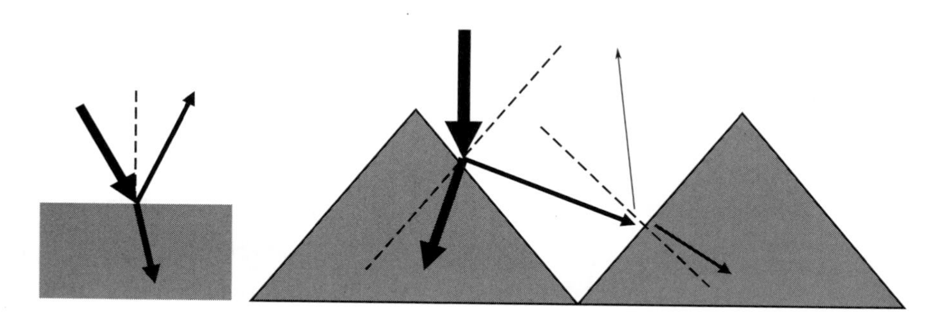

图 8-1 绒面陷光示意图

激光刻蚀（laser etching）是 Zolper 最早提出的，并很大地提高了短路电流，制造出太阳能电池效率为 16.7%。但是该方法对硅片表面损伤大，且容易造成短路。虽然改进后的激光刻蚀技术能有效降低产生缺陷的概率，制造出品质较好的太阳能电池，但是该法生产成本较高，设备也复杂，且很难实现工业化。

反应离子刻蚀（reactive ion etching，RIE）技术在多晶硅电池表面制绒中得到广泛的研究，在辉光放电条件下，大量带电粒子受垂直于硅片表面电场加速，以较大的能量撞击硅表面进行物理刻蚀，同时在掩膜表面也会发生化学反应，产生化学腐蚀。反应离子刻蚀条件容易控制，能够精确控制刻蚀位置和深度，绒面比较均匀，能够达到良好的陷光效果，刻蚀过程与晶体取向无关，无接触的过程浪费较少的硅材料。但是，该方法刻蚀速度慢、产量低、成本高、表面载流子复合概率增加，而且反应离子刻蚀设备价格昂贵，它包括复杂的机械、电气、真空、自动化腐蚀终点检测和控制装置。虽然该技术尚未在制绒工艺中广泛应用，然而相比激光刻蚀和机械刻槽更具有竞争力，仍然是未来晶体硅表面制绒发展的一个可能趋势。

光刻（photo-etching）加化学腐蚀技术是先在晶体硅表面制作 SiN_x 作为掩模，采用各向同性酸溶液腐蚀形成蜂窝状的结构，从而得到较好的陷光效果，但是光刻技术成本高、工艺复杂，难以实现工业化。

湿法制线是传统的制绒方法，又被称为化学腐蚀法。化学腐蚀法具有设备简单、成本低而生产效率高等优点，一直被广泛应用到晶体硅太阳能电池制绒工艺中。实际上，硅太阳能电池化学腐蚀制绒过程就是局部电化学过程，是依靠硅表面电位高低形成的微电池反应而进行腐蚀的。硅片表面不可避免地存在微区域杂质浓度的差异、缺陷和损伤，因此在电解质溶液中各个区域会出现电位差。在杂质浓度高的区域、缺陷位置以及损伤处电位较低，而其他区域点位较高，这样硅电池表面就形成了微电池。硅太阳能电池的化学腐蚀主要分为酸性溶液腐蚀、碱性溶液腐蚀，还可以是有机溶液腐蚀。

8.3.3 单晶硅制绒

单晶硅制绒是通过碱性腐蚀液的各向腐蚀异性在硅表面形成金字塔（Pyramid）状的锥体状绒面的过程［图 3-11(a) 所示］。理想的单晶硅金字塔绒面标准：小、匀、净，所谓“小”指绒面高度约为 3～5μm，“匀”指金字塔铺满整个硅片表面，“净”为绒面没有任何花斑。

各向异性腐蚀是指腐蚀溶液对单晶硅不同晶面具有不同的腐蚀速率的特性，通常把晶体硅（100）晶面与（111）晶面腐蚀速率比作为各向异性腐蚀因子（anisotropic factor，AF），当 AF=1 时，硅片各晶面腐蚀速率相同，将会得到平坦、光亮的腐蚀表面；当 AF=10 时，腐蚀面出现体积较小、均匀的金字塔绒面，锥形四面体四个面全是（111）面包围而成。

NaOH 或 KOH 等碱溶液对{100}面腐蚀速率是{111}面的数倍至数十倍，在一定的弱碱溶液中甚至可达 500 倍，因此碱溶液能够制备出较好的绒面结构，而且碱溶液具有价格便宜、废液易于处理等优点，故各向异性腐蚀成为工业上单晶硅制绒的主要方法。硅片碱制绒腐蚀液由腐蚀剂 NaOH（KOH）、缓释剂异丙醇（isopropyl alcohol，IPA）（乙醇、Na_2SO_3），以及去离子水（deionized water，DI 水）等。

碱制绒反应方程式(8-4) 和式(8-5) 以及总反应式(8-6) 如下所示。

$$Si+6OH^- \longrightarrow SiO_3^{2-}+3H_2O+4e \tag{8-4}$$

$$4H^+ +4e \longrightarrow 2H_2\uparrow \tag{8-5}$$

$$Si+2OH^- +H_2O \longrightarrow SiO_3^{2-}+2H_2\uparrow \tag{8-6}$$

影响绒面质量的因素有 NaOH 溶液浓度、异丙醇（乙醇）浓度、Na_2SiO_3 浓度、腐蚀液温度及腐蚀时间等。

腐蚀液的腐蚀性强弱受氢氧化钠溶液浓度影响较大。腐蚀液浓度越高，化学反应的速度越快，金字塔的体积也快速长大。当氢氧化钠的浓度超过了一定的界限，溶液的腐蚀力度过强，造成金字塔的兼并“崩塌”，绒面会越来越差，硅片表面会出现所谓的硅片腐蚀“抛光”效果。如果腐蚀溶液浓度较低，腐蚀速率放慢，金字塔绒面生长减缓，制绒效率下降，制绒成本抬高。研究发现，NaOH 浓度在 1.5%～4%范围外将会破坏锥体的几何形状，工业上 NaOH 溶液浓度一般控制在 1.5%～2%的最佳腐蚀范围。碱溶液浓度对绒面质量的影响如图 8-2 所示（85℃，30min，IPA：10%）。

图 8-2　不同浓度 NaOH 腐蚀绒面图像

图 8-3 为 80℃下、30min 后，硅片表面对可见光平均反射率随 NaOH 溶液浓度的关系。随着碱浓度增加硅片反射率逐渐降低，当浓度超过最佳范围 15g/L 后，反射率反而增加。

异丙醇（或乙醇）通常会作为缓释剂和络合剂（complexing agent）添加到腐蚀液中，它不是产生绒面的必要条件，但是无异丙醇（乙醇）的腐蚀液使绒面表面会出现不均匀、气泡印等现象，而且腐蚀速率和绒面大小难以控制。异丙醇的浓度对绒面质量的影响如图 8-4

所示。异丙醇（乙醇）作用机理是：①调节溶液浓度；②异丙醇对腐蚀液中 OH^- 向反应界面的输运起到缓冲作用，减弱了 NaOH 溶液的腐蚀度；③异丙醇也起到润湿硅表面的作用，以获得均匀的刻蚀效果；④异丙醇能够减小硅表面张力，有助于加速反应产生的氢气从硅表面脱附。虽然 NaOH、KOH 腐蚀剂与异丙醇缓释剂协同作用下能够腐蚀出较好的绒面结构，但是异丙醇成本高，而且容易污染环境，目前很多企业用乙醇代替 IPA 进行单晶硅制绒。乙醇在 3%～20%（体积分数）范围内，制绒反应的变化不大，都可以得到比较理想的绒面，而 5%～10%（体积分数）的环境最佳。

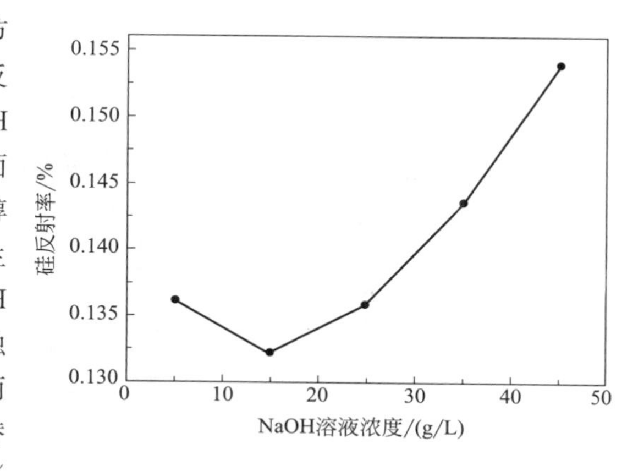

图 8-3 硅反射率随 NaOH 浓度变化关系

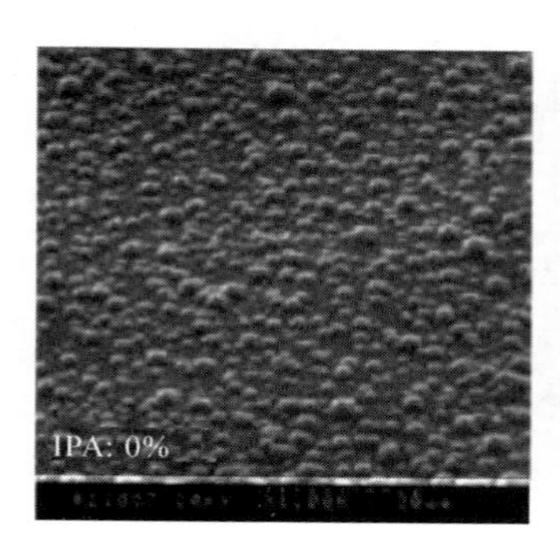

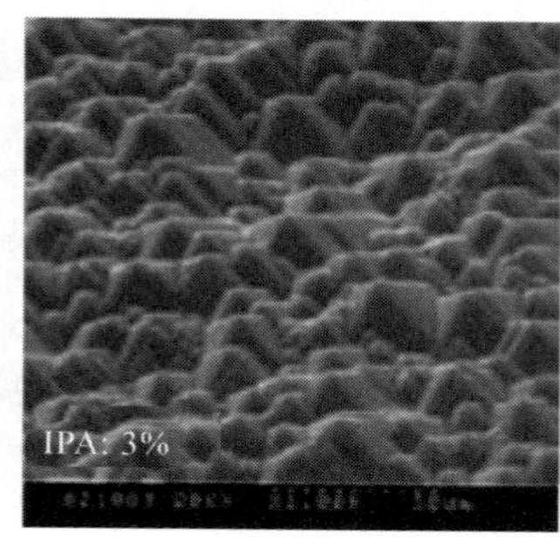

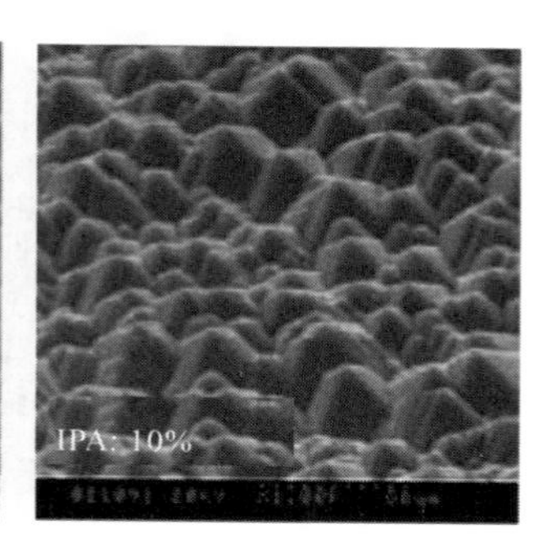

图 8-4 不同浓度异丙醇缓释绒面图像

硅酸钠（Na_2SiO_3）在溶液中呈现胶体状态，大大增加了溶液黏稠度，对 OH^- 向反应界面的输运起到缓冲作用，使得大批量腐蚀单晶时 NaOH 有较宽的工艺容差范围，提高了产品加工质量稳定性和溶液可重复使用性。虽然在制绒过程中硅酸钠含量具有较宽的窗口，但是较高的 Na_2SiO_3 浓度也会对硅片质量造成影响，比如，水印、亮点等。硅酸钠含量一般在 2.5%～30%（质量分数）范围内。硅酸钠来源大多是反应的生成物，要调整它的浓度只能通过排放溶液。若要调整溶液的黏稠度，则采用加入添加剂异丙醇或乙醇来调节。

腐蚀时间也是影响绒面质量的一个因素，如图 8-5 所示。腐蚀时间较短，腐蚀液与硅表面未能充分接触，绒面体积较小，制绒不充分；时间太长，金字塔互相兼并，绒面体积较大，金字塔尺寸趋于相当；只有合适的时间，硅表面才能布满大小均匀的金字塔，反射率降到较低的水平。在制绒槽中，1min 后，金字塔如雨后春笋，零星地冒出头；在 5min 时，绒面结构不均匀，某些区域比较密集，某些区域比较稀疏，该现象被称为金字塔的“成核”；在 10min 时，表面无空白区域，金字塔密布绒面已经形成，只是大小不均匀，反射率也将到了比较低的水平（如图 8-6）。随着时间的延长（<40min），金字塔向外扩张兼并，体积逐渐膨胀，尺寸趋于均匀。因各电池制造商生产工艺差别，单晶制绒时间一般为 10～40min。

腐蚀溶液温度过高，IPA 挥发加剧，晶面择优性下降，绒面连续性降低，同时腐蚀速率

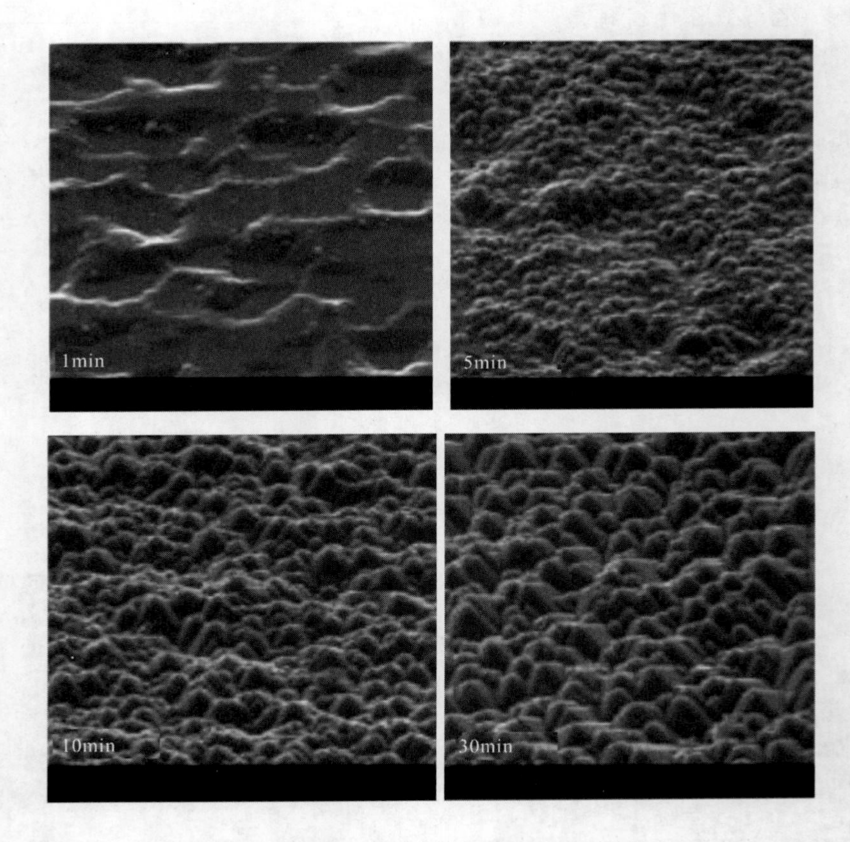

图 8-5　不同腐蚀时间绒面图像

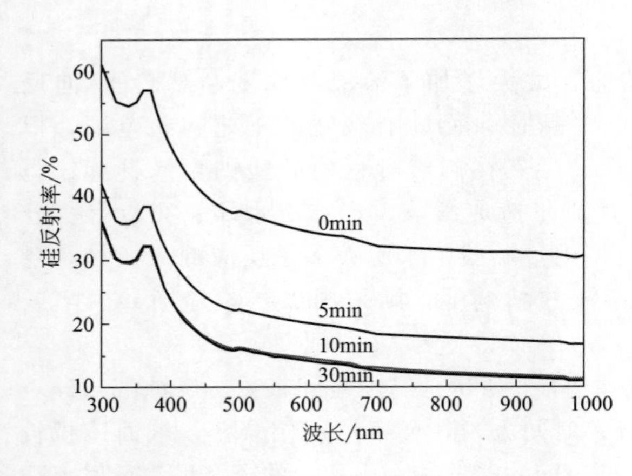

图 8-6　硅表面反射率随腐蚀时间的变化关系

加快，控制困难。温度过低，腐蚀速率过慢，制绒周期延长。因此，合适的热碱制绒温度为 75～90℃。

不同企业在制绒工艺中有不同的优化参数，但是其大致范围是：NaOH 浓度 0.5%～3%（质量分数），热碱温度 75～90℃，乙醇（异丙醇）浓度 5%～15%（体积分数），腐蚀时间 10～40min。在最优参数下，绒面能有效地把硅表面太阳光反射率降低到 10%以下，金字塔大小均匀，高度约为 5μm，相邻金字塔间彼此相连，即没有空隙。

由于碳酸盐（Na_2CO_3、K_2CO_3）、磷酸盐（Na_3PO_4、K_3PO_4）溶于水后溶液也呈现碱性［式(8-7)、式(8-8)］，而且 CO_3^{2-}、HCO_3^- 还具有 IPA 的作用，所以也被用来作为碱腐蚀试剂。与 NaOH 腐蚀制绒相比，碳酸盐、磷酸盐腐蚀金字塔小而密集，而且不使用 IPA，成本低且不易污染环境。但是，该腐蚀剂腐蚀效果重复性差，很难实现大规模生产应用。

Na_2SiO_3 水解后溶液具有较强的碱性[式(8-9)]，因此也曾对单晶硅制绒进行过相关研究。Na_2SiO_3 腐蚀绒面对太阳光反射有较大降低，但是与传统碱腐蚀绒面相比，表面反射率和均匀性要差。

$$CO_3^{2-} + H_2O \longrightarrow HCO_3^- + OH^- \tag{8-7}$$

$$PO_4^{3-} + H_2O \longrightarrow HCO_4^{2-} + OH^- \tag{8-8}$$

$$2SiO_3^{2-} + H_2O \longrightarrow Si_2O_5^{2-} + 2OH^- \tag{8-9}$$

除了碱（NaOH、KOH）及其水解后呈碱性的溶液外，四甲基氢氧化铵（tetramethylammonium hydroxide，TMAH）和乙二胺、邻苯二酚水溶液（ethylenediamine、pyrochatechol and water，EPW）等有机试剂也是硅各向异性腐蚀剂。TMAH 腐蚀液浓度越高，绒面品质越好，但是腐蚀液消耗增大，腐蚀速率降低。研究发现，TMAH 浓度高于 20%时，才能获得良好的绒面质量，而且异丙醇的使用能够提高腐蚀表面的光洁度，当异丙醇浓度为 50%（体积分数）时，腐蚀速率是纯 TMAH 的 80%。EPW 腐蚀性能很好，但有剧毒，可控性差，且有机物成本高、污染大，因此近年来使用越来越少。

8.3.4 单晶硅制绒设备和流程

单晶制绒多采用槽式清洗设备（如图 8-7）。将装好硅片的料篮放于上料台（如图 8-8）后，按开始按钮，即进行清洗作业。硅片放在花篮中由机械臂在各工艺中自动运送，各工艺槽有自动补液（如图 8-9）功能，通过称重确定硅片被腐蚀的深度。但是槽式的清洗设备难以实现生产线全自动化，目前新研制出的单晶链式清洗设备（RENA、SCHMID），其制绒效果与槽式相当，实现了单晶硅太阳能电池的在线生产。

图 8-7 制绒设备

图 8-8 上料台

图 8-9 NaOH、 IPA 自动补液系统

⊡ 表 8-1 单晶硅制绒流程

操作方向：———→

上料台	预处理	漂洗	去损伤层	漂洗	制绒	漂洗	酸洗	漂洗	喷淋	下料台
溶液	NaOH	DI 水	NaOH、H_2O_2	DI 水	NaOH、IPA	DI 水	HF	DI 水	DI 水	
温度	75～90℃	75～90℃	75～90℃	75～90℃	75～90℃	RT	RT	RT	RT	
时间	60s	30s	180s	10s	1100s	10s	10s	10s	25s	
辅助	超声		超声		鼓泡					

单晶硅制绒工艺流程如表 8-1 所示。硅片制绒前要进行清洗、去损伤层，制绒后要进行酸洗。HF 中和碱洗后残留在硅片表面的碱液，去除硅片表面形成的 SiO_2 层，形成疏水表面，便于吹干。有的清洗设备还有 HCl 清洗槽，盐酸不仅可以中和掉残留在硅片表面的碱性溶液，而且还具有络合剂的作用，能够与硅片切割时表面引入的金属杂质反应生成可溶于水的络合物，比如，Fe^{3+}、Pt^{2+}、Au^{3+}、Ag^{+}、Cu^{+}、Cd^{2+}、Hg^{2+} 等。

硅片从下料台下来后要采用甩干机（如图 8-10）甩干（drying），在 30min 内进行扩散制备 P-N 结。

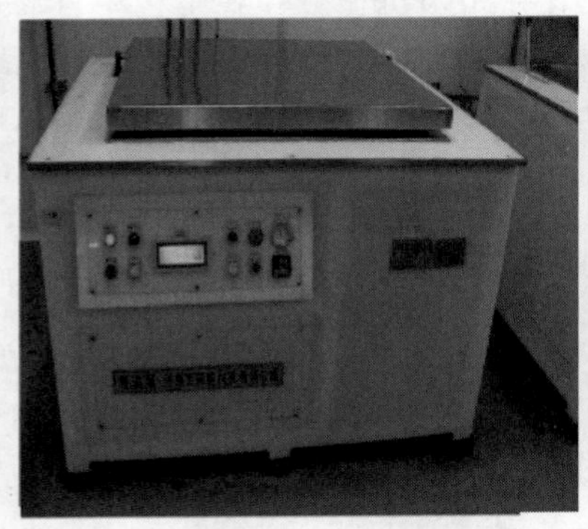

图 8-10 甩干机

8.3.5 多晶硅制绒

多晶硅由多个单晶晶粒构成，各晶粒取向随机分布，虽然各向异性腐蚀能够降低硅表面太阳光的反射，但是效果远不如单晶硅。

多晶硅制绒主要利用各向同性酸性腐蚀液，在多晶硅表面制出理想的绒面结构——“蜂窝”(Honeycomb)［图 3-11(b) 所示］。

HNO_3 作为氧化剂，在反应中提供反应所需要的空穴，与硅反应形成致密的 SiO_2 并附着在硅片表面，SiO_2 不溶于 HNO_3 起到隔离多晶硅作用。HF 是络合剂，与 SiO_2 反应产生溶于水的 H_2SiF_6 络合物，从而实现多晶硅各向同性腐蚀。反应方程式如式(8-10)、式(8-11) 和总反应式(8-12) 所示。

$$Si+4HNO_3 = SiO_2+2H_2O+4NO_2 \tag{8-10}$$

$$SiO_2+6HF = H_2SiF_6+2H_2O \tag{8-11}$$

$$SiF_4 + 2HF \xlongequal{} H_2SiF_6 \tag{8-12}$$

虽然溶液的黏度和密度随温度升高而降低，温度越高，反应剧烈，绒面形成越快，但是对于放热的酸腐蚀来说，反应速率较难控制，因此多晶硅酸腐蚀制绒温度在3～8℃左右。

企业常用的多晶硅酸制绒溶液配比大致如下：$V(HNO_3):V(HF):V(\text{DI 水})=3:1:2.7$，或$1:2.7:2$，制绒时间为3～10min，制绒槽温度为3～8℃、酸洗（碱洗、水洗）温度一般为常温。

在多晶硅制绒过程中乙酸（CH_3COOH）是常用的缓释剂。乙酸的加入不仅可以稀释HNO_3和HF的浓度，降低反应速率，而且乙酸能够减小多晶硅表面张力，有助于附着在硅片表面气泡的脱离，促进了反应的持续进行，使绒面更加均匀密集。相比而言，单一DI水添加剂仅仅起到降低酸溶液浓度的效果，而对气泡的脱离没有效果，有的区域气泡分布密集，有的区域气泡分布稀少，绒面会出现腐蚀不均匀现象。因此，为了使气泡脱离硅表面，在腐蚀过程中常增加鼓泡设备，比如，超声波等。除此之外，超声波还有助于酸溶液的均匀混合。

磷酸（H_3PO_4）也是多晶硅绒面制作的缓释剂。H_3PO_4主要依靠增加混合液的黏度来阻碍物质传输，即降低了HNO_3、HF向硅表面移动的速率，但是溶液黏度的增大不利于气泡的脱离，所以H_3PO_4作缓释剂时硅绒面结构会出现不均匀。

H_2SO_4与H_3PO_3或H_2SO_4与$NaNO_3$的去离子水溶液也被用来作为缓释剂，但是效果均不如传统酸腐蚀液腐蚀效果。

除酸性腐蚀液配比、缓释剂选择外，多晶硅表面状态以及腐蚀液浓度分布均匀性也是影响多晶硅绒面结构的一个因素。虽然多晶硅表面经过去损伤层处理，但是硅片中仍然存在大量缺陷。硅片缺陷或损伤位置处化学反应腐蚀激活能较低，此位置首先出现腐蚀，然后呈辐射状向各个方向推进，而且缺陷或损伤处更容易接触酸溶液，因此在硅片缺陷或损伤的位置绒面会出现比较大的腐蚀坑。对于腐蚀液浓度不均匀的情况，腐蚀速率存在巨大差异，也会造成某一位置腐蚀程度较大，而其他位置腐蚀程度较轻的现象。

8.3.6 多晶硅制绒设备和流程

多晶硅制绒可采用槽式或链式（线上）清洗设备，链式清洗设备产量能达2000片/h左右，而且链式清洗设备与其他设备组合成一条完整连续生产线，比槽式清洗设备更具优势。

链式制绒（清洗）设备一般主体是9个槽，此外还有滚轮、排风系统、自动及手动补液系统、循环系统和温度控制系统。目前，链式清洗设备主要有SCHMID、RENA、KUTTER，其设备如图8-11所示，其中SCHMID链式设备碎片率低于千分之三，由HF和HNO_3处理产生的有毒气体可由模块和排风设计完全密封和去除，多次喷淋技术减少了DI水的消耗，在最后的干燥操作中，干燥机的侧槽送风机起到压缩机功能，从不使用压缩空气，减少运行成本。

下面以SCHMID设备为例进行介绍。

在制绒过程中，硅片的位置和状态、腐蚀参数的监控以及人员安全等都是通过传感器来检测并发出指令的，比如，浓度传感器（在硅片进口处安装一个浓度传感器，用于检测挥发出的酸性气体是否超标，预防操作人员受到伤害），传入传感器（脉冲传感器），温度传感器等。硅片的输送是通过中心滚轮（centering roller）、传送滚轮（transport roller）和定位滚

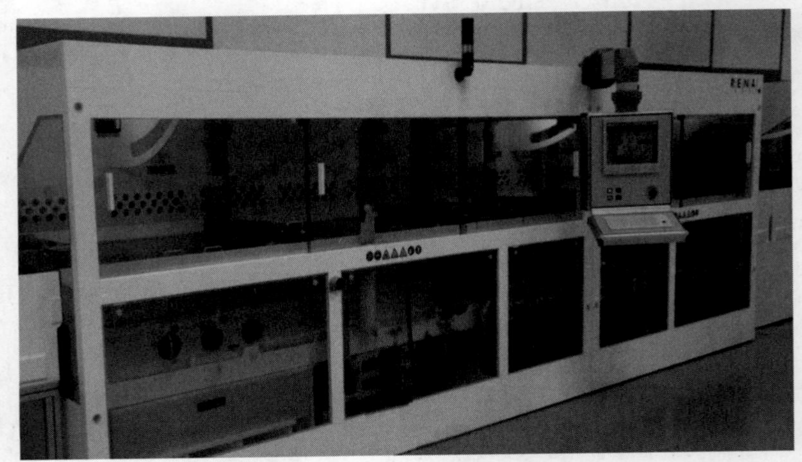

(a) RENA公司生产的链式制绒设备

(b) SCHMID公司生产的链式制绒设备

图 8-11　链式制绒设备

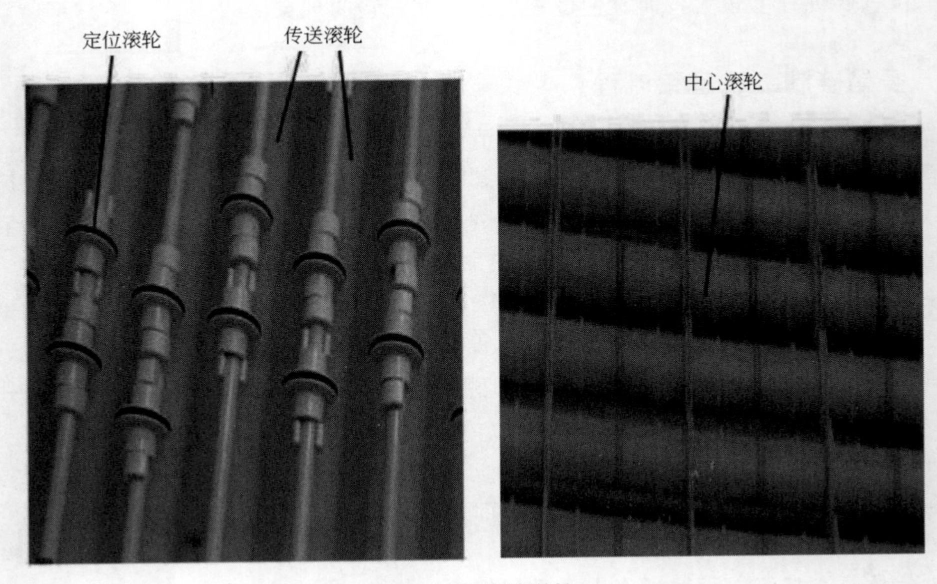

图 8-12　硅片输送轮

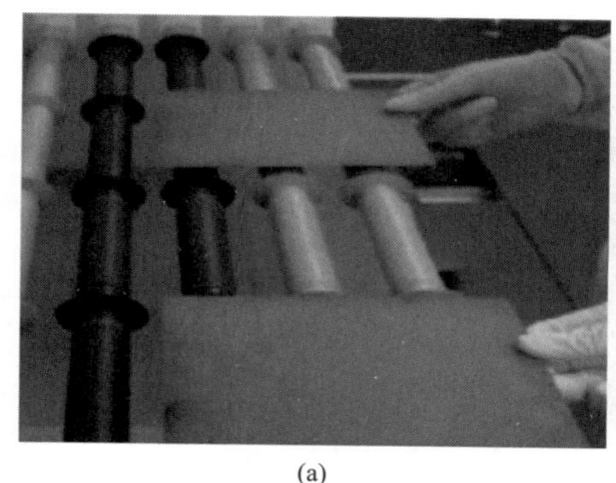

(a)

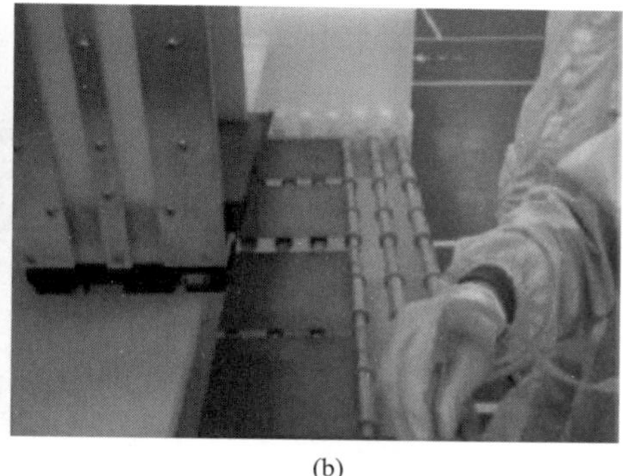

(b)

图 8-13 上料台 (a) 和下料台 (b)

轮（disc roller）完成的，如图 8-12 所示。除了上料台和下料台外（如图 8-13），其他槽体都有独立的排风系统。硅片每经过一次化学品处理后，都要经过一次水洗（rinsing），SCHMID 设备化学槽（制绒槽、碱洗槽、酸洗槽）采用的浸泡结构，水洗全部为喷淋清洗，且水槽均为 3 个缸，前 2 个缸的水是不纯的，达到初步清洗目的，第 3 个缸中为 DI 水，该设计能够大大节约用水，其他设备则与之不同。

除制绒槽与第一清洗槽之间采用吹液风刀（如图 8-14）外，其余槽与槽之间液体隔绝的方法是使用海绵滚轮（如图 8-15），碱洗槽左右两边均采用海绵滚轮，有效隔绝硅片上的液体进入下一个槽，减少交叉污染。烘干槽是通过两台空气压缩泵，经过两次过滤（粗过滤、细过滤），最终送到两组风刀中对硅片进行烘干，空气温度可达 40℃。

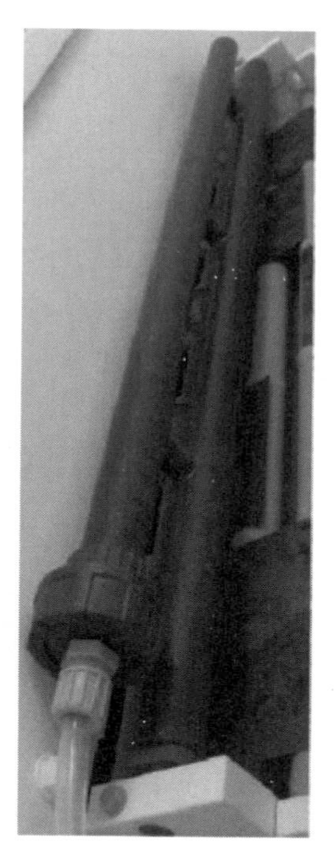

图 8-14 吹液风刀

其他清洗设备（RENA、KUTTER）运行情况与 SCHMID 大致相同，但在细节处彼此都有区别。如，SCHMID 设备风刀风量采用数字控制，且有一定的温度（40℃），而 RENA Intex 设备风刀则通过阀门控制风量；RENA 设备在制绒槽与第一清洗槽间还有一个风刀吹干槽，而 SCHMID、KUTTER 设备则没有。

链式清洗参数及流程如表 8-2 所示（参考 KUTTER）。

当腐蚀液中 HF 浓度较高时，会在多晶硅表面形成均匀多孔硅层，多孔硅可以作为杂质原子的吸杂中心，提高光生载流子寿命，多孔硅膜还具有极低的反射系数，但是该多孔硅结构松散，不稳定，具有较高的电阻和接面复合率，而且也不利于 P-N 结形成和丝网印刷电极，因此需要在稀碱溶液中清洗去除多孔硅膜。酸洗槽中 HCl 中 Cl^- 离子有携带金属离子的能力，HF 去除硅片氧化层（SiO_2），形成疏水表面，便于清洗。

SCHMID、RENA Intex 与 KUTTER 各设备在制绒参数设置中有很大不同，即使同一设备在不同企业不同硅片条件下制绒参数也不相同。比如，RENA：①HNO_3（385g/L）+HF（125g/L）400L，KOH（5%）75L，HF（10%）+HCl（5%）350L；②制绒温度：8℃±5℃；③补液：腐蚀到一定数量后一次 HNO_3、HF 各补液 0.05kg。SCHMID：①腐

蚀液配比：HNO_3（69%）200L，HF（49%）36L，DI 水 120L；②制绒温度：8℃±0.5℃；③补液标准：HNO_3 430mL/100 片，HF 480mL/100 片。

图 8-15 碱洗槽

⊡ 表 8-2 KUTTER 多晶硅制绒参数设置及流程

1#	2#	3#	4#	5#	6#	7#		8#	9#
上料	制绒	DI 水洗	碱洗	DI 水洗	酸洗	DI 水洗		干燥	下料
制绒液	HNO_3（70%）30L、HF（49%）90L、DI 水 40L	DI 水	KOH（20%）52L，DI 水 350L	DI 水	HF（49%）32L、HCl（37%）64L，DI 水 150L	DI 水		风刀	
液位	100～200L	25～50L	180～390L	25～50L	100～200L	1 段 28～50L	2 段 30～50L		
工作液位	＞130L	25～50L	＞345L		＞130L				
温度	3℃±0.5℃	RT	20℃±2℃	RT	RT	RT			
作用	腐蚀硅表面，形成多孔结构		去除多孔硅，中和残留酸液		去除金属杂质和 SiO_2				
补液	HNO_3 0.5L/300 片，HF 0.5L/200 片		KOH 2L/400 片		HF 0.5L/500 片，HCl 0.5L/500 片				

8.3.7 绒面检测

绒面质量的检测首先是通过肉眼观察，绒面连续均匀，无白斑、亮斑，表面无手指印和划痕，无其他污染物，表面颜色均匀（单晶绒面呈深灰色）；利用电子天平进行抽检硅片腐蚀质量，腐蚀量要适中，对于 125mm×125mm 的硅片，减薄质量在 0.22g±0.03g 为佳，156mm×156mm 的硅片减薄量在 0.35g±0.05g；通过显微镜观察其绒面微观结构，绒面大小均匀，且布满硅片表面；利用积分反射仪进行表面反射率的测定，对于单晶硅反射率不高于 10%，多晶硅不高于 15%。良好的单晶硅绒面、多晶硅绒面如图 8-16 和图 8-17 所示。

图 8-16　良好的单晶硅绒面图像

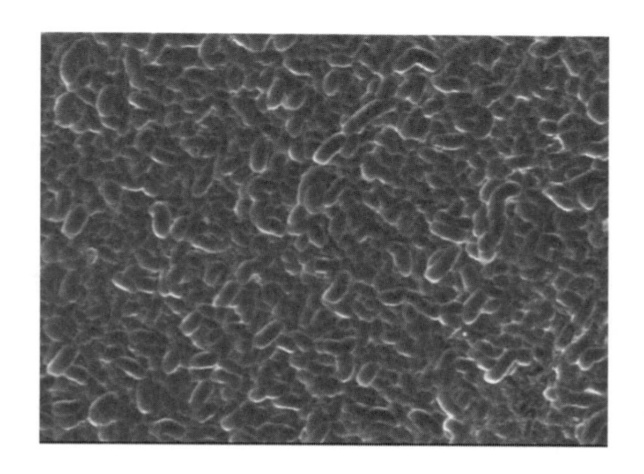

图 8-17　良好的多晶硅绒面图像

8.4　扩散制 P-N 结

P-N 结是太阳能电池的心脏，它不能简单地由 P 型和 N 型半导体接触在一起形成。要制作一个 P-N 结，必须使一块完整的半导体晶体的一部分是 P 型区域，另一部分是 N 型区域，也就是在晶体内部实现 P 型和 N 型半导体的接触。

8.4.1　扩散机制

扩散实质上是一种输运过程，是杂质原子通过半导体晶格格点的无规则运动完成的。当固体、液体或气体内部杂质存在成分浓度的不均时，就会发生物质从浓度高的区域向浓度低的区域扩散，其结果是使杂质浓度均匀。对于固体硅而言，粒子之间相互作用较强，扩散运动较慢，为了增强杂质扩散运动通常采用高温扩散。

一般认为，杂质在硅晶体中扩散有两种机制：替位扩散和间隙扩散，如图 8-18 所示。

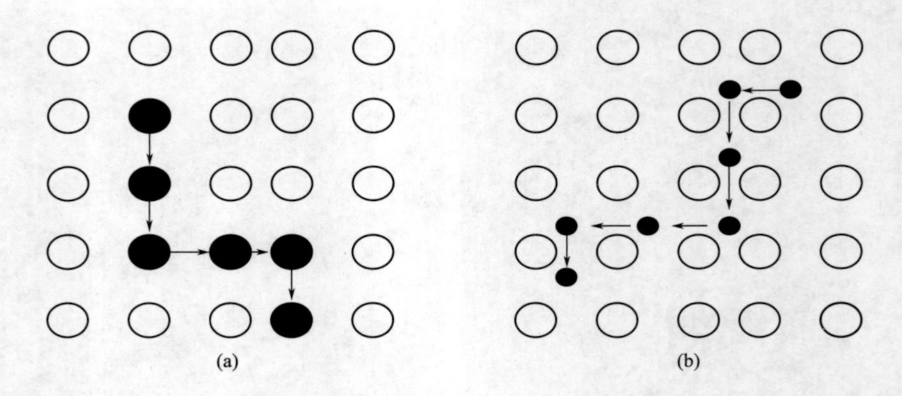

图 8-18　硅晶体中杂质扩散：替位扩散 (a) 和间隙扩散 (b)

(1) 替位扩散

在理想的硅单晶中，原子的周期性排列非常规则。实际上，在非绝对零度时晶体格点上的硅原子都在围绕自己的平衡位置做无规则振动。正是这种振动的不规则性，使得其中某些原子振动能量较高，以至于能够脱离平衡位置而运动到新的位置上，这样就在原来的位置留下一个“空位”。相邻的原子有可能向该空位移动，填补该空位，则相邻原子位置就出现了空位，从整个过程来看，相当于空位从一个位置移动到另外一个位置，即在晶体中也可看作是不断地运动的。实际上，空位移动与第二章描述的空穴运动相似。

假如某杂质原子占据空位，那么杂质原子会沿着空位运动轨迹在晶体中运动。通常把这种杂质原子占据晶体内晶格格点的位置，而不改变其结构的扩散方式称为替位扩散，如图 8-18(a) 所示。

杂质原子的半径大小、外层核层结构和晶体结构等特征与硅原子相似的情况下比较容易发生替位扩散。比如，硼（B）、铝（Al）、镓（Ga）、磷（P）、砷（As）、锑（Sb）在硅中的扩散大多为替位扩散。

随着温度的升高，晶格原子振动增强，产生空位越多，替位扩散原子越多。因此，硅晶体扩散多是在高温环境下进行扩散。

(2) 间隙扩散

由于原子之间存在相互作用，使得原子间存在间隙。适当大小的杂质原子在克服本底原子势场作用下能够进入此间隙，并且在晶体间隙中运动，这种扩散被称为间隙扩散，如图 8-18(b) 所示。

与替位扩散不同，间隙扩散原子半径要远小于硅原子半径才能顺利扩散到硅原子晶格之间实现间隙扩散，例如，镍、铁、银、锰等在硅中扩散多为间隙扩散。同样，随着温度的升高，间隙原子运动速度增大，更多的原子会扩散到硅晶体更深处。

因此，杂质原子在固体中的扩散可看作扩散原子借助于空位或原子间隙在晶格中的原子运动。晶体硅扩散制结使用的扩散杂质一般为 B 或 P，所以扩散形式主要为替位扩散。就两种扩散的快慢而论，一般认为间隙式扩散要比替位式扩散速度快，这可能与扩散运动需要克服的势垒有关。替位扩散杂质原子要转移到新的平衡位置所需要克服周围原子势垒的能量，比间隙扩散需要克服势垒大，而且间隙扩散不需要主原子脱离原来位置，扩散所需的激活能比替位扩散原子需要的激活能低，所以替位扩散要慢。

8.4.2 扩散方程

1855年，菲克（Fick）提出了物质扩散的第一定律。菲克第一定律表述为：杂质的扩散流密度 J 正比于杂质浓度梯度 $\frac{\partial N}{\partial x}$，比例系数 D 为杂质在基体中的扩散系数。

由于硅片扩散发生在整个表面，而且硅片为薄的平面，只需考虑一维方向的扩散，则其数学表达式如式(8-13) 所示。该公式表明扩散物质按溶质浓度减小的方向（梯度负方向）流动，在确定扩散环境温度情况下，对某种扩散杂质，当 $\frac{\partial N(x,t)}{\partial x}$ 较小时，扩散缓慢。

$$J=-D\frac{\partial N(x,t)}{\partial x} \tag{8-13}$$

扩散流密度 J 定义为单位时间内通过单位面积的杂质粒子数，$cm^{-2}\cdot s^{-1}$；D 为扩散系数，cm^2/s；N 为杂质浓度分布函数，cm^{-3}；x 为杂质扩散深度，即 P-N 结深，μm；t 为扩散时间，s。

根据质量守恒定律，溶质浓度随时间的变化率等于扩散通量随位置的变化，即公式(8-14)。

$$\frac{\partial N(x,t)}{\partial x}=-\frac{\partial J(x,t)}{\partial x} \tag{8-14}$$

把式(8-13) 代入式(8-14) 得到扩散方程式(8-15)，也被称为菲克第二定律。在杂质浓度不高时，扩散系数 D 为常数，菲克扩散方程可简化为式(8-16)。

$$\frac{\partial N(x,t)}{\partial x}=\frac{\partial}{\partial x}\left[D\frac{\partial N(x,t)}{\partial x}\right] \tag{8-15}$$

$$\frac{\partial N(x,t)}{\partial x}=D\frac{\partial^2 N(x,t)}{\partial x^2} \tag{8-16}$$

8.4.3 扩散系数

扩散系数 D 是描述杂质在硅中扩散快慢的重要参数，D 的大小除了依赖杂质种类外，还与扩散温度、杂质浓度、扩散氛围及物质载体中其他杂质的存在等因素有关。

通过菲克第一定律看出，D 越大，扩散速度越快，P-N 结越深。

$$D=D_0\exp\left(\frac{-\Delta E}{KT}\right) \tag{8-17}$$

实验测量扩散系数 D 可表达为公式(8-17)。D_0 为本征扩散系数，即热力学温度为无穷大时扩散系数的大小，cm^2/s；ΔE 为扩散过程的激活能，是杂质原子扩散时必须克服的某种势能，eV；T 为热力学温度，K；K 为玻尔兹曼常量，8.62×10^{-5} eV/K。

不同的杂质在不同材料中扩散时，D_0 和 ΔE 是不同的。在金属和硅中某些遵循简单替位扩散的元素，ΔE 一般为 3～4eV；而间隙扩散的元素，ΔE 一般为 0.6～1.2eV。因此，利用作为温度函数的扩散系数测量，可以大致确定某些杂质在硅中哪种扩散占优势。硅晶体中低浓度掺杂杂质的本征扩散系数 D_0 和激活能 ΔE 如表 8-3 所示。通过实验数据可以验证前面论述的替位扩散和间隙扩散理论知识。

表 8-3 部分元素的本征扩散系数 D_0 和激活能 ΔE

杂质元素	D_0/(cm^2/s)	ΔE/eV	扩散温度/℃
P	10.5	3.7	900～1300
B	25	3.5	1000～1350
Al	4.8	3.4	1000～1350
As	68.5	4.2	1100～1350
Ga	3.6	4.1	1100～1350
Sb	13.0	3.9	1200～1400
H	9.4×10^{-3}	0.5	950～1200
He	0.1	1.3	950～1200
O	135	3.5	1250～1400
C	0.3	2.9	1050～1400
Si	1.8×10^{4}	4.9	700～1300
S	0.9	2.2	1050～1350
Ag	2.0×10^{-3}	1.6	1100～1350
Fe	6.2×10^{-3}	0.9	1100～1250
Cu	4×10^{-2}	1.0	800～1100

8.4.4 扩散分类

晶体硅太阳能电池 P-N 结扩散工艺虽然很多，但是从扩散条件大致可以分为两类：

(1) 恒定表面源扩散

恒定表面源扩散是指在整个扩散过程中，硅片表面浓度保持不变，在一定的扩散温度控制下，杂质原子从气相扩散到固相的硅片里而在其内部呈现一定的杂质分布的扩散形式。

杂质浓度分布由下列初始条件和边界条件求出：

$$初始条件(t=0):N(x,0)=0 \tag{8-18}$$

$$边界条件(x=0,x=\infty):N(0,t)=N_0 \tag{8-19}$$

$$N(\infty,t)=0 \tag{8-20}$$

菲克扩散方程满足上述初始条件和边界条件的解为：

$$N(x,t)=N_0\left(1-erf\ \frac{x}{2\sqrt{Dt}}\right)=N_0 erfc\ \frac{x}{2\sqrt{Dt}} \tag{8-21}$$

恒定表面源扩散在硅片的杂质分布为余误差函数分布，当表面浓度 N_0、扩散系数及时间确定后，杂质扩散分布也就确定了。

恒定表面源扩散杂质分布如图 8-19 所示，t 为扩散时间，x 为距离硅片表面深度，N 为杂质浓度。从图中可以看出：杂质表面浓度 N_0 与时间无关，与杂质种类和扩散温度有关；扩散时间对杂质扩散深度以及浓度分布有较大影响，随扩散时间的增加，硅片内部浓度增大，扩散深度越大，扩散杂质总量增多，杂质分布曲线变得平缓，随扩散深度 x 的增大杂质浓度减少。

扩散到硅片中杂质总量 Q 可以用分布曲线 $N(x,t)$ 下面的面积表示，所以：

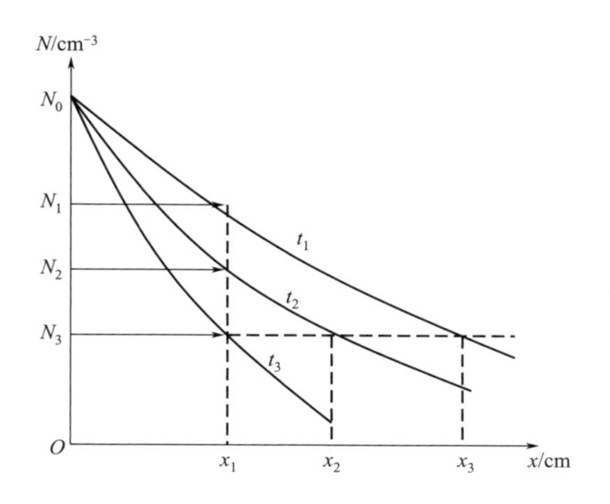

图 8-19 恒定表面源扩散杂质分布

$$Q=\int_0^{\infty} N(x,t)\mathrm{d}x=\int_0^{\infty} N_0 erfc\frac{x}{2\sqrt{Dt}}\mathrm{d}x=1.13N_0\sqrt{Dt} \tag{8-22}$$

当扩散杂质种类确定后，N_0 的差异主要与杂质在硅中的固溶度有关。硼在硅中固溶度为 $5\times10^{20}/\mathrm{cm}^3$，而硅晶体中硅原子浓度为 $5\times10^{22}/\mathrm{cm}^3$，所以硼在硅中最大扩散浓度为1%，如果需要扩散杂质浓度大于此值，硼杂质就不适合了。

(2) **限定表面源扩散**

限定表面源扩散是指硅片表面具有确定的杂质源总量 Q，在扩散过程中该杂质总含量不再变化，因此在扩散过程中硅表面杂质浓度不断降低，内部杂质浓度越来越大，扩散距离越来越深。限定表面源扩散过程是首先在硅表面产生一层薄的杂质层，然后再进行扩散。该方法能够很好地控制扩散层的表面杂质浓度。

杂质浓度分布可通过下列初始条件和边界条件求得：

初始条件：杂质源总量恒定，即公式(8-23) 所示。

$$\int_0^{\infty} N(x,0)=\int_0^{\varepsilon} N(x,0)=Q(\varepsilon\rightarrow 0) \tag{8-23}$$

边界条件：扩散过程中，没有其他杂质补充，所以在硅表面杂质流密度为零，即公式(8-24)；在杂质扩散深度以外，其浓度为零，即公式(8-25) 所示。

$$J=-D\frac{\partial N(x,t)}{\partial x}\bigg|_{x=0}=0 \tag{8-24}$$

$$N(\infty,t)=0 \tag{8-25}$$

满足上述初始条件和边界条件菲克扩散方程的解为公式(8-26)。

$$N(x,t)=\frac{Q}{\sqrt{\pi Dt}}\mathrm{e}^{\frac{-x^2}{4Dt}} \tag{8-26}$$

从上式可以看出，限定表面源扩散杂质浓度分布为高斯函数，它的使用条件是预扩散较浅，再分布扩散较深，且扩散过程中无氧化现象。

限定表面源杂质浓度分布与扩散时间的关系如图 8-20 所示。当扩散温度 T 保持不变时，随着扩散时间 t 的延长，表面杂质浓度不断降低；同时，体内杂质浓度增加，从杂质分布曲线上则表现为斜率变小，曲线变得平坦；由于总的扩散杂质含量 Q 是确定量，所以每条曲线包围面积相等。

晶体硅太阳能电池结深多为 0.3～0.5μm，属于浅结扩散，一般不再有意采用再扩散。但是为了便于控制和调节硅片杂质表面浓度、杂质数量以及梯度等参数，实际工艺中常采用两种扩散相结合的方式。通入杂质源的扩散看作恒定源扩散，被称为预扩散。预扩散温度低，时间短，杂质扩散较浅，可以认为是均匀分布在一薄层内，其目的是为了控制扩散杂质总量。再扩散是在高温下硅片表面余误差函数分布下进行的，杂质总量一定，为限定表面源扩散。而且是在预扩散基础上的扩散，所以该后续过程又被称为再分布，其主要目的是为了控制表面杂质浓度和扩散深度。

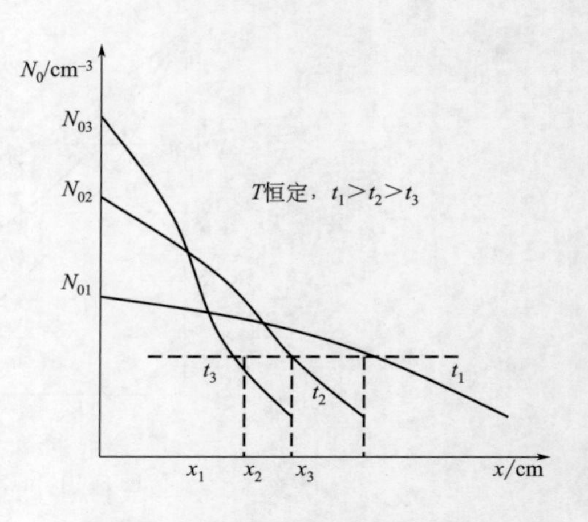

图 8-20 限定表面源扩散杂质分布

预扩散在硅片的厚度和杂质总量可分别表示为：

$$d=2\sqrt{\frac{D_1t_1}{\pi}} \tag{8-27}$$

$$Q=2N_{01}\sqrt{\frac{D_1t_1}{\pi}} \tag{8-28}$$

再分布时初始条件和边界条件分别为：

$$N(x,t)=\begin{cases}N_{01},(0\leqslant x\leqslant d)\\0,(x>d)\end{cases} \tag{8-29}$$

$$\frac{\partial N(x,t)}{\partial x}\bigg|_{x=0}=0 \tag{8-30}$$

把公式(8-28) 代入公式(8-26) 可得到再分布后硅片内杂质浓度分布：

$$N(x,t)=\frac{2N_{01}}{\pi}\sqrt{\frac{D_1t_1}{D_2t_2}}\mathrm{e}^{\frac{-x^2}{4D_2t}} \tag{8-31}$$

式中，N_0、D、t 分别为扩散表面杂质浓度、扩散系数和扩散时间；角标 1、2 分别表示预扩散和再扩散。

通过公式(8-31) 可知，再扩散后硅片表面杂质浓度为：

$$N_{02}=\frac{2N_{01}}{\pi}\sqrt{\frac{D_1t_1}{D_2t_2}}\mathrm{e}^{\frac{-x^2}{4D_2t}}\bigg|_{x=0}=\frac{2N_{01}}{\pi}\sqrt{\frac{D_1t_1}{D_2t_2}} \tag{8-32}$$

通过公式(8-26) 可以得到再分布后硅片表面杂质浓度的另一种表述：

$$N_{02}=\frac{Q}{\sqrt{\pi Dt}}\mathrm{e}^{\frac{-x^2}{4Dt}}\bigg|_{x=0}=\frac{Q}{\sqrt{\pi D_2t_2}} \tag{8-33}$$

在实际扩散过程中，杂质扩散浓度分布往往与余误差分布和高斯分布有偏差。这可能由以下原因引起：①扩散过程中，杂质浓度并非假设中的低浓度，因此，扩散系数 D 也就不是常数，而是随着杂质浓度的增加而增大；②硅片并非理想的状态，而是可能存在较严重的缺陷；③在实际扩散过程中，扩散杂质浓度并不始终维持在某一确定量上；④式(8-20) 和式(8-25) 理论推导中没有考虑杂质间相互作用，也没有考虑硅片表面杂质浓度达到 N_0 需要一定的时间。

8.4.5 磷扩散制结

常见的太阳能电池制 P-N 结的方法为扩散制结，根据扩散源的不同可以形成 N 型层，如 P、Al、Ga 扩散；也可以采用 P 型层杂质源，如 B、As、Sb 扩散。

晶体硅太阳能电池一般采用掺 B 的 P 型硅作为衬底，电阻率范围为 0.5～3Ω·cm，因此需要扩散 P 制作 P-N 结。磷扩散（phosphorous diffusion）主要有三种方法：①$POCl_3$ 液态源磷扩散；②喷涂磷酸水溶液后链式扩散；③丝网印刷磷浆料后链式扩散。其中 $POCl_3$ 液态源扩散方法生产效率高，P-N 结厚度均匀、扩散层表面良好。这些特征对于制作大面积的 P-N 结是非常重要的，因此 $POCl_3$ 液态源磷扩散被工业生产广泛采用。

$POCl_3$ 液态源磷扩散是利用纯净的氮气作为携源气体，流经盛装液态源的容器把杂质气体 $POCl_3$ 送入石英管中，在高温作用下发生热分解并与硅表面反应，还原出的杂质 P 原子向硅片内部扩散，完成 P 型硅的制结。$POCl_3$ 液态磷扩散原理如图 8-21 所示。

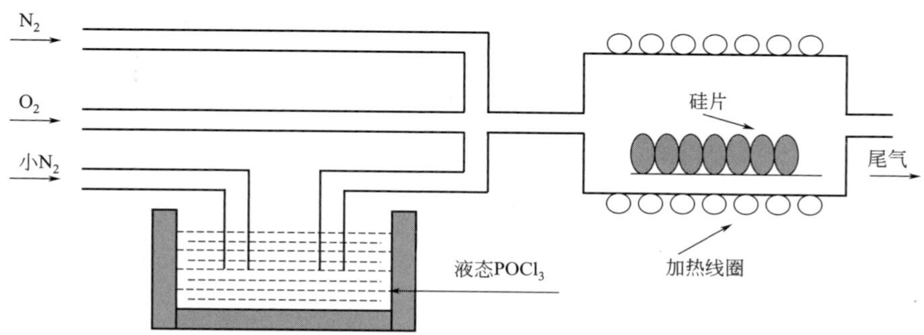

图 8-21 晶体硅 P-N 制结 $POCl_3$ 液态、磷扩散原理示意图

$POCl_3$ 相对密度为 1.67，熔点为 2℃，沸点为 105.3℃，无色透明，纯度不高时略显红黄色，具有刺激性气味。$POCl_3$ 易吸水而变质，具有很强的挥发性，在潮湿空气中发烟，因此扩散源在不使用时应该严加密封。室温下，$POCl_3$ 有较高的蒸气压，为了保持蒸气压的稳定，通常把容器瓶放在 0℃的冰水混合物中。

$POCl_3$ 液态源磷扩散工艺发生的反应如下：

① 高温下（>600℃）$POCl_3$ 的分解反应，生成物 P_2O_5 沉积在硅片表面。

$$5POCl_3 = 3PCl_5 + P_2O_5 \tag{8-34}$$

② P_2O_5 与硅反应生成二氧化硅和磷原子，而磷原子在高温下（约 900℃）向硅中扩散。

$$2P_2O_5 + 5Si = 5SiO_2 + 4P\downarrow \tag{8-35}$$

在硅片表面覆盖一层含磷（P）元素的二氧化硅，称为磷硅玻璃（phosphosilicate glass，PSG）。

③ 通过式(8-34) 和式(8-35) 可以看出，产物中 PCl_5 没有参与循环反应，也就是说磷杂质源中一部分磷原子损失掉了，而且 PCl_5 对硅有腐蚀作用，破坏硅片的表面状态。然而在氧气的氛围中，PCl_5 会得到分解，大大提高了 $POCl_3$ 利用率，这就是实际扩散工艺中必须使用 O_2 的原因，反应方程式如式(8-36) 所示。反应产物 P_2O_5 会与硅继续反应得以充分利用，而 Cl_2 通过排气通道回收，同时在氧气的作用下，$POCl_3$ 也会直接发生氧化反应产生 P_2O_5 和 Cl_2，方程式如式(8-37) 所示。

$$4PCl_5 + 5O_2 \xlongequal{\quad} 2P_2O_5 + 10Cl_2 \uparrow \tag{8-36}$$

$$4POCl_3 + 3O_2 \xlongequal{\quad} 2P_2O_5 + 6Cl_2 \uparrow \tag{8-37}$$

8.4.6 磷扩散工艺

依据所使用的扩散炉管的类型，扩散工艺分为石英管炉（quartz furnace）扩散和传输带式管炉（belt furnace）扩散。

国内太阳能电池制造商多采用石英管炉扩散。图 8-22 为工业生产中使用的石英管扩散炉，主要由以下几部分构成：控制部分、退舟净化部分、电阻加热炉部分、气源部分。

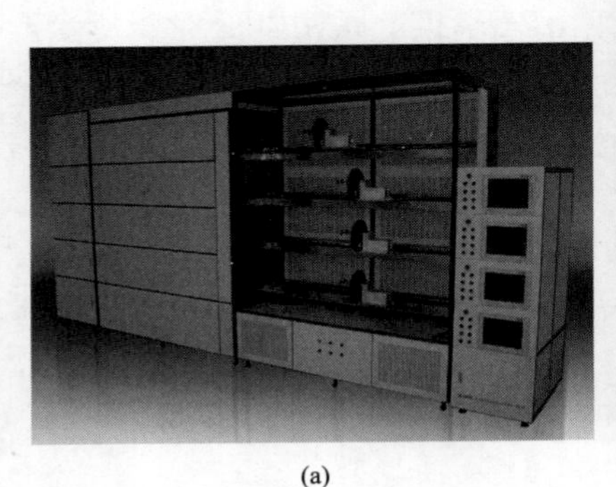

(a)

(b)

图 8-22　石英管扩散炉

石英管炉磷扩散工艺过程复杂，大致分为：石英管清洗、石英管饱和、装送片、回温扩散、关源卸片、检验等工序。本节选择重要的几个环节进行讲解。

(1) 清洗

工业生产中除了扩散炉外，还需要一个三氯乙烷（TCA）装置，该 TCA 装置主要是用来清洗扩散炉石英管的，其原理是：TCA 高温下氧化分解，产物氯气与石英管中重金属原子反应后被气体带走，从而达到清洁石英管的目的。

具体清洗操作步骤如下：将石英管连接 TCA 装置，当炉温升到设定温度时通入氧气，接着打开 TCA 清洗石英管。清洗结束后，先关闭 TCA，再停止通氧气。最后，断开 TCA 连接，接上扩散源。

对于新的或长时间没有使用的石英管可放入稀氢氟酸中清洗，然后在去离子水中冲洗，最后进行 TCA 清洗。

(2) 饱和

对于不是连续生产的扩散炉，在间隔一段时间再次使用的时候一般需要进行石英管、石英舟的饱和。这是因为在高温扩散过程中，石英管和石英舟也要吸收扩散源，使得管内硅片旁边的扩散源浓度降低，最终导致硅片扩散不均匀，结深不相同等问题的出现。

饱和的方法为：将石英舟推进石英管的恒温区，升高炉温至扩散温度时，设定流量通入小氮气和氧气使石英管饱和。饱和时间视情况而定，如果扩散炉放置时间较长，则饱和时间相应增加；反之，则缩短饱和时间。

(3) 装送片

用吸笔依次将硅片从硅片盒中取出，插入石英舟。然后用舟叉将装满硅片的石英舟放入碳化硅臂浆上，保证平稳，缓缓推入扩散炉。由于推进的过程中硅片温度逐渐升高，因此在送片的时候要通入氮气进行保护。吸笔、石英舟、硅片盒图片如图 8-23 所示。

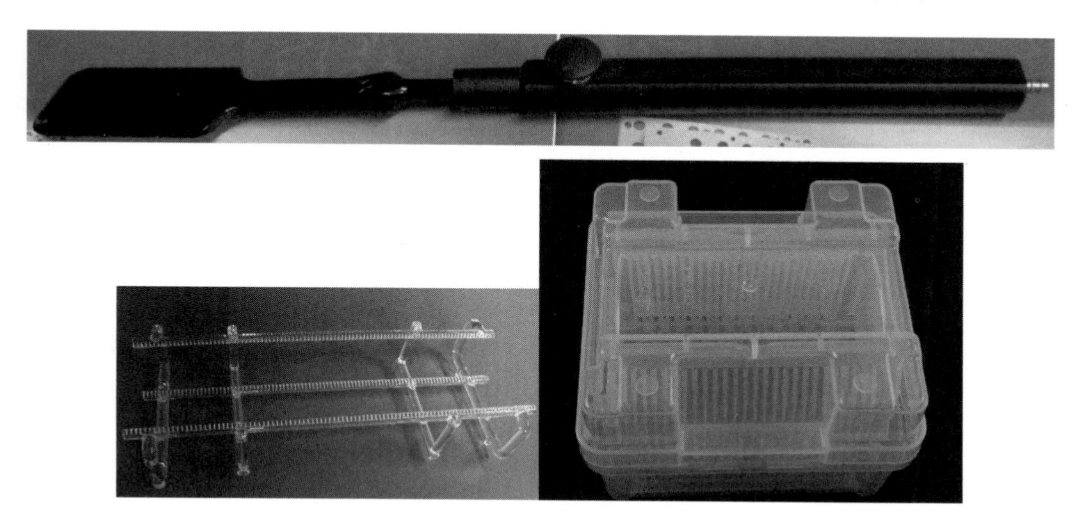

图 8-23　吸笔、石英舟和硅片盒图片

硅片在石英舟里的摆放方法一般有两种：一是平行于扩散炉石英管轴向的水平装片；另外一种是垂直于石英管轴向的竖直装片。通常情况下，竖直装片扩散 P-N 结均匀性较好，特别是各片间 P-N 结均匀性很好，所以竖直装片使用的较多。对于单面扩散，硅片在石英舟中常采用背对背的排列方式，该方法不仅增加了每一炉扩散硅片的数量，而且有助于掩盖硅片的另一侧使其不被扩散进磷原子。背对背装片还可以补偿制绒的缺陷。由于背面绒面效果对太阳能电池影响不大，所以把绒面质量差的一面作为背面，而绒面质量好的一面作为扩散面。扩散后硅片可以通过其颜色辨认：呈现硅片本色的为背面，而扩散面则为黑色或紫蓝色。

石英管恒温区处在石英管的中间位置，所以恒温区的长度决定了扩散炉一次能够扩散硅片的数量。一般为 400 片/管（单面扩散），1 炉/h。

(4) 回温扩散

打开氧气通道，当温度升高到扩散温度时，打开小氮进行扩散。小氮气的作用是携带扩散源进入石英管；大氮气把小氮气带入的扩散源稀释并使管内扩散源分布均匀，同时在扩散前后起到保护作用；氧气是反应气体，可提高扩散源使用效率。

(5) 关源卸片

扩散结束后，关闭小氮气和氧气，关闭加热电源。由于石英管内扩散源处于高温并没有反应完全，并且管内氯气残留量较大易出现中毒危险，故不应该立即进行退舟。降温后，将石英舟缓慢退至炉口，用舟叉从臂浆上取下石英舟。并立即放上新的石英舟，进行下一轮扩散。如果没有新的待扩散硅片，则将臂浆推入扩散炉，尽量缩短臂浆暴露在空气中的时间。硅片冷却后，将硅片从石英舟上卸下并放置在硅片盒中，放入传递窗口。为了避免降温过程中外部气体进入石英管、石英舟，特别是对硅片的氧化，在降温过程中要持续不断通入大氮气，而且随着温度的降低通入气体流量逐渐减小。

(6) 检验

扩散后的硅片要进行初步检测，主要包括目测硅片颜色，仪器测量结深、表面杂质浓度、方块电阻以及少子寿命等。

扩散制作 P-N 结工艺参数参考表 8-4，影响扩散效果的因素主要有管内扩散源浓度、扩散温度和扩散时间。杂质源浓度决定了扩散区磷杂质的浓度大小，扩散时间和扩散温度对 P-N 结深影响较大。

⊡ 表 8-4 扩散制 P-N 结工艺参数参考

工艺		温度/℃	时间/min	小 N_2 流速/(L/min)	N_2 流速/(L/min)	O_2 流速/(L/min)
TCA 清洗		1050	240～480	0.5		10～25
预饱和		900～950	60	1～2	18～25	1～2.5
扩散	进炉	840～900	6	0	25～30	0
	稳定	840～900	9	0	25～30	0
	通源	840～900	20～30	1.6～2.0	25～30	1.8～2.2
	吹氮	840～900	10	0	25～30	0
	出炉	840～900	10	0	25～30	0

传输带式炉管如图 8-24 所示。先将含磷的膏状化合物（如磷酸）涂抹在硅晶片表面，待干燥后，利用传输带将晶片带入炉管内，进行扩散。炉管内的温度可设计为几个温区，在较低的温区内（约 600℃）先将膏状化合物的有机物成分烧掉，接着进入约 950℃的高温区域进行扩散过程。该扩散工艺缺点：由于外界空气可进到炉内，再加上传输带含有金属成份，所以金属污染的概率比石英扩散炉大。

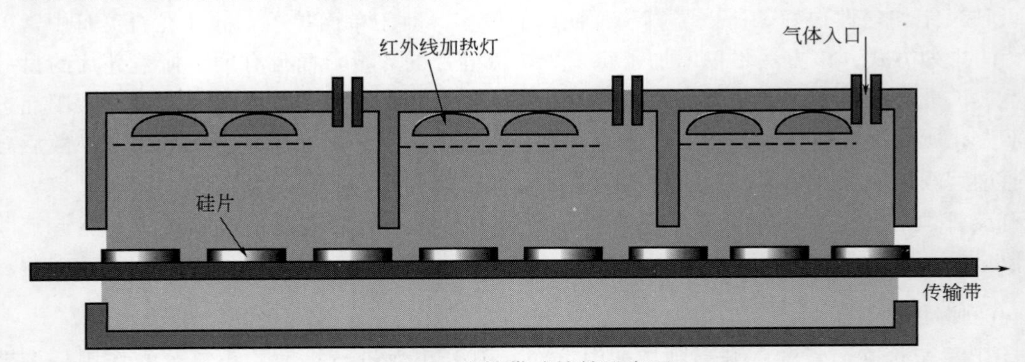

图 8-24 传输带式炉管示意图

8.4.7 硅片检验

(1) “烧糊”片检验

扩散后的硅片出现色斑，如蓝色、黄黑色等颜色斑，即出现“烧糊”片时，需对硅片进行观察分析，做出相应的处理。

① 如果是由于滴落偏磷酸导致硅片“烧糊”，此种情形一般“烧糊”片比较少，若整批硅片电阻无异常，可将“烧糊”片转为返工片，炉管继续生产；若发现受污染硅片较多时，可进行清洗石英管操作。

② 如果是由于硅片在制绒清洗时，没有清洗干净出现的“烧糊”片，应检查硅片表面是否有污染物，如白色粉末或硅胶。若出现此种情况或数量较多时，应暂停此批硅片的生产，并向制绒工艺、质检、生产人员反映情况。制绒清洗问题解决后，方可继续生产。

③ 如果是由于石英舟污染导致硅片“烧糊”，一般是在硅片与石英器件接触的位置。此时应清洗受污染的石英舟，生产可以继续。“烧糊”硅片若电阻正常，烧糊面积较小时，可不必返工直接下传，否则要转返工处理。

(2) P-N 结深

P-N 结深为 P-N 结所在的几何位置，即从扩散硅片表面到扩散杂质浓度与 P 型衬底浓度相等的距离。通常以 x_j 表示，其数学表达式为：

$$x_j = A\sqrt{Dt} \tag{8-38}$$

式中，A 是与 N_0、N_B 有关的常数，对于不同的扩散形式，其表达式不同。恒定表面源扩散和限定表面源扩散下的 A 分别为：

$$A = 2erfc^{-1}\left(\frac{N_0}{N_B}\right) \tag{8-39}$$

$$A = 2\left(\ln\frac{N_0}{N_B}\right)^{\frac{1}{2}} \tag{8-40}$$

P-N 结深可以通过磨角染色法、滚槽染色法，也可以通过阳极氧化拨层法测量。

① 磨角染色法首先对 P-N 结表面进行染色显示，然后进行磨角观察。通过电解水在 P-N 结阳极的 P 型和 N 型区域氧化生成厚度不同的二氧化硅层，呈现出不同的颜色，这就是电解水氧化法染色原理。对于比较深的 P-N 结，可以在分析仪器上直接观察其结深，但是对于太阳能电池 P-N 结深则必须在特制的磨角器上经过磨角显结后再进行观察，如图 8-25 所示。x_j 计算公式为：

$$x_j = \Delta\tan\theta \tag{8-41}$$

② 滚槽染色法是利用钢球在 P-N 结面滚出凹槽，然后进行染色观察，原理如图 8-26 所示。把滚球滚出的凹槽进行染色处理，在显微镜读出 x、y 的值，通过下列公式即可算出扩散结深。

$$x_j \approx \frac{xy}{D} \tag{8-42}$$

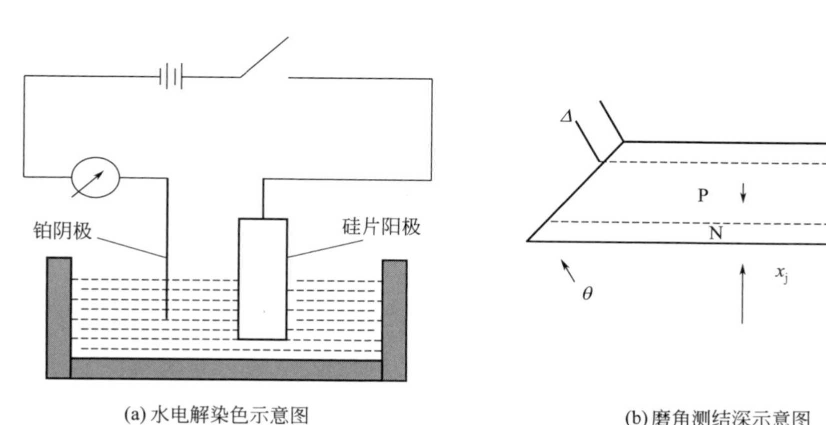

(a) 水电解染色示意图

(b) 磨角测结深示意图

图 8-25 磨角染色法原理示意图

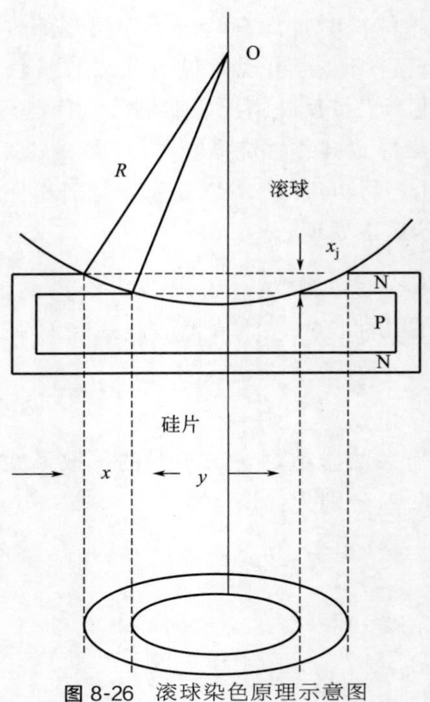

图 8-26 滚球染色原理示意图

(3) **方块电阻**

假设任一均匀薄层半导体，厚为 d，宽为 h，长为 l，如图 8-27 所示。如果电流 I 垂直于宽和厚的方向，则电阻可表示为：

$$R=\rho\ \frac{l}{s}=\rho\ \frac{l}{dh} \tag{8-43}$$

当 $l=h$ 时，表面为方块，故此时电阻又称为方块电阻（sheet resistance），记作 $R_{\square}$，单位 Ω/□，表示为：

$$R_{\square}=\rho\ \frac{l}{s}=\rho\ \frac{1}{d} \tag{8-44}$$

对于一扩散层，结深为 x_j，则：

$$R_{\square}=\rho\ \frac{1}{x_j}=\frac{1}{\sigma x_j} \tag{8-45}$$

从上式可以看出，方块电阻的大小与薄层半导体长度无关，而与薄层平均电导率成反比，与 P-N 结深成反比。

因此，方块电阻表示表面为正方形的扩散薄层在电流方向上所呈现出来的电阻，其值的大小直接反映了扩散杂质的多少。一般而言，扩散后硅片方块电阻应该控制在 40～50Ω/□，同一炉扩散方块电阻不均匀度＜20%，同一硅片电阻不均匀度＜10%。如果方块电阻及其不均匀度不在此区间内，则需要进行“去除磷硅玻璃”工序后，清洗烘干，在背面重新扩散。原来的扩散面做太阳能电池片的背阴极，在丝网印刷烧结过程中转变为 P 型，对太阳能电池的整体性能无影响。

方块电阻使用四探针法测量，其原理与薄层电阻率测试相同（参看图 7-22），则方块电阻可用下面的方程式表示：

$$R_{\square}=\rho\frac{1}{d}=4.53\frac{V}{I} \tag{8-46}$$

(4) 少子寿命

使用少子寿命测试仪进行抽样测试。少子寿命的值应该满足≥10μs，如果少子寿命过低，要马上通知工艺人员，对原硅片进行检测，对扩散工艺中可能出现的问题进行排查。

除此之外，在扩散过程中每隔几小时（约4h）进行测试空气中尘埃粒子数及空气温度、湿度，确保直径在0.5μm微观粒子数不超过352000/m^3，湿度在30%～60%，温度在22～27℃。

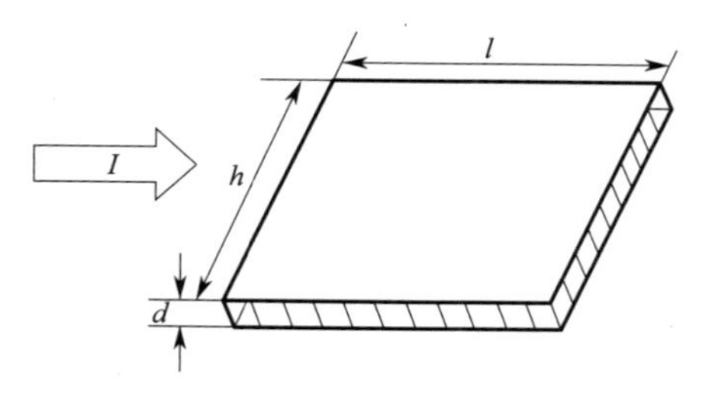

图 8-27　薄层半导体示意图

8.4.8　等离子体刻蚀

无论硅片是水平放置，还是竖直放置，在扩散过程中侧面均处在毫无保护的环境中，因此侧面能够被磷原子扩散而成为N型层。该N型层会导致载流子太阳能电池的正面电极与背面电极的直接导通，即产生所谓的漏电流，这也是太阳能电池漏电流的主要因素。因此，为了减少太阳能电池漏电流的发生，扩散后侧面N型层的去除是十分重要的，即进行边缘绝缘处理（edge isolation）。

边缘绝缘处理可以采用激光切割和等离子体刻蚀（plasma etching）方法。

激光切割可以在太阳能电池电极印刷和烧结后进行，它是利用高能量的激光把硅片熔化而实现边缘绝缘的，切割时必须把激光束照射到背阴极上，而且不能割穿硅片，所以激光切割技术要点是激光强度和移动速度的控制。激光强度过大或移动速度较慢很容易把硅片割穿，熔化的P型和N型硅可能和阳极形成电流通道，降低并联电阻，甚至造成电池短路；相反，如果激光强度不足或移动速度较快，则切割深度不够，不能完成去除N型层。激光切割的缺点是电池有效面积减少（边缘约100μm），且很难实现批量生产。因此，在实际生产中常常采用等离子体刻蚀的方法完成边缘绝缘处理。

等离子体刻蚀硅片是利用高频辉光放电将反应气体CF_4激活成活性原子、自由基或者它们的离子，如方程式(8-47）所示。F原子扩散到硅片（Si、SiO_2）表面，并与之反应形成挥发性的SiF_4而被抽走。在工业生产中为了提高刻蚀速率，通常在CF_4中掺入少量O_2。

$$CF_4 \longrightarrow CF_3、CF_3、CF_2、CF、F\text{及离子} \tag{8-47}$$

等离子体刻蚀工艺需要注意的几个问题是：①确保硅片正反面不被刻蚀（刻蚀宽度不大于3mm），因此在刻蚀装片时通常在待刻蚀硅片两侧分别用相同大小的玻璃片夹具夹紧硅片；②刻蚀参数（刻蚀时间和刻蚀功率）的选择，刻蚀时间不足，并联电阻下降，漏电流产生；刻蚀时间较长损伤硅片正反面，如果损伤延伸到结区可能提高电池高复合；刻蚀功率较低，等离子体稳定性差，而且离子密度分布不均匀，从而导致刻蚀不均匀，有些区域刻蚀过度，有些区域刻蚀甚微；刻蚀功率较高会导致硅片边缘高能量粒子的轰击损伤，边缘区域电性能变差，电池性能下降。结区损伤也能使结区复合提高。

刻蚀过的硅片边缘都明显地比中间要亮白，如果肉眼能看到刻蚀边缘有发黑现象，则表示刻蚀不成功，需要重新刻蚀。外观表现正常后，用冷热探针测试仪对硅片边缘进行P/N型测试，确保刻蚀完全，不存在漏电现象。

8.4.9 去除磷硅玻璃

磷硅玻璃的去除主要是通过化学腐蚀的方法，所用化学试剂为氢氟酸（HF）和 DI 水。HF 为无色透明的液体，易挥发，具有较弱的酸性，但具有较强的腐蚀性。HF 一个重要的特性是能够溶解 SiO_2，这是去除磷硅玻璃工艺中使用 HF 的主要原因。

去除磷硅玻璃的原理是：HF 与 SiO_2 反应生成挥发性的 SiF_4［式(8-48)］，在 HF 过量的情况下，HF 继续与 SiF_4 反应生成可溶性的络合物六氟硅酸（H_2SiF_6）［式(8-49)］。

$$SiO_2+4HF = SiF_4\uparrow+2H_2O \tag{8-48}$$

$$SiF_4+2HF = H_2SiF_6 \tag{8-49}$$

总的腐蚀方程式可表示为：

$$SiO_2+6HF = H_2SiF_6+2H_2O \tag{8-50}$$

去除磷硅玻璃工艺流程：硅片经上料台依次经过氢氟酸洗槽、DI 水漂洗、DI 水喷淋、甩干。

对于链式（线上）清洗设备，与制绒设备外观相同，内部构造稍有不同，去除磷硅玻璃工艺又称为二次清洗（二洗），去除磷硅玻璃的同时兼有边缘湿法刻蚀效果。RENA InOx-Side 后清洗设备采用 HF、HNO_3、H_2SO_4 进行边缘刻蚀，去除边缘 N 型层，H_2SO_4 作用是增大液体浮力，使硅片很好地浮于反应液上（仅上边缘 2mm 左右和下表面与液体接触），然后用 NaOH 碱溶液中和残留在硅片表面的酸液，最后 HF 去除磷硅玻璃。由于 PSG 是亲水性的，硅片“水上漂”时 PSG 很容易将溶液吸附到上表面，造成过刻，产生“黑边”片；KUTTER 设备虽然也采用“水上漂”进行刻蚀、去除磷硅玻璃，但是 KUTTER 设备采用先去除 PSG，再刻蚀 N 型层，这样就可以避免 PSG 亲水吸附腐蚀液的缺点。但是，正是失去了 PSG 的保护，硅片在经过 KOH 刻蚀槽时会造成轻微腐蚀，造成方块电阻上升的情况；SCHMID 设备采用滚轮将腐蚀液带到硅片背面进行刻蚀，而非“水上漂”形式。硅片由滚轮拖着往前走，液面要比滚轮的上表面低，这样就避免了上述问题的出现。同时，为了避免滚轮单方向行走造成硅片表面前后腐蚀量的不同，SCHMID 设备在刻蚀到一半的时候将硅片旋转 180°。

去除磷硅玻璃工艺的检验主要采用目测方式进行。观察硅片表面的疏水性，如果硅片脱水则说明去除磷硅玻璃效果良好，而表面留有水渍，则说明 SiO_2 去除不彻底，需要增加 HF 浓度。硅片甩干若发现表面有水痕、白斑，则该硅片不符合要求，要重新处理。

在去除磷硅玻璃的工艺中需要注意的事项：安全性，防止酸性溶液对人体的伤害；硅片清洁，在两槽之间移动硅片间隔时间不要太长，防止硅片氧化，不得用手直接接触硅片或装片盒，防止污染。

8.5 减反射膜 α-SiN_x：H

8.5.1 减反射膜原理

在制绒一节中提到，光照射到硅表面时会有约为 1/3 的反射损失，通过绒面对入射光的多次反射可以增加硅表面对光的吸收，但是仍然有约 10%～15%的入射光损失。如果在硅表面制备一层或多层高折射率的介质膜，利用光在薄膜表面的干涉原理，可以进一步减少光的反射，使入射光的反射率从制绒后的10%～15%降低到3%～5%。更多的入射光透射到硅内，必然增大电池的短路电流，提高电池的转化效率。

通常把这种能够起到减少太阳光在硅表面反射的薄膜称为太阳能电池的减反射膜（anti-reflection coating，ARC），又被称为抗反射膜。

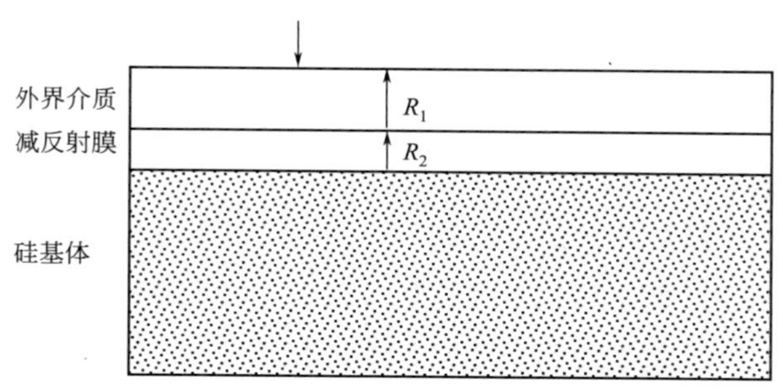

图 8-28　减反射膜引起光学干涉示意图

如图8-28所示，硅表面制备一层减反射膜，表面对太阳光的反射率（reflection index，reflectivity）可表示为：

$$R=\frac{R_1^2+R_2^2+2R_1R_2\cos\phi}{1+R_1^2+R_2^2+2R_1R_2\cos\phi} \tag{8-51}$$

式中，R_1、R_2 分别为外界介质（EVA或空气）与减反射膜、减反射膜与硅表面菲涅尔反射系数；ϕ 为减反射膜厚度引起的相位角。它们可以表示为：

$$R_1=\frac{n_0-n}{n_0+n}$$

$$R_2=\frac{n-n_{Si}}{n+n_{Si}}$$

$$\phi=\frac{4\pi}{\lambda_0}nd$$

式中，n_0、n、n_{Si} 分别为外界介质、减反射膜和硅的折射率；λ_0 为入射光波长；d 是减反射膜的实际厚度，则 nd 为减反射膜光学厚度。

当波长为 λ_0 的太阳光垂直入射时，如果减反射膜光学厚度为 λ_0 的1/4，即 $nd=\frac{\lambda_0}{4}$，则：

$$R_{\lambda_0}=\left(\frac{n^2-n_0n_{Si}}{n^2+n_0n_{Si}}\right)^2 \tag{8-52}$$

为了使反射损失最小，故令 $R_{\lambda_0}=0$，得：

$$n=\sqrt{n_0n_{Si}} \tag{8-53}$$

因此，完美单层减反射膜条件是：减反射膜光学厚度为1/4入射光波长，折射率为外界介质与硅片折射率乘积的平方根。例如，对于直接暴露在真空或大气中的硅太阳能电池而言，最佳减反射膜折射率为：$n=\sqrt{n_0n_{Si}}=\sqrt{1\times3.42}\approx1.85$；而对于EVA封装硅太阳能电池来说，$n=\sqrt{n_0n_{Si}}=\sqrt{1.4\times3.42}\approx2.19$。减反射膜厚度的选择由入射光波长决定。地面太阳光谱能量峰值处在波长500nm处，硅太阳能电池对光谱的响应波长在800～900nm，因此减反射效果最好的波长范围在 600nm 左右，故取 $\lambda_0=600$nm，此时减反射膜的光学厚度为 150nm。

8.5.2 减反射膜材料

减反射膜厚度及折射率是减反射膜制备的两个重要参数，除此之外，还需要考虑其他一些问题：

(1) 减反射膜对光的吸收性

只有透过减反射膜被硅材料吸收产生电子空穴对的光子才是有用的。因此，为了使入射光透过薄膜进入硅内，不仅要薄膜对光的反射率低，而且对光的吸收也要低。

(2) 物理化学性能稳定性

太阳能电池在长期的存放和使用过程中，要经受复杂环境的考验，这包括自然因素（温度、湿度、风雨雷电、酸碱腐蚀）和人为破坏。因此，要求薄膜能够与硅表面有稳定的黏附性，有一定的机械强度，能够耐一定程度的温度、湿度变化，能够抵抗适量的酸碱腐蚀。

(3) 制备工艺难易及成本

减反射膜的应用是为了提高硅太阳能电池的转化效率，更大程度地推广太阳能的利用。如果减反射膜的制备成本较高或者工艺比较复杂，这就意味着提高了太阳能电池发电成本。因此，要求薄膜的制备成本低廉、工艺简单、适合于大量生产。

可以用作硅太阳能电池表面减反射膜的材料很多，主要有非晶硅薄膜、氧化钛薄膜（TiO_2，$n=2.3$）、氧化硅薄膜（$n=1.44$）、一氧化硅薄膜（$n=1.8$）、氧化铝薄膜（$n=1.86$）、氧化铯薄膜（$n=1.9$）和非晶氮化硅薄膜（α-SiN_x：H）等。

TiO_2 薄膜是早期晶体硅太阳能电池制备工艺中常用的减反射膜。TiO_2 具有较高的折射率（2.1～2.4）、较好的机械性能和抗化学腐蚀性能，能在常温常压下制备。该减反射膜利用喷涂技术，在链式炉中用常压化学气象沉积（APCVD）方法制备，不需要使用真空技术，设备简单。但是该减反射膜的缺点是：膜中含有较多的低价氧化物，导致在短波部分，尤其在 300～400nm 范围内有严重的光吸收；与硅片结合程度差，易产生剥离；该膜不含氢，不具备钝化作用。

SiO_2 薄膜不仅起到入射光的减反射作用，而且还具有优良的钝化性能。但是，SiO_2 折射率较低（约 1.46），减反射效果不是很理想，而且该膜在紫外光照射下会衰退，会降低多晶硅材料的体载流子寿命。另外，该膜通常是在加热炉中高温（约 900℃以上）下使硅片表面生长出一层较厚的氧化层，即 SiO_2 减反射膜，该制作过程与丝网印刷电极工艺的过程存在不匹配性。

实验室常用的减反射膜为 ZnS/MgF_2 双层减反射膜。与单层膜相比，双层膜在较宽的波长范围内具有较低的反射率，对于太阳能电池相应的波长范围其平均反射率能减少到 3%。该减反射膜制备要求首先在硅片上生长一层厚度约 50Å 的氧化层，然后再沉积 MgF_2（$n=1.38$）和 ZnS（$n=2.33$）。

由于 α-SiN_x：H 薄膜不仅可以起到减反射效果，而且还有优良的表面钝化和体钝化效果，能降低表面复合速率，增加少数载流子寿命，从而提高太阳能电池的短路电流和开路电压，因而在晶体硅太阳能电池中得到了广泛应用。研究发现，经过 α-SiN_x：H 工艺后，硅太阳能电池的表面反射率可从制绒后的 10%～15%降到 3%～5%。

取自同一批单晶硅太阳能电池、面积为 $97cm^2$、三种薄膜作减反射膜太阳能电池性能比较，其数据如表 8-5 所示。

⊡ 表 8-5　三种减反射膜太阳能电池性能比较

薄膜		I_{sc}/(mA/cm²)	V_{oc}/mV	FF	η	η > 14%	η > 13%	η > 12%
SiO_2	平均值	32.76	580.3	0.730	11.7			31%
	最大值	33.89	582.8	0.735	12.8			
	最小值	31.67	574.9	0.722	10.6			
TiO_2	平均值	34.8	584.9	0.719	12.3		35%	
	最大值	35.1	596.7	0.731	13.5			
	最小值	33.6	573.5	0.705	11.1			
SiN_x	平均值	37.0	596.9	0.732	13.7	31%	45.7%	23.3%
	最大值	36.4	603.0	0.753	14.5			
	最小值	36.3	586.0	0.701	12.6			

8.5.3　α-SiN_x：H 性质

由于氮化硅减反射膜是无定型非晶态，在制备过程中常常会有游离态氢溶入薄膜中，所以该薄膜富含氢，而且薄膜中 Si、N 比例不确定，因此氮化硅减反射膜应该表述为 α-SiN_x：H。但为了简单书写，常写作 SiN 或 SiN_x。无特殊说明，本书所述氮化硅薄膜、SiN、SiN_x 均指 α-SiN_x：H 薄膜。α-SiN_x：H 减反射膜性质如表 8-6 所示。

⊡ 表 8-6　α-SiN_x：H 薄膜性质

项目	α-SiN_x：H(LPCVD)	α-SiN_x：H(PECVD)
沉积温度/℃	700～850	250～450
Si/N 比例	0.75	0.8～1.2
H 含量/%	4～8	20～25
结构	无定型	无定型
密度/($\times10^{-3}$kg/cm^3)	2.9～3.2	2.4～2.8
折射率	2.01	1.8～2.5
介电强度/($\times10^5$V/cm)	10	8
应力/kPa	10(张力)	2(压力)～5(张力)
禁带宽度/eV	5	4～5

(1) 薄膜的结构和组分

PECVD 法制备的 SiN_x 薄膜是非晶体膜，其结构与短距离的化学键有关。非晶性的减反射膜对于硅太阳能电池很重要，因为晶粒界面引起光的散射而使透过率下降，而且杂质很容易沿晶粒界面移动以致对电池性能产生有害影响。

氮化硅薄膜中除了 Si、N 成分以外，还含有相当可观的弱键氢和痕量氧。薄膜的含 H 量较高，可达 20%～25%（原子百分数），过高的含 H 量对膜的结构、密度、折射率、应力及腐蚀速率等均有不利影响，但适量的 H 会对表面起钝化作用。硅和氮化硅界面处电荷的界面态密度很高，这种界面态对界面附近的载流子会起到陷阱或复合中心的作用。氢钝化能有效降低表面复合速度，增加少子寿命，从而提高太阳能电池效率。

(2) 电学性能

无定形氮化硅的禁带宽度 E_g 约为 5eV，因此在如此宽禁带宽度下由价带向导带的热激发是不存在的。在导带底下边约 1.5eV 处有一陷阱能级，在高温和强电场作用下，陷阱能级上的电子受激发进入导带，引起穿过氮化硅膜的微小电流。

SiN_x 薄膜具有高电阻率和高击穿场强。SiN_x 电阻率在 $10^{14}\sim10^{16}\Omega\cdot cm$ 左右；SiN_x 相对介电常数较高（约 7～8），击穿场强达到 10^7V/cm，可耐压 100V 以上电压。

(3) 化学稳定性和钝化性能

氮化硅薄膜的化学稳定性很好。对于晶态 Si_3N_4，除了氢氟酸，与其他酸和碱几乎都不发生作用。氮化硅薄膜能有效地阻止 B、P、Na、As、Sb、Ge、Al、Zn 等杂质的扩散，尤其是对 Na^+。有实验表明，氮化硅薄膜对 Na^+ 扩散有很强的屏障作用，在 600℃下热扩散 20h 后，Na^+ 扩散长度小于 200Å，而在相同条件下 Na^+ 贯穿了 SiO_2 薄膜，在硅和二氧化硅的界面上出现了 Na^+ 堆积。因此，用氮化硅薄膜作钝化膜可以大大减轻 Na^+ 对器件的不良影响。

氮化硅薄膜的抗水/水汽能力受致密度的影响。若膜层疏松多孔，则水汽很容易渗入膜中，当膜层致密光滑时，薄膜的抗水/水汽能力很强。在相同条件下制得的氧化硅、氮化硅、氮氧化硅薄膜中，水汽在氮化硅薄膜中的渗透系数最小。

(4) 光学性能

氮化硅薄膜的折射率高，晶态氮化硅薄膜的折射率为 2.0，非晶态氮化硅薄膜的折射率会在 2.0 左右一定范围内波动。

氮化硅薄膜的厚度和颜色有对应关系，如表 8-7 所示。厚度可由椭圆偏振仪精确测量。在能够估计厚度范围的情况下，可根据氮化硅薄膜的颜色和表中所列的颜色进行比较，来确定氮化硅膜的大约厚度，一般氮化硅减反射膜厚度在 70～100nm，因此硅片减反射膜多为蓝色系（深蓝、蓝色、淡蓝），如图 8-29 所示。

⊡ 表 8-7　氮化硅薄膜的厚度与颜色关系

级别	颜色	厚度范围/Å	级别	颜色	厚度范围/Å
第一周期↓	硅色	0～200	第二周期↓	黄色	1300～1500
	棕色	200～400		橘红色	1500～1800
	金褐色	400～550		红色	1800～1900
	红色	550～730		暗红色	1900～2100
	深蓝色	730～770		蓝色	2100～2300
	蓝色	770～930		蓝绿色	2300～2500
	淡蓝色	930～1000		浅绿色	2500～2800
	极淡蓝色	1000～1100		橘黄色	2800～3000
	硅色	1100～1200		红色	3000～3300
	淡黄色	1200～1300			

图 8-29　硅片减反射膜前后图像

(5) 热性质

氮化硅薄膜的热稳定性很好，并且其稳定性与化学键直接相关。当氮化硅薄膜中的氢含量很低时，薄膜的热稳定性很高。若薄膜中含有大量的N-H、Si-H时，则在高温处理时N-H、Si-H很容易断裂而释放出氢，严重时会导致薄膜开裂。氮化硅薄膜的导热性能很好，而且它的热膨胀系数比SiO_2更接近硅。

(6) 机械性能

应力状态分析对氮化硅薄膜非常重要，直接影响薄膜与衬底的机械稳定性。张应力太大会导致薄膜开裂，压应力太大会造成薄膜剥落。所以，沉积工艺对薄膜的应力状态有很大影响。

氮化硅薄膜具有很高的硬度，莫式硬度约为7.5～9.5。有实验表明，用PECVD法可得到硬度值在40GPa以上的非晶态氮化硅薄膜，高于晶态Si_3N_4的硬度（30GPa），这可能是晶态与非晶态的形变机制不同所致。

总之，氮化硅薄膜结构致密、硬度大，能抵御碱金属离子侵蚀，介电强度高，耐湿性好，耐一定的酸碱（HF、H_3PO_4除外），具有良好的表面钝化效果、高效的光学减反射性能、低温工艺，电阻率随Si/N比例增加而增加，折射率随Si/N比例增加而降低。因此，除了在硅太阳能电池工艺中作为减反射膜外，还被广泛应用在光电和微电子领域，充当绝缘膜、钝化层和介电涂层。SiN_x具有很好的机械性能，在刀具涂层、抗磨零件等材料表面改性技术领域也有广阔的应用前景。

8.5.4 α-SiN_x：H 制备

氮化硅减反射膜的制备方法主要有直接氮化、物理气相沉积（physical vapour deposition，PVD）、化学气相沉积（chemical vapour deposition，CVD）等。其中化学气相沉积是常用的制备减反射膜的方法，它把含有构成薄膜元素的气体供给衬底，利用加热、等离子体、紫外光等，发生化学反应沉积薄膜。

CVD法具有很多优点：薄膜形成方向性小，微观均匀性好；薄膜纯度高，残余应力小，延展性强；薄膜受到的辐射损伤较低。

常用的CVD方法有常压化学气相沉积（APCVD）、低压化学气相沉积（LPCVD），以及等离子体增强化学气相沉积（plasma enhanced CVD，PECVD）。其中PECVD所制薄膜不仅能够起到减反射和钝化效果，而且具有沉积温度低、工艺稳定性好、可以连续生产等优点而被广泛采用。

(1) 常压化学气相沉积（APCVD）

常压化学气相沉积就是在常压环境下，反应气体受热后被惰性气体，如N_2或Ar气体，输运到加热的高温基片上，经化合反应或热分解生成固态薄膜的沉积方法。由于这种沉积是在常压下进行的，且仅仅依靠热量来激活反应气体实现薄膜的沉积，所以与其他化学气相沉积方法相比，具有设备非常简单、操作方便的特点，是早期制备氮化硅薄膜的主要方法。但是，由于反应是在常压下进行的，在生成薄膜材料的同时也产生各种副产物，且常压下分子的扩散速率小，不能及时排出副产物，这就限制了沉积速率，又增加了膜层污染的可能性，导致薄膜的质量下降。除此之外，该方法沉积温度较高（800～1000℃）。这些不足导致该法逐渐被后来的低压化学气相沉积和等离子体增强化学气相沉积所取代。

(2) **低压化学气相沉积 (LPCVD)**

常压化学气相沉积制备的氮化硅薄膜不能满足器件性能日益提高的要求，必须寻找新的沉积方法。由热力学知识可知，低压下气体分子的平均自由程增大，使得分子的扩散速率增大，从而提高了薄膜在基片表面的沉积速率；同时，低压下气体分子在输运过程中碰撞的概率小，即在空间生成污染物的可能性小，这就从污染源上减小了薄膜受污染的可能性。

正是利用这一原理，人们在 APCVD 方法的基础上研制出了 LPCVD 方法，该法克服了 APCVD 沉积速率小、膜层污染严重等缺点，所制备氮化硅薄膜的均匀性好、缺陷少、质量高，并且 LPCVD 能够处理数目较多的薄膜基片，成本低，沉积的氮化硅薄膜强度高、抗化学腐蚀能力强，现已成为半导体工业中制备氮化硅薄膜的主要方法。然而，LPCVD 方法也有不足之处，其中最主要的一点就是它的沉积温度一般要高于 750℃，仍然属于高温沉积工艺。

高温沉积会带来以下主要问题：容易引起基板结构变形和组织的变化，从而将会降低基板材料的机械性能；基底材料与膜层材料之间在高温下也会相互扩散，在界面上形成某些脆相性，从而削弱两者之间的结合力；高温下，基板中的缺陷会继续生长和蔓延，杂质也会发生再分布，不同程度上影响了薄膜的界面特性。这些就决定了 LPCVD 方法不能用于非耐热性基片上薄膜的沉积，如ⅢA、ⅤA 族元素材料、有机材料以及塑料、普通玻璃等。

(3) **等离子体增强化学气相沉积 (PECVD)**

PECVD 是一种利用射频辉光放电物理过程和化学反应相结合的低压、低温气相沉积技术。低压反应使得反应气体的扩散系数提高了 3 个数量级，同时气体的流速也得到了提高，薄膜的沉积速率大幅提高。PECVD 方法除了具有沉积速率高的特点之外，还具有气相形核引起颗粒污染的概率小、厚度均匀性好、薄膜较为致密等优点。通过辉光放电产生等离子体活性基团，显著降低了薄膜沉积的温度范围。低温沉积薄膜可以避免薄膜与衬底间发生不必要的扩散和化学反应，低温沉积薄膜还可以避免薄膜与衬底材料的结构和性能变化而引起较大的热应力。

① PECVD 原理。开启射频电源时，在阴极和阳极之间会产生高频交变电场，电子在电场的加速下便获得能量。当这些电子和气体中的原子或分子碰撞时，有可能发生电离产生二次电子，二次电子再进一步和气体中的原子或分子碰撞电离，如此反复进行，产生大量的光子、电子、带电离子或化学性质十分活泼的活性基团（如 SiH、NH 等基团），但其间正、负电荷总数却处处相等。等离子体中的原子、分子、离子或活性基团与周围环境温度相同，但其中非平衡电子则由于质量很小，平均温度可比其他粒子大 1～2 个数量级，因此通常要在高温条件下才能实现的许多化学反应，利用 PECVD 原理在低温下即可实现。

在沉积氮化硅时，并不是等离子体中所有 SiH_4 和 NH_3 的反应都能产生理想的薄膜，只有表面反应才能生成所需的薄膜。活性基团 SiH 和 NH 被传输到衬底表面，二者发生表面反应生成 Si-N 网络，其中还可能结合有一定量的 Si—H 和 N—H 基团。其反应式可简写为：

$$SiH_4 + NH_3 \xrightarrow{\text{辉光等离子体}} SiN_x : H + H_2 \tag{8-54}$$

② PECVD 设备。PECVD 设备主要由四部分组成：反应室和衬底加热系统、射频功率源、供气系统，以及抽气系统。

按照硅基片与电极之间位置关系，PECVD 可分为直接式 PECVD（如图 8-30）和间接式 PECVD（如图 8-31）。直接式 PECVD（direct PECVD）一般采用低频（10～500kHz）或高频（13.56MHz）的射频电源，硅基片与电极相接触，即直接接触等离子体。直接式 PECVD 设备又可分为管式和平板式设备，如图 8-32 所示；间接式 PECVD（remote PECVD）一般采用微波（2.45GHz）激发源，等离子的产生发生在反应腔之外，然后由石英管导入反应腔中。间接式 PECVD 设备中微波只激发 NH_3，SiH_4 则通过供气系统直接进入反应腔，而直接式 PECVD 中 NH_3、SiH_4 被激发电离为等离子体。由于间接式 PECVD 方法产生的等离子体密度高，所以沉积的速率也往往比直接式 PECVD 要大；另一个显著的优点是：由于等离子体离样品较远，大大降低了硅片表面烧蚀损伤的概率。

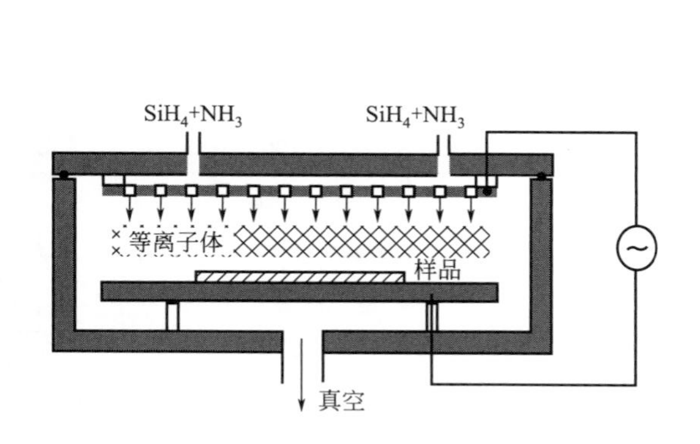

图 8-30　直接式 PECVD 示意图

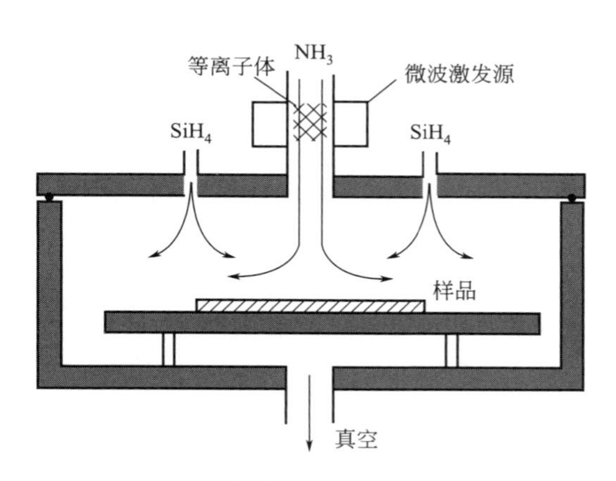

图 8-31　间接式 PECVD 示意图

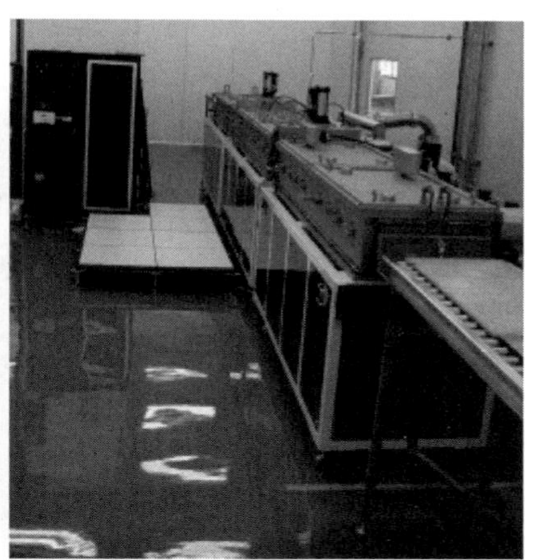

图 8-32　管式和平板式 PECVD 设备

③ PECVD 工艺参数。PECVD 制膜主要工艺参数包括射频功率、反应气体组分及分布、气体总流量、衬底温度、反应压力和反应室尺寸等。

a. 反应室尺寸。PECVD 反应器根据两个原则选择极板间距：一是希望 RF 起辉电压尽量低，以便减弱紫外线和 X 射线的强度，同时又可降低等离子体电位，使硅片表面减少射频辐射损伤；二是根据气体放电的帕邢定律，综合考虑气压 p 和极板间距 d，使之有比较稳定而又尽可能小的起辉电压。平面反应器一般极板间距要选择大于 5 倍的高频暗区，才不妨碍放电和沉积反应。PECVD 的暗区宽度为 1～5mm，因此一般选择极板间距$d=15\sim30$mm。

同时，极板间距也对沉积均匀性有较大影响，d 值不宜过大，否则会加重电场的边缘效应。射频电源频率较低时，靠近极板边缘处的电场较弱，沉积速度较中央低；频率较高时有相反的效应。

b. 频率。射频 PECVD 系统大都采用低频（50～500kHz）、高频（13.56MHz）或微波（2.45GHz）的频段射频电源。直接式 PECVD 样品直接置于等离子体中，为了防止等离子体对样品表面轰击而造成表面损伤，电场频率必须高于 4MHz，这样离子的加速时间很短，不能吸收过多的能量来轰击表面。Lauinger 等人通过实验分别比较了低频和高频（13.56MHz）下使用直接式 PECVD 所沉积的氮化硅薄膜，结果表明前者有着更好的表面钝化效果和稳定性。

c. 射频功率。当 SiH_4 浓度足够高时，增加功率会增加反应自由基的浓度，因而沉积速率随功率直线上升。但 SiH_4 浓度过低时，特别是气体总流量太小时，因激活率达到饱和，在较高功率下会出现沉积速率饱和的现象，这时沉积速率几乎不受射频功率的影响。

增加 RF 功率通常会改善 SiN_x 膜的质量，但是功率密度不宜过大，超过 $1W/cm^2$ 时器件会造成严重的射频损伤。

d. 反应压力。选择压力的准则通常是对特定反应及特定结构的反应器要保持稳定的辉光放电等离子体。一般而言，沉积期间反应室内气体的总压力增加时沉积速率增大。为保证膜厚的均匀性和重复性，PECVD 减反射膜制备工艺中反应压力多在 27～270Pa 范围内。

e. 衬底温度。衬底温度对沉积速率的影响很小，但对 SiN_x 膜的物化性质有重大影响。这包括温度升高时膜的密度和折射率直线上升，在缓冲 HF 液中的腐蚀速率指数式降低，并增强了表面反应而改进了膜的化学组分等。

PECVD 膜的沉积温度一般为 250～400℃。这样能保证 SiN_x 薄膜在缓冲 HF 液中有足够低的腐蚀速率，并有较低的本征压应力，从而有良好的热稳定性和抗裂能力。低于 200℃下沉积的 SiN_x 膜，本征应力很大且为张应力，而温度高于 400℃时膜容易龟裂。

f. 气体流量。影响 SiN_x 膜沉积速率的主要反应气体是 SiH_4。SiH_4 流量的计算公式如下：

$$\frac{\mathrm{d}n}{\mathrm{d}t}=A\ \frac{\mathrm{d}\Gamma}{\mathrm{d}t}\times\frac{\rho}{M}\times K_{\mathrm{Si}} \tag{8-55}$$

式中，A 为沉积面积，对平板反应器为上下极板面积之和；$\frac{\mathrm{d}\Gamma}{\mathrm{d}t}$为反射膜沉积速率；$\rho$ 为 SiN_x 膜密度；M 为膜分子量；K_{Si} 为每个分子中硅原子数。

举例如下：

某一平板 PECVD 设备沉积区域为圆形，半径为 20cm，假设沉积速率$\frac{\mathrm{d}\Gamma}{\mathrm{d}t}=500$Å/cm（$1Å=10^{-10}$m），密度 $\rho=2.7g/cm^2$，薄膜为 Si_3N_4，气体 SiH_4 完全反应，气压为 1atm。则 SiH_4 的理论流量应该为多少？

沉积面积 $A=2\pi r^2=2\times3.14\times20^2=2512(cm^2)$

已知：沉积速率$\frac{\mathrm{d}\Gamma}{\mathrm{d}t}=500$Å/cm，密度 $\rho=2.7g/cm^2$

薄膜分子量：$M=28\times3+14\times4=140$

薄膜单个分子中硅个数 $K_{Si}=3$

根据公式：$\frac{dn}{dt}=A\frac{d\Gamma}{dt}\times\frac{\rho}{M}\times K_{Si}=2512\times500\times\frac{2.7}{140}\times3=7.3\times10^{-4}$(mol/min)

根据理想气体状态方程：$pV=nRT$

$$V=nRT/p=7.3\times10^{-4}\times8.31\times300/1.01\times10^{5}=18.0(\text{mL/min})$$

虽然理论上 SiH_4 流量是 18mL/min，但是考虑到各种非沉积性消耗，需要加大 SiH_4 和气体总供给。一般而言，实际操作中 SiH_4 供给量为理论量 3 倍左右，即 55mL/min；而 NH_3 流量为 SiH_4 的 2～20 倍，即 NH_3 流量约为 100～1000mL/min。

气体总流量直接影响沉积的均匀性。为防止反应区下游反应气体因耗尽而降低沉积速率，通常采用较大的气体总流量，一般在 1500～3000mL/min 范围内，以保证沉积的均匀性。

反应气体浓度即 SiH_4 的百分比浓度（SiH_4 流量与总流量的百分比，正比于 SiH_4 的分压）以及 SiH_4/NH_3 流量比，对沉积速率、SiN_x 膜的组分及物化性质均有重大影响。气体总流量和 SiH_4/NH_3 流量比恒定时，SiH_4 百分比浓度增大，沉积速率也增大，而且，薄膜的 Si/N（原子）比也增大，趋向于富硅。理想 Si_3N_4 的 Si/N=0.75，而 PECVD 沉积的氮化硅多为富硅膜。因此，必须控制气体中的 SiH_4 浓度，不宜过高，并采用较高的 NH_3/SiH_4 比。

8.5.5 α-SiN_x：H 检验

检查 PECVD 设备在镀膜过程中粉尘及杂质情况。若粉尘情况严重，必须停止使用，产量在 10 万片以内的应该进行炉内清洁，产量超过 10 万片的一般而言应该作为异常事件处理。

镀膜后有明显色差、白点、色斑、水纹等判为不合格品，做返工处理。

使用椭圆偏振仪，抽检硅片氮化硅膜的厚度及硅片折射率。

采用积分式反射仪，测试硅片反射率。

8.6 SiN_x 表面钝化

8.6.1 钝化原理

半导体表面问题已经成为半导体物理一个重要的研究领域，它是制作半导体器件和研究半导体基本特性的一个重要方面。半导体表面是指半导体和绝缘体或环境气氛之间不连续的三维区域。半导体的大多数特性在某种程度上取决于它最外面一层电子的性质、排列和周围情况。在晶体表面，晶格的周期性被破坏，表面原子通常离开其理想晶格位置，使得表面结构的电性能不同于体内结构，在表面上形成局部的电子能态，这种能态称为表面态或界面态。

表面电荷可分为以下几种：靠近界面的固定电荷、工艺过程中的污染产生的可动电荷，以及工艺过程中的污染引起的表面产生-复合中心。

固定正电荷主要是由于钝化膜中的缺陷引起的。高温氧化膜中的固定正电荷是由于界面硅同氧的化学计量失配，界面附近有过剩的硅或氧，从而形成正电荷，它们位于 SiO_2 钝化膜靠近硅衬底附近，氧化膜中的固定正电荷密度在 $10^{11}cm^{-2}$ 左右。PECVD SiN_x 膜中的固定正电荷密度在 $10^{11}\sim10^{12}cm^{-2}$ 之间。这种固定正电荷对太阳能电池表面钝化有特殊作用。将半导体衬底表面因钝化膜中的固定正电荷感应而使表面强反型或堆积形成的某种“结”的特性称为“感应结”特性。对于一般的 N/P 电池，前表面钝化膜中固定正电荷会在电池 N 型顶层感应出负电荷，使电池表面能带向下弯曲，形成表面高低结 N^+/N，提高表面层的收集概率，从而增加电池的开路电压及短路电流。但是，作为 N/P 电池的背面钝化膜，固定正电荷会在 P 型衬底上产生反型，如果不将这种效应消除，电池会产生漏电而影响最终的性能。

电池工艺条件下，主要是钠离子的影响显著，沾污离子在 SiO_2 钝化膜结构中较大的迁移率会引起电池电性能的不稳定。除尽量控制不必要的污染来源，保证扩散间环境达标外，还应优化表面氧化钝化工艺，尽量消除可动离子的不良影响。

界面态是位于禁带中的一些分离的或连续的能级，它的形成可能与钝化膜和硅衬底界面附近的缺陷和杂质有关。由于界面态处于禁带中，很容易和硅体内交换电荷，所以它可以有效地成为半导体少子的产生和复合中心，会增加表面复合速率和降低表面迁移率，影响太阳能电池电性能。

除此之外，钝化膜层内陷阱，既存在于界面附近也存在于膜层深处，其存在与膜缺陷和杂质有关。由于它不容易与硅表面交换电荷，所以通常是不带电的，当高能粒子轰击钝化膜时，便在膜内感应出电荷，并在界面处产生附加的界面态，这些电离辐射可在电池使用时出现，如用于空间领域的电池受宇宙射线辐照，这种辐照感应电荷会影响电池的辐照稳定性，因此就需要选用抗辐照的钝化膜。

半导体表面可分为两种：理想表面和真实表面。

理想的硅表面是原子有规则排列终止所形成的平面。表面原子的价键是未饱和的。因为价键上缺少电子，起到受主中心的作用，能够俘获从体内运动到表面来的电子，从而在表面引入电子状态。从能带理论来看，相当于在禁带中引入受主能级，其表面态密度相当高，同硅的原子面密度同数量级，约为 $10^{15}cm^{-2}$，即相当于表面处未饱和键的密度。在超高真空中经过特殊处理，如离子轰击、分子束外延等，可以得到和理想表面十分接近的清洁表面。

真实表面是指用化学方法腐蚀清洗后暴露在空气中的表面，上面不可避免地有一层很薄的天然氧化层和吸附的杂质，即使是刚从氢氟酸中取出的洗净硅片，表面的天然氧化层也有十几到几十埃。因此，一个真实硅表面包括两个界面，一是半导体与天然氧化层交界的内表面，一是氧化层同外界接触的外表面。在内表面处，硅原子一方面同体内原子组成共价键，另一方面又同天然氧化层中的氧原子或硅原子相邻，后者的成键情况同体内原子不同，可能缺少或多余电子，因而也在半导体禁带中引入电子的状态，称为内表面能级。其表面态密度比原子面密度低好几个数量级，约为 $10^{11}\sim10^{12}cm^{-2}$，这主要是因为绝大部分未饱和键都被天然氧化层中的硅或氧原子所填补。至于外表面，由于吸附杂质离子等原因，也存在一些表面能级，称为外表面能级，态密度约在 $10^{13}cm^{-2}$ 以上。根据与半导体体内交换电荷速度的快慢，将内表面能级称为快态能级，外表面能级称为慢态能级。慢态能级对外界气氛极为敏感，在制备时不易被控制，这是半导体真实表面很不稳定的主要原因。

若表面被钝化（passivation），因钝化膜较厚，慢态能级几乎无法同体内交换电子，慢态能级和气氛对器件体内的影响大大减少，这时表面复合速率主要受硅同钝化层界面处的缺陷和电荷决定。

8.6.2 氢钝化作用

氢是自然界中最简单的元素，也是硅中最普通的杂质之一。早期人们认识到区熔硅生长时的保护气氛中掺入氢气能够抑制微缺陷的产生。20 世纪 70 年代研究者又发现非晶硅的氢化能够改善它的电学性能。近年来，人们了解到氢能够以多种渠道进入硅晶体中，钝化硅中的杂质和缺陷的电活性，能降低电池表面复合速率，增加少子寿命，进而提高开路电压和短路电流，对相关硅器件的电学和光学性能有很大作用，尤其对于多晶硅等低质量材料的太阳能电池的转换效率有很好的改善。

晶界和缺陷的氢钝化技术是提高太阳能电池性能的一个重要方法。氢原子与缺陷或晶界处的悬挂键结合，从而一定程度上消除了晶界的活性。在光伏领域，主要采用三种氢钝化方法：氢气氛（forming gas FG）退火、微波诱导远距等离子氢（microwave induced remote hydrogen plasma，MIRHP）钝化、等离子增强化学气相沉积（PECVD）。

在半导体器件和集成电路中，氢气氛退火一般用于消除 Si/SiO_2 的界面态。在光伏领域，FG 退火已有较长的应用历史，FG 退火对多晶硅太阳能电池有良好的作用。

MIRHP 是一种新发展起来的氢钝化方法，微波将分子氢转变为原子氢并扩散入硅中，起到钝化效果。由于产生等离子的位置与硅片放置的位置有一定距离，离子在到达样品表面前就已经被复合了，避免了硅表面的损伤。

实际上，太阳能电池片的氢钝化是在沉积 SiN_x 减反射膜时完成的。在 PECVD 沉积 SiN_x 时，由于反应产生的气体中含氢，一部分氢会保留在 SiN_x 薄膜中。在高温过程中，这部分氢会从 SiN_x 中释放，扩散到硅中，最终与悬挂键结合，起到钝化作用。

在一般条件下，分子氢难以进入硅中并在其中扩散，无法起到体钝化的效果。近年的研究表明，硅中的缺陷（空穴）能使氢分子分解，其产物氢原子及氢-空位对都可在硅中快速地扩散，进而起到钝化作用。其作用可表示为：

$$H_2+V \xlongequal{} \{H\text{-}V\}+H \tag{8-56}$$

或

$$H_2+V \xlongequal{} 2H+V \tag{8-57}$$

式中，V 表示空穴。

8.6.3 SiN_x 厚度与少子寿命关系

Elmiger、Kunst 和 Lauinger 等人研究了 SiN_x 膜厚度对表面钝化效果的影响。SiN_x 的厚度在 0～5nm 之间时，有效少子寿命随 SiN_x 厚度的增加而降低，这主要是 PECVD 过程中等离子体对硅片的冲击造成的；SiN_x 的厚度在 5～30nm 之间时，有效少子寿命随 SiN_x 厚度的增加而增加，这主要由以下两方面原因造成：①SiN_x 中固定正电荷密度的增加，这种固定正电荷在氮化硅膜厚度大于 30nm 时就保持不变。② SiN_x 结构随厚度的增加而发生了变化，由氮氧化硅变为氮化硅，折射率也在这个过程中由较低的 1.6 增加到 2.0 左右；SiN_x 的厚度在 30nm 以上时，随 SiN_x 厚度的增加，有效少子寿命基本维持不变。

对 SiH_4/NH_3 反应气体来制备 SiN_x 来说，折射率越大，SiN_x 表现出的表面钝化效果越好（如表 8-8），因此富硅 SiN_x 更适合于进行表面钝化。但是，折射率大于 2.3 的 SiN_x 只适合于太阳能电池的背面钝化，其原因为：这种膜的吸收系数相对 2.0 折射率的 SiN_x 来说要大很多，在应用于前表面钝化时，由于对太阳光的吸收会导致电流的下降。

表 8-8　少子寿命与钝化膜折射率关系

折射率	少子寿命/μs
2.0	700
2.5	1000

8.7　丝网印刷及烧结工艺

太阳能电池的下一道制作工序是制作电极，即在太阳能电池的正、背面镀上导电金属电极。在高效太阳能电池制作中，金属化电极必须与电池的设计参数，如表面掺杂浓度、P-N 结深度、金属材料相匹配。实验室最高效率的太阳能电池目前都采用光刻和蒸发法制作电极，而工业上最早采用的是真空蒸镀或化学电镀，目前普遍使用丝网印刷制作晶体硅太阳能电池电极。随着各企业对太阳能电池效率的不断追求，部分实验室电极制作技术已经在企业的高效太阳能电池中应用，如电镀法、激光转印法、喷墨法。

8.7.1　丝网印刷原理

丝网印刷（screen printing）是广泛应用于工业生产的低成本电极制作工艺，早在 20 世纪 50 年代就开始应用于电子元件、印刷电路板和厚膜集成电路中。

丝网印刷是利用网版上的网孔渗透浆料、非网孔部分不渗透浆料的原理，印刷时在网版上倒上浆料，用刮刀在网版上施加一定的压力，同时朝网版另一端移动，在刮刀移动的过程中，浆料透过网孔被挤压到硅片上，如图 8-33 所示。该方法的主要优点是工艺过程简单、可变参数相对较少、容易操作、设备及材料成本较低、在规模化生产中更具有优势等。

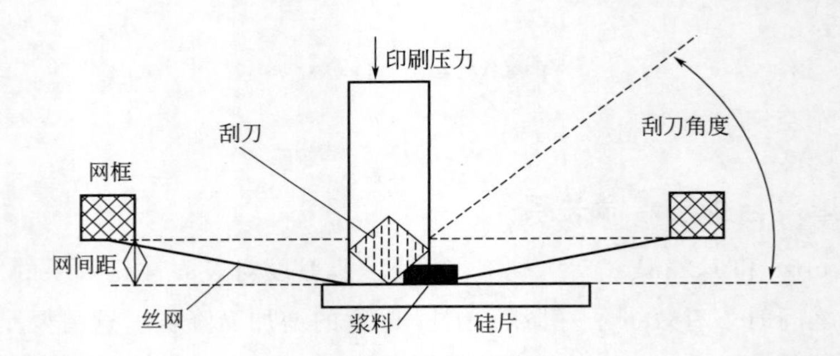

图 8-33　丝网印刷示意图

丝网印刷工艺的目的有三点：

① 在已形成 P-N 结和镀膜后的硅片上进行电极的印刷。

② 使光照产生的载流子被顺利导出，实现太阳能电池的光电转化。

③ 烧结干燥硅片上的浆料，燃尽浆料的有机组分，使浆料和硅片形成良好的欧姆接触。

8.7.2 印刷设备及参数

丝网印刷由印刷设备、网版、浆料、基片四要素组成，各要素都对最终印刷质量产生一定影响。影响印刷质量的参数：

印刷设备：刮刀、印刷压力、印刷速度、网间距、印刷面积。

网版：网版目数及线径、开孔面积、乳胶层厚度、网版张力。

浆料：成分、流变性。

基片：绒面大小、扩散浓度。

(1) 刮刀

刮刀的作用是将浆料以一定的速度和角度压入丝网的漏孔中。刮刀一般为四方长条形状，具有 4 个刃口，可逐个使用。刮刀材料必须耐磨，一般为聚氨酯橡胶或氟橡胶，硬度范围为邵氏 A60°～A90°。刮刀的硬度低，印刷图形的厚度大，但印刷栅线边缘容易模糊；提高刮刀硬度有助于增加印刷分辨率，但刮刀硬度过高则印刷不均匀并易导致碎片。除此之外，刮刀刃口还要有很好的直线性，保持与丝网的全线性接触。

刮刀角度是指沿印刷方向衬底平面与刮刀侧面所成的角度。刮刀角度可在 45°～75°范围内调节，一般来说，刮刀角度的设定与浆料有关（一般设置为 45°），浆料黏度越高，刮刀角度要小。因为浆料黏度高则流动性差，增大刮刀对浆料向下的压力，使浆料透过网孔到达衬底。实际上，在印刷过程中起关键作用的是刮刀刃口 2～3cm 的区域。新刮条刃口较尖，对丝网的局部压力很大，印刷时近似直线。印刷过程中刮刀与丝网摩擦，刃口逐渐磨损呈圆弧形。现实中刮刀刃口处与丝网的实际角度远小于 45°，这使得压力在丝网方向的分量增大，单位面积垂直方向的压力明显减小，印刷后丝网表面会有残余浆料，易发生渗漏，同时印刷线条边缘模糊。如果出现上述现象，则表明需要更换刮刀。

(2) 印刷压力

印刷压力是指通过刮刀施加在网版上的压力。在整个印刷过程中，刮刀对网版始终保持一定的压力（刃口压强 10～15N/cm）以补偿网间距，从而把浆料挤到衬底上。压力过大使丝网发生变形，印刷后的图形与丝网的图形不一致，同时会加剧刮刀和丝网的磨损，降低刮条及网版寿命，更严重则压碎硅片。压力过小，在印刷后的网版上存在残留浆料，使印刷线模糊，导致碎末效应，降低电池效率。因此，必须对刮刀施加一个向下合适的压力，对于乳胶层厚的情况，刮刀压力需要适当增大。

(3) 印刷速度

印刷速度是指刮条水平移动的速度。印刷速度的设定由印刷图形及浆料黏度决定，印刷速度是决定整个电极制作时间的关键，影响印刷电极的高度。在一定范围内，速度越大，刮刀作用于浆料的横向剪切速率越大，浆料黏度降低，透墨量增加，电极高度大。前电极一般印刷速度设定在 200～300mm/s。速度再增大，刮刀带动浆料进入丝网漏孔的时间变短，浆料的填充性会差。对于不同黏度的浆料，应选择合适的印刷速度。印刷精细电极，速度应低一些。背铝和背银工序对印刷的分辨率要求不高，所用的浆料黏度也小于正银浆料，印刷速度一般设定在 300mm/s。在实际的印刷中速度的恒定同样很重要，如果在印刷过程中速度出现波动，会导致图形厚度不一致。

(4) 网间距

网间距指的是网版在没有受力的情况下与硅片之间的距离。网间距决定了刮刀经过后，网版向上移动的距离。由于刮刀移动产生的力使浆料的黏度降低从而从网孔出来，增大网间距可以提高电极高度。如果网间距太小，浆料将不能从网版上漏下来；反之则要求把网版向衬底压的印刷压力要更大，这会导致网版张力下降，寿命减短。

(5) 网版 (screen)

丝网印刷的网版由网框、丝网和掩膜图形构成。丝网绷在网框上，掩膜图形用照相腐蚀方法制作在丝网上。在太阳能电池丝网印刷中，通常采用不锈钢丝制作的丝网网版，不锈钢丝线径约为 15μm 左右，间距约为 100μm 左右。不锈钢丝网的特点是丝径细、目数多，浆料通过性好，耐磨性好，强度高，拉伸性好，尺寸精度稳定，适合用于太阳能电池印刷。表 8-9 为常用网版的规格及技术参数。

表 8-9 常用网版规格及技术参数

项目	正电极		背电极/背阴极
网框尺寸/mm×mm	356×356		320×320
丝网类型	不锈钢		
丝网目数	325	400	280
丝网线径 S/μm	24	18	32
开口大小 R/μm	53	45	59
开孔率 A/%	47	51	42
透墨体积/(cm^3/m^2)	25	20	29
丝网角度 ϕ/(°)	22.5		22.5
丝网厚度 FT/μm	47		67
张力/N	30±1		30±1
膜厚度 ET/μm	25		20

网框的作用是支撑丝网，在印刷时保持丝网与承载待印刷基片的工作台之间相对位置的固定。由于丝网的张力可能高到 $30N/cm^2$，甚至更高，因此网框材料必须坚固到能维持这个张力而不会发生弯曲或扭曲变形。在满足强度要求的前提下，应尽量选用轻质材料，以便于操作。根据不同的应用情况，网框材料可以使用木材、铝合金、不锈钢等，目前铝合金是常用的网框材料。网框规格要比硅片面积大两倍以上，网框太小，印刷至硅片边缘时，丝网形变大，将降低网版寿命。通常印刷 125mm × 125mm 电池正电极网版网框尺寸为 356mm×356mm。

丝网是掩膜图形的载体，是支撑掩膜图形和控制浆料印刷质量的重要工具，对印刷的精度和质量起决定性作用，如图 8-34。用于丝网印刷的丝网材料有真丝、尼龙丝、聚酯丝、不锈钢丝等。不锈钢丝网具有极好的尺寸稳定性、耐磨性，具有很大的开孔面积，浆料透过性良好，几乎不堵孔，能经受很大的拉力。不锈钢丝网的伸张度很小，因此使丝网和印刷基片之间快速脱开的间距比其他材料丝网的小。不锈钢丝网的特性使浆料印刷图形的畸变和印刷行程间的位移最小。

有机光敏乳胶漆覆盖在不锈钢丝网上，乳胶膜是一层厚度为 8～40μm（视印刷需要而定）的半透明聚合物薄膜，作用是填堵丝网网孔，将图形区域露出，使印刷时形成所需的图案。在靠基片的一边沉积光阻层，并压印到不锈钢丝网上。用紫外灯通过菲林底片照射感光胶，照射的区域固化，将未固化的图形区域洗掉，在丝网上就形成了所要的电极图形。

网版通常使用乙醇、松油醇等有机溶剂清洗。遇到浆料堵网难以用有机溶剂擦去的时候，可通过用刮刀在隔板上来回移动将堵网颗粒刮出。清洗后的网板应竖立摆放以防止丝网下垂。

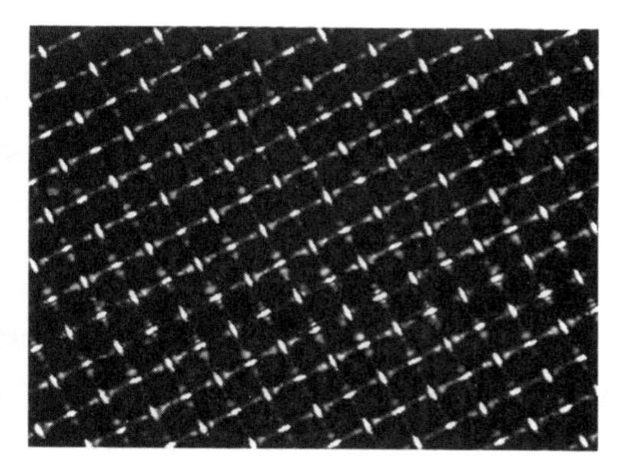

图 8-34　不锈钢丝网交织图

丝网的目数是指单位英寸的丝线数目。网版目数及所用不锈钢丝径决定网版的开孔率，影响通墨量，从而决定了可以印刷的最小图形宽度。对于背电极和背场印刷来说，由于图形简单，对网版的要求不高，考虑印刷厚度即可，一般选用 280 目，线径 32μm 即可满足要求；正电极印刷是对印刷要求最高的一道印刷工序，网版目数及线径的选取要保证栅线的宽度要求及印刷膜厚的均匀性，一般选用 325 目，线径 23～25μm。

可印刷栅线宽度受制于丝网的线径及网孔的宽度，有如下计算公式：

$$K = 2S + R \tag{8-58}$$

式中，K 为可印刷的栅线宽度；S 为丝网线径；R 为开口大小。

举例如下：选用 325 目丝网，可印 101μm 的栅线；选用 400 目网版，可印 81μm 的栅线。

通过提高目数、降低不锈钢线径，可以印刷得到更细的栅线。但目数越大，丝网与乳胶膜的附着力越小，所使用的乳胶膜厚度不能太厚，否则印刷高度不高；线径减小，网版成本成倍增加。一般 325 目 23μm 网版的价格在 600～1000 元，但 400 目 18μm 网版价格在 4000 元左右。另外不同线径不锈钢丝制作的网版张力也不同。线径越小，张力越小，印刷时网版更易破损，刮刀最大可施加的压力降低。因此采用丝网印刷法制作细线（<60μm）经济性不佳。

网版的开孔面积决定了可通过的浆料粒径，开孔尺寸应该至少比浆料粒径大 3 倍，开孔面积与网版线径及网版目数直接相关。通常用开孔率来描述网版的通墨能力，开孔率定义为开孔面积与网版面积的比值，其公式表达为：

$$A = \frac{R^2}{(S+R)^2} \tag{8-59}$$

乳胶膜的厚度直接影响栅线的高度，同时对印刷精度也有一定影响。工业丝网印刷最常使用的乳胶膜厚度在 23～25μm。当膜厚小于网版设计栅线宽度时，增加膜厚，栅线高度增加；当膜厚大于网版设计的栅线宽度时，膜厚增加通墨量降低，栅线高度反而减小。因此膜厚增加可以印刷的最小栅线线径增大。另外，网版丝网线径降低，目数增大后，由于附着力的影响，可使用的乳胶膜膜厚受限，但可以通过双面贴乳胶膜来提高相对膜厚。

丝网的张力与所用钢丝的线径及目数有关。目数越低，丝径越粗，丝网承受的张力越大。张力太小或印刷过程丝网张力不稳定，在刮板压力下会出现网点扩大和网点丢失，影响印刷精度，对于背铝和背银工序一般选取 30N/cm，正银工序则选取 27N/cm。

丝网角度是指网版制作时钢丝与网框在水平面上成的角度。丝网角度会直接影响通墨量，从而影响电极图形及质量。一般正栅线丝网角度为 22.5°，铝背场及背电极丝网角度为 45°或 22.5°。

(6) **浆料** (paste)

太阳能电池对接触电极的要求：与 Si 的接触电阻低、线电阻低、对 Si 衬底的影响可忽略、线分辨率高、可焊性好、附着能力强以及低成本等。浆料是决定电极能否满足上述要求的关键因素。

丝网印刷浆料是由金属粉末、玻璃料、溶剂、改良剂、不挥发聚合物及树脂组成的一种流体。

正面电极印刷浆料通常包含 60%～80%（质量分数）左右的银，这些银形成了最终的导电电极。银粉可以是 1～2μm 的球状颗粒，也可以是 5～10μm 左右的片状粉末，银粒的大小、形状对最终形成的电极导电率影响很大。

背面电极采用含银铝浆。银无法与 P 型硅实现良好的欧姆接触，因此背面电极印刷浆料不可能与正面电极相同。铝与衬底硅可形成合金，硅衬底的黏接性能提高，同时在电极处形成 P^+ 层，起到良好的钝化效果，但纯铝的可焊性差，且导电性能低于银，因此在铝中添加银以达到良好的导电性能和可焊性。

玻璃料使得浆料中的金属粒子在烧结后能融入硅基体，形成良好的接触，对整体太阳能电池的串联电阻影响很大，对烧结工艺也产生很大的影响。玻璃料在浆料中的含量小于 5%（质量分数），由铅、铋、硼、铝、铜、钛、磷等氧化物和二氧化硅熔化形成的均匀玻璃碾碎形成，氧化铅是其中最重要的成分，磷的加入可以提高电极与 N 型硅衬底的接触性能。

溶剂的作用是溶解金属粉末，成为金属粉末的载体，可挥发的溶剂在烘干过程中挥发掉。

改良剂成分包含 Ge、Bi、Li、Cd、In、Zn 等元素，它影响印刷烧结前后的浆料性能。

不可挥发聚合物及树脂使金属粉末在印刷后能够粘接在硅片基体上，在烧结过程中燃烧消失。

丝网印刷浆料的厚度受到丝网厚度、乳胶膜厚度，以及丝网开孔率影响，其数学表达式为：

$$PT = ET + FT \times A \tag{8-60}$$

浆料的流变性能与各成分的比例、特性有关。正电极银浆黏度在 $70 \sim 200 \times 10^3$ Pa·s 范围内。浆料黏度影响印刷速度、网间距、网版目数及线径的选择，从而影响印刷形成电极的性能。印刷正电极时，刮刀水平移动，浆料在切应变力的作用下黏度降低，透过网孔到达硅片基体上；刮刀移走，网版回弹后，停留在硅片上的浆料黏度迅速恢复，使得印制好的栅线不坍塌。因此正电极要选择流变性能好且相对黏稠的浆料。

8.7.3 丝网印刷步骤

太阳能电池片丝网印刷的步骤是：用 Ag/Al 浆料丝网印刷背面电极（back contact print）并烘干，然后进行 Al 背阴场（back surface field，BSF）印刷并烘干，最后用 Ag 浆印刷正面电极（front contact print）并烘干。

丝网印刷中的浆料是密封在盒子中，不能直接用来印刷，因此在进行丝网印刷前要先将浆料搅拌均匀，其中背面电极和正面电极的银浆要在卧式搅拌机中搅拌 24h 以上，背阴场的 Ag/Al 浆要在立式的搅拌机中搅拌 0.5h 以上。此外，操作前要仔细清理印刷机台的卫生，要做到印刷机台上无干涸结块的浆料颗粒。在接过 PECVD 的硅片后，选一片称其质量。

丝网印刷背面电极通常使用银铝混合浆料，其作用是将背面场上的电流收集并导出。虽然一整层连续背面电极的电阻较小，但是由于背面电极 Ag/Al 和晶片具有不同的热膨胀系数，使得晶片在高温处理时发生弯曲变形，所以在生产中背面电极还是习惯采用正面电极般的网状结构（如图 8-35）。而丝网印刷背阴场则通常使用一整层铝浆。这主要是因为铝成本比银低，能与 P 型硅产生良好的欧姆接触，最重要的是铝能在硅片表面形成 P^+ 钝化层，减少少子复合，提高开路电压；通过 Al 吸除硅中的杂质，提高少子寿命；作为背反射器，增加电池长波响应，提高短路电流；作为背面电流收集器，将电流导出（如图 8-36 所示）。

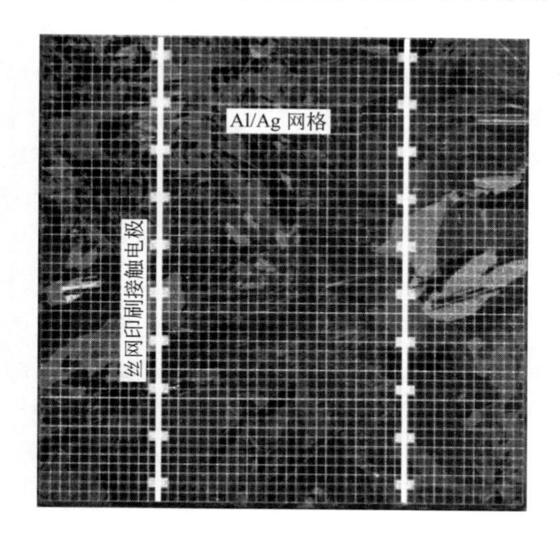

图 8-35　硅太阳能电池片网状背面电极

图 8-36　硅太阳能电池片铝背阴场

图 8-37 为硅太阳能电池片正面电极图像，两平行电极称为主栅线（bus bar），栅线两侧伸展的金属手指（fingers），一般称为副栅线，或格子线（gridlines）。对于正面电极而言，栅线根数、宽度，以及栅线之间距离的不同，使得太阳能电池片的性能也有所差别。

受光正面电极的设计主要考虑电极遮挡和串联电阻的效应的平衡。栅线图形设计主要考虑栅线本身的串联电阻及电流横向流过扩散层的扩散层电阻，这两方面的电阻是太阳能电池串联电阻的最大组成部分。太阳能电池正面电极图形的设计要求栅线窄，增大电池受光面积，同时栅线要高，以抵消窄栅线带来的电阻增大问题。目前的丝网印刷工艺栅线的最小宽度取决于浆料、网版及印刷过程。浆料黏度低则会造成网版乳胶层薄、目数大、网线细；印刷速度快、刮条硬、能达到的最低线宽小。反之，若浆料黏度低，乳胶层薄就导致印刷的栅线高度低，串联电阻增大。

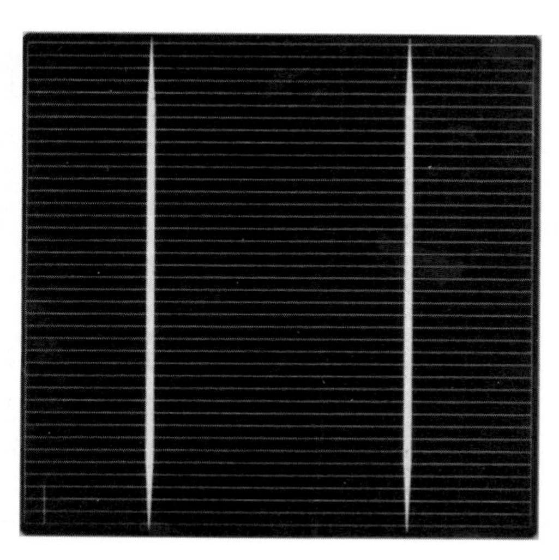

图 8-37　硅太阳能电池片正面电极

8.7.4　丝网印刷检验

印刷工序的检验主要是印刷图形质量的检验，正反面印刷图形要清晰，不得出现以下情况：

① 主栅线断线；

② 副栅线粗细不均匀，有节点；

③ 背电极有断线、缺失、扭曲、突出；

④ 背电场不完整、厚薄不均匀、有缺失；

⑤ 漏浆、漏印；

⑥ 电极距电池边缘的宽度小于 1.5mm。

8.7.5 烧结

烧结 (cofiring) 是制造太阳能电池片的最后一步，其目的是干燥硅片上的浆料，燃尽浆料的有机组分，使浆料和硅片形成良好的欧姆接触。

厚膜浆料中的固体颗粒系统是高度分散的粉末系统，具有很高的表面自由能。烧结可看作是原子从系统中不稳定的高能位置迁移至自由能最低位置的过程。由于系统总是力求达到最低的表面自由能状态，所以在厚膜烧结过程中，粉末系统总的表面自由能必然要降低，这就是厚膜烧结的动力学原理。固体颗粒具有很大的表面积和极不规则的复杂表面状态，以及在颗粒的制造、细化处理等加工过程中，受到的机械、化学、热作用所造成的严重结晶缺陷等，系统具有很高自由能。烧结时，颗粒由接触到结合，自由表面的收缩、空隙的排除、晶体缺陷的消除等都会使系统的自由能降低，系统转变为热力学中更稳定的状态，这是厚膜粉末系统在高温下能烧结成密实结构的原因。

在太阳能电池丝网印刷电极制作中，通常采用红外链式烧结炉进行快速烧结。

快速烧结工艺是将印刷在太阳能电池片的正面电极、背面电极以及背阴场集中在一次通过快速烧结炉烧结完成其表面电学接触。其工艺的基本设备为温度精确控制的快速烧结炉(温度上升速度>25℃/s)，该工艺简单，设备、生产成本低，便于大规模生产等诸多优点使之成为光伏电池电极丝网。但是，该工艺所带来的金属-半导体接触电阻却比光刻镀膜形成电极的接触阻大 2 个数量级。因此，如何调节烧结工艺，使铝背面场、背面电极和正面电极厚膜欧姆接触的导电特性得以优化是烧结工艺中一个研究课题。

电极印刷完毕后，真空吸笔自动将硅片吸起并放在烧结炉的网带上，网带载着硅片在烧结炉内通过，带速为 250～550cm/min，烧结炉内分 9 个温区，前 3 个温区温度较低，主要为烘干部分，后 6 个温区温度较高，为烧结部分，其中高温烧结集中在 7、8、9 温区。烧结炉中每个温区温度分布大致如表 8-10 所示，烧结炉中各个温区的温度不尽相同，温度可根据实际情况做出±10℃的调试，一般很少做大幅度的调动。除了工艺初始化、更换浆料型号、特殊规格的硅材料等，才采用差异较大的烧结温度进行烧结。

背阴场经烧结后形成铝硅合金，铝在硅中作为 P 型掺杂，它可以减少金属与硅交接处的少子复合，从而提高开路电压和短路电流，改善对红外线的响应。

⊡ **表 8-10 烧结炉各温区温度分布**

温区	1	2	3	4	5	6	7	8	9
温度/℃	240	260	310	400	550	600	700	800	920

烧结工艺标准烧结曲线如图 8-38 所示，第一阶段温度较低，主要是有机物挥发阶段；第二阶段为 300～600℃，主要是燃烧有机物及温度上升阶段；第三阶段为峰值区间（700～900℃），主要是形成合金电极；第四阶段是降温阶段。

燃烧有机物阶段的烧结温度一般设置在 300～400℃左右。如果温度过高，则浆料中的有机物挥发速度过快，会造成金属颗粒之间疏松孔隙过多过大，使烧结后金属层内部以及金属-半导体接触处的电阻过大；如果此步骤的温度过低，会导致有机物燃烧不完全，在后面的烧结过程中会出现背面电场出现铝珠或铝泡等问题。

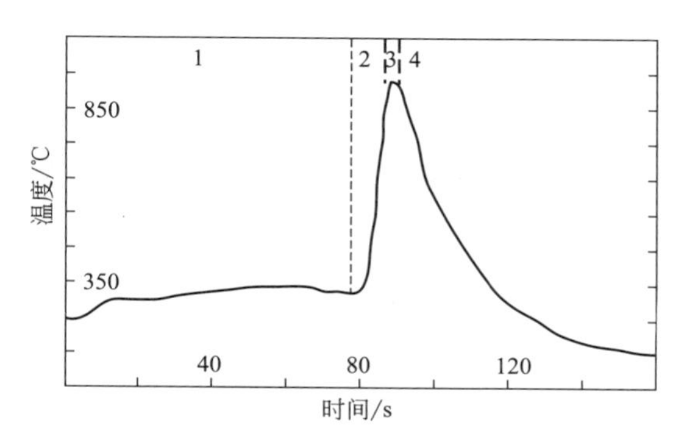

图 8-38　标准烧结工艺温度随时间变化关系

升温过程需要考虑的主要问题是对铝背阴场和背面电极的烧结要有足够的温度和足够的时间。因此，不同的企业根据烧结炉自身特点以及经验，采用不同的升温过程。比如，峰值温度过后通过退火加长高温烧结工艺曲线、对称烧结工艺曲线等。

峰值温度及时间对正面银电极和铝背场以及背面电极的烧结起着至关重要的作用：峰值温度及时间决定了烧结过程中银铝合金、硅铝合金当中金属原子的浓度；峰值温度及时间对电池片串联电阻和填充因子起着决定性作用，如果峰值温度不够高，电极没有充分与电池表面结合，串联电阻数值会很大（对于125mm×125mm的电池片一般是几十至上百毫欧）、填充因子很低。相反，如果峰值温度设置过高，则会使正面电极烧穿、填充因子会下降、串联电阻最初稍有下降，而随着峰值温度的继续升高则反而略微上升，但效率始终具有降低的趋势。

降温阶段要求匀速连续，一般要求不能有较大幅度的温度梯度变化，但也有特殊情况。峰值温度后加上一个退火过程，此种烧结工艺据介绍对峰值温度设定过高而造成的过烧结具有很好的改善作用。

8.7.6　烧结检验

烧结工艺的检验，主要通过目检，而烧结对电性能的效果检验，需要结合测试分选进行。

目检中，要检查电池片背面是否有铝包、铝珠，颜色是否一致，背电场和背电极是否偏移，正面栅线是否完整，翘曲度不得超过2.0mm。若存在以上情况，判为不合格品。

测试分选工艺是太阳能电池工艺的最后一个环节，在测试分选工艺中，使用测试分选设备，测试仪通过太阳光模拟器发出光线后，测试得出太阳能电池的各种电性能，并根据测试结果，对电池片进行分档。在对太阳能电池性能进行测试时，为了使其测试具有可比性，国际组织规定了光伏器件的地面标准测试条件（简称STC）：测试温度25℃；辐射照度1000W/m^2；光谱分布AM1.5。这是一种理想化条件，现实中的太阳光不可能有如此一致的情况，且有很大的随机性，因此使用太阳模拟装置，模拟太阳光的辐射特性，从而对太阳能电池片进行较为准确的开路电压、短路电流和填充因子等参数测试。

8.8　栅线技术

栅线的浆料主要成分为价格较高的贵金属银，而将电池串联为组件的过程中需要将一片电池的主栅通过焊带与相邻电池的背面焊接。因此，电池正面电极的设计还牵扯成本和焊接工艺等复杂的方面。在5寸硅片占市场主流时，晶硅电池的电极设计都保持着细栅配合2条主栅的结构。但随着近年来硅片尺寸的变大，细栅长度被迫加长，而随着网印技术的改进，网印栅线越做越细，因此用于正面电极的银浆材料在电池生产成本中的比例逐渐提升，这些因素都对电池正面电极的设计提出了新的要求——增加主栅数量，其发展如图8-39所示。

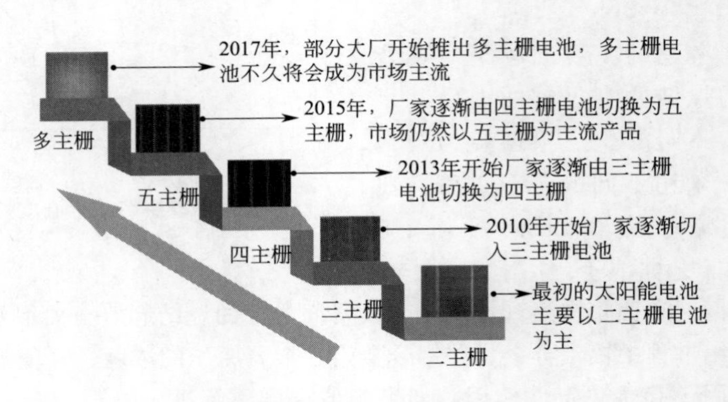

图8-39 硅电池主栅发展

(1) 多栅技术

在21世纪初，京瓷为了进一步提高太阳能电池的效率，尝试采用更细的主栅和细栅增加电池的有效受光面积，但随着电极变细串联电阻提高，电池的填充因子也因此降低，为此提出增加主栅数量的方案——三栅电极结构。这样不但可以减少电流在细栅中经过的距离，还减少了每条主栅自身承载的电流，也就意味着三主栅结构可以匹配更细的栅线而不会显著影响填充因子，增加主栅的数量同样对减小电池组串联后的电阻有效；三菱在2009年推出拥有四条主栅的太阳能电池；进入2013年，越来越多的电池制造商在专利或效率的压力下开始了增加主栅数量，力诺光伏、中利腾辉、尚德、阿特斯和海润先后推出了自己的四主栅电池或组件产品，而中电电气更是直接推出了名为Waratah的五主栅系列电池和组件。此外，国内一些厂家开始研究焊接多根非常细的主栅或者在主栅位置只印刷一些银点，作为主栅接触点，连接焊带采用铜丝，即圆形焊带，如图8-40所示。

虽然主栅数量增加确实可以减小电阻损耗，但想在减小电阻的同时不至于增加遮光损失和材料成本，就要减小栅线的宽度。细栅的宽度受制于网印的工艺，而主栅又因为还肩负着连接焊带的责任而无法太细，太细的主栅将造成焊接的困难，无法保证焊接拉力。康斯坦茨大学的研究人员早已通过计算发现，即使不考虑银浆成本，四主栅就是最优的结构了，超过4条主栅后主栅带来的遮光损失将超过它减少的电阻损失。

(2) 无主栅技术

另一条电极设计思路是主栅直接连接到相邻电池的背面而无需搭配焊带，这样既增加了主栅数量而又不产生遮光损失。主栅数量不再是从2渐进式到5，而是直接增加到两位数。由于该技术中主栅实际上替代了传统焊带的角色，让更多更细的焊带直接连接电池细栅，汇集电流的同时实现电池互连，在电池正面则取消了传统的主栅，因此该技术称为无主栅(busbar-free)技术。无主栅技术设计遵循以下方法：保留传统的第一步正面网印，在电池上制作底层细栅，而后通过不同的方法将多条垂直于细栅的栅线覆盖在其上，形成交叉的导电网格结构。无主栅技术使得电流在细栅上传导的距离大大缩短，因此主栅（非传统主栅）和细栅都可以做得更细更薄，而且导电性等相对弱一些但价格更低的材料也能够满足光伏电池需要，例如铜金属。

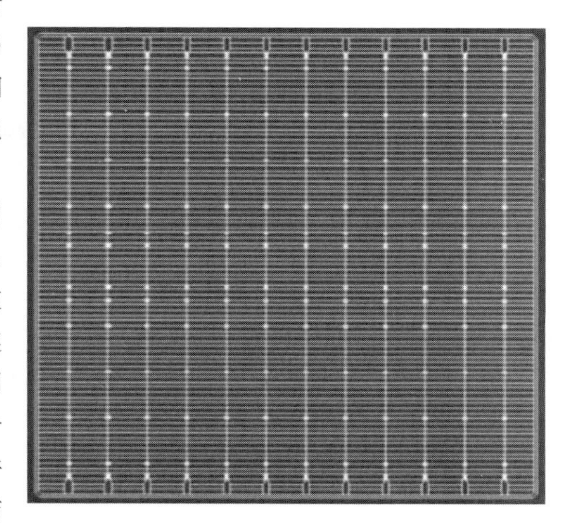

图 8-40　十二主栅电极结构示意图

最早无主栅技术是德国 Roth & Rau 公司针对异质结 HJT 电池提出的 Smart Wire 技术，并取得了 19.3%的组件效率（2011 年）。该技术对传统电池工艺的革新体现在金属化和互连两个工艺中，电池在 PECVD 减反射镀层后网印细栅，不再网印主栅，而是将一层多根聚合物包覆的铜丝覆盖在电池正面。在随后的组件层压工艺中，层压机帮助铜线和网印的细栅结合在一起，如图 8-41 所示。与传统主栅技术相比，由于铜线的截面为圆形，制成组件后可以将有效遮光面积减少 30%，同时减少了电阻损失，组件总功率提高 3%。由于 30 条主栅分布更密集，主栅和细栅之间的触点多达 2660 个，在硅片隐裂和微裂部位电流传导的路径更加优化，因此由于微裂造成的损失被大大减小，产线的产量可提高 1%。更为重要的是由于主栅材料采用铜线，电池的银材料用量可以减少 80%。

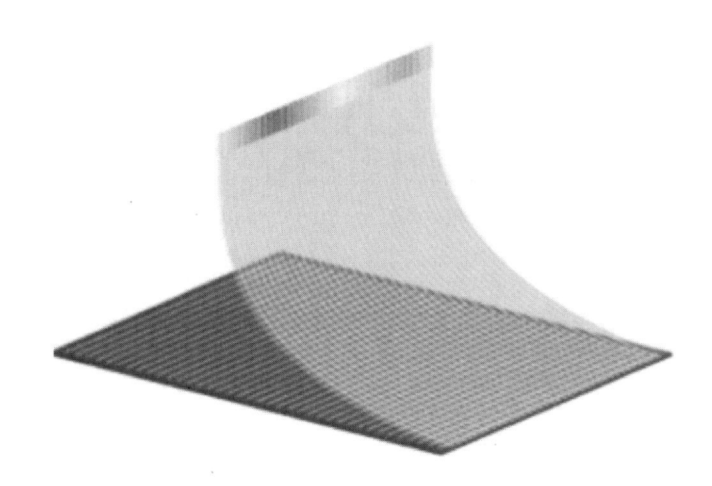

图 8-41　Smart Wire 技术

2012 年德国太阳能设备制造商 Schmid 发布了无主栅技术 Multi Busbar。Multi Busbar 主栅也为有特殊镀层的铜线，但铜线不是被包覆，而是直接铺设在电池表面；另一点显著不同在于 Schmid 技术对细栅的要求，细栅网版需特殊设计，在细栅与主栅交界处预留焊盘。在电池网印细栅完成后，电池来到改进的串焊机，而串焊机将通过图像识别技术配合真空吸盘，将 15 条铜线精确地铺设在电池表面细栅的焊盘之上，并采用红外辐射完成焊接，同时也将铜线焊接在相邻电池的背面。焊接完成后的电池进行普通的层压。Schmid 的无主栅技术最大程度上继承了现有的网印电池和组件工艺。所需更换的就是细栅网版和新的串焊设备。与 Meyer Burger 类似，Schmid 称相比三主栅，其 Multi Busbar 技术可以降低电阻损失，将填充因子提高 0.3%，效率净提高 0.6%。银浆的用量也可以降低 75%。

2014 年 3 月美国的 GTAdvanced Technology 公司发布了名为 Merlin 的无主栅技术。该技术在设计理念上更偏向 Smart Wire，在细栅网印后，镀层铜线铺设在电池正面，在组件层压步骤中一次完成栅线和电池的互连。Merlin 技术的细栅采用分段结构，这进一步挖掘了主栅数量增多所带来的优势，通过分段的细栅进一步减少银的用量和正面遮挡。这样也带来了额外的问题，即如果一条铜线断裂，则这一串短细栅的电流都将无法收集。为了解决这一问题，Merlin 的主栅铜线之间出现了不同于 Smart Wire 和 Multi Busbar 的浮动连接线，这些连接线与电池的发射极并不相连，仅起到主铜线之间的互联作用，或许兼具一些支持作用。铜线并不一定需要聚合物薄膜的支撑，铜线与连接线组成的网络结构自身可能就可以维持形态铺设在电池上，并在层压工艺中与分段细栅互连。

(3) MWT 技术

金属电极绕通（metal wrap through，MWT）技术是一种电池电极的金属化结构，通过将位于正面发射极的接触电极穿过硅片基体引导到硅片背面，以减少遮光面积的方式来提高电池的转换效率。该技术无主栅线，降低了遮光面积，提高了转换效率；电池组件采用背接触方式，大幅降低了工艺过程中的碎片率，封装损失还可以降低 1% 以上，从而大幅提升了组件的输出功率及可靠性，更适合于薄硅片；与常规电池工艺兼容性好，可以与多种电池技术结合（如图 8-42 所示），可以随着电池主工艺变化而变化，只需对现有电池生产线的量产平台进行简单改造，增加激光开孔及过孔印刷两道工序，就可以进行规模化生产；电池片、组件外表更加美观；但由于采用了全新的电池和组件结构设计，固定成本有一定增加。

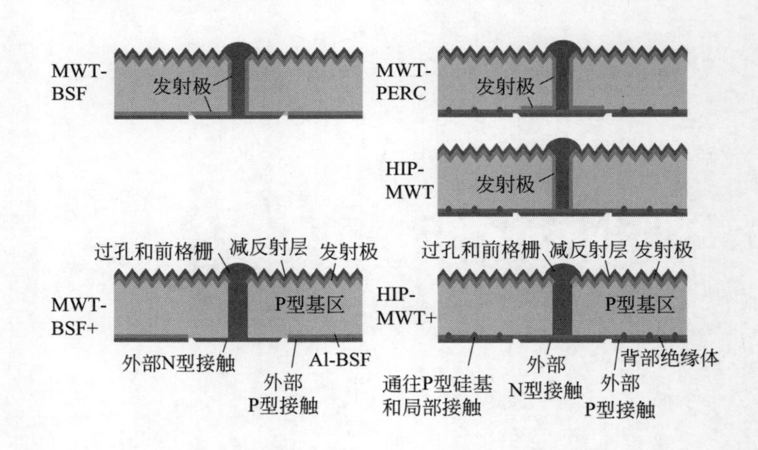

图 8-42 MWT 技术与电池连接

MWT 技术是由荷兰国家能源研究所（ECN）首先研究并提出的，从 2009 年起国内部分光伏制造企业开始将其用于工业化生产。2013 年，阿特斯宣布量产组合 MWT 结构和 PERC 结构的新一代太阳电池，平均转换效率提高到了 20.57%；英利于首次将 MWT 技术应用于高效率 N 型硅电池，2015 年 N 型硅 MWT 电池的效率达到了 20.5%，并建成了 50MW 的示范生产线；天威新能源发展了 P 型多晶硅太阳能电池 MWT 技术，电池效率达到了 19.01%。

8.9 多晶黑硅技术

常规多晶硅酸制绒的硅片反射率约为 15%，高于常规单晶制绒后 10%的反射率，不利于多晶电池对入射光线的有效吸收。为了进一步降低多晶硅片制绒后的反射率，采用特殊制绒工艺在多晶硅片表面形成纳米结构，有效增加多晶硅片对入射光线的吸收，使硅片表面具有更低的反射率，此方法制绒的多晶电池从肉眼来看比普通多晶电池更黑，因此这种电池被称为黑硅电池，如图 8-43 所示。多晶黑硅制绒工艺主要有干法制绒和湿法制绒两种。无论干法或是湿法黑硅制绒工艺，都可将多晶电池效率提升 0.4%～0.6%。多晶黑硅电池的整个制作工艺简单，不对硅片造成额外的损伤，使多晶组件可在各种使用条件下保持可靠性，保证了多晶组件在光伏电站整个生命周期发电量的稳定。

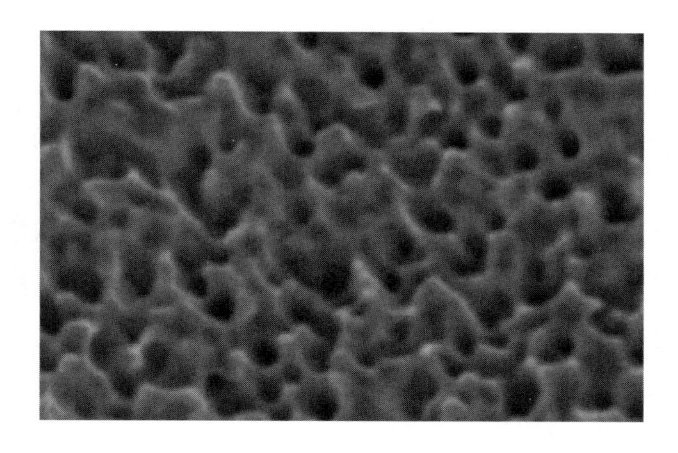

图 8-43　黑硅绒面形貌

(1) 干法黑硅制绒

干法黑硅制绒工艺为反应离子刻蚀，该方法是等离子体在电场作用下加速撞击硅片，在硅片表面形成纳米结构，从而降低多晶硅片的反射率。反应方程式可表示为：

$$Si + SF_6 + Cl_2 \xrightarrow{\text{等离子化}} SF_4(g) + SCl_4(g) + SF_xO_y(s) + SOF_x(s) \tag{8-61}$$

干法黑硅制绒工艺整体设备投资（预清洗设备、RIE 设备以及后清洗设备）和工艺投资的成本都较高（约 1500 万元），因此，在目前电池成本竞争激烈的大环境下，采用此法的企业并不多。采用干法制绒技术进行黑硅制绒的企业包括晶澳、阿特斯、海润、天合、尚德、晶科、中节能等大型太阳能电池企业，但是即使这些企业也主要是以订单为主，并未进行大规模量产。使用干法黑硅多晶硅片制备的电池效率可提升到 19.2%左右，但是成本却增加了很多。2017 年，德国 Fraunhofer 太阳能研究所采用干法黑硅表面制绒技术，使多晶硅表面反射率降低到了 2.8%；利用 TOPCon 隧穿氧化层钝化接触技术，将 N 型多晶硅电池效率提升至 22.3%。

(2) 湿法黑硅制绒

湿法黑硅制绒技术为金属催化化学腐蚀法（metal catalyzed chemical etching，MCCE），使用“$AgNO_3+HF+H_2O_2+DIW$”腐蚀体系。该技术是银离子（Ag^+）附着在硅片表面，在硅表面将 H_2O_2 催化形成强氧化的 H_2O，该氧化剂将纳米银下部的硅氧化成 SiO_2，SiO_2 与 HF 反应生成 H_2SiF_6，金属银离子随着腐蚀过程而向下沉积，从而在硅片表面形成纳米结构，其原理如图 8-44 所示。

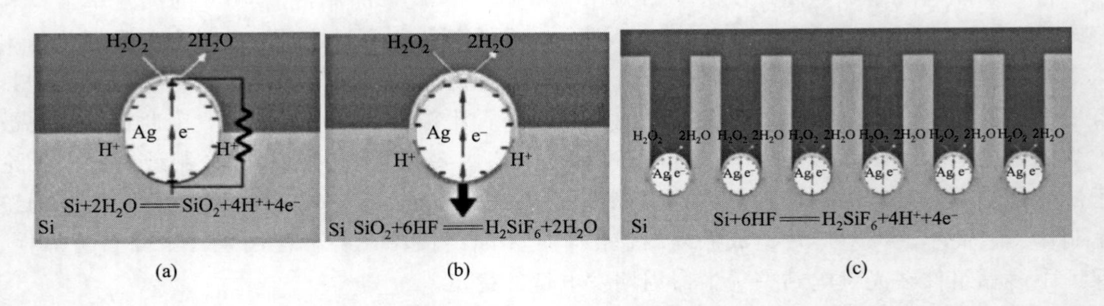

图 8-44　纳米银催化制绒机理示意图

目前国内可以量产黑硅多晶电池的厂家主要有阿特斯、保利协鑫、比亚迪、展宇等。湿法黑硅技术所使用的“$HF+AgNO_3+H_2O_2$”腐蚀体系不像“$HF+HNO_3$”腐蚀体系那样反应剧烈，因此无需使用链式制绒设备，可使用槽式制绒设备，清洗设备的降价潜力很大，因此该技术具有一定的竞争力。但是湿法黑硅也面临着巨大的挑战，主要表现在纳米银颗粒的后期处理上。纳米银颗粒在腐蚀结束后仍在硅片的孔洞深处，将其清除干净的难度较大，需要大量的后期清洗工作，这样不仅增加了工艺流程的时间，且耗水量增加较多；况且即使如此，仍难以彻底清除干净。于是相关人员采用扩孔技术，将银颗粒挖孔后，再使用碱液将其扩孔，以便清除银离子。但采用该技术后仍发现银离子有逐渐向后续清洗槽传递的现象，当后续清洗槽中银离子积累较多时，会导致硅片表面银离子残留，使电池效率下降。这样就需要及时更换清洗槽的清洗液，由此增加了材料成本。此外，含有重金属银的废液也属于环保严控的排放物，处理成本上升，许多地区还不允许建厂。

8.10 高效硅电池

对于产业化 P 型常规电池而言，尽管各种不同技术的应用在一定程度上提升了电池效率，例如，选择性发射极（selective emitter）结构、两次印刷技术（double printing）及发射极高方阻等，但背面的载流子复合速率仍然是限制电池效率的主要因素。

目前研究涉及的高效晶体硅电池包括 PERC 电池、N 型双面钝化电池（PERT、PERL、N 型双面电池）、HJT 电池、IBC 电池、HJBC 电池、TOPCon 电池等。2017 年有 5 种结构的高效率晶体硅太阳能电池的实验室效率保持或创造了新的超过 25%的世界效率纪录，它们代表了晶体硅太阳能电池研发的高水平，其电池结构和实验参数如表 8-11 所示。

⊡ **表 8-11　高效硅电池结构和实验参数**

单位	电池结构	衬底材料	电池面积 /cm^2	开路电压 V_{oc}/mV	短路电流密度 J_{sc}/(mA/cm^2)	填充因子 FF/%	效率/%
日本 Kaneka	HJBC	N-Si	79	738	42.65	84.9	26.7
德国 ISFH	BJBC-POLO	P-Si	4	726.6	42.62	84.28	26.1
德国 Fraunhofer	TOPCon	N-Si	4	724.9	42.54	83.3	25.7
美国 SunPower	IBC	N-Si	153.5	737	41.33	82.71	25.2
中国 Trina	IBC	N-Si	243.2	715.6	42.27	82.81	25.04
澳大利亚 UNSW	PERL	P-Si	4	706	42.7	82.8	25

8.10.1　P 型 PERC 电池

(1) PERC 单晶单面电池

和常规单晶电池工艺相比，发射极钝化和背面接触单晶电池（passivated emitter and rear contact，PERC）主要增加了背面钝化、背面 SiN_x 膜沉积和激光打孔三道工艺，如图 8-45 所示。其中激光打孔工艺是利用一定脉冲宽度的激光去除部分覆盖在电池背面的钝化层和 SiN_x 覆盖层，以使丝网印刷的铝浆可以与电池背面的硅片形成有效接触，从而使光生电流可以通过 Al 层导出。因 Al 浆无法穿透 SiN_x 层，其余未被激光去除的钝化层被覆盖在其上方的 SiN_x 覆盖层保护，降低表面复合速率，开路电压提升幅度约 10～20mV，短路电流提升 0.2～0.4A（156mm×156mm），电池效率提高 0.6%～1.0%。Al_2O_3、SiO_2 及 SiN_x 等介质膜都可以用来作为背面的钝化膜，目前产业化应用较多的是 Al_2O_3/SiN_x 叠层膜。

图 8-45　PERC 单晶单面电池流程

通常背面的激光开孔面积约占电池片表面积的 5%～10%，则相应在电池片表面产生了 5%～10%的损伤。作为整片单一晶体，PERC 单晶由于背面的完整晶体结构被破坏，有很大的隐裂或破碎的风险，晶体损伤可能导致硅片沿着此损伤整片碎裂。同时，电池片碎裂概率增大导致 PERC 单晶组件经过机械载荷测试后的衰减普遍大于 5%，而常规单多晶组件的机械载荷测试功率衰减量普遍小于 3%。对光伏电站来说，在雪载荷和风载荷等的持续作用下，PERC 单晶组件从激光开孔点开始逐渐出现隐裂和破片，伴随的是组件功率的持续下降。另外，由于 PERC 单晶电池正反面金属结构不同，所以会造成电池片 2～5mm 的翘曲，在翘曲应力和激光损伤的联合作用下，PERC 单晶电池隐裂或破碎的风险将显著提高。为了缓解 PERC 单晶在机械载荷和隐裂方面的缺陷，行业采取在组件背面添加加固横梁的方式，并进行了采用加厚硅片来缓解隐裂的尝试，但这些方法均提高了组件的单瓦成本。

光致衰减方面，多晶黑硅光衰约为 1.5%，N 型单晶基本没有光衰，而 PERC 单晶的光衰在 2%～10%之间，从而导致 PERC 单晶组件应用在光伏电站后很可能光电转换效率大幅下降。

(2) PERC **单晶双面电池**

PERC 单晶单面电池的背面为全 Al 层，背面入射光线无法穿透该全 Al 层，因此 PERC 单晶单面电池只有正面可以吸收入射光进行光电转换。为了使 PERC 电池均有双面光电转换功能，对 PERC 电池的印刷工艺进行改进，将背面全 Al 层印刷工艺修改为背面局部 Al 层印刷工艺，且尽量保证背面 Al 浆印刷在激光开孔点处，以使光生电流仍然可以通过激光开孔点的 Al 层导出，如图 8-46 所示。

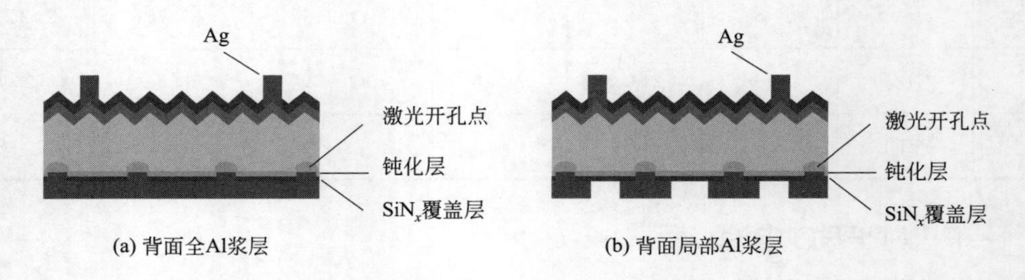

图 8-46 PERC 单晶双面电池结构示意图

虽然 PERC 单晶双面电池背面由全 Al 层改为局部 Al 层，实现了双面光电转换，但是由于激光开孔点仍然需要 Al 浆来疏导光生电流，因此背面的大部分区域仍然覆盖了 Al 浆，所以和电池正面相比，PERC 单晶双面电池背面可吸收光线的区域有限，背面的光电转换效率要低于正面效率，预计在 10%～15%。同时由于背面由全 Al 层改为局部 Al 层，电池的正面效率可能会下降 0.2%～0.5%。

由于 PERC 单晶双面电池的工艺与 PERC 单晶单面电池的工艺并无明显区别，因此 PERC 单晶双面电池仍然存在隐裂率高、机械载荷衰减率高、光致衰减率高等问题。

2013 年起，PERC 电池逐渐进入量产和扩展阶段。市场上以单晶 PERC 电池为主，平均效率一般为 20.5%～21.0%，部分制造商也可以生产多晶 PERC 电池，电池效率为 18.9%～19.5%。2016 年，天合光能 PERC 单晶电池效率进一步提升，达到 22.61%，创造了工业级 PERC 电池的世界纪录。

对于 PERC 电池效率提升的研究，各大电池厂家都投入了很大的力量。2017 年晶科能源大面积（245.8cm^2）P 型 PERC 多晶电池效率高达 22.04%，创造了多晶硅电池的世界纪录；隆基乐叶 PERC 单晶电池效率为 23.26%，创造了 PERC 单晶太阳能电池的世界纪录。

8.10.2 PERT 和 PERL 电池

相对于 P 型硅电池，N 型硅电池效率光致衰减 LID 极低；此外 N 型硅对某些金属杂质的敏感性低，在相同的杂质浓度下，N 型硅比 P 型硅有更高的少数载流子寿命。这些特性导致了 N 型硅电池比 P 型硅电池具有寿命长和效率高的特点，使产业化的高效率电池开始从 P 型硅转移到 N 型硅。由于 N 型硅电池在制备过程中采用磷扩散（注入）背场代替了传统 P 型硅电池的铝浆背场，因此其适合制备双面电池，可提高单位电池面积的发电量，降低发电成本，所以 N 型硅电池备受关注，用以制作“发射极钝化背面局部扩散电池（passivated emitter and rear locally-diffused，RERL）”和“发射极钝化全背面扩散电池（passivated emitter and rear totally-diffused，RERT）”的单面或双面电池。

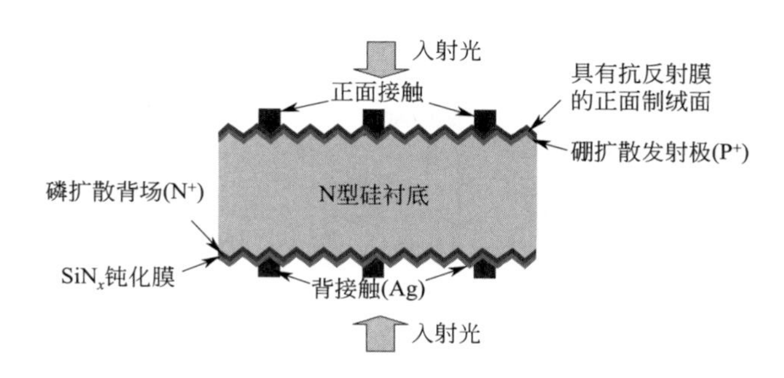

图 8-47　N 型 PERT 单晶双面结构（英利）

(1) N 型 PERT 单晶电池

与常规电池相比，N 型 PERT 电池主要增加了双面浆料印刷和硼元素掺杂等工艺（如图 8-47 所示），其工艺步骤和方法如表 8-12 所示：

① 使用 N 型衬底硅片；

② 在前表面进行硼掺杂制备 P 型发射区；

③ 在背表面进行磷掺杂制备 N^{++} 背场；

④ 前表面钝化 P 型区不宜直接使用 SiN_x 膜，因此有 2 种选择，其一是使用 SiO_2/SiN_x，其二是使用 Al_2O_3/SiN_x；

⑤ 在背表面使用 SiN_x 膜或 SiO_2/SiN_x 膜钝化；

⑥ 前表面使用 Ag/Al 电极；

⑦ 背表面使用 Ag 电极。

表 8-12　N 型 PERT 太阳能电池工艺

工艺步骤	P 型发射区(硼)	N 型背场(磷)	前发射区钝化膜	背场钝化膜	前电极	背电极
工艺方法	扩散、旋涂硼酸液体、APCVD 制备 BSG	扩散、旋涂磷酸液体、APCVD 制备 BSG、离子注入	SiO_2/SiN_x、Al_2O_3/SiN_x	SiO_2/SiN_x	Ag/Al 电极	Ag

该电池工艺流程中可采用无激光技术，因此整个电池制作工艺对硅片无损伤，硅片保持完整晶体结构，组件可在各种使用条件下保持稳定性，而且 N 型单晶双面电池还具有无光致衰减、弱光响应好等特点。另外，N 型单晶双面电池正背面均印刷 Ag 栅线且图形相近，因此 N 型单晶双面电池结构均有对称性，电池在丝网烧结印刷后不产生翘曲，破片率更低。但由于 N 型单晶双面电池正背面均印刷银浆，因此该款银浆的耗量高于 P 型单多晶电池。

从 2010 年起，PERT 太阳能电池逐渐进入量产和扩展阶段。我国是最早的 N 型硅 PERT 太阳能电池和组件产业化的推动者，英利从 2009 年开始致力于高效 N 型硅 PERT 太阳能电池的研发及产业化，2017 年实验室效率提升至 22.5%；2014 年德国 Fraunhofer 研究所的 PERT 太阳能电池效率达到了 22.7%；2016 年 IMEC 在背面结上进一步提高效率，达到了 22.8%。表 8-13 为 N 型 PERT 单晶双面电池主要参数，其生产效率普遍为 21%～21.5%，双面率较高，普遍达 90%。

⊡ 表 8-13 N 型 PERT 单晶电池主要参数

公司	工艺特点	效率/%	V_{oc}/mV	J_{sc}/(mA/cm^2)	FF/%	双面率/%	面积/cm^2
英利	双面扩散 SiO_2/SiN_x	22.01	666.8	40.01	82.50	90.0	244.3
航天机电	扩硼注磷双面 SiO_2/SiN_x	21.34	655.9	40.74	80.24	90.0	244.3
	扩硼注磷双面 SiO_2/SiN_x	20.74	643.4	40.31	79.99		244.5(铸锭N型准单晶)
IMEC	双面扩散前 Al_2O_3/SiN_x 背 SiO_2/SiN_x 前后镀 Ni/Ag	22.80	694.2	40.50	81.10	97.2	239.0
	双面扩散背表面为发射极前 Al_2O_3/SiN_x 背 SiO_2/SiN_x 前镀 Ni/Cu/Ag 背表面 Al	22.90	705.0	40.90	79.40	单面	239.0
ECN	扩硼/LPCVD 生长掺杂多晶(TOPCon)	21.50	676.0	39.70	80.00	86.0	239.0

(2) P 型 PERL 单晶电池

1990 年，新南威尔士大学的 J. ZHAO 在 P 型硅 PERC 电池结构和工艺的基础上研发了 PERL 电池，在电池背面的接触孔处采用了 BBr_3 定域扩散制备出 PERL 电池，其结构如图 8-48 所示。该电池是最早实现 25％效率的晶体硅高效太阳能电池，但是这种电池的制造过程相当烦琐，其中涉及好几道光刻工艺，所以不是一个低成本的生产工艺，制作工艺流程为：硅片→“倒金字塔”结构制作→背面局域硼扩散→栅指电极的浓磷扩散→正面的淡磷扩散→SiO_2 减反射层→光刻背电极接触孔→光刻正面栅指电极引线孔→正面蒸发栅指电极→背面蒸发铝电极→正面镀银→退火→测试。

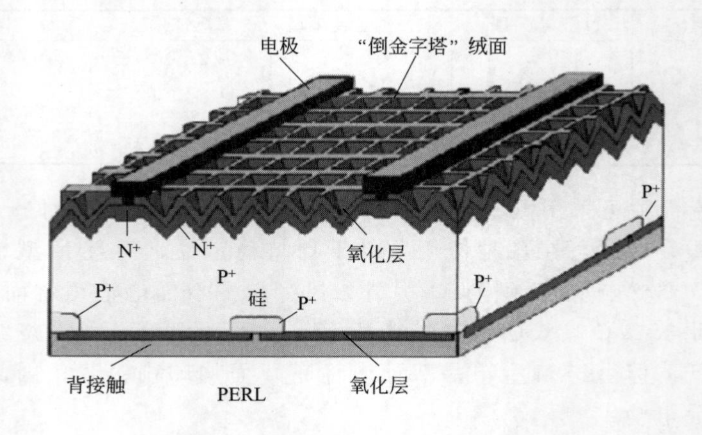

图 8-48 PERL 电池结构

PERL 电池高效率的原因如下：

①“倒金字塔”结构。正面“倒金字塔”结构受光效果优于绒面结构，具有很低的反射率，从而提高了电池的 J_{sc}。

② 双面钝化。发射极的表面钝化降低了表面态，同时减少了前表面的少子复合。背面

钝化使反向饱和电流密度下降，同时光谱响应也得到了改善。

③ 背面进行定域、小面积的硼扩散 P^+ 区。定域、小面积扩散会减少背电极的接触电阻，又增加了硼背面场，蒸铝的背电极本身又是很好的背反射器，从而进一步提高了电池的转化效率。

④ 磷分区扩散。主栅电极下的浓磷扩散可以减少栅指电极接触电阻，而受光区域的淡磷扩散能满足横向电阻功耗小，且短波响应好的要求。

8.10.3 HIT 电池

HIT（heterojunction with intrinsic thin-layer）是由晶体硅和非晶硅薄膜组成的异质结太阳能电池，因 HIT 已被日本三洋公司申请为注册商标，所以又被称为 HJT 或 SHJ（silicon heterojunction solar cell），其结构如图 8-49 所示。

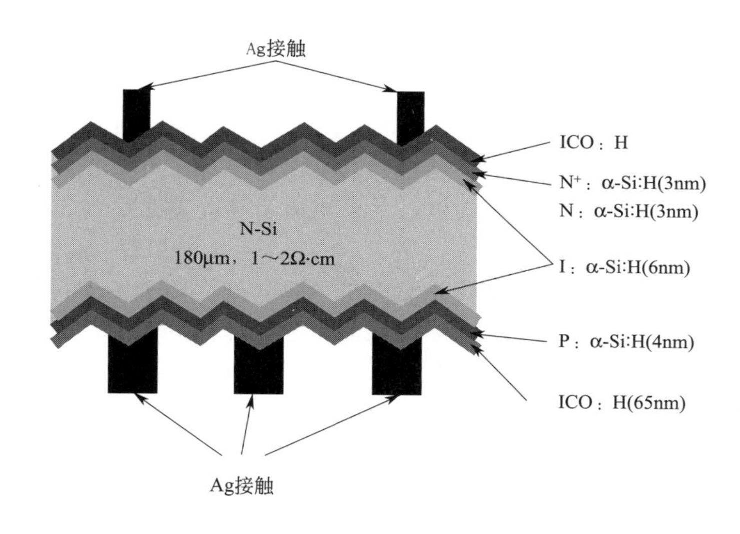

图 8-49　国内背结 HIT 电池结构

$^{-1}$HIT 电池正表面，由于能带弯曲，阻挡了空穴向正面的移动，电子则由于本征层很薄而可以隧穿后通过高掺杂的 N^+ 型非晶硅，构成电子传输层。同样，在背表面，由于能带弯曲阻挡了电子向背面的移动，而空穴可以隧穿后通过高掺杂的 P^+ 型非晶硅，构成空穴传输层。通过在电池正反两面沉积选择性传输层，使得光生载流子只能在吸收材料中产生富集然后从电池的一个表面流出，从而实现两者的分离。

HIT 电池具有发电量高、度电成本低的优势，具体特点如下：

① HIT 电池采用了异质结结构，使电池具有 750mV 的高开路电压，比硅同质结电池的最高开路电压（约 720mV）高出了约 30mV；在异质结界面插入一层本征非晶硅薄层或氧化硅隧穿层来钝化电池的正表面与背表面，大大降低了表面、界面漏电流，从而大幅降低了表面载流子复合，提高了电池效率。目前，HIT 电池的实验室效率接近 25%，量产产品的电池效率达到了 22%。

② 采用低温处理，电池全部制作工艺都在 200℃左右的低温下完成，从而避免了采用传统的高温（>900℃）扩散工艺来获得 P-N 结，这种技术不仅节约了能源，而且低温环境使

得 α-Si：H 基薄膜掺杂、禁带宽度和厚度等可以较精确控制，有效地保护了硅片的载流子寿命。低温沉积过程中，单晶硅片弯曲变形小，因而其厚度可采用本底光吸收材料所要求的最低值（约 80μm）。同时低温过程消除了硅衬底在高温处理中的性能退化，从而允许采用"低品质"的晶体硅甚至多晶硅来作衬底。高温环境下发电量高，在一天的中午时分，HIT 电池的发电量比一般晶体硅太阳能电池高出 8%～10%，双玻 HIT 组件的发电量高出 20% 以上。

③ HIT 电池完美的对称结构和低温度工艺使其非常适于薄片化，上海微系统所经过大量实验发现，硅片厚度在 100～180μm 范围内，平均效率几乎不变，100μm 厚度硅片已经实现了 23%以上的转换效率，目前正在进行 90μm 硅片批量制备。电池薄片化不仅可以降低硅片成本，其应用也可以更加多样化。

④ HIT 电池的光照稳定性好，无光致衰减现象。研究表明 HIT 中的非晶硅薄膜没有发现 S-W（Staebler-Wronski）效应，从而不会出现类似非晶硅太阳能电池转换效率因光照而衰退的现象，甚至在光照下效率有一定程度的增加。上海微系统所在做 HIT 光致衰减实验时发现，光照后 HIT 电池转换效率增加了 2.7%，在持续光照后同样没有出现衰减现象；HIT 电池的温度稳定性好，与单晶硅电池－0.5%/℃的温度系数相比，HIT 电池的温度系数可达到－0.25%/℃，使得电池即使在光照升温情况下仍有好的输出。

⑤ 采用宽带隙的非晶薄膜作为发射极，并采用透明导电氧化物（TCO）材料作为窗口层来提高发射极的光透过率和导电性。

HIT 电池的一大优势在于工艺步骤相对简单，总共分为四个步骤：制绒清洗、非晶硅薄膜沉积、TCO 制备、电极制备，其制备的核心工艺是非晶硅薄膜的沉积，其对工艺清洁度要求极高，量产过程中可靠性和可重复性是一大挑战，目前通常用 PECVD 法制备。但是工艺难度较大且与传统电池工艺不兼容，设备投资较大。

日本松下公司（2009 年从日本三洋电机公司收购）一直保持 HJT 电池效率的领先地位，2012 年其 HIT 电池效率达到了 24.7%，目前是最大的 HJT 电池生产厂家，其年产量约为 1GW。其他 HIT 电池厂家还包括日本的 Keneka 和美国的 Silevo。近年来，我国 HIT 电池的研发也取得了很大进展。天合光能与上海微系统研究所 6 寸（156 mm×156 mm）硅片制备的 HJT 电池转换效率达到了 23.29%，其他研发单位还有浙江上彭公司（22.28%）、泰兴中智公司（23.00%）等；产业化方面也进入了实质性扩展阶段，量产的平均效率约为 22%～22.5%，其中包括泰兴中智 160MW、山西晋能 100MW、汉能在建 600MW 生产线，等等。

由于 PERC 电池效率的提升，其产业化效率已接近 HIT 电池的产业化效率，且其成本又较低，影响了 HIT 电池生产积极性。然而，HIT 电池的 V_{oc} 很容易提升到 730mV 以上，只是目前 HIT 电池的 I_{sc} 还较低，需要进一步提高。

8.10.4 IBC 电池

IBC（interdigitaed back contact，IBC）电池是一种电极具有交指形状的背结和背接触太阳能电池，即交指式背接触电池，如图 8-50 所示。

与 PERC、PERT 和 HIT 电池比较，该电池前表面无栅线，正、负电极采用交叉排列的方式被制备在电池背面，避免了常规电池正面栅线约 5%左右的遮光损失，这种前面无遮挡的电池外型美观，适合应用于光伏建筑一体化。同时，该电池通常前面采用 SiN_x/SiO_x

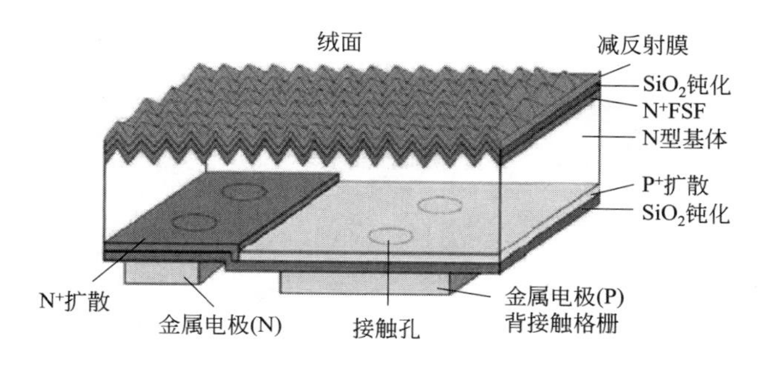

图 8-50 IBC 电池结构示意图

双层薄膜，不仅具有减反射效果，而且对硅表面有很好的钝化效果。由于 IBC 采用背接触结构，其串联电阻低于传统电池，具有较高的填充因子，而且背面利用扩散法做成 P^+ 和 N^+ 交错间隔的交叉式电极接触高掺杂区，通过在介质化膜上开孔，实现了金属电极与发射区或基区的点接触连接，降低了光生载流子的背表面复合速率。但是，这也使得该电池制作工艺较复杂。首先需要采取局部掺杂法，比如利用光刻或者激光形成所需要的图案，然后采取两步单独的扩散过程来形成 P 型区和 N 型区，而且对电池背面图案和栅线的丝网印刷精准度和重复性问题有较高要求。因此，IBC 电池成本要高一些，约为普通电池的 2 倍，这也是制约 IBC 电池规模化量产的因素。所以，IBC 电池的最重要目标并非进一步提高效率，而是通过简化工艺降低成本，以适应大规模应用的竞争。

2015 年，Sunpower 公司的 IBC 电池效率达到了 25.2%；2018 年，天合光能研发的大面积 IBC 电池效率突破了 25.04%（开路电压达到 715.6mV），是迄今为止经第三方权威认证的中国实验室首次效率超过 25%的单结晶体硅太阳能电池，也是世界上 150m 大面积晶体硅衬底上制备的最高转换效率晶体硅电池。产能产量方面，国家电投集团太阳能电力有限公司西宁公司 200MW N 型 IBC 电池及组件项目为中国首条量产规模 IBC 电池及组件生产线，投产后将成为国内第一条电池转换效率大于 23%的 IBC 量产示范线，组件功率达到 330W（60 片）。

8.10.5 HJBC 电池

利用 IBC 电池高短路电流与 HIT 电池高开路电压的优势，结合成交叉指式背接触异质结电池（back junction and back contact，HJBC），即 HJBC 电池，如图 8-51 所示。与 IBC 结构太阳能电池相比，HJBC 太阳能电池采用 α-Si：H 作为双面钝化层，具有优异的钝化效果，能够取得更高的开路电压。在背面生长 P-N 结的工艺中，采用区域型掩膜掺杂 N 型和 P 型非晶硅薄膜形成异质结，降低了载流子的复合损失；与 HIT 结构的太阳能电池相比，其前表面无电极遮挡，而且采用 SiN 减反层取代 TCO，减少光学损失的优势更加显著（在短波长范围内），因此，HJBC 电池又能够取得更高的短路电流。所以，HJBC 电池可以取得更高的电池转换效率。

2017 年，KANEKA 通过结合异质结与背电极技术，将面积为 79cm^2 的单晶硅太阳能电池的转换效率提高到了 26.7%，创造了晶硅单结太阳能电池效率的最高纪录。KANEKA 与 NEDO 将 108 片 HJBC 电池封装成组件，通过特殊的配线、高吸光效率等设计，组件的转

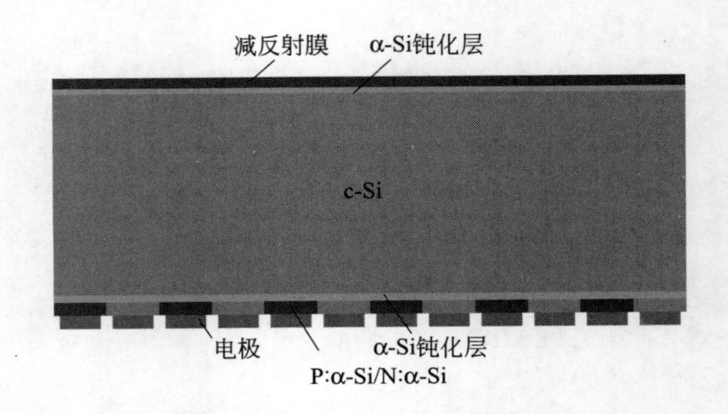

图 8-51 HJBC 电池结构示意图

换效率达到了 24.37%，超过了 SunPower 公司创下的 24.1%的效率纪录。

8.10.6 HJBC-POLO 电池

德国哈梅林太阳能研究所（ISFH）采用 HJBC-POLO 电池结构技术，基于 P 型硅实现了实验室太阳能电池转换效率达到了 26.1%，成为第 2 种效率超过 26%的太阳能电池，HJBC-POLO 太阳能电池的面积为 $4cm^2$，V_{oc} 为 726.6mV，J_{sc} 为 $42.6mA/cm^2$，FF 为 84.3%，效率达到 26.1%，其结构如图 8-52 所示。该电池采用交指式背接触结构（IBC），正、负电极均采用多晶硅氧化层（POLO）技术实现钝化接触。ISFH 采用了 FZ 法的 P 型单晶硅片，其工艺流程是：

图 8-52 HJBC-POLO 电池结构示意图

① 首先利用热生长在硅片两面生长 2.2nm 的氧化层，使用 LPCVD 沉积本征多晶硅。

② 利用硼离子注入将背面的多晶硅掺杂为 P 型。

③ 背面进行光刻开孔，保留光刻胶作为阻隔层，两面离子注入进行磷掺杂，背面得到交叉的 P 和 N 掺杂区域。

④ 高温退火，在这一步中正反两面的钝化氧化硅薄层厚度减少，局部形成微孔。这是 POLO 技术的核心，通过微孔和隧穿共同实现电流的导通，POLO 技术可以看作是纳米尺度的背面局部接触。同时在这一步工艺中，两面生长氧化层，正面掺杂的多晶硅对硅片起到吸杂的效果。

⑤ 去除正面氧化层，再利用光刻对背面氧化层开孔。

⑥ 利用 KOH 腐蚀，进行正面制绒、背面断开掺杂区域的衔接。

⑦ ALD 生长 20nm 的 AlO_x 用作钝化层，正面再用 PECVD 覆盖 SiN_x/SiO_x 减反射层，背面只覆盖 SiO_x。

⑧ 再次使用光刻对金属接触区域开孔。

⑨ 背面蒸镀铝电极，然后溅射氧化硅。

⑩ 利用化学法除去分隔沟中的金属，完成背电极的分离，形成完整的 HJBC-POLO 太阳能电池。

8.10.7 TOPCon 电池

2013 年在第 28 届欧洲 PVSEC 光伏大会上，德国 Fraunhofer 太阳能研究所首次提出一种新型钝化接触太阳能电池，称为隧穿氧化层钝化接触（tunnel oxide passivating contact，TOPCon）电池，如图 8-53 所示。这种太阳能电池首先在电池背面制备一层超薄隧穿氧化硅（1～2nm），然后再沉积一层 20nm 厚的磷掺杂非晶硅层，经过 800℃ 高温退火后形成掺杂多晶硅，二者共同形成了钝化接触结构，为硅片的背面提供了良好的表面钝化，这种技术被称为隧穿氧化层钝化接触技术。由于氧化层很薄，多晶硅薄层具有重掺杂，多数载流子可以穿透这两层钝化层，而少数载流子则被阻挡。

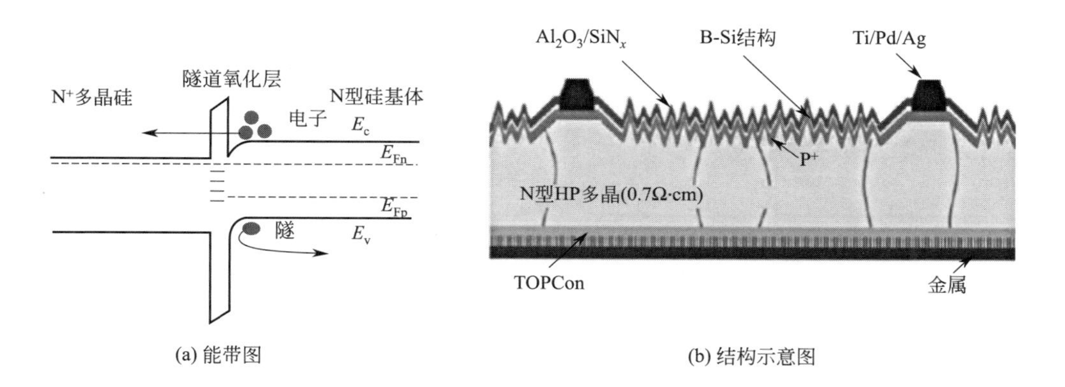

图 8-53 TOPCon 电池

与 PERC 及 PERL 电池结构相比，TOPCon 电池结构可对电池表面实现完美钝化。PERC 和 PERT 电池是通过将金属接触范围限制在局部区域，增加背面钝化面积来降低表面复合，但金属接触的开孔区域仍然能产生载流子的复合，使电池效率提升受到限制。TOPCon 电池结构是一种既能降低表面复合，又无需开孔的钝化接触电池技术。另一方面，TOPCon 电池全接触钝化结合全金属电极的结构，克服了 PERL 电池结构由于局部开孔对载流子传输路径的限制，实现了最短的电流传输路径，极大地降低了传输电阻，从根本上消除了电流横向传输引起的损失，提升了电池的电流和填充因子。

2013 年，德国 Fraunhofer 太阳能研究所发表了首个 TOPCon 电池的实验结果。采用 N 型 FZ 硅片，正面采用金字塔制绒、硼扩散、等离子体辅助的原子层沉积（ALD）氧化铝与等离子体化学气相沉积（PECVD）氮化硅的叠层膜结构起到钝化和减反作用；背面采用

TOPCon 钝化技术、PECVD 沉积 N^+ 掺杂的多晶硅，接着进行高温（700～900℃）退火和氢钝化改善硅薄膜的形貌与带隙。最后正、反面金属化均采用蒸镀 Ti/Pd/Ag 叠层结构，电池效率达到了 23.7%。随后，TOPCon 电池效率得到了快速提高，TOPCon 的钝化结构也从背面扩展到正面，衬底材料也从单晶硅扩展到多晶硅。2015 年，Fraunhofer 将 TOPCon 单晶硅太阳能电池的效率提升至 25.1%（V_{oc} = 718mV、J_{sc} = 42.1mA/cm^2、FF = 83.2%），2017 年其效率达到了 25.7%。同时，Fraunhofer 通过 TOPCon 技术，使用 N 型多晶硅衬底，于 2017 年将多晶硅太阳能电池的效率提升至 22.3%（V_{oc}=674.2mV、J_{sc}=41.1mA/cm^2、FF=81.6%），成为迄今为止效率最高的多晶硅太阳能电池。

2017 年 9 月，在第十七届中国光伏学术大会上，英利报告了其在常规 N 型 PERT（熊猫）电池基础上引入 TOPCon 技术，电池效率可达到 21.8%（V_{oc}=676mV、FF=80%）。TOPCon 电池仍然处于实验室阶段，产业化也是以中试为主，但 TOPCon 电池与 PERC 和 PERT 电池相比，具有高效率的优势；与 IBC 电池相比，具有工艺简单及低成本的优势。

第 9 章

光伏发电系统

虽然电池片已经可以实现电功率的输出，但是单个电池片输出电压、电流很小，几乎不能够满足现实用电设备的使用，需要根据要求将一些太阳能电池片进行串、并联。同时，由于太阳能电池片本身易破碎、易被腐蚀，如果直接暴露在大气中，光电转化效率会因为潮湿、灰尘、酸雨等的影响而降低，也会造成太阳能电池寿命缩短，甚至失效。因此，太阳能电池片需要进行封装形成太阳能光伏组件（模组），并与其他组件共同组成光伏阵列方可进行实际应用。

本章主要讲述光伏发电系统各组成要素，以及几类光伏发电系统等。

9.1 光伏发电系统组成要素

太阳能光伏发电系统按照其运行方式的不同可分为独立太阳能光伏发电系统、并网太阳能光伏发电系统，以及混合型太阳能光伏发电系统。

太阳能光伏发电系统主要有太阳能电池阵列、控制器、逆变器、蓄电池组、负载和安装固定结构（mounting structures）等周边设施构成。对于不同的发电系统，其组成要素不完全相同，比如，直流系统则不需要逆变器，并网系统可能不需要储能电池组等。

(1) 光伏阵列

光伏电池阵列（array）是太阳能光伏发电系统的核心部件，它能够将太阳能直接转换成电能。太阳能电池单体通过串、并联形成太阳能电池基本单元——太阳能电池组件，太阳能电池组件再经过串、并联形成光伏阵列实现负载需要的电流、电压、功率输出（如图 9-1 所示）。

(2) 控制器

光伏发电系统在控制器的管理下运行，控制器（controller）主要对储能元件（蓄电池）的充放电以及对负载的电能输出进行控制，如图 9-2 所示。控制器可以采用多种技术方式实现其控制功能，比较常见的有逻辑控制和计算机控制两种方式，智能控制器多采用计算机控制方式。随着进一步的发展，它的功能将逐渐变大，款式越来越多。

太阳能发电控制器一般具有如下功能：

① 信号检测。检测光伏发电系统各种装置和各个单元的状况和参数，为对系统进行判断、控制、保护等提供数据。需要检测的物理量有输入电压、充电电流、输出电压、输出电

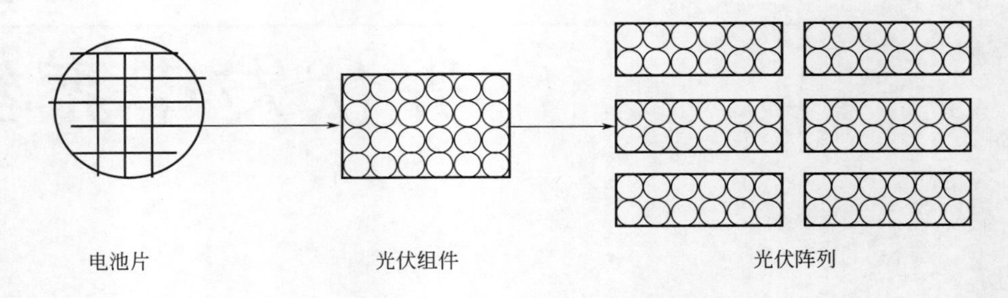

图 9-1　太阳能电池片、光伏组件和光伏阵列示意图

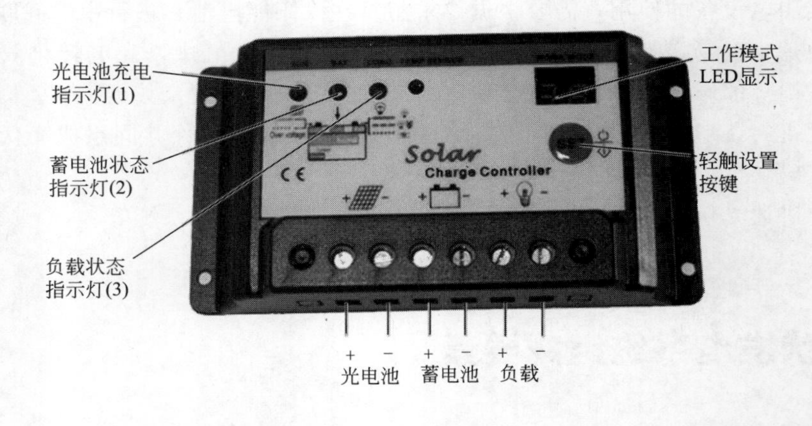

图 9-2　控制器

流以及蓄电池温升等。

② 蓄电池最优充电控制。控制器根据当前太阳能资源情况和蓄电池荷电状态，确定最佳充电方式，以实现高效、快速的充电，并充分考虑该充电方式对蓄电池寿命的影响。

③ 蓄电池放电管理。对蓄电池放电过程进行管理，如负载控制自动开关机，实现软启动、防止负载接入时蓄电池端电压突降而导致的错误保护等。

④ 设备保护。光伏系统所连接的用电设备，在有些情况下需要由控制器来提供保护，如系统中因逆变电路故障而出现的过电压和负载短路而出现的过电流等，若不及时加以控制，就有可能导致光伏系统或用电设备损坏。

⑤ 故障诊断定位。当光伏系统发生故障时，可自动检测故障类型，指示故障位置，为对系统进行维护提供方便。

⑥ 运行状态指示。通过指示灯、显示器等方式指示光伏系统的运行状态和故障信息。

(3) 蓄电池

蓄电池（storage battery）是整个系统的储能元件，它将光伏电池产生的电能储存起来，当需要时就将电能释放供负载使用（如图 9-3）。太阳能电池发电系统对蓄电池组的基本要求是：自放电率低；使用寿命长；深放电能力强；充电效率高；少维护或免维护；工作温度范围宽；价格低廉。目前我国与太阳能电池发电系统配套使用的蓄电池主要是铅酸蓄电池。配套 200A・h 以上的铅酸蓄电池，一般选择固定式或工业密封免维护铅酸蓄电池；配套

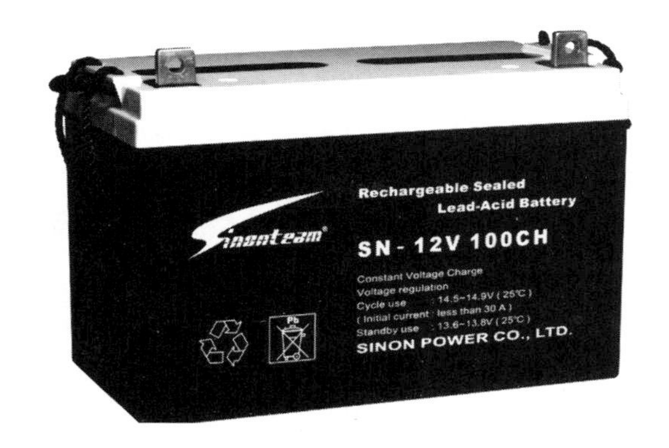

图 9-3 蓄电池

200A·h 以下的铅酸蓄电池，一般选择小型密封免维护铅酸蓄电池。

(4) 逆变器

逆变器（DC to AC inverter）的作用是将光伏电池产生的直流电逆变成交流电，供交流负载使用。逆变器（如图 9-4）按照输出波形可分为方波逆变器和正弦波逆变器。方波逆变器，电路简单，造价低，但谐波分量大，一般用于几百瓦以下对谐波要求不高的发电系统。正弦波逆变器成本高，但可以适用于各种负载，从长远发展来看，正弦波逆变器将成为发展的主流。按照运行方式来分，逆变器可分为独立发电系统逆变器和并网发电系统逆变器。

图 9-4 DC-AC 逆变器

太阳能电池发电系统对逆变器的基本要求是：

① 电压、频率稳定输出。无论是输入电压出现波动，还是负载发生变化，逆变后的交流电压都要达到一定的稳定精确度，静态时一般为±2%。静态时，频率精确度一般控制在±0.5%。

② 输出电压、频率可调性。一般输出电压可调范围为±5%，输出频率可调范围为±2Hz。

③ 输出电压波形含谐波成分应尽量小。一般输出波形的失真率应控制在7%以内，以利于缩小滤波器的体积。

④ 具有一定的过载能力，一般能过载 125%～150%。当过载 150%时，应能持续 30s；

过载125%时，持续1min以上。更大的过载，则逆变器要有保护功能和报警功能。同样，对于短路、过热、过电压、欠电压等也要有保护和报警功能。

⑤ 启动平稳，启动电流小，运行稳定可靠，逆变效率高（≥0.8），动态响应快。

对于并网太阳能发电系统，逆变器有更高的要求：不仅可将太阳能电池阵列发出的直流电转换为交流电，并且还可对转换的交流电频率、电压、电流、相位、有功与无功、同步、电能品质（电压波动，高次谐波）等进行控制，具有如下功能：

① 自动开关。根据从日出到日落的日照条件，尽量发挥太阳能电池阵列输出功率的潜力，在此范围内实现自动开始与停止。

② 最大功率点跟踪控制。对跟随太阳能电池阵列表面温度变化和太阳辐射变化而产生的输出电压与电流的变化进行跟踪控制，使阵列经常保持在最大输出的工作状态，以获得最大的功率输出。

③ 防止单独运行。单独运行（孤岛效应）情况时本已经无电的配电线上又有了电，而检修人员却是难以察觉的，因此对检修人员是危险的，因而并网发电系统需要设置防止单独运行功能。

④ 自动电压调整。在剩余电力馈入电网时，因电力逆向输送而导致送电点电压上升，有可能超过商用电网的运行范围，为保持系统的电压正常，运转过程中要能够自动防止电压上升。

⑤ 异常情况排解与停止运行。当系统所在地电网或逆变器发生故障时，及时查处异常，安全加以排除，并控制逆变器停止运转。

防反充二极管又称为阻塞二极管（blocking diode），其作用是避免由于太阳能电池阵列在阴雨天和夜晚不发电时或出现短路故障时，蓄电池组通过太阳能电池阵列放电。如果控制器没有这项功能的话，就要用到防反充二极管，防反充二极管通过串联在太阳能电池阵列电路中，起到单向导通作用。该二极管既可以加在每一并联支路，又可加在阵列与控制器之间的干路上，但是当多条支路并联成一个大系统时，则应在每条支路上用防反充二极管，以防止由于支路故障或遮蔽引起的电流由强电流支路流向弱电流支路的现象。在小系统中，考虑到防反充二极管引起的压降（0.4～0.7V）损耗，所以在干路上用一个二极管就可以了。对防反充二极管的要求是能够承受足够大的电流，而且正向压降要小，反向饱和电流要小，一般可选用合适的整流二极管。

除此之外，还需要对太阳能电池发电系统很多参数进行测量监控，这就需要一些外围测量设备。对于小型的太阳能电池发电系统，可能只需要测量蓄电池电压、充放电电流，因此其电压表和电流表简单集中到控制器上即可。但是对于比较大型的发电系统，特别是光伏电站，需要测量的参数就很复杂，如太阳辐照数据、环境温度、充放电电量等，甚至要求具有远程数据传输、数据打印等处理能力，以及远程遥控，这就要求为太阳能电池发电系统配备数据采集系统和微机监控系统等。

9.2 太阳能电池组件

太阳能电池的基本单位是太阳能电池片（cell），又被称为太阳能电池单体，由于单个太阳能电池片尺寸是固定的，有几种固定标准（如表 9-1），所以单个电池片的工作电压只有 0.4～0.5V、工作电流为 20～25mA/cm^2，使得单个太阳能电池片的功率很小（1～2W），远不能满足很多用电设备对电压、功率的要求，因此需要根据要求将一些太阳能电池片进行串、并联实现功率一般为几瓦、几十瓦、甚至 100～300W 的功率输出。此外，太阳能电池片机械强度很小，很容易破碎。太阳能电池若是直接暴露在大气中，水分和一些气体会对太阳能电池片产生腐蚀和氧化，时间长了甚至会使电极生锈或脱落，而且还可能会受到酸碱、灰尘等的影响。因此，太阳能电池片需要与大气隔绝，需要封装在能够抵御上述损伤的薄膜盒子中形成太阳能电池组件（module）。图 9-5、图 9-6 分别为多晶硅、单晶硅电池组件。

⊡ **表 9-1 太阳能电池片的规格尺寸**

硅电池片类型	边长/mm	对角线/mm	厚度/μm
125 单晶硅片	(125±0.5)×(125±0.5)	165±0.05	200±20
156 单晶硅片	(156±0.5)×(156±0.5)	200±0.5	200±20
125 多晶硅片	(125±0.5)×(125±0.5)	175±0.5	200±20
150 多晶硅片	(150±0.5)×(150±0.5)	212±1.0	200±20
156 多晶硅片	(156±0.5)×(156±0.5)	220±1.0	200±20

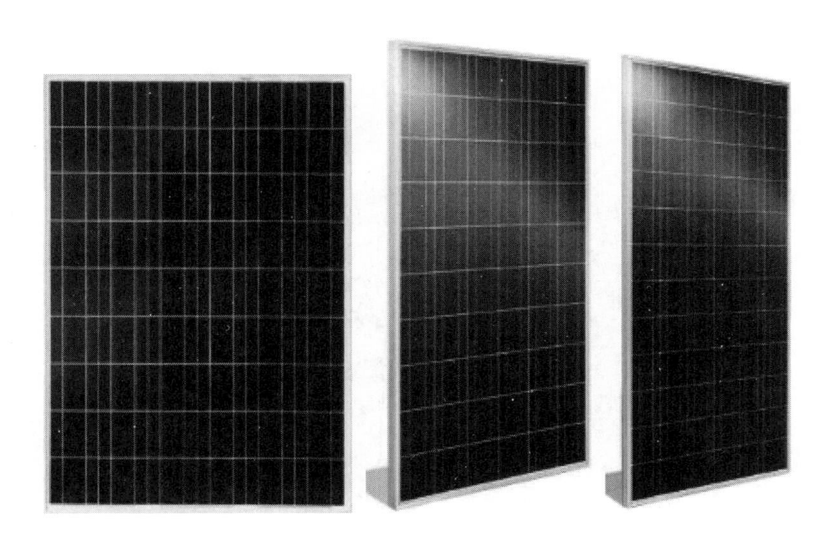

图 9-5 多晶硅电池组件（从左向右依次为 54 片、60 片、72 片）

9.2.1 封装材料

太阳能电池组件的封装即是将太阳能电池片的正面和背面各用一层透明、耐老化、黏结性好的热熔型 EVA 胶膜包封；用透光率高且耐冲击的低铁钢化玻璃做上盖板，用耐湿抗酸

图 9-6　单晶硅电池组件（从左向右依次为 54 片、 60 片、 72 片、 90 片）

的聚氟乙烯复合膜（TPT）或玻璃等其他材料做背板，通过相关工艺使 EVA 胶膜将太阳能电池片、上盖板和背板黏合为一个整体，从而构成一个实用的太阳能电池发电器件，即太阳能电池组件或光伏组件，俗称太阳能电池板（如图 9-7 所示）。

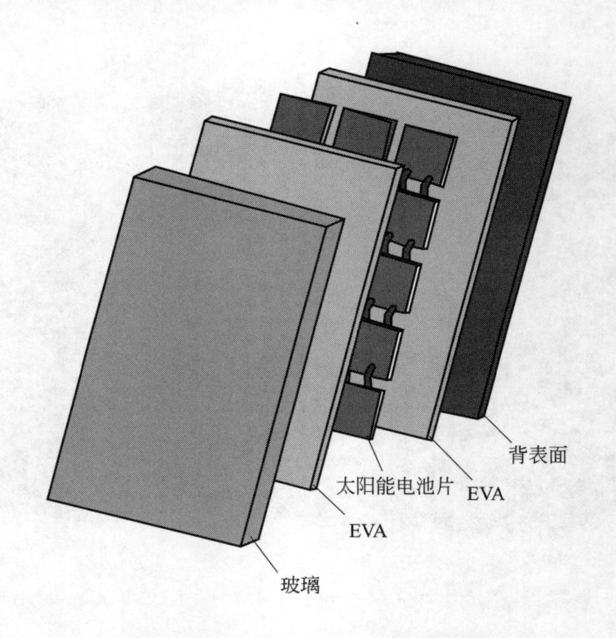

图 9-7　太阳能电池组件结构示意图

EVA 是乙烯和乙酸乙烯酯的共聚物，是目前常用的太阳能电池封装、电子电器元件封合、汽车装饰等方面的材料（如图 9-8 所示）。EVA 与聚乙烯（PE）相比，提高了透明性、柔韧性、耐冲击性，以及气密封性。EVA 上述特征符合太阳能电池密封材料的选择要求，但是其耐热性差、易延伸而弹性低、内聚强度低，易热收缩使密封失效，甚至太阳能电池破碎。此外，EVA 在室外太阳光，特别是紫外线和热的影响下，也会出现龟裂、变色等问题。这些特点会降低太阳能电池的转化效率，缩短太阳能电池使用寿命。在 EVA 制备过程中使用添加剂（紫外光吸收剂、紫外光稳定剂、热稳定剂等）来改善其耐老化性能；另一种改性方法是添加有机过氧化物交联剂提高 EVA 的耐热性，并减少其热收缩性。当 EVA 膜加热到一定温度后，交联剂分解产生自由基，引发大分子间的反应，形成三维网格结构使 EVA 胶层交联固化。一般来说，当交联度大于 60%时，EVA 胶膜就能承受大气的变化，不再出现太大的热收缩现象，从而满足太阳能电池密封的需要。交联度指 EVA 大分子经过交联反应后达到不溶的凝胶固化的程度。

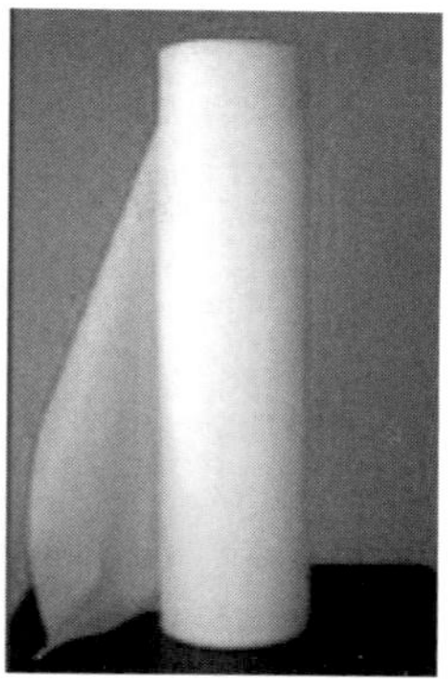

用于太阳能电池封装的 EVA 通常厚度为 0.3～0.8mm，宽度有 600mm、800mm、1100mm 等多种规格，其性能指标为：

图 9-8　封装材料 EVA

① 透光率大于 90%；

② 交联度在 70%±10%范围内，且与接触材料剥离强度：玻璃/EVA 大于 30N/cm，TPT/EVA 大于 15N/cm；

③ 在工作温度（−40～90℃）范围内性能稳定，抗老化，具有较高的耐紫外和热稳定性，具有较好的电气绝缘性。

除了 EVA 可作为太阳能电池封装材料外，环氧树脂、有机硅胶也可以作为封装材料。

环氧树脂封装太阳能电池组件工艺简单、成本低，在小型组件封装上使用较多。但是，环氧树脂黏结力强、耐老化性能差，容易老化致使材料发脆、发黄，影响太阳能电池使用效果、使用寿命。通过环氧树脂改性可在一定程度上改善其耐老化性能。环氧树脂为高分子材料，分子间距在 50～200nm，该值超过水分子的直径，即水分子能够通过树脂分子间隙渗透到其内部。因此，提高环氧树脂的疏水性是有效提高其耐蚀性的方法。环氧树脂封装太阳能电池时，由于与硅片膨胀系数的差异，在成型固化过程中的收缩以及热收缩产生热应力，造成强度下降、老化龟裂、封装开裂、空洞、剥离等失效现象的出现。

有机硅胶是一类具有特殊结构的封装材料，兼有有机材料与无机材料的优点，如耐高温、耐低温、耐老化、抗氧化、电绝缘、疏水性等。但是在光、热、空气、潮气等老化条件下，聚硅氧烷的侧基极易氧化，从而发生大分子的侧链或有机自由基的耦合等副反应，使物理性能发生明显的变化。因此，有机硅胶在封装太阳能电池时需要加入适量的添加剂来改善其抗老化性能。

低铁钢化玻璃是常用的太阳能电池封装正面盖板材料，又被称为超白玻璃，该玻璃具有光透过率高、强度高、性能稳定、颜色一致等特点（如图 9-9）。太阳能电池用低铁玻璃厚度约为 3mm，在晶体硅太阳能电池相应波长范围（300～1100nm）透光率达 91%以上，对于红外线等长波（约 1200nm）有较高的反射率，同时该玻璃能耐太阳紫外线的辐射，这也是该玻璃广泛应用到防紫外线场所的主要原因，如博物馆、纪念馆等。图 9-10 为用紫外-可见光谱仪测得的普通玻璃光谱透过率，在波长 700～1100nm 波段透过率有明显下降，而图 9-11 低铁玻

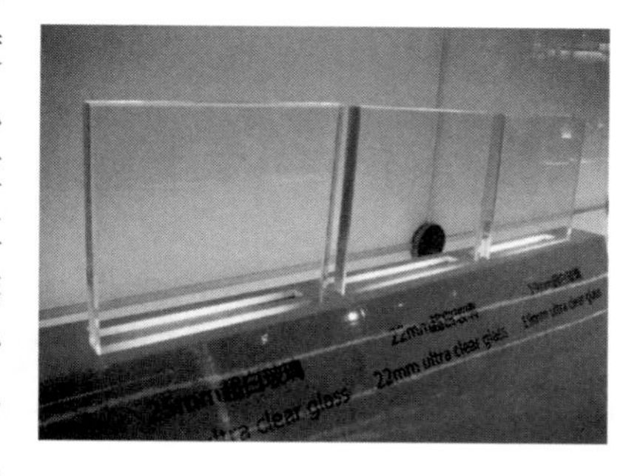

图 9-9　超白玻璃

璃透过率在 300～1100nm 基本保持稳定。

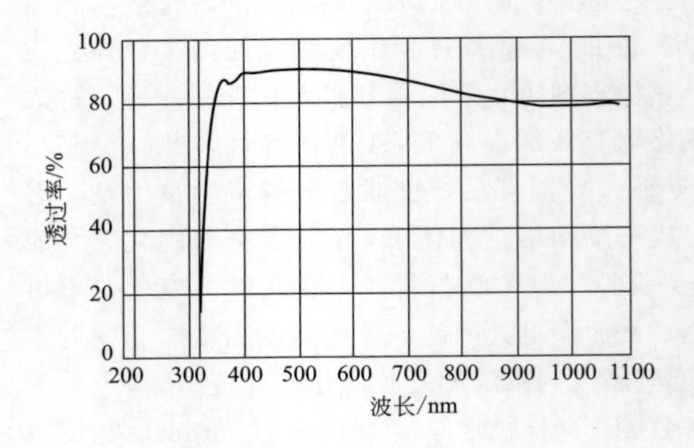

图 9-10　普通玻璃光谱透过率

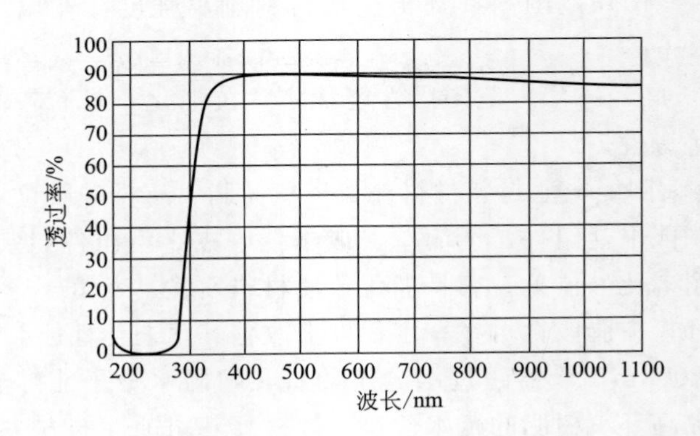

图 9-11　低铁玻璃光谱透过率

对于太阳能电池用玻璃，降低铁含量、防太阳光表面反射、增强玻璃强度，以及延长其使用寿命一直是玻璃行业研究课题。通过对玻璃进行物理或化学钢化处理，能够使玻璃强度提高为普通玻璃的 3～4 倍；在太阳能电池中使用薄钢化玻璃能有效降低玻璃中铁含量，提高光透过率，以及减轻太阳能电池组件自重、降低成本。除此之外，玻璃表面涂一层薄膜形成“减反射玻璃”也能够明显提高玻璃表面光透过率。

除了低铁玻璃外，聚氟乙烯、聚甲基丙烯酸甲酯（PMMA，俗称有机玻璃）、聚碳酸酯（PC）也可以作为太阳能电池组件的正面盖板材料。Tedlar 是一种具有高透过率的透明材料，也可根据需要制成蓝色、黑色等多种颜色。Tedlar 还具有耐老化、耐腐蚀、密封性好、强度高、防潮性能好等优点，是可以直接使用的太阳能电池盖板材料。PMMA 和 PC 板透光性能好、材质轻，但耐温性差，表面易刮伤，因此在太阳能电池组件封装应用方面受到限制，目前主要用于室内或便携太阳能电池组件封装。

背板材料可选择性较大，主要取决于应用场所和用户需要。对于小型太阳能电池组件，如太阳能庭院灯、玩具等，背板多采用电路板、耐温塑料或玻璃钢板等，而对于大型太阳能电池组件更多的是使用 Tedlar 复合材料或玻璃。常用的是 Tedlar 复合薄膜，如 TPT（Tedlar/Polyester/Tedlar）。TPT 薄膜有更好的防潮、抗湿和耐候性能，具有强度较高、阻燃、耐久、自洁等优点。TPT 呈现白色，对太阳光有反射作用，能提高组件效率，同时对红外有较高反射率，可以降低组件的工作温度。但该薄膜价格较高（约 10 美元/m^2），且不容易黏合。TPE 是在 TPT 基础上发展而来的，有 Tedlar、聚酯、EVA 三层材料构成，与太阳能电池接触面（EVA 面）呈现与太阳能电池颜色相似的深蓝色，因此，封装后组件更美观。由于 TPE 少了一层 Tedlar，所以耐候性能不及 TPT，但是价格相对便宜（约 5 美元/m^2），与 EVA 黏合性能好。TPE 越来越受到太阳能电池厂家的青睐，特别是小型太阳能电池组件封装上应用越来越多。

近些年，随着国内外光伏建筑一体化（BIPV）的推广，各组件封装厂商纷纷推出双面玻璃太阳能电池组件。与普通组件结构相比，双面玻璃组件用玻璃代替 TPE（或 TPT）作为组件背板材料。这种组件有美观、透光的优点，在光伏建筑上应用非常广泛，如：太阳能智能窗，太阳能凉亭和光伏建筑顶棚、光伏幕墙等。光伏电池与建筑结合是太阳能光电发展的一大趋势，预计双面玻璃光伏组件商业市场前景良好。

9.2.2 组件制造过程

不同类型太阳能电池的封装工艺不一样，主要包括玻璃壳体式结构组件、底盒式结构组件、平板式结构组件、无盖板全胶密封组件及双面钢化玻璃结构组件。现介绍平板式晶体硅太阳能电池组件的制造过程：激光切片→电池分选→焊接→层叠（玻璃-EVA-电池-EVA-TPT/TPE/玻璃）→中测→层压→固化→装边框（双玻组件没有铝框，则不需要此步骤）→接线盒→终测。

(1) 激光切片

一片太阳能电池片切成两片后，其电压不变，且太阳能电池的功率与面积成正比。这样，根据组件所需的电压与功率，即可计算出所需电池片的面积和片数。由于太阳能电池片尺寸规格只有确定的几种，当面积不能满足组件需要时，需要对太阳能电池片进行切片。现在许多工厂都采用激光划片机（如图 9-12）来切割太阳能电池片，以满足制作小型太阳能电池组件的需要。在切割前，应设计好切割线路，画好草图，要尽量利用切割剩余的太阳能电池片，提高电池片的利用率。衡量划片性能的指标为最大切割速度、划片精度、划片最小宽度、切割厚度等。

(2) 电池分选

如果将工作电流不同的太阳能电池片串联在一起，电池的总电流与所有串联电池中最小的工作电流相同，显然会造成很大的浪费。因此，在进行串联焊接前要对电池进行分选将不同性能参数的电池片分类区分。一般情况下，太阳能电池片在出厂时已经由厂商进行了检测标定和分级，此时可以省去复检环节，但有时还需要进行分拣，比如，划片后每小片功率多少会存在不同，此时就需要再次进行分拣来确定电池片实际功率。

电池分选机如图 9-13 所示，它能够测试出电池的 I_{sc}、V_{oc}、P_m、V_m、I_m、FF、R_s、R_{sh} 等参数，因此电池分选机不仅可以用来进行封装电池的分选，也可以进行电池片的分析测试。在工业生产线上，通常采用自动电池分拣机。分拣精度、重复性以及可有效分拣电池片的最大面积是判断分拣机性能优劣的表征参数。

(3) 焊接

切割好的太阳能电池片需要将其连接起来，即焊接。焊接这一工序就是用互联条按需要

图 9-12　激光划片机

将太阳能电池片串联，然后由汇流带进行并联焊接，最后汇成的电极与接线盒有效地连接。

焊带是光伏组件焊接过程中重要的原材料，其质量的好坏直接影响光伏组件电流的收集效率，对光伏组件功率影响很大。一般焊带的选择根据电池片的厚度和短路电流的多少来确定，焊带的宽度要和电池的主栅线宽度一致，焊带的软硬程度一般取决于电池片的厚度和焊接工具。光伏电池片焊接的焊带为涂锡铜带，是一种金属复合带材，由铜基材和外部涂锡层构成，涂锡层又分为有铅和无铅涂锡层。

图 9-13　电池分选机

焊接过程中要把握好电烙铁的温度和焊接时间，尽量一次完成，避免反复焊接或焊接时间过长导致电极脱落或电池碎片等。焊接时，左手拿连接条一端，平放在电池负极主栅上，且距离电池片边缘约 2mm 的距离，右手握烙铁，烙铁头与被焊电池片约成 45°，从上而下（由左向右）均匀地沿焊带轻轻压焊，焊接温度控制在 320～350℃之间，工作台加热板温度范围在 50～55℃之间，单焊焊接时间一般为 3～5s。

对单焊电池片露出部分的焊带均匀地涂上助焊剂，露出焊带的一端统一朝向一个方向，依次排列在串焊模板上，一格一片，焊带落在下一片的背电极内。将电池片按模板进行定位，检查电池片之间的间距是否均匀相等，用左手食指轻压焊带和电池片，避免相对位置的移动，右手用电烙铁从电池片左边沿起焊，待焊带上的焊锡熔化后，从左到右一次性焊接，然后再进行另一条焊带的焊接。

焊接后要进行检查：电池串是否有裂片、缺角、焊锡渣或其他异物；电池片间距是否准确、一致；焊带是否平整、光洁，无锡珠，无毛刺；是否有虚焊、过焊、漏焊；焊带偏离主栅距离应符合要求（单焊<0.05mm，串焊<1mm）。

除了人工焊接（如图 9-14）外，对于大规模生产的企业，也常采用自动焊接机焊接。

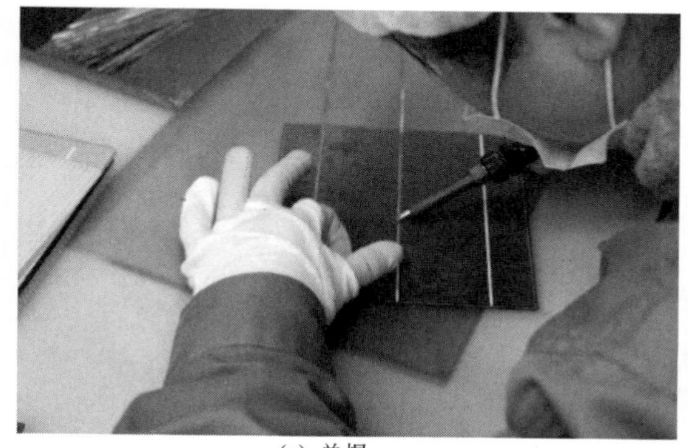

(a) 单焊

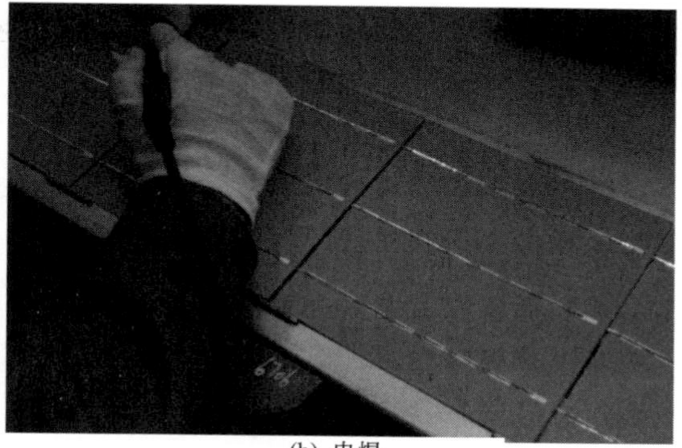

(b) 串焊

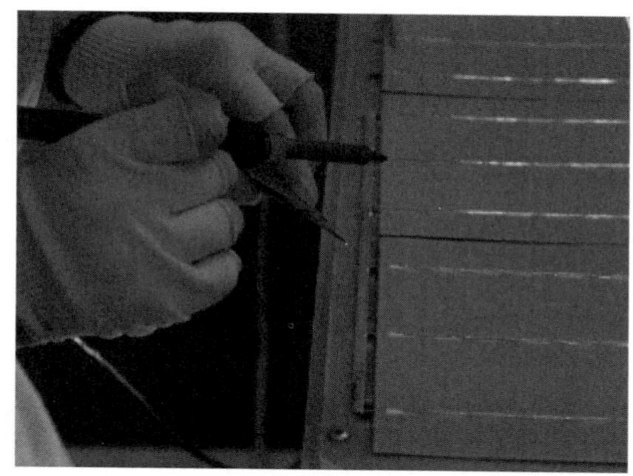

(c) 汇流焊

图 9-14　焊接

(4) 层压

太阳能电池片按要求焊接好后，层压前一般先用万用表通过测电池电压方式检查焊接好的太阳能电池有没有短路、断路，然后清洗玻璃，按照比玻璃面积略大的尺寸裁制 EVA、TPT，按顺序将玻璃、EVA、电池片、EVA、TPT（玻璃）层叠好，然后放入层压机层压。在层压过程中，温度会上升并将 EVA 熔化成熔融状态，在挤压和真空工艺的作用下，熔融态的 EVA 充满了上下盖板之间的空间，并排除中间的气泡。这样，玻璃、电池片、TPT（或玻璃）就通过 EVA 牢牢地黏合在一起了。层压好后需要开盖将太阳能电池取出，这时首先要下室充气，上室抽真空，使放电池组件的下腔气压与大气压平衡，再打开层压机上盖取出电池组件。

太阳能电池层压工艺中，消除 EVA 中的气泡是封装成败的关键，层叠时进入的空气与 EVA 交联反应产生的氧气是形成气泡的主要原因。当层压的组件中出现气泡，说明工作温度过高或抽气时间太短，应该重新设置工作温度和抽气、层压时间。为了防止此现象出现，通常情况下，在层压过程中要进行抽真空处理。

层压机如图 9-15 和图 9-16 所示。在控制台上可以设置层压温度、抽气层压和充气时间，控制方式有手动和自动两种可选。EVA 在 100～120℃时处于熔融状态，因此该温度也是 EVA 层压封装太阳能电池时的温度。在层压机控制面板可以看到上室真空、上室充气、下室真空、下室充气等按钮。打开层压机的上盖，上盖内侧有个胶皮气囊，上室指的就是这个气囊；上盖与下腔之间有密封圈，上盖板与下腔之间形成的密封室称为下室。在层压机中可以看到有两层耐高温的玻璃布，玻璃布下面是加热板。玻璃布起到减缓 EVA 升温速率、减少气泡产生作用，同时可以防止熔融后的 EVA 流出来弄脏加热板。层压过程中，太阳能电池片与 EVA、TPT、玻璃层叠后放入两层玻璃布之间。

图 9-15　层压机

图 9-16　全自动层压机

(5) 固化

从层压机取出的太阳能电池板未经固化，EVA 容易与 TPT、玻璃脱层，因此需要进入烘箱进行固化（快速固化：135℃，15min；常规固化：145℃，30min），或在层压机内直接固化。目前，大部分工厂采用在烘箱中快速固化 EVA。这种固化方法效果好，速度快，可以节约层压机的使用时间。在太阳能电池组件固化过程中，厂家经常需要测定 EVA 凝胶量来分析 EVA 固化程度，当 EVA 凝胶量达到 65％以上时认为固化基本完成，达到了组件的固化要求。

(6) 装边框和接线盒

层压时 EVA 熔化后由于压力而向外延伸固化形成毛边或残留物，因此在层压结束后应该对其进行修边处理。修边后在组件四周加上衬垫密封橡胶带，涂上密封黏结剂，即可进行组件安装边框。边框材料可以是不锈钢、铝合金、橡胶和增强塑料等。在工业化生产工艺中，可采用专门的装边框设备，如图 9-17 所示。

安装完边框后就可以安装电极接线盒（如图 9-18），分别将电池正、负极与接线盒的输出端相连，并用黏结剂将接线盒固定在组件背面，对于有些与建筑相结合的太阳能组件，为了安装方便，也可以将接线盒放在电池组件的侧面。在多数情况下，可将旁路二极管直接装在接线盒内。接线盒要求防潮、防尘、密封、连接可靠、接线方便。图 9-19 是光伏组件封装剖面图。

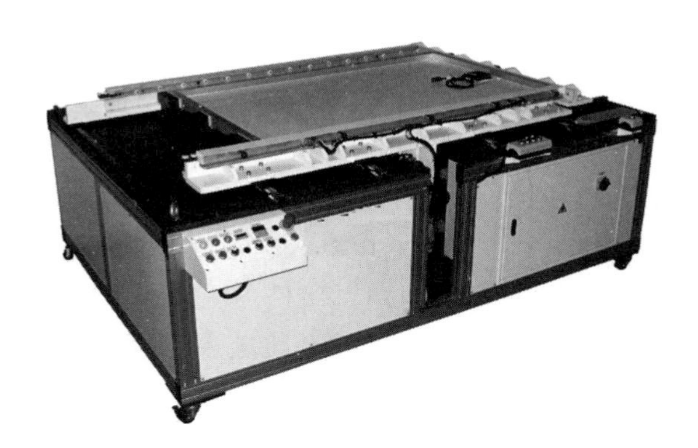

图 9-17　装边框设备

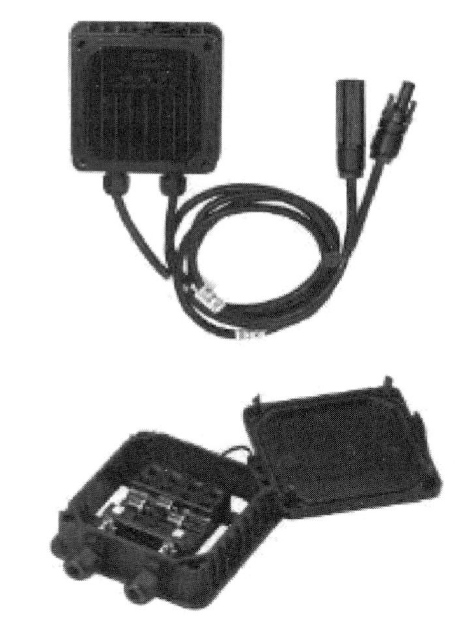

图 9-18　接线盒

(7) 检测

太阳能电池组件在组成阵列前要进行各项性能的检测，主要包括基本性能检测、电绝缘性能检测、热循环实验、湿热-湿冷实验、机械载荷实验、冰雹实验、老化试验等。性能检测方法参考 GB/T 9535—1998《地面用晶体硅光伏组件设计鉴定与定型》，以及 GB/T 19064—2003《家用太阳能光伏电源系统技术条件和试验方法》。

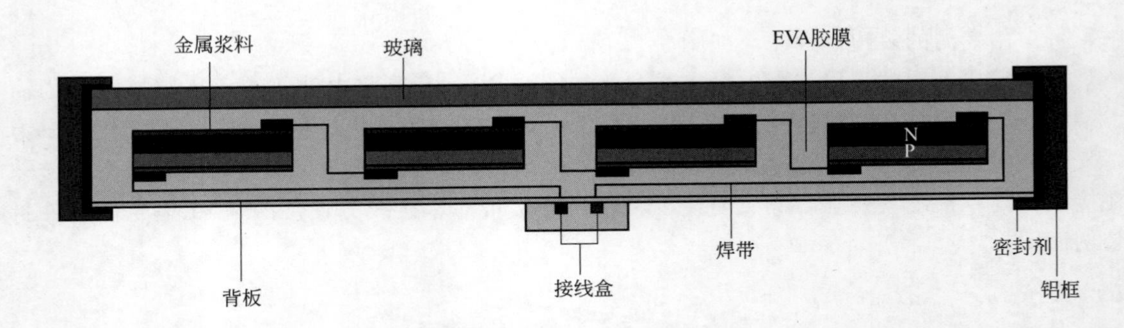

图 9-19　光伏组件封装剖面示意图

① 基本性能检测。在规定光源的光谱、标准光强以及一定太阳能电池温度条件下对太阳能电池的短路电流、开路电压、最大输出功率、伏安特性曲线等基本性能进行检测。

② 电绝缘性能检测。以 1kV 的直流电通过组件地板与引出线，测量绝缘电阻，绝缘电阻要求大于 2000MΩ，以确保在应用过程中组件边框无漏电现象发生。

③ 热循环实验。将组件置于具有自动温控、内部空气循环的气候室系统中，使组件在 40～85℃之间循环规定次数，并在极端温度下保持规定时间，检测实验过程中可能发生的短路、断路、外观缺陷、电性能衰减及绝缘性能，以确定太阳能电池组件承受高温高湿、低温低湿环境的能力。

④ 机械载荷实验。在组件表面逐渐加载，检测组件可能产生的短路、断路、外观缺陷、电性能衰减及绝缘性能，以确定太阳能电池组件承受风雪、冰雪、雨雪等静态载荷的能力。

⑤ 冰雹实验。以钢球代替冰雹以不同角度以一定速度撞击组件，监测组件产生的外观缺陷、电性能衰减，以确定组件冰雹等动态撞击能力。

⑥ 老化实验。老化实验用于检测太阳能电池组件暴露在高温、高湿、高紫外线辐照场地时太阳能电池电性能抗衰减能力。实验条件为 65℃、约 6.5kW·h/m^2 紫外线下辐照。在暴晒老化实验中，太阳能电池电性能的衰减是不规则的，且与 EVA/TPT 光损失不成正比。比如，一个电池 V11 型 EVA 仍然透明的情况下，电池效率下降了 8.9%，而另一个电池，当它慢固化，A9918 EVA 变黄（褐）且透光率损失 12.2%情况下，电池效率仅损失了 7.1%。

(8) 技术要求

合格的太阳能电池组件应该达到一定的技术要求，相关部门制定了组件方面的国家标准与行业标准。对于层压封装硅太阳能电池组件主要的技术要求如下：

① 光伏组件在规定的工作环境下，使用寿命应大于 20 年，且效率不低于出厂效率的 80%。目前很多太阳能电池厂商承诺的电池寿命在 25～30 年。

② 组件的太阳能电池片表面颜色均匀一致，无机械损伤，焊点无氧化斑点。每片电池与互联条排列整齐，组件框架整洁无腐蚀斑点。

③ 组件的封装层中不允许气泡或脱层在某一片电池与组件边缘形成一个通路，气泡或脱层的几何尺寸和个数应符合相应的产品规范规定。

④ 组件的面积比功率大于 65W/m^2，质量比功率大于 4.5W/kg，填充因子 FF 大于 0.65。

⑤ 组件在正常条件下绝缘电阻不能低于 200MΩ。

⑥ 采用 EVA、玻璃层压封装的组件，EVA 的交联度应大于 65%，EVA 与玻璃的剥离

强度大于 30N/cm，EVA 与组件背板材料的剥离强度大于 15N/cm。

⑦ 每个组件要有以下标志：产品名称和型号；主要参数（短路电流、开路电压、最佳工作电流和工作电压、最大输出功率，以及 *I-V* 曲线图）；制造厂名、日期及商标。

9.3 光伏阵列

在一个光伏组件中，太阳能电池片标准的数量是 36 片，即可以产生最大约 18V 的电压（每片电压约 0.5V），考虑到防反充二极管和电路的损耗，该组件正好可以保证为一个额定电压为 12V 的蓄电池进行有效充电，是能够单独作为电源使用的最小单元。将若干个光伏组件根据实际工程的需要，通过串、并联组成功率较大的供电装置，这样就构成了光伏阵列。只有将光伏组件按照实际的需要，通过串、并联的方式组成光伏阵列，才能很好地发挥光伏发电的优势，它既可以对小型系统单独供电，同时还可以为大型用电装置进行集中供电，可以缓解用电高峰的需求，还可以降低供电系统的经济投入。

9.3.1 光伏阵列输出特性

在实际应用的过程中，光伏阵列的输出特性将受到许多现实因素的影响，例如：光伏电池的分布；太阳光照射不均引起的温度差异；阴影部分遮挡太阳能电池引起接收的太阳能量减少等因素。如果忽略这些因素，在理想状态下，光伏阵列的输出特性满足这样的关系：

$$U=N_{S}U_{cell} \tag{9-1}$$

$$I=N_{P}I_{cell} \tag{9-2}$$

$$P=N_{S}N_{P}P_{cell} \tag{9-3}$$

式中，U、I、P 分别为光伏阵列输出电压、电流和功率；U_{cell}、I_{cell}、P_{cell} 分别为单个电池输出电压、电流和功率；N_{S}、N_{P} 分别为光伏阵列串联、并联电池组件数量。

光伏组件的输出功率主要取决于太阳能电池的温度、阴影、晶体结构、光照强度等。

9.3.2 光伏阵列尺寸

根据总功率计算太阳能电池板总面积：

$$P_{A}=S\times\cos\theta\times\eta\times F\times A_{A}$$

式中，θ 为太阳光在光伏阵列上的入射角；η 为光伏阵列的效率；F 为所有光伏阵列设计和衰减系数的总和；S 为太阳光照强度，W/m^2；A_{A} 为太阳能电池总面积；P_{A} 为光伏阵列的总功率。

根据要求功率求太阳能电池片的数量：

因为
$$P_{all}=\frac{S\times\cos\theta}{S_0}\times F\times N_{t}\times P_{cell}$$

所以
$$N_{t}=\frac{S_0\times P_{all}}{S\times\cos\theta\times F\times P_{cell}}$$

式中，P_{all} 为光伏阵列按照系统要求需要的输出总功率；S_0 为针对单片光伏电池的输出功率的基准光强；N_t 为光伏电池片的数量；P_{cell} 为单片光伏电池的输出功率。

根据总面积求电池片的数量：

$$N_t=\frac{A_{all}}{A_{cell}}=\frac{P_{all}}{S\times\cos\theta\times\eta\times F\times A_{cell}}$$

式中，A_{cell} 为单片光伏电池的面积。

9.3.3 最大功率点跟踪控制

硅太阳能电池的伏安特性曲线具有非线性的特点，输出的最大功率即电池的额定功率。当电池的输出功率达到最大时，相对应的位置成为最大功率点。寻找最大功率点的目的是将光伏阵列产生的电流能够最大限度地为负载所用，提高系统的能量利用效率。

最大功率点追踪（maximum powerpoint tracking，MPPT）实际是一个动态优化过程，通过检测当前光伏阵列输出电压与电流，计算出当前的输出功率，然后采用一定的控制算法预算当前阵列可能达到的最大功率输出，然后两者进行比较，如果不能达到最优化的位置，然后再进行检测、比较，如此循环进行，一直到光伏阵列能够工作在最大功率点上，这样可以保证系统工作在最佳状态。

MPPT 追踪控制分析如图 9-20 所示。曲线 1、2 为在不同光照强度下光伏阵列的输出特性曲线，A 点和 B 点表示为相应的最大功率点。假设在某一时间，系统运行在 A 点，当光照发生变化时，即由曲线 1 变化为曲线 2 时，此时若保持负载 1 不发生变化，系统就工作在 A'点，这样就偏离了原来的最大功率点。为了能继续追踪这个最大功率点，应该将负载 1 变化为负载 2，这样可以保证系统工作在新的最大功率点 B 点。同理，若光照强度变化使得光伏阵列的输出曲线由曲线 2 变为曲线 1 时，则工作点由 B 点变化为 B'点，则相应地应该把负载 2 调整为负载 1，这样可以使系统运行在最大功率点 A 处。

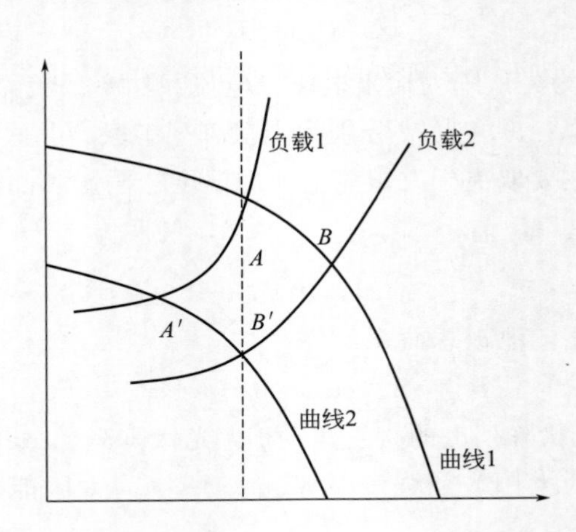

图 9-20　MPPT 追踪控制分析示意图

目前，最大功率点跟踪方法主要有扰动观察法、恒定电压追踪法、电导增量法等。

(1) 扰动观察（perturbation and observation，P&O）法

该法是目前实现最大功率点跟踪的常用方法之一，是真正意义上的 MPPT，在实际应用中被广泛采用。它的原理是：每隔相同的时间减小或增大电压，通过观察改变电压后功率的变化，来决定下一步的控制信号。算法流程如图 9-21 所示。

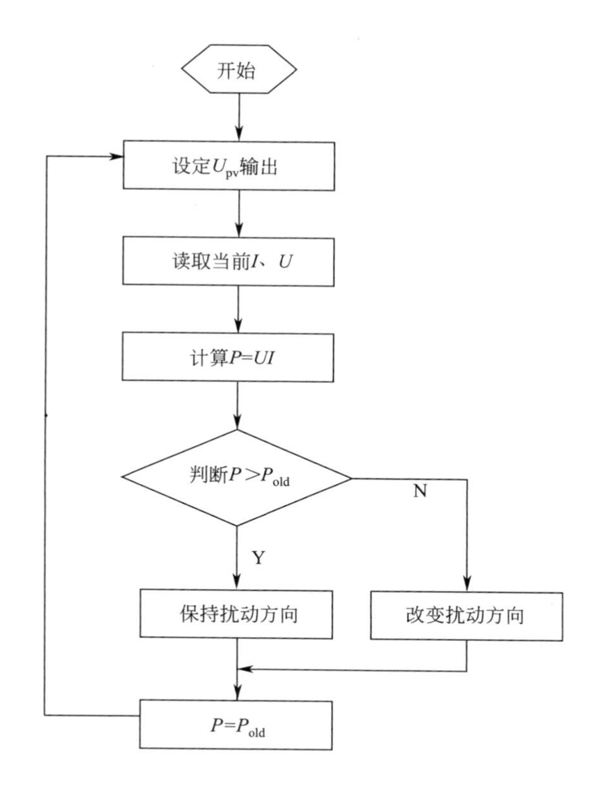

图 9-21　扰动观察法控制流程图

扰动观察法具体的算法是通过“干扰”的过程实现对系统的控制，即系统控制器在一个较小的周期内，用小的步长改变光伏阵列的电流或电压输出。步长是可以自行设定的，干扰电流或电压变化方向是不确定的。控制器控制的对象是电流或者电压，通过干扰，比较干扰周期前后输出功率的变化。若功率增大，则继续按照原来的方向“干扰”；若功率减小，则改变干扰方向。这样，光伏阵列就能始终工作在最大功率点附近，最终达到稳定。步长对干扰的进程会产生很大的影响。若步长过大，可以很快地获得跟踪速度，但是达到稳定后的精度不高；若步长较小，则获得跟踪速度较慢，但是达到稳定后的精度较高。因此，需要选定一个合适的步长来进行“干扰”。控制器能够根据光伏阵列当前的工作情况来自动选择合适的步长，如果光伏阵列在最大功率点附近工作时，就选择小步长，如果光伏阵列偏离最大功率点很远时，则采用大步长。

扰动观察法的优点是：跟踪法则简单，容易实现且能够实现模块化控制。但是，该法无法兼顾跟踪精度和相应速度，不能在光伏阵列最大跟踪点以外的地方运行，会损失部分功率，有些时候会出现错误的判断。

在实际应用的过程中，可以增加一部分测量太阳辐射量的装置，对太阳辐射进行监测，这样可以使得最大功率点控制更可靠、更准确。

(2) **恒定电压追踪**（constant voltage tracking，CVT）**法**

在不同的光照强度下，光伏阵列总会存在一个最大功率输出点，当温度与光照强度发生变化时，输出电流和输出电压会发生改变，所以最大功率点也将发生变化。当不考虑温度的影响时，光伏阵列的输出特性如图 9-22 所示：辐照强度与太阳能电池组件的光电流成正比，且在 200～1000W/m^2 范围内，短路电流与辐照强度呈线性关系；而辐照强度对太阳能电池的开路电压基本无影响。因此，太阳能电池的电能输出功率与辐照强度也基本呈现正比关系，即光伏阵列在不同光强度下的最大功率输出点可以近似地表示在一条直线上，并且都在一个固定的电压值附近。L 为一条负载曲线，相对应的直接匹配的工作点是 a、b、c、d、e，如果采用直接匹配的原则，会使功率减小，因此可以采用恒定电压控制的策略。这样可以在负载和光伏阵列之间添加一定的阻抗变换，使得整个系统成为一个稳压装置，这样可以保证整个系统始终工作在最大电压附近。

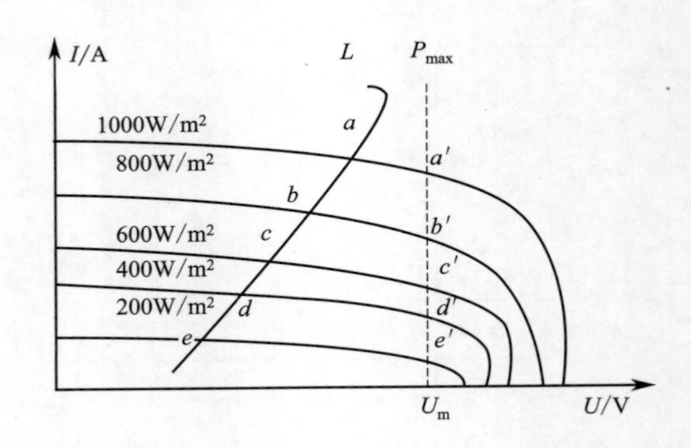

图 9-22 光伏阵列输出特性与负载匹配曲线（辐照强度 1000W/m^2、AM1.5，电池温度 25℃）

这种控制方法的优点是：系统具有很好的稳定性，不会出现震荡的现象；可靠、容易实现；可以通过硬件实现。

但是这种方法也存在一定的不足：由于一般的光伏电池都会受到温度的影响，因此温度对最大功率点的影响是不能忽视的。如果光伏阵列的输出功率随温度的变化比较大，此时如果再采用恒电压控制的方法，就会产生比较大的损失。以单晶硅电池为例，当温度每升高1℃时，开路电压将会降低 0.4%～0.5%。对于一些早晚温差比较大的地区，温度将会对光伏阵列的输出产生很大的影响。在使用的过程中，必须采用人工干预的方法才能良好地运行。由于良好的稳定性和可靠性，目前这种方法在光伏系统中多被使用。

为了克服上述不足，可以通过改进这种方法，使用一种新的方法解决：①根据温度调节，提前将光伏阵列在不同温度下测出来的系统处于最大功率点的电压存储在控制器中，在运行的过程中，控制器根据实际的温度，自动选取合适的最大电压值；②通过手动调节的方式，在不同的季节调节不同的电压值，这种方法需要人工去维护，因此在实际的工程中，使用得较少。

(3) **电导增量（incremental conductance，IC）法**

该法是一种常用的方法，它是通过比较电导增量和瞬时电导来改变控制信号的。其控制流程如图 9-23 所示。

电导增量法的优点是：响应速度快，控制精确，适合用于环境大气变化比较快的场所；光照强度发生变化时，能够以稳定的方式跟踪它的变化，震荡比较小。

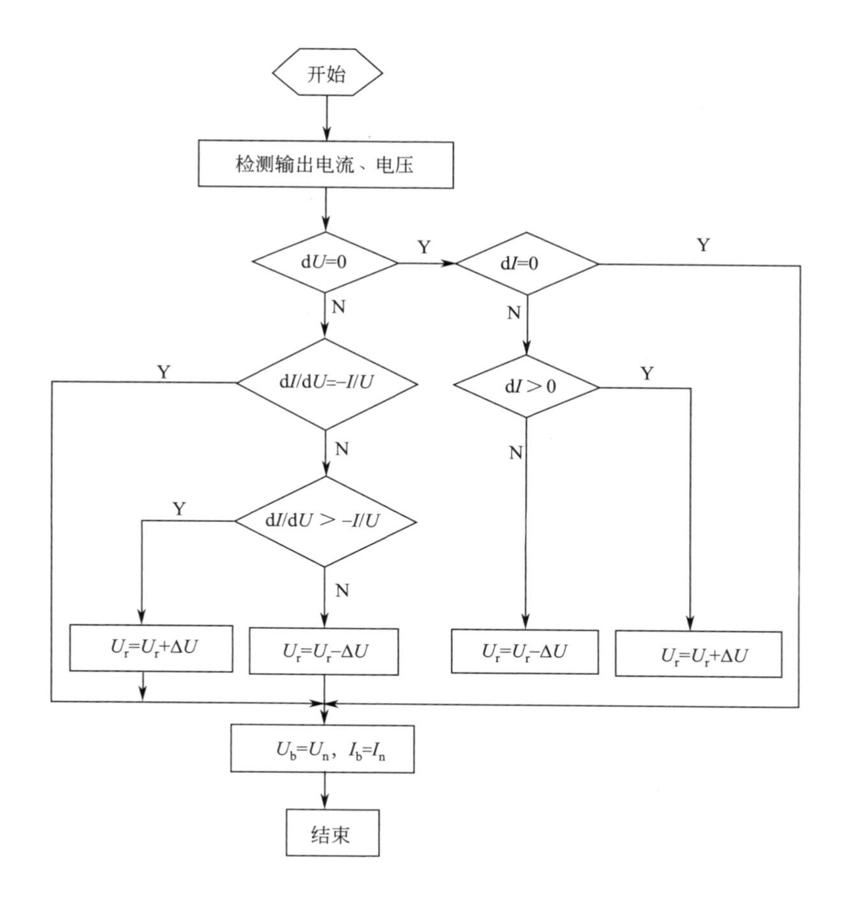

图 9-23 电导增量法控制流程图

9.4 并网发电系统

太阳能光伏并网发电系统（grin-connected system）又称为联网系统，是电力工业一个重要的组成部分，是当今太阳能光伏发电技术发展的主流。这种发电系统在欧洲国家、美国、日本等发达国家发展迅速，在中国尚处于示范阶段，与发达国家相比还有差距。

9.4.1 并网发电分类

按照发电系统的大小，并网发电系统可分为：大型并网发电系统和小型并网发电系统。大型并网发电系统所发电能直接被输送到电网，由电网统一调配供用户使用。这种系统控制和配电设备复杂，占地面积大，建设周期长，投资比较大，发电成本高（市电价格的 8～10 倍），因此发展缓慢；小型并网发电系统又被称为住宅并网光伏系统，主要是与建筑相结合的系统，投资小，容易建设，因此发展迅速，受到各国的青睐，成为并网发电系统发展的主流，特别是与建筑结合的住宅屋顶并网光伏系统。

根据住宅并网系统是否允许通过供电区向主电网回馈电，又可分为可逆流并网系统（如图 9-24）和不可逆流并网系统（如图 9-25）。可逆流并网系统产生的直流电，经过逆变器的作用后，转换成符合电网需要的交流电，直接供交流负载使用而多余的电力还能馈入电网，由于输电方向与电网供电方向相反，故称为逆流。当夜晚或者雨天的时候，发电系统没有足够的电能供给人们使用时，就依靠电网来供电。该系统能够同时使用电力系统的电和光伏阵列提供的电作为交流负载的电源，从而可以缓解整个系统缺电的情况。该系统一般是为光伏系统发电能力大于负载用电量，或系统发电时间同负载用电时间不相匹配而设计的。住宅并网系统由于输出的电量受天气和季节的制约，而用电又有时间的区分，为保证电力平衡，一般均设计为可逆流系统。不可逆流系统中光伏系统产生的电能不允许馈入电网，因此，该系统一般设计为光伏系统发电量等于或小于负载的用电量，光伏系统发电不足时由电网提供。对于不可逆流系统来说，即使光伏系统由于某种特殊原因产生剩余电能，也只能通过某种手段加以处理或放弃。

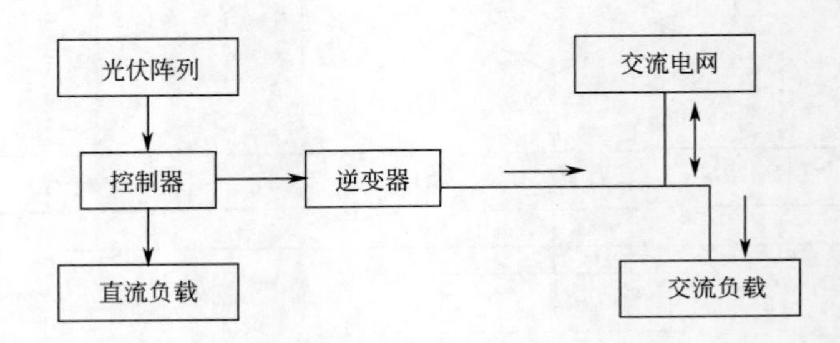

图 9-24　可逆流并网系统

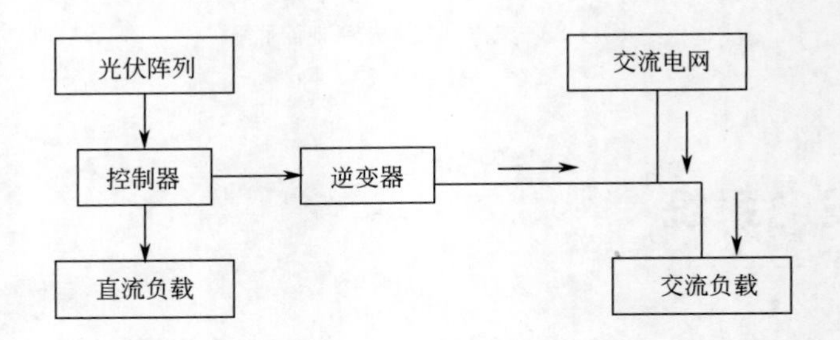

图 9-25　不可逆流并网系统

根据并网系统是否带有蓄电池等储能装置，可分为：带有蓄电池的并网系统和不带蓄电池的并网系统，又分别被称为“可调度式光伏并网发电系统”和“不可调度式光伏并网发电系统”，系统结构分别如图 9-26 和图 9-27 所示。

有储能装置的系统，首先要对蓄电池进行充电，然后再并网或者独立使用。由于该系统增加了储能环节，就会带来一些问题：蓄电池的寿命一般为 5 年，而光伏阵列稳定工作寿命为 25～30 年，这样就需要经常更换蓄电池，成本增加；该系统还需要增加充电装置，这样就会降低系统的稳定性，同时加大成本；蓄电池在系统中需要占用大量的空间，更换后的蓄电池还要做专门的处理，防止污染环境。由于这些问题的存在，目前大量使用的是无储能装置的系统。

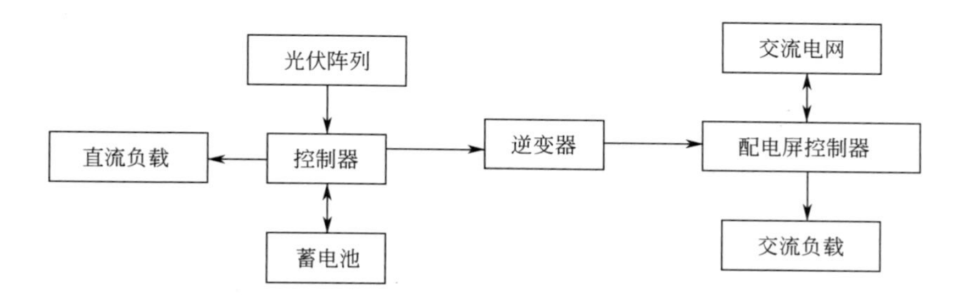

图 9-26　有蓄电池并网系统

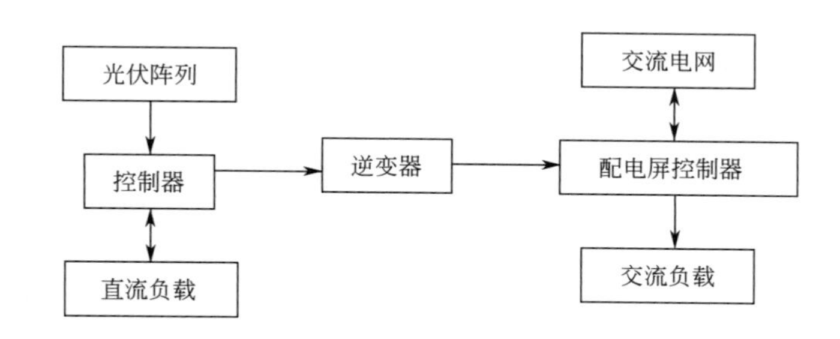

图 9-27　无蓄电池并网系统

无储能装置并网发电系统中，并网逆变器将光伏电池产生的直流电转换为与电网匹配（同频率、同相位）的交流电。在光伏系统发电充足的情况下，将超过系统自身负载需要的电能馈送给电网，当电网断电的特殊情况下光伏发电则停止与电网进行电能交互；而在自身发电不足的情况下，电网自动向负载补给电能。该系统的优点：没有蓄电池，从而省掉了对太阳能电池的充放电过程，减少了能量损耗，降低了成本；该系统可以并行使用市电，降低了负载的缺电率；并网系统可以对电网起到调峰作用；安装方便，稳定可靠，发电的集成度高。

因此，对于住宅并网发电系统，一般选择可逆流不带储能装置的光伏发电系统。

住宅并网光伏系统可设计为家庭系统和小区系统。家庭系统专为自家供电，由自家管理，独立计量电量，装机容量较小，一般为 1～5kW（峰瓦值）。小区系统则是为一个小区供电，统一管理，集中分表计量电量，装机容量相对大些，一般为 50～300kW（峰瓦值）。

9.4.2　并网发电优缺点

与独立太阳能光伏发电系统相比，并网发电系统具有的优点：

并网系统省略了蓄电池，降低了电池的能量损失，除了节省对电池的维护费用外，也不会出现因蓄电池而产生的环境污染问题，降低了系统的运行成本，提高了系统供电和运行的稳定性。

光伏电池能够一直在最大功率点处工作，所发出的电能全部由电网来接纳，因此提高了发电效率。同时，并网系统可以从国家电网取电，因此并网用户不用考虑供电质量和稳定性问题。

光伏组件与建筑结合，可以有效地降低对电网的供电需要，使建筑物更加美观、洁净，受到建筑师和公众的喜爱。

同时，光伏并网发电系统也存在一些问题：

光伏组件效率低、实际应用成本高。光伏组件是光伏发电的基本元件，主要分为晶体硅(单晶硅、多晶硅)、薄膜电池（非晶硅、砷化镓、碲化镉、铜铟硒)。总体而言，光伏电池发电效率不高：晶体硅电池的效率在18%左右；非晶硅电池的效率为10%左右，薄膜电池目前的效率仅在7%左右。晶体硅太阳能单体工作电压为0.4～0.5V，电流为20～25mA/cm^2，因此，15cm×15cm单体输出功率在1.8～2.8W范围内。因此，为了满足现代家庭用电负载的需求，需要大量的光伏电池进行串并形成阵列，而且众多的太阳能电池必然占用大量的面积，这些都会抬高太阳能发电成本。对于硅电池而言，硅电池制造过程中能源消耗是抬高其成本的一个原因。

气候环境影响大、区域性强。太阳能电池能源对太阳光能依赖性非常强，季节变化、早晚不同、天气变化都会影响光伏电池发电量，环境污染间接辐射增强会使发电量减少，脏差空气、粉尘也会影响太阳光的光线量等。虽然我国绝大部分地区都是太阳光能可利用区，但是不同地区太阳资源差别很大，在资源丰富区光伏电池才能发挥最好的效果。

并网发电系统是一种分散式的发电系统，将会对传统的供电系统产生影响，例如：孤岛效应、谐波污染等。

9.4.3 孤岛效应

当供电电网由于操作失误、电气出现故障、因某种原因停止供电或停电维修时，虽然输电线路已经被切断，但是太阳能并网发电系统不能立即检测出停电状态而将本身脱离当地市电网络，逆变器仍然在运行，仍然向周围的负载供电，从而形成一个电力公司无法控制的、由太阳能并网发电系统与本地的负载连接组成的、能够自给供能的、处于独立运行的状态称为孤岛现象，又被称为单独运行。

孤岛现象一旦产生，但是系统却未能检测出来，在这种状态运行时，将会产生一些严重的后果：处于孤岛状态中的电网输电线上仍然带电，会对检修人员的人身安全造成危害；无法控制孤岛状态中的频率和电压，会损坏用户的设备；对电网保护装置形成冲击；孤岛区域中的供电频率与电压将会不稳，传输电能质量也会受到影响；当电网恢复供电后会产生不同步的相位。

因此，太阳能光伏并网发电系统与市电相连接，作为电力系统的一部分，需要连入保护装置防止孤岛效应的发生，起到保护发电系统的目的；另外为了防止线路故障或功率失调，需要安装继电保护装置。在并网发电系统的保护装置中，最重要的一个设备是功率调节器。在功率调节器中，设置了并网保护装置，为了防止光伏逆变系统发生异常对电网产生不良影响，在输出和并网点之间还设置了一套备用保护装置。常用的保护功能有孤岛保护、过电流保护、过电压保护、高频率保护以及低频率保护等。

9.4.4 光伏建筑一体化

BIPV（building integrated photovoltaic）是世界能源组织于1986年提出，国内翻译为“光伏建筑一体化”。BIPV是指光伏系统与建筑物同时设计、同时施工和安装，并与建筑物形成完美结合的太阳能光伏发电系统，如图9-28所示。光伏系统作为建筑物外部结构的一部分，既具有发电功能，又具有建筑构件和建筑材料的功能，甚至还可以提升建筑物的美感，与建筑物形成完美的统一体。根据光伏电池与建筑的结合方式不同可分为“构件型”和“建材型”太阳能光伏建筑。建材型光伏建筑是指将太阳能电池与瓦、砖、卷材、玻璃等建筑材料复合在一起成为不可分割的建筑材料，如光伏瓦、光伏砖、光伏屋面卷材、光伏幕墙、光伏采光顶等。构件型光伏建筑是指与建筑构件组合在一起或独立成为建筑构件的光伏构件，如雨棚构件、遮阳构件、栏板构件等。

图 9-28　BIPV——光伏幕墙、光伏遮阳建筑

建筑物的外墙一般都采用涂料、马赛克等材料，为了美观有的甚至采用价格昂贵的玻璃幕墙等，其功能是起保护内部及装饰的作用。如果把屋顶、向阳外墙、遮阳板，甚至窗户等的材料用光伏器件来代替，既能作为建筑材料和装饰材料，又能发电，而且由于光伏阵列与建筑的结合不占用额外的地面空间，是光伏发电系统在城市中广泛应用的最佳安装方式，因而备受关注。虽然如此，但是这也对光伏器件提出了更高、更新的要求，要求光伏器件应具有建筑材料所要求的隔热保温、电气绝缘、防火阻燃、防水防潮、抗风耐雪、具有一定强度和刚度且不易破裂等性能，还应具有寿命与建材同步、安全可靠、美观大方、便于施工等特点。如果作为窗户材料，还要求有良好的透光性。

光伏建筑一体化系统的关键技术问题之一是设计良好的冷却通风，这是因为光伏组件的发电效率随其表面温度上升而下降。理论和试验证明，在光伏组件屋面设计空气通风通道，可使组件的电力输出提高 8.3%左右，组件的表面温度降低 15℃左右。此外，光伏建筑物之间的距离、树木对光伏系统的影响、光伏阵列的维护与清洁以及光伏系统的防雷保护等问题，也是光伏建筑一体化在设计中必须考虑的问题。

美国、日本、德国等发达国家的一些公司和高校，在政府的资助下，经过一些年的努力，研究开发了不少这类光伏器件与建筑材料集成化的产品，有的已经在工程上应用，有的在试验示范，并且还在进一步研究更新的产品。目前已经研发出的产品有双层玻璃大尺寸光伏幕墙，透明和半透明光伏组件，隔热隔音外墙光伏构件，光伏屋面瓦，大尺寸、无边框、双玻璃屋面光伏构件，面积可达 $2m^2$ 左右代替屋顶蒙皮的光伏构件，光伏电池不同颜色、不同形状、不同排列的构件，屋面和墙体柔性光伏构件等。

图 9-29 BAPV——坡屋面

BAPV 是不同于 BIPV 的设计概念。BAPV（building attached photovoltaic）指的是在建筑物上建造太阳能光伏发电系统的技术，也称为“安装型”太阳能光伏建筑（如图 9-29）。它的主要功能是发电，与建筑物功能不发生冲突，不破坏或削弱原有建筑物的功能。

BMPV（building mounted photovoltaic）是由中国可再生能源学会光伏专业委员会提出的，泛指安装在建筑物上的光伏发电系统，简称为 BMPV 或“建筑光伏”。因此，BMPV 包括 BIPV 和 BAPV 两种形式。

9.5 独立系统

图 9-30 为独立太阳能光伏发电系统示意图。独立系统（stand-alone system）又称为离网发电系统，它没有与公共电网连接，一般都需要有蓄电池，在零负载或低负载时，光伏组件的过剩电能为蓄电池充电，而在无光照或弱光照时，蓄电池放电以供应负载。充电控制器能对充/放过程进行管理以保证蓄电池的长寿命。在必需的时候，也要用逆变器将直流电转换为交流电。

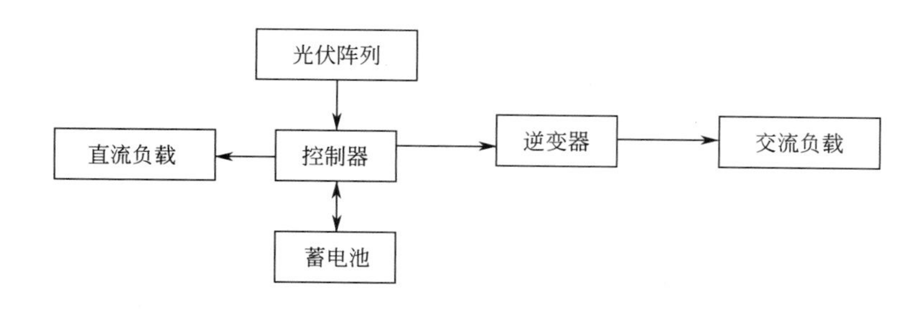

图 9-30 独立太阳能光伏发电系统示意图

为远离电网的偏僻地带或经常无人问津的特殊用电点，如山区、海岛、高原、荒漠等这些公共电网难以覆盖的地区提供生活用电，为内海航标与气象台等特殊场所提供电源。这种发电系统在我国已经有一定程度的发展，对于一些不通电地区人们的基本生活用电问题提供了保证。此外，独立系统的应用还包括通信基站、交通灯、水泵、节能灯、收音机、计算器、装饰品、娱乐产品等。

9.6 混合系统

混合系统（hybrid system）示意图如图 9-31 所示。在混合系统中，除了使用太阳能电池组件阵列外，还使用了其他发电设备作为备用电源。使用混合系统供电的目的就是为了综合利用各种发电技术的优点，避免各自的缺点。同时，混合系统供电解决了独立发电系统对天气的依赖性问题，在太阳能电池无法工作的阴雨天气里可以使用备用电源解决负载用电困难。该系统中普遍的备用电源为风力发电机或柴油发电机，光伏组件与水力发电机结合的混合系统是两种清洁能源组合的开发新模式。

风光混合系统更多用在北纬地区，夏天阳光充足，由太阳能电池组件供电，冬季光照减弱而风力充足，则由风力涡轮机供电。在这种系统中，两个控制器分别控制太阳能电池组件和风力发电机的系统更为普遍。在风能潜力很大的海岸或丘陵地区，风光混合系统也得到了较多的应用。

偏远无电地区的通信电源和民航导航设备电源都采用混合系统供电。由于该领域的重要

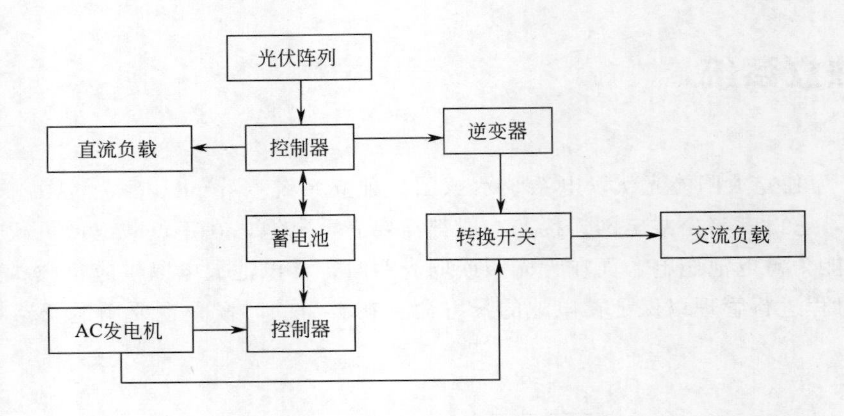

图 9-31　混合型发电系统示意图

性，需要保证绝对稳定的供电，因此都采用混合系统供电，以求达到最好的性价比。我国新疆、云南建设的很多乡村光伏电站就是采用光柴混合系统。

我国已经建成的小型水力电站约有 45000 座，这些小水电站很多处在欠发达的偏远地区，很多水电站不与国家电网联网，在枯水期严重缺电，甚至在冬天冰冻期完全无电，比如青海、新疆存在很多这样的小型水电站。然而，青海处在太阳光伏能源丰富区，可利用水光互补增加供电容量，解决当地日益增长的用电需求。2013 年 10 月，青海龙羊峡水光互补 320MW 并网发电系统是全球最大的水光互补发电系统，安装电池组件约 136 万片（单晶、多晶多种规格），阵列行间距近 7m，固定倾角 39°，占地 9.16 平方公里，年均上网电量约 4.83 亿千瓦时，如图 9-32 所示。2011 年 12 月，青海玉树建成 2MW 水光互补微网发电系统，该系统包括 8700 多块光伏组件、8200 多块蓄电池，年发电量约 300kW·h。2013 年 12 月，新疆新华波波娜 20WM 水光互补并网发电站投入使用，该电站使用多晶硅电池组件 86940 块，占地面积 0.484 平方公里，年均上网电量月 2700kW·h。

图 9-32　青海龙羊峡水光互补 320MW 光伏阵列

混合系统的优点是：

① 有利于太阳光能充分利用。对于独立发电系统而言，太阳能电池容量设计一般按照

最差情况设计，即满足最长阴雨天负载需求。由于独立发电系统这种设计基础，所以在其他时间，系统发电量大，产生多余的能量没法使用而白白浪费，导致整个独立系统的性能下降。

② 提高系统用电稳定性。由于太阳能电池发电系统依赖于太阳光能的强弱，所以不可避免会出现光伏供电不够稳定或缺电情况发生，甚至于对于特殊原因可能导致长时间断电发生，比如，太阳能电池发电系统维护或者损坏维修等。在上述情况下，都会导致负载无法正常工作，而对于混合发电系统，则能够及时补充断电问题，大大降低负载缺电率。

③ 与单用柴油发电机系统相比，具有需要较少的维护和使用较少的燃料的优点。

④ 较高的燃油效率。在低负荷情况下，柴油机的燃油利用率很低，会造成燃油的浪费。在混合系统中可以进行综合控制，使得柴油机在额定功率附近工作，从而提高燃油效率。

⑤ 负载匹配更佳的优点。使用混合系统之后，因为柴油发电机可以及时提供较大的功率，所以混合系统可以适用于范围更加广泛的负载系统，例如可以使用较大的交流负载、冲击载荷等。混合系统还可以更好地匹配负载和系统的发电，只要在负载的高峰时期打开备用电源即可。有时候，负载的大小决定了需要使用混合系统，大的负载需要很大的电流和很高的电压。如果只是使用太阳能电池则成本就会很高。

但混合发电系统也有其自身的不足：

① 控制比较复杂。因为使用了多种能源，所以系统需要监控每种能源的工作情况，处理各个子能源系统之间的相互影响，协调整个系统的运作，这样就导致其控制系统比独立系统要复杂，现在多使用微处理芯片进行系统管理。

② 初期工程量较大。混合系统的设计、安装、施工工程都比独立工程要大。

③ 维护工作量大。柴油机的使用需要很多的维护工作，比如更换机油滤清器、燃油滤清器、火花塞等，还需要给油箱添加燃油等。

④ 污染和噪声。光伏系统是无污染、无噪声的清洁系统，但是混合系统燃油机的使用不可避免地会产生一定的噪声和污染。

9.7 太阳能光伏发电系统设计

光伏系统的设计包括两个方面：容量设计和硬件设计。

光伏系统容量设计的主要目的就是要计算出系统在全年内能够可靠工作所需的太阳能电池组件和蓄电池的数量，同时要注意协调系统工作的最大可靠性和系统成本两者之间的关系，在满足系统工作的最大可靠性基础上尽量地减少系统成本。光伏系统硬件设计的主要目的是根据实际情况选择合适的硬件设备，主要包括太阳能电池组件的选型、支架设计、逆变器的选择、电缆的选择、控制测量系统的设计、防雷设计和配电系统设计等。在进行系统设计的时候需要综合考虑系统的软件和硬件两个方面。本书主要分析太阳能光伏系统容量设计。

针对不同类型的光伏系统，软件设计的内容也不一样，针对独立系统、并网系统和混合系统的设计方法和考虑重点都会有所不同。

在进行光伏系统的设计之前，需要了解并获取一些进行计算和选择必需的基本数据：光伏系统现场的地理位置，包括地点、纬度、经度和海拔；该地区的气象资料，包括逐月的太阳能总辐射量、直接辐射量以及散射辐射量，年平均气温和最高、最低气温，最长连续阴雨天数，最大风速以及冰雹、降雪等特殊气象情况等。

9.7.1 独立系统容量设计

(1) 蓄电池容量设计

蓄电池的容量设计要求对于确定的安装地点一年内连续太阳辐射最差的时间内负载仍然可以正常工作，即依靠蓄电池供电可以满足的最长时间。为了避免蓄电池的损坏，蓄电池放电过程只能够允许持续一定的时间，直到蓄电池的荷电状态到达指定的最大放电深度(depth of discharge，DOD)。

在进行蓄电池设计时，系统在没有任何外来能源的情况下负载仍能正常工作的天数被称为“自给天数”。一般来讲，自给天数的确定与两个因素有关：负载对电源的要求程度，以及光伏系统安装地点的气象条件即最大连续阴雨天数。通常可以将光伏系统安装地点的最大连续阴雨天数作为系统设计中使用的自给天数，但还要综合考虑负载对电源的要求。对于负载对电源要求不是很严格的光伏应用系统，在设计中通常取自给天数为 3～5d；对于负载要求很严格的光伏应用系统，在设计中通常取自给天数为 7～14d。所谓负载要求不严格的系统通常是指用户可以稍微调节一下负载需求从而适应恶劣天气带来的不便，而严格系统指的是用电负载比较重要的系统，例如通信、导航或者重要的健康设施如医院、诊所等用电系统。此外还要考虑光伏系统的安装地点，如果在很偏远的地区，必须设计较大的蓄电池容量，因为维护人员要到达现场需要花费很长时间。

光伏系统中使用的蓄电池有镍氢电池、镍镉电池和铅酸蓄电池，但是在较大的系统中考虑到技术成熟性和成本等因素，通常使用铅酸蓄电池。

蓄电池容量设计需要的几个参数是自给天数，蓄电池放电深度、标称电压，负载耗电量，系统直流电压。蓄电池容量设计公式如下：

$$\text{蓄电池容量(A·h)}=\frac{\text{负载耗电量(kW·h)}}{\text{系统直流电压(V)}}\times\frac{\text{自给天数}}{\text{逆变效率}\times\text{放电深度}} \tag{9-4}$$

$$\text{蓄电池容量串联数}=\frac{\text{负载标称电压}}{\text{蓄电池标称电压}} \tag{9-5}$$

$$\text{蓄电池容量并联数}=\frac{\text{蓄电池设计容量}}{\text{蓄电池单体容量}} \tag{9-6}$$

举例：光伏系统交流负载耗电量为 10kW·h/d，逆变器效率为 90%，输入电压为 24V，选用 2V、400A·h、80%深放电单体蓄电池，自给天数为 4d。

$$\text{蓄电池容量（A·h）}=\frac{10000}{24}\times 4\div 90\%\div 80\%=2314.82\text{（A·h）}$$

$$\text{蓄电池容量串联数}=\frac{24}{2}=12$$

$$\text{蓄电池容量并联数}=\frac{2314.82}{400}=5.79\text{，取 }6$$

因此，该系统需要的蓄电池容量：12 个串联、6 个并联，共 72 个。

以上蓄电池容量设计没有考虑到放电率、温度等对电池的影响，精确地设计需要对上述公式进行修正。

蓄电池的容量随着放电率的改变而改变，随着放电率的降低，蓄电池的容量会相应增加。通常，生产厂家提供的蓄电池额定容量是10h放电率下的蓄电池容量。但是在光伏系统中，因为蓄电池中存储的能量主要是为了自给天数中的负载需要，蓄电池放电通常较慢，光伏供电系统中蓄电池典型的放电率为100～200h。

在设计时要用到在蓄电池技术中常用的平均放电率的概念，计算公式如下：

$$平均放电率(h)=\frac{自给天数}{放电深度}\times 负载工作时间 \tag{9-7}$$

上式中，对于多负载系统，负载工作时间采用加权平均负载时间计算：

$$加权平均负载工作时间(h)=\frac{\sum 负载功率\times 负载工作时间}{\sum 负载功率} \tag{9-8}$$

根据上两式就可以算出光伏系统的实际平均放电率，然后根据蓄电池生产商提供的该型号蓄电池在不同放电率下的蓄电池容量进行蓄电池容量设计。如果在没有详细的有关容量-放电速率的资料的情况下，可以粗略的估计，在慢放电（C/100 ～ C/300）的情况下，蓄电池的容量要比标准状态多30%。

蓄电池的容量会随着蓄电池温度的变化而变化，当蓄电池温度下降时，蓄电池的容量会下降。通常，铅酸蓄电池的容量是在25℃时标定的，在0℃时的容量大约下降到额定容量的90%，而在−20℃的时候大约下降到额定容量的80%，因此必须考虑蓄电池的环境温度对其容量的影响。

蓄电池生产商一般会提供相关的蓄电池温度-容量修正曲线。在该曲线上可以查到对应温度的蓄电池容量修正系数，除以蓄电池容量修正系数就能对上述的蓄电池容量初步计算结果加以修正。图9-33是一个典型的温度-放电率-容量变化曲线。

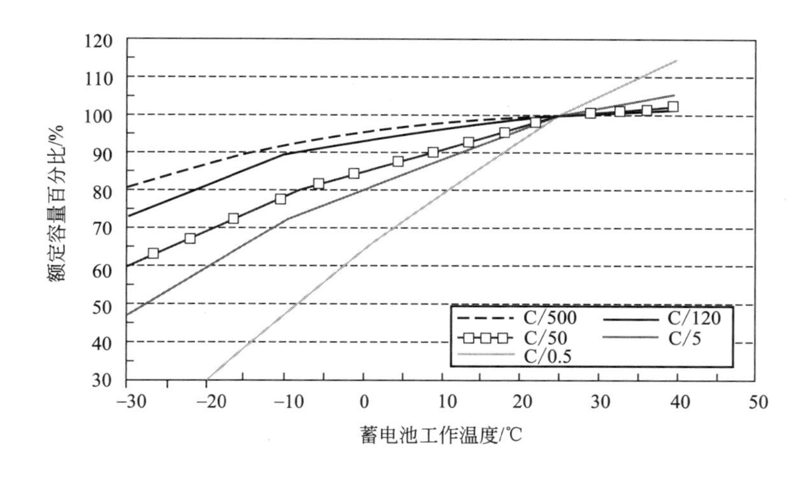

图9-33　蓄电池环境温度-放电率-容量关系曲线

在蓄电池容量设计中还必须要考虑的一个因素就是修正蓄电池的最大放电深度以防止蓄电池在低温下凝固失效，造成蓄电池的永久损坏。铅酸蓄电池中的电解液在低温下可能会凝固，随着蓄电池的放电，蓄电池中不断生成的水稀释电解液，导致蓄电池电解液的凝结点不断上升，直到达到纯水凝固点的0℃。在寒冷的气候条件下，如果蓄电池放电过多，随着电解液凝结点的上升，电解液就可能凝结，从而损坏蓄电池。一般而言，浅循环蓄电池的最大允许放电深度为 50%，即使系统中使用的是深循环工业用蓄电池，其最大的放电深度也不要超过 80%。图 9-34 给出了一般铅酸蓄电池的最大放电深度和蓄电池温度的关系，系统设计时可以参考该图得到所需的调整因子。

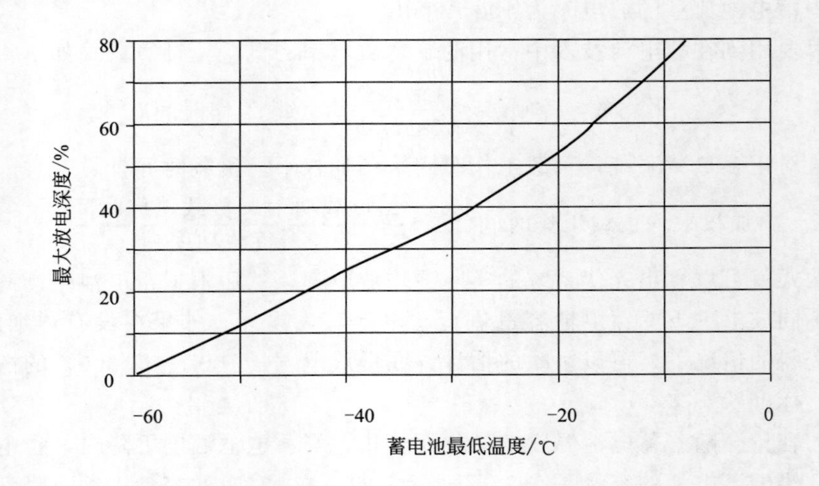

图 9-34　蓄电池环境温度下最大放电深度曲线

考虑到以上所有的计算修正因子，得到如下蓄电池容量的最终计算公式：

$$\text{蓄电池容量(@指定放电率)}=\frac{\text{平均负载}}{\text{系统直流电压}}\times\frac{\text{自给天数}}{\text{逆变器效率}\times\text{放电深度修正值}\times\text{温度修正因子}} \tag{9-9}$$

举例：一光伏发电系统有 2 个负载：工作电流 5A、10h 和 8A、5h。该系统所处温度平均－20℃，自给天数为 3d，使用深循环 80%DOD 蓄电池。

$$\text{加权平均负载工作时间(h)}=\frac{5\times10+8\times5}{5+8}=10.77\text{(h)}$$

$$\text{平均放电率}=\frac{3}{50\%}\times10.77=64.62\text{ 小时率}$$

式中，50%为 80%深循环蓄电池在－20℃的放电深度修正值。

与上式计算所得平均放电率 64 小时率最接近的放电率为 50 小时率（如计算值在两放电率之间，选择较快的放电比较保守可靠），故选择该放电率下数据进行温度系数修正。通过对比图 9-33 可以看到 50 小时率放电条件在－20℃对应的温度修正系数为 0.7。

$$\text{蓄电池容量@50}=(5\times10+8\times5)\times\frac{3}{50\%\times0.7}=771.4\text{(A·h@50)}$$

根据供应商提供的蓄电池参数表，我们可以选择合适的蓄电池进行串、并联，构成所需的蓄电池组。理论上来说，通过多个单体蓄电池的串、并联总是可以满足设计容量要求，因此，单体蓄电池有多种选择。比如，设计蓄电池容量为 400A·h，可以选择一个 400A·h单体，也可以是 2 个 200A·h单体并联，还可以是 4 个 100A·h，甚至更多个单体并联。但是，在实际应用当中，为了尽量减少蓄电池之间充放电时不平衡所造成的影响，要尽量减少并联数目，尽可能选择大容量的蓄电池。一般来讲，建议并联的数目不要超过 4 组。

目前，很多光伏系统采用的是两组并联模式。这样，如果有一组蓄电池出现故障，不能正常工作，就可以将该组蓄电池断开进行维修，而使用另外一组正常的蓄电池，虽然电流有所下降，但系统还能保持在标称电压正常工作。总之，蓄电池组的并联设计需要考虑不同的实际情况，根据不同的需要作出不同的选择。

(2) 光伏组件设计

太阳能电池组件设计的基本思想就是满足年平均日负载的用电需求。计算太阳能电池组件的基本方法是用负载平均每天所需要的能量（A・h）除以一块太阳能电池组件在一天中可以产生的能量（A・h），这样就可以算出系统需要并联的太阳能电池组件数。考虑电池组件衰减因子及蓄电池库仑效率后，太阳能电池组件并联数计算公式如式（9-10）所示。系统的标称电压除以太阳能电池组件的标称电压，就可以得到太阳能电池组件需要串联的太阳能电池组件数，如式（9-11）所示。

$$\text{电池组件并联数}=\frac{\text{日平均负载}(\mathrm{A\cdot h})}{\text{库仑效率}\times[\text{组建日输出}(\mathrm{A\cdot h})\times\text{衰减因子}]} \tag{9-10}$$

$$\text{电池组件串联数}=\frac{\text{系统电压}(\mathrm{V})}{\text{组件电压}(\mathrm{V})} \tag{9-11}$$

① 衰减因子。在实际情况工作下，太阳能电池组件的输出会受到外在环境的影响而降低。泥土、灰尘的覆盖和组件性能的慢慢衰变都会降低太阳能电池组件的输出，另外光伏供电系统的运行还依赖于天气状况，所以有必要对这些因素进行评估和技术估计，因此设计上留有一定的余量将使得系统可以年复一年地长期正常使用。通常的做法就是在计算的时候减少太阳能电池组件输出的 10%来解决上述的不可预知和不可量化的因素，在工程设计上该 10%被称为光伏系统设计的安全系数。

② 库仑效率。在蓄电池的充放电过程中，铅酸蓄电池会电解水，产生气体逸出，也就是说在太阳能电池组件产生的电流中将有一部分不能转化储存起来而是被耗散掉。所以可以认为必须有一小部分电流用来补偿损失，通常用蓄电池的库仑效率来评估这种电流损失。不同的蓄电池其库仑效率不同，损失一般为 5%～10%，所以保守设计中有必要将太阳能电池组件的功率增加 10%以抵消蓄电池的耗散损失。

举例：一独立光伏供电系统，为典型的 75W（最佳功率点电流输出为 4.4A）太阳能电池组件，倾角为 30°，平均日辐照量为 $3.0\mathrm{kW\cdot h/m^2}$，负载为直流，电压为 24V，输出为 400A・h/d，假设衰减因子、库仑效率均为 0.9。

$$\text{峰值小时数}=\frac{3.0\mathrm{kW\cdot h/m^2\cdot d}}{1000\mathrm{W/m^2}}=3.0\mathrm{h/d}$$

$$\text{电池组件日输出}=3.0\mathrm{h/d}\times4.4\mathrm{A}=13.2\mathrm{A\cdot h/d}$$

$$\text{电池组件并联数}=\frac{400\mathrm{A\cdot h}}{0.9\times(13.2\mathrm{A\cdot h}\times0.9)}=37.4\text{，取 }38$$

$$\text{电池组件串联数}=\frac{24(\mathrm{V})}{12(\mathrm{V})}=2$$

9.7.2 混合系统设计

对于混合系统，因为有备用能源，蓄电池通常会比较小，自给天数一般为 2～3d。当蓄电池的电量下降时，系统可以启动备用能源如柴油发电机给蓄电池充电。在独立系统中，蓄电池是作为能量的储备，该能量储备必须能随时满足天气情况不好时的能量需求。而在混合系统中，蓄电池的作用稍稍有所不同。它的作用是使得系统可以协调控制每种能源的利用。通过蓄电池的储能，系统在充分利用太阳能的同时，还可以控制发电机在最适宜的情况下工作。好的混合系统设计必须在经济性和可靠性方面把握好平衡。

除此之外，混合系统设计还要考虑发电机和蓄电池充电控制匹配、发电机与太阳能电池组件能量贡献等问题。理论上，可以选择发电机的功率为系统负载的75%～90%。这样就可以有比较低的系统维护成本和较高的系统燃油经济性。太阳能电池组件的能量贡献则应该在总负载需求的25%～75%之间，系统的初始成本和维护成本就会比较低。在确定了燃油发电机发电与太阳能电池组件能量贡献的分配之后，就可以根据负载每年的耗电量，计算出太阳能电池组件的年度供电量和燃油发电机的年度供电量，由太阳能电池组件的年度供电量就可以计算出需要的太阳能电池组件容量，由发电机的年度供电量可以计算出每年的工作时间，从而估算燃油发电机的维护成本和燃油消耗。

9.7.3 并网系统设计

对于纯并网光伏系统，系统中没有使用蓄电池，太阳能电池组件产生的电能直接并入电网，系统直接给电网提供电力。系统采用的并网逆变器是单向逆变器。因此系统不存在太阳能电池组件和蓄电池容量的设计问题。光伏系统的规模取决于投资大小。

目前很多的并网系统采用具有 UPS（uninterruptible power supply）功能的并网光伏系统，这种系统使用了蓄电池，所以在停电的时候，可以利用蓄电池给负载供电，还可以减少停电造成的对电网的冲击。蓄电池只是在电网故障的时候供电，因此系统蓄电池的容量可以选择比较小的，考虑到实际电网的供电可靠性，蓄电池的自给天数可以选择1～2d；该系统通常使用双向逆变器处于并行工作模式。

除了上述系统外，还有并网光伏混合系统。它不仅使用太阳能光伏发电，还使用其他能源形式，比如风力发电、柴油机发电、水力发电等。这样可以进一步地提高负载保障率。系统是否使用蓄电池，要根据实际情况而定。太阳能电池组件的容量同样取决于投资规模。

9.7.4 光伏组件倾角

在光伏供电系统的设计中，光伏组件的放置形式和放置角度对光伏系统接收到的太阳辐射有很大的影响，从而影响光伏供电系统的发电能力。光伏组件的放置形式有固定安装式和自动跟踪式两种形式。

与光伏组件放置相关的两个角度参量：太阳能电池组件倾角、太阳能电池组件方位角。太阳能电池组件倾角是太阳能电池组件平面与水平地面的夹角，光伏组件的方位角是组件的垂直面与正南方向的夹角（向东偏设定为负角度，向西偏设定为正角度）。一般在北半球，太阳能电池组件朝向正南（即方阵垂直面与正南的夹角为0°）时，太阳能电池组件的发电量是最大的。

对于固定式光伏系统，一旦安装完成，太阳能电池组件倾角和太阳能电池组件方位角就无法改变。而安装了跟踪装置的太阳能光伏供电系统，光伏组件方阵可以随着太阳的运行而跟踪移动，使太阳能电池组件一直朝向太阳，增加了光伏组件方阵接收的太阳辐射量。但是由于跟踪装置比较复杂，初始成本和维护成本较高，安装跟踪装置获得额外的太阳能辐射产生的效益无法抵消安装该系统所需要的成本等原因，目前太阳能光伏供电系统中使用跟踪装置的相对较少。

下面主要讨论固定安装的光伏系统最佳倾角的设置问题。

最佳倾角的概念对于不同的光伏发电系统意义是不一样的。在独立发电系统中，由于受蓄电池荷电状态的限制，一般要求最佳倾角能使冬天和夏天太阳能辐照量差异尽可能小，而全年总辐照量尽可能大。如果选择当地纬度为最佳倾角，则在夏季太阳能电池组件发电远大于蓄电池容量而造成浪费，相反，冬季蓄电池不能充分充电而使蓄电池处于欠充电状态；同样，以冬季太阳辐照量为依据则会导致夏季太阳辐照量减少，造成全年太阳辐照总量偏小，太阳辐照能利用率降低。

对于混合发电系统，由于冬季可采用柴油机等形式给蓄电池充电，因此不用考虑冬季蓄电池欠充电问题，所以混合系统最佳倾角的确定与独立发电系统有所不同。混合系统电池组件最佳倾角一般设置为当地纬度，这样可以使太阳能电池组件全年获得最大的太阳辐照量。但是，混合系统需要考虑的一个问题是夏季发电的充分利用问题。由于混合系统储能单元蓄电池容量一般较小，因此对于光伏能量贡献占比较大比例的光伏系统就有可能在太阳辐照较强的夏季光伏发电无法完全进行存储，造成浪费，导致能源利用率降低，影响系统经济性。所以，在混合系统设计中应将太阳辐照最好的月份太阳能贡献率控制在 90%左右。

对于并网发电系统就是要求太阳能电池全年接收到的太阳辐照量最大，产生最多的电能输出，因此，理论上太阳能电池组件倾角设置为当地纬度。但是考虑到并网发电形式多样性，倾角要根据实际情况、安装地点的限制确定，比如 BIPV 工程。

最佳倾角的确定首先要求利用水平面上太阳辐照数据选择合适的数学模型（Klein 等）计算出太阳能电池方阵面上接收到的太阳辐射。由于计算过程非常复杂，只能根据数学模型编制计算机程序进行计算。表 9-2 为计算机计算，步长为 1°，我国大部分城市独立系统最佳辐射倾角。如果不使用计算机进行倾角优化设计，也可以根据当地纬度进行粗略的估算，如表 9-3 所示。

表 9-2 独立系统最佳太阳能电池倾角

城市	纬度 ϕ/(°)	最佳倾角	城市	纬度 ϕ/(°)	最佳倾角
哈尔滨	45.63	$\phi+3°$	合肥	31.85	$\phi+9°$
长春	43.90	$\phi+1°$	杭州	30.23	$\phi+3°$
沈阳	41.77	$\phi+1°$	南昌	28.67	$\phi+2°$
北京	39.80	$\phi+4°$	福州	26.08	$\phi+4°$
天津	39.10	$\phi+5°$	成都	30.67	$\phi+2°$
上海	31.17	$\phi+3°$	郑州	34.72	$\phi+7°$
南京	32.00	$\phi+5°$	武汉	30.63	$\phi+7°$

续表

城市	纬度 ϕ/(°)	最佳倾角	城市	纬度 ϕ/(°)	最佳倾角
太原	37.78	$\phi+5°$	长沙	28.20	$\phi+6°$
济南	36.68	$\phi+6°$	广州	23.13	$\phi-7°$
兰州	36.05	$\phi+1°$	海口	20.03	$\phi+12°$
西宁	36.75	$\phi+1°$	南宁	22.82	$\phi+5°$
西安	34.30	$\phi+14°$	昆明	25.02	$\phi-8°$
银川	38.48	$\phi+2°$	贵阳	26.58	$\phi+8°$
乌鲁木齐	43.78	$\phi+12°$	拉萨	29.70	$\phi-8°$
呼和浩特	40.78	$\phi+3°$			

表 9-3　独立系统最佳倾角估算方法

纬度 ϕ/(°)	太阳能电池组件倾角
0～25	ϕ
26～40	$\phi+(5°\sim10°)$
41～55	$\phi+(0°\sim15°)$
＞55	$\phi+(15°\sim20°)$

9.7.5　太阳能电池方阵间距

当光伏电站功率较大时，需要前后排布太阳能电池方阵。当太阳能电池方阵附近有高大建筑物或树木时，需要计算建筑物或前排方阵的阴影，以确定方阵间的距离或太阳能电池方阵与建筑物的距离。一般的确定原则为冬至当天 9:00 至 15:00，太阳能电池方阵不应被遮挡。

图 9-35 为太阳能电池方阵前后间距的计算示意图。太阳能电池方阵间距为 D，可以从下面 4 公式中求得：

$$D=L\cos\beta \quad L=H/\tan\partial \quad \partial=\arcsin(\sin\phi\sin\xi+\cos\phi\cos\xi\cos\omega) \quad \beta=\arcsin(\cos\xi\sin\omega/\cos\partial)$$

首先计算冬至日上午 9:00 太阳高度角和太阳方位角。冬至日的赤纬角 ξ 是 $-23.45°$，上午 9:00 时的时角 ω 是 $45°$，于是有：

$$\partial=\arcsin(0.648\cos\phi-0.399\sin\phi) \quad \beta=\arcsin(0.917\times0.707/\cos\partial)$$

求出太阳高度角 ∂ 和太阳方位角后，即可求出太阳光在方阵后面的投影长度 L，再将 L 折算到前后两排方阵之间的垂直距离 D：

$$D=L\cos\beta=H\cos\beta/\tan\partial$$

以徐州为例，计算光伏电池方阵间距：

徐州纬度 $\phi=34.2°$，太阳能电池方阵高 2m，则太阳能电池方阵的间距为（取 $\xi=-23.45°$，$\omega=45°$）：

$\partial=\arcsin(0.648\cos\phi-0.399\sin\phi)=\arcsin(0.536-0.224)=18.18°\beta=\arcsin(0.917\times$

$0.707/\cos\partial) = \arcsin(0.917 \times 0.707/0.97) = 43.0° D = L\cos\beta = H\cos\beta/\tan\partial = 2 \times 0.731/0.328 = 4.46\text{m}$

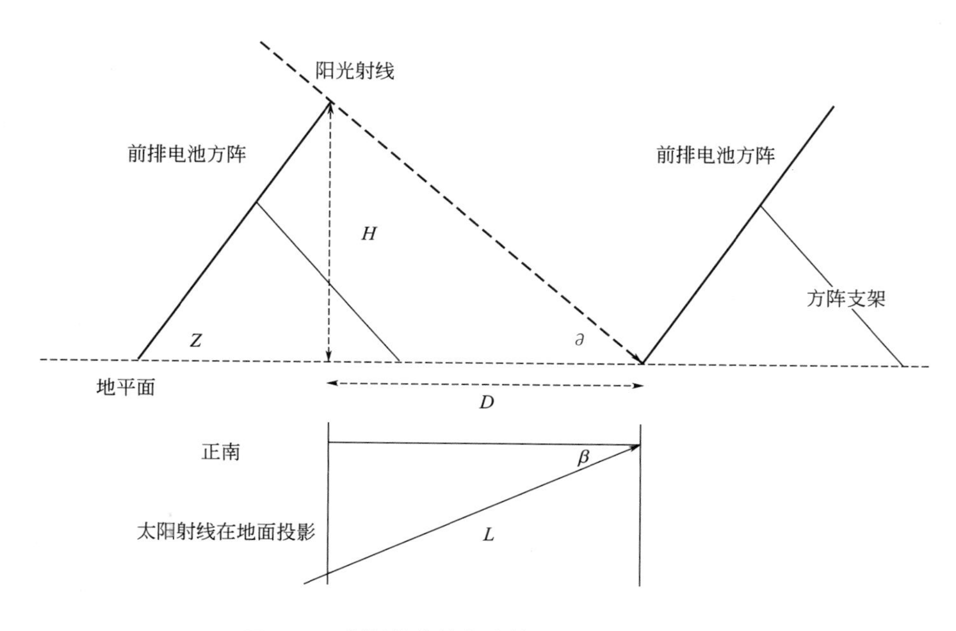

图 9-35　太阳能电池方阵前后间距计算示意图

参考文献

[1] 石秉仁．磁约束聚变原理与实践[M].北京：原子能出版社，1999.

[2] Chapin D M, Fuller C S, Pearson G L. A new silicon p-n junction photocell for converting solar radiation into electrical power[J].Journal of Apply Physics, 1954, 8: 676.

[3] 王长贵，王斯成．太阳能光伏发电实用技术[M].2 版．北京：化学工业出版社，2009.

[4] 刘寄声．太阳能加工技术问答[M].北京：化学工业出版社，2010.

[5] Martin A. Green. 硅太阳能电池高级原理与实践[M].狄大卫，欧阳子，韩见殊等译．上海：上海交通大学出版社，2011.

[6] 康伟超，王丽．硅材料检测技术[M].北京：化学工业出版社，2009.

[7] 尹建华，李志伟．半导体硅材料基础[M].北京：化学工业出版社，2009.

[8] 邓丰，唐正林．多晶硅生产技术[M].北京：化学工业出版社，2009.

[9] 郭景杰，黄锋，陈瑞润，等．太阳能电池用多晶硅铸造技术研究进展[J].特种铸造及有色合金，2008, 28（7）：516-522.

[10] 黄有志，王丽．直拉单晶硅工艺技术[M].北京：化学工业出版社，2009.

[11] 王瑶．单晶硅太阳能电池生产工艺的研究[D].长沙：湖南大学，2013.

[12] （德）彼得·乌夫尔．太阳能电池——从原理到新概念[M].陈红雨，匡代彬，郭长娟，译．北京：化学工业出版社，2009.

[13] 熊绍珍，朱美芳．太阳能电池基础与应用[M].北京：科学出版社，2009.

[14] 高鹏．单晶硅太阳电池丝网印刷烧结工艺研究[D].厦门：厦门大学精密仪器及机械专业，2009.

[15] 章曙东．晶体硅太阳能电池表面钝化研究[D].无锡：江南大学检测技术与自动化装置专业，2007.

[16] 滨川圭弘．10 太阳能光伏电池及其应用[M].张红梅，崔晓华，译．北京：科学出版社，2008.

[17] 郭贝．太阳电池上氮化硅减反射膜性能研究[D].天津：河北工业大学，2008.

[18] 张广英．氮化硅薄膜制备及其相关特性研究[D].大连：大连理工大学，2009.

[19] 沈辉，曾祖勤．太阳能光伏发电技术[M].北京：化学工业出版社，2005.

[20] 刘志刚．多晶硅太阳电池新腐蚀液的研究及其应用[D].上海：上海交通大学，2006.

[21] Armin G. Overview on SiN surface passivation of crystalline silicon solar cells[J].Solar Energy Materials & Solar cells, 2001, 239.

[22] Uerinckx F D, Szlufcik J, Ziebakowski A, et al. Simple and efficience screen printing process formulticrystalline silicon solar cells based on firing through silicon nitride[C].14th European photovoltaic solar energy conference, 1997, 792.

[23] Grieco M J. Silicon nitride thin films from $SiCl_4$ plus NH_3 perparation and properties. [J].Journal of Electrochemical Society 1986, 115(5): 525.

[24] Juang C. Properties of very low temperature plasma deposited silicon nitride films. [J].Journal of Vacuum Science & Technology 1992, B10(3): 1221.

[25] Babini G. N. Characterization of hot-pressed silicon nitride based materials by micro hardness measurements[J]. Journal of Meterials Science 1987, 1687.

[26] 杨金焕，于化丛，葛亮．太阳能光伏发电应用技术[M].北京：电子工业出版社，2009.

[27] 梁宗存，沈辉，史珺，等．多晶硅与硅片生产技术[M].北京：化学工业出版社，2014.

[28] 崔容强，赵春江，吴达成．并网型太阳能光伏发电系统[M].北京：化学工业出版社，2008.

[29] 王光伟，杨旭，葛颖，等．太阳能光化学利用方式及应用评述[J].半导体光电，2015（2），36（1）：1-5.

[30] 刘淑萍，贺珍俊．多晶硅及硅片少子寿命的检测与分析[J].内蒙古石油化工，2013（6）：74-76.

附录

附录一　硅的部分特征@300K

禁带宽度　$E_g=1.12\text{eV}$

导带有效态密度　$N_C=3\times10^{25}\text{m}^{-3}$

本征浓度　$n_i=p_i=1.5\times10^{19}\text{m}^{-3}$

相对介电常数　$\varepsilon_r=11.8$

折射率　$n_{Si}=3.5(\lambda=1.1\mu\text{m})$

电子迁移率　$\mu_e\leqslant1350\text{cm}^2/(\text{V}\cdot\text{s})$

空穴迁移率　$\mu_p\leqslant480\text{cm}^2/(\text{V}\cdot\text{s})$

电子扩散系数　$D_e=0.02586\mu_e$

空穴扩散系数　$D_h=0.02586\mu_h$

电阻率　$\rho=2.52\times10^{-2}\Omega\cdot\text{cm}$

密度　$\rho=2.33\text{g/cm}^3$

附录二　常用物理常数

电子电荷　$q=1.602\times10^{-19}\text{C}$

电子静止质量　$m_{e0}=9.108\times10^{-28}\text{g}$

真空中光速　$c=2.998\times10^8\text{m/s}$

自由空间介电常数　$\varepsilon_0=8.854\times10^{-14}\text{F/cm}$

普朗克常数　$h=6.625\times10^{-34}\text{J}\cdot\text{s}$

玻尔兹曼常数　$k=1.380\times10^{-23}\text{J/K}$

热电压　$\frac{kT}{q}=0.02586\text{V}(@300\text{K})$

真空中 1eV 能量的光子相应的波长

$\lambda_0=1.239\mu\text{m}$

附录三　主要物理量

m　质量

c　真空中光速

E　能量

$\vec{E}$　电场强度

k　玻尔兹曼常数

α　吸收系数

ε　介电常数

ε_0　真空中介电常数

ε_r　相对介电常数

λ 波长

η 效率

τ 载流子寿命

h 普朗克常数

q 电荷

t 时间

T 温度

σ 斯特藩-玻尔兹曼常数

J_0 太阳辐照强度,能量密度

ρ 电阻率

ρ 密度

μ 载流子迁移率

q 载流子电量

N_C 导带底有效态密度

N_V 价带顶有效态密度

E_g 禁带宽度

E_C 导带底

E_V 价带顶

N_D 施主杂质浓度

N_A 受主杂质浓度

E_D 施主能级

E_A 受主能级

V_D P-N 结势垒

E_F 费米能级

n_0 N 型半导体热平衡电子浓度

p_0 P 型半导体热平衡空穴浓度

n_{p0} P 型半导体热平衡电子浓度

p_{n0} N 型半导体热平衡空穴浓度

V_B P-N 结击穿电压

L_D 德拜长度

I_{sc} 短路电流

V_{oc} 开路电压

FF 填充因子

P_m 最佳功率

η 转换效率

Wp 峰瓦数

D_e 电子扩散系数

D_h 空穴扩散系数

L_e 电子扩散长度

L_h 空穴扩散长度

Gr 格拉晓夫常数

Ra 瑞利数

Re 雷诺数

附录四 名词术语中英文对照

第一章

可再生能源 renewable energy

不可再生能源 non-renewable energy

能源 energy

环境 environment

经济 economy

温室效应 greenhouse effect

太阳辐射 solar radiation

标准太阳光谱 standard solar spectrum

黑体辐射光谱 blackbody radiation spectrum

普朗克辐射定律 Planck's law of radiation

直接辐射 direct radiation

间接辐射 indirect radiation

散射辐射 scattering of radiation

瑞利散射 Rayleigh scattering

漫射辐射 diffuse radiation

大气质量 air mass (AM)

晶体硅太阳能电池 crystalline silicon solar cell

薄膜太阳能电池 thin film solar cell

第二章

导体 conductor

半导体 semiconductor

绝缘体 insulator

光子　photons
电子空穴对　electron-hole pair
载流子迁移率　carrier mobility
掺杂　doping
少子　minority carrier
多子　majority carrier
直接复合　direct combination
间接复合　indirect combination
俄歇复合　Auger combination
复合损失　recombination losses
冶金级硅　metallurgical grade silicon,MGS
太阳能级硅　solar grade silicon,SGS
电子级硅　electronic grade silicon,EGS
本征半导体　intrinsic semi-conductor
杂质半导体　impurity semi-conductor
杂质能级　impurity energy level
深能级杂质　deep level impurity
浅能级杂质　shallow level impurity
电活性杂质　electrically active impurity
电中性杂质　electrically neutral impurity
晶体　crystal lattice
带隙　bandgap
能带　energy band
价带　valence band
允带　permitted band
禁带　forbidden band
满带　filled band
空带　empty band
导带　conduction band
N 型　N-type
P 型　P-type
P-N 结　P-N junction
空间电荷区域　space charge region
准电中性区域　charge quasi-neutrality region
耗尽区　depletion region
内建电场　bulit-in electric field
雪崩击穿　avalanche breakdown
隧道击穿　tuneling breakdown
齐纳击穿　Zener breakdown
热电击穿　electrical breakdown
晶核　crystal nucleus
晶体缺陷　crystal defect
间隙原子缺陷　interstitial defect
替位原子缺陷　displacement defect
空位缺陷　vacancy defect
肖特基缺陷　Schottky defect
弗兰克缺陷　Frenkel defect
刃型位错　edge dislocation
螺旋位错　screw dislocation
位错环　dislocation loop
孪晶　twin crystal
晶粒间界　grain boundary
堆垛层错　stacking fault

第三章

太阳能电池　solar cells
光伏太阳能电池　photovoltaic solar cell
染料敏化太阳能电池　dye-sensitized solar cell,DSC
光电效应　photoelectric effect
光伏效应　photovoltaic effect
丹伯效应　Dember effect
光扩散效应　photo-diffusion effect
背电场　back surface field
背面反射,地面发射　rear surface reflection
短路电流　short circuit current,I_{sc}
开路电压　open circuit voltage,U_{oc}
填充因子　fill factor,FF
转换效率　energy conversion efficiency, η
最大输出功率　maximum out power, P_m
最佳功率点电压　maximum power point voltage, V_m
最佳功率点电流　maximum power point current, I_m
峰瓦数　peak Watt,Wp
峰值负载　peak load
电流电压特性,伏安特性　current voltage characteristic
伏安特性曲线　I-V curse
理想二极管定律　ideal diode law
电路设计　circuit design

等效电路　equivalent circuit
串联电阻　series resistance，R_s
并联电阻　shunt resistace，R_{sh}
漏电流　leakage current，I_{leak}
漏电，自放电　self- discharge
遮光损失　shading losses
直接带隙半导体　direct gap semi-conductor
间接带隙半导体　indirect gap semi-conductor
外量子效率　external quantum efficiency，EQE
内量子效率　internal quantum efficiency，IQE
热斑效应　hot spot effect
光谱响应　spectral response
光谱分布　spectral distribution
光谱成分　spectral content
光照强度　light intensity
光照强度变化　variations in light intensity
并联，平行　parallel
串联　series
旁路二极管　bypass diodes

第四章

硅　silicon
单晶硅　single crystal silicon
多晶硅　poly-silicon
非晶硅　amorphous silicon
西门子法　Siemens method
还原炉　reduction furnace
流化床　fluidized bed
硅芯　heat carrier of silicon

第五章

直拉法　（czochralski method，CZ method）
籽晶　seed crystal
化料　melting
引晶　seeding
稳定状态　temperature stabilisation
缩颈　growth of narrow neck
放肩　expanding the shoulder
等径　growth of body
收尾　closure
停炉　shutdown
石英坩埚　quartz crucible
石墨坩埚　graphite crucible
导流筒　draft tube
分凝现象　segregation phenomenon
重新加料直拉技术　（recharged CZ，RCZ）
连续加料直拉生长技术　（continuous CZ，CCZ）
磁控直拉法　（magnetic czochralski method，MCZ method）
横型磁场　（horizontal magnetic CZ，HMCZ）
纵型磁场　（vertical magnetic CZ，VMCZ）
会切磁场　（cusped magnetic CZ，CMCZ）
悬浮区熔法　（floating zone method，FZ method）
中子嬗变掺杂　（neutron transmutation doping，NTD）

第六章

方向性凝固　directional solidification
布里曼法　bridgman
热交换法　heat exchange method
浇铸法　casting
电磁铸造法　electromagnetic casting

第七章

内圆切割技术　（inside diameter saw，ID Saw）
外圆切割机　（outside diameter saw，OD Saw）
电火花线切割技术　（wire cut electrical discharge machining，WEDM）
硅片　wafer
硅片总厚度偏差　（total thickness variation，TTV）
弯曲度　bow
硅片翘曲度　warp
腐蚀清洗　etch cleaning
主参考面　primary flat
副参考面　secondary flat

切损　kerf loss
切割浆料　slurry
少子寿命　minority-carrier lifetime
硅带　silicon strip
定边喂膜法　(edge difined film feed, EFG)
横向拉模法　(ribbon growth on substrate,RGS)
硅蹼法　(dendritic web,WEB)
条带法　(string ribbon,STR)
直接硅片技术　direct wafer

第八章

表面织构化　surface texturing
机械刻槽　mechanical grooving
清洗　cleaning
水洗　rinsing
腐蚀　etching
反应离子刻蚀　reactive ion etching
激光刻蚀　laser etching
光刻　photoetching
各向异性　anisotropy
各向同性　isotropic
氢氧化钠　(sodium hydroxide,NaOH)
异丙醇　(isopropyl alcohol,IPA)
乙醇　alcohol, ethanol
去离子水　(deionized water, DI water)
缓释剂　corrosion inhibitor
络合剂　complexing agent
硅酸钠　sodium silicate
金字塔　pyramid
蜂窝状　faveolate
氢氟酸　hydrofluoric acid
硝酸　nitric acid
醋酸　ethylic acid, acetic acid
扩散　diffusion
扩散系数　diffusion coefficient
方块电阻,薄层电阻　square resistance, sheet resistance
体电阻　bulk resistance
电阻率　resistivity
减反射膜　antireflection film
光学厚度　optical thickness
折射率　refractive index
钝化　passivation
金属化(形成电极)　metallisation
丝网印刷　screen printing
栅线　grid lines
主栅线　busbars
副栅线　fingers
阴极　cathode
阴极保护　cathodic protection
阳极　anode
无主栅技术　multi busbar
金属电极绕通技术　(metal wrap through, MWT)
金属催化化学腐蚀法　(metal catalyzed chemical etching,MCCE)
发射极钝化和背面接触单晶电池　(passivated emitter and rear contact, PERC)
发射极钝化背面局部扩散电池　(passivated emitter and rear locally-diffused, RERL)
发射极钝化全背面扩散电池　(passivated emitter and rear totally-diffused, RERT)
异质结太阳电池　(heterojunction with intrinsic thin-layer,HIT 或 HJT)
交指式背接触电池　(interdigitaed back contact,IBC)
交叉指式背接触异质结电池　(back junction and back contact, HJBC)
隧穿氧化层钝化接触电池　(tunnel oxide passivating contact,TOPCon)

第九章

太阳能电池阵列　solar array
太阳能电池组件　solar module
控制器　controller
逆变器　inverter
逆变器损耗　inverter losses
蓄电池　battery

蓄电池充电　battery charging
蓄电池容量　battery capacity
蓄电池效率　battery efficiency
负载　load
封装电池，密封电池　sealed batteries
充电/放电速率　charging/discharging rates
放电深度　depth-of-discharge
充电电量状态　state of charge
充电效率　charging efficiency
电压效率　voltage efficiency
峰值日照小时数　peak sun hours
孤岛效应　islanding
过流　over-current
过流保护　over-current protection
库仑效率　coulombic efficiency
密封失效　encapsulant failure
最大功率点追踪　（maximum power-point tracking，MPPT）
扰动观察法　（perturbation and observation method，P&O）
恒定电压追踪法　（constant voltage tracking method ，CVT）
电导增量法　（incremental conductance method，IC）
并网发电系统　grin-connected system
独立系统　stand-alone system
混合系统　hybrid system
倾斜表面　tilted surfaces
倾斜角　tilt angle
太阳能光伏建筑一体化　（building integrated photovoltaic，BIPV）
"安装型"太阳能光伏建筑　（building attached photovoltaic，BAPV）
建筑光伏　（building mounted photovoltaic，BMPV）